清华计算机图书 译丛

Cryptography and Network Security
Third Edition

密码学与网络安全
（第3版）

Atul Kahate 著

金名 等译

清华大学出版社

北 京

Atul Kahate

Cryptography and Network Security，3e

EISBN：978-1-25-902988-2

Copyright © 2014 By McGraw-Hill Education.

All Rights reserved. No part of this publication may be reproduced or transmitted in any form or by any means，electronic or mechanical，including without limitation photocopying，recording，taping，or any database，information or retrieval system，without the prior written permission of the publisher.

This authorized Chinese translation edition is jointly published by McGraw-Hill Education（Asia）and Tsinghua University Press. This edition is authorized for sale in the People's Republic of China only，excluding Hong Kong，Macao SAR and Taiwan.

Copyright © 2018 by McGraw-Hill Education（Asia）and Tsinghua University Press.

版权所有。未经出版人事先书面许可，对本出版物的任何部分不得以任何方式或途径复制或传播，包括但不限于复印、录制、录音，或通过任何数据库、信息或可检索的系统。

本授权中文简体字翻译版由麦格劳-希尔（亚洲）教育出版公司和清华大学出版社合作出版。此版本经授权仅限在中华人民共和国境内（不包括香港特别行政区、澳门特别行政区和台湾）销售。

版权© 2018 由麦格劳-希尔（亚洲）教育出版公司与清华大学出版社所有。

北京市版权局著作权合同登记号　图字：01-2016-9901 号

图书在版编目（CIP）数据

密码学与网络安全（第 3 版）/（印）阿图尔·卡哈特（Atul Kahate）著；金名等译. —北京：清华大学出版社，2018（2022.10重印）

（清华计算机图书译丛）

书名原文：Cryptography and Network Security，Third Edition

ISBN 978-7-302-47935-2

Ⅰ. 密… Ⅱ. ①阿… ②金… Ⅲ. ①密码学 ②计算机网络—网络安全 Ⅳ. ①TN918.1 ②TP393.08

中国版本图书馆 CIP 数据核字（2017）第 196354 号

责任编辑：龙启铭
封面设计：傅瑞学
责任校对：李建庄
责任印制：宋　林

出版发行：清华大学出版社
　　　　网　　　址：http://www.tup.com.cn，http://www.wqbook.com
　　　　地　　　址：北京清华大学学研大厦 A 座　　　　　　　邮　　编：100084
　　　　社 总 机：010-83470000　　　　　　　　　　　　　　邮　　购：010-62786544
　　　　投稿与读者服务：010-62776969，c-service@tup.tsinghua.edu.cn
　　　　质量反馈：010-62772015，zhiliang@tup.tsinghua.edu.cn
　　　　课件下载：http://www.tup.com.cn，010-83470236
印 装 者：三河市铭诚印务有限公司
经　　销：全国新华书店
开　　本：185mm×260mm　　　　印　　张：26.5　　　　字　　数：639 千字
版　　次：2018 年 1 月第 1 版　　　　　　　　　　　　　印　　次：2022 年 10 月第 7 次印刷
定　　价：79.00 元

产品编号：072880-01

随着计算机技术,尤其是网络技术的飞速发展,各行各业都离不开计算机,离不开网络。网络技术的出现和发展,在极大地方便了我们的工作和学习的同时,也带来了很多安全方面的难题。因安全漏洞和黑客入侵而造成巨大损失的案例日益增多。网络安全问题日益重要和迫切。要实现网络安全,就离不开加密技术。

加密技术,已经与我们的日常生活息息相关了。我们每天通过网络传输的邮件、银行账户、密码等信息,都是经过加密后发送出去的,只不过我们通常没有意识到这些加密工作,都是由相应的应用程序为我们完成而已。如果不经过加密,那么后果难以想象。

人们通常认为加密是一种很高深很神秘的技术。其实不尽然。这里举一个简单的例子。

小明班上总共有 n 名同学(n 大于等于3),一次数学考试后,老师把判分后的试卷发回给每个同学,由于老师忘了统计这次数学考试的班平均成绩,因此请小明来替老师完成这项工作,且要求确保每个同学自己的得分不让其他同学知道。那么,小明该怎样做呢?

这里,小明只需可以使用一个小的加密,就可以完成老师交给的这项工作。通过本书的学习,读者就可以帮小明找到解决办法。

本书以清晰的脉络、简洁的语言,介绍各种加密技术、网络安全协议与实现技术等内容,并给出具体的案例实现分析,是一本关于密码学与网络安全的理论结合实践的优秀教材。

本书由金名主译,黄刚、陈宗斌、陈河南、傅强、宋如杰、蔡江林、陈征、戴锋、蔡永久、邱海艳、张军鹏、吕晓晴、杨芳、郭宏刚、黄文艳、刘晨光、苗文曼、崔艳荣、王祖荣、王珏辉、陈中举、邱林、陈勇、杨舒、秦航、潘劲松、黄艳娟、姜盼、邱爽、张丹、胡英、刘春梅、姜延丰、钟宜峰、李立、李彤、付瑶、张欣欣、张宇超、朱敏、王晓亮、杨帆、万书振、解德祥等人也参与了部分翻译工作。欢迎广大读者指正。

    Atul Kahate 在印度和世界 IT 业已经有 17 年的工作经验。目前，他是 Pune 大学和 Symbiosis 国际大学的兼职教授。他在 IIT、Symbiosis、Pune 以及其他很多大学多次讲授了实训编程研修班课程。

    Atul Kahate 是一位多产的作者，他已经编写了 38 本书，涉及计算机科学、科学与技术、医学、经济学、板球、管理学以及历史等领域。他编写的 *Web Technologies*、*Cryptography and Network Security*、*Operating Systems*、*Data Communications and Networks*、*An Introduction to Database Management Systems* 等书被印度和其他很多国家的大学用作教材，其中一些已翻译为中文。

    Atul Kahate 获得过多次奖项。他出现在不少电视频道的节目中。他还是多个国际板球比赛中的官方统计员和计分员。此外，他还收集了大量关于 IT、板球、科学与技术、历史、医学、管理方面的文章 4000 多篇。

第3版前言

本书的前两个版本已被好几千的学生、教师和 IT 专业人员所使用。本版针对的读者对象仍然不变。本书可用作计算机安全或密码学课程的本科、研究生教材。本书主要阐述密码学的知识,任何对计算机科学和网络技术有基本了解的人都可以学习本书,不需要其他预备知识。

计算机与网络安全是今天最重要的领域。现在,对所有类型的计算机系统和网络发生了太多的攻击,因此,对那些将来要成为 IT 专业人员的学生来说,学习这些知识尤为重要。所以,在本版中增加了云安全、Web 服务安全等内容。本书以非常清晰的方式,并给出大量图表,阐述每个主题的内容。

本书特点

(1) 以自底向上的方式介绍:密码学→网络安全→案例研究。

(2) 涵盖了最新内容:IEEE 802.11 安全、ElGamal 加密、云安全以及 Web 服务安全。

(3) 对加密法、数字签名、SHA-3 算法的介绍进行了改进。

(4) 通过案例研究,帮助读者掌握相关内容的实际应用。

(5) 更新内容包括:

- 150 道编程题;
- 160 道练习题;
- 170 道多选题;
- 530 幅插图;
- 10 个案例研究。

本书的组织结构如下。

第 1 章介绍安全的基本概念,讨论安全需求、安全原则,以及针对计算机系统与网络的各种攻击。介绍所有这些内容背后的概念理论,以及实际问题,并一一举例说明,以便加深对安全性的了解。如果不了解为什么需要安全性,有什么威胁,就无从了解如何保护计算机系统与网络。新增有关无线网络攻击的内容。删除一些有关 Cookie 与 ActiveX 控件的过时内容。

第 2 章介绍密码学的概念,这是计算机安全的核心内容。加密是用各种算法来实现的。所有这些算法或者将明文替换成密文，或者用某种变换方法，或者是二者的组合。然后该章将介绍加密与解密的重要术语。该章详细介绍 Playfair 加密和希尔加密，展开介绍 Diffie-Hellman 密钥交换，详细介绍各种攻击的类型。

第3章介绍基于计算机的对称密钥加密法的各种问题。介绍流和块加密以及各种链接模式，并介绍主要的对称密钥加密算法，如 DES、IDEA、RC5 与 Blowfish。详细介绍 Feistel 加密，对 AES 的安全性问题也进行介绍。

第4章介绍非对称密钥加密的概念、问题与趋势，介绍非对称密钥加密的历史，然后介绍主要的非对称密钥加密，如 RSA、MD5、SHA 与 HMAC。该章介绍消息摘要、数字签名等关键术语，还介绍如何把对称密钥加密与非对称密钥加密结合起来。介绍 ElGamal 加密和 ElGamal 数字签名，介绍 SHA-3 算法，以及 RSA 数字签名的有关问题。

第5章介绍当前流行的公钥基础设施（PKI），介绍什么是数字证书，如何生成、发布、维护与使用数字证书，介绍证书机构（CA）与注册机构（RA）的作用，并介绍公钥加密标准（PKCS）。删除一些过时内容，如漫游数字证书、属性证书等。

第6章介绍 Internet 中的重要安全协议，包括 SSL、SHTTP、TSP、SET 与 3D 安全。该章详细介绍电子邮件安全性，介绍 PGP、PEM 与 S/MIME 等主要电子邮件安全协议，并介绍无线安全性。减少对较旧内容 SET 协议的介绍，扩展介绍 3D 安全，删除电子货币介绍，介绍域密钥身份识别邮件（Domain Keys Identified Mail，DKIM），详细介绍 IEEE 802.11（Wi-Fi）的安全。

第7章介绍如何认证用户，可以使用多种方法认证用户。该章详细介绍每种方法及其利弊，介绍基于口令认证、基于口令派生信息的认证、认证令牌、基于证书认证和生物认证，并介绍著名的 Kerberos 协议。扩展介绍生物技术，介绍对各种认证方案的攻击。

第8章介绍加密的实际问题。目前，实现加密的3种主要方法是：使用 Sun 公司提供的加密机制（在 Java 语言中）、Microsoft 加密机制和第三方工具箱的加密机制，我们将介绍每种方法。删除对操作系统安全和数据库安全的介绍，增加对 Web 服务安全和云安全的介绍。

第9章介绍网络层安全，介绍防火墙及其类型与配置，然后介绍 IP 安全性，最后介绍虚拟专用网（VPN）。

每章前面都有一个概述，解释该章的内容，每章后面还有一个小结。每章有多选题和各种问题，用于了解学生的掌握情况。在恰当的地方给出一些案例研究，为相关内容给出一个真实实践。每个不易理解的概念都用图形加以阐述。本书尽可能避免使用不必要的数学知识。

在线学习中心

本书在线学习中心（Online Learning Center，OLC）为 https://www.mhhe.com/kahate/cns3。

对学生，内容包括：

- 不同难度级别的编程题。
- DES 与 AES 的加密演示小程序。
- Web 资源（最新更新的链接）。

- 真实的案例研究。

对教师，内容包括：

- 练习题答案。
- 本书附加材料列表。
- Web 参考(一些有趣的链接)。

致谢

感谢我所有家人、同事和朋友对我的帮助。本书的前面版本对几百位学生和老师表示了感谢，这使得我能非常愉快地开始新版本的编写工作。这里要特别感谢我之前的学生 Swapnil Panditrao 和 Pranav Sorte 对第 3 版的帮助。Nikhil Bhalla 先生指出了本书之前版本中的不少错误。

衷心感谢 TMH 出版社的所有成员：Shalini Jha、Smruti Snigdha、Sourabh Maheshwari、Satinder Singh、Sohini Mukherjee 和 P L Pandita，他们在本书出版过程中的各个环节给予了帮助。

还要感谢本书的所有评阅者，他们抽出时间来评阅本书，并给出了非常有用的建议。这些评阅者如下：

Vrutika Shah　Institute of Technology and Engineering，Ahmedabad，Gujarat

Metul Patel　Shree Swami Atmanandan College of Engineering，Ahmedabad，Gujarat

Amitab Nag　Academy of Technology，Kolkata

Subhajit Chatterjee　Calcutta Institute of Engineering and Management，Kolkata

Garimella Rama　Murthy International Institute of Information Technology (IIIT)，Hyderabad

反馈

欢迎读者在我的网址 www.atulkahate.com 上给我留下反馈或评价，也可以发电子邮件到 akahate@gmail.com。

Atul Kahate

目 录

第1章

计算机攻击与计算机安全

1.1 概　　述

这是一本关于网络与 Internet 安全的书。在了解与安全相关的各种概念与技术问题（即了解如何保护）之前，我们先要知道保护什么。当我们使用计算机、计算机网络及其最大的网络 Internet 时，会遇到哪些危险？有哪些陷阱？如果不建立正确的安全策略、框架和技术实现，会发生什么情形？本章将要弄清楚这些基本概念。

我们首先介绍一个基本问题：为什么要把安全放在首位？人们有时候说，安全就像统计一样：它所展示的数据内容是平凡的，而隐含的却是很重要的。也就是说，正确的安全基础设施只允许打开绝对必要的门，而保护其余所有内容。我们将用几个现实事例来说明，安全的重要性是不容置疑的。由于如今 Internet 上发生的业务和其他事务非常多，不正确或不恰当的安全机制可能使企业倒闭，给人们的生活带来混乱。

接着要介绍的是几个主要的安全性原则。这些原则可用来区分不同的领域，这对确定安全威胁及其解决方案尤为关键。由于电子文档和消息与纸质文档具有同样的法律效力，因此我们要介绍这方面的意义。

然后要介绍攻击的类型，包括相关的理论概念和实际应用。

最后，我们将介绍一些现代的安全问题。这将为进一步讨论网络与 Internet 安全的概念打下基础。

1.2 安 全 需 求

1.2.1 基本概念

最初的计算机应用程序通常没有或很少有安全性。这种情况一直持续了多年，直到人们真正认识到数据的重要性之前，人们虽然知道计算机数据有用，却没有加以保护。当开发处理财务和个人数据的计算机应用程序时，对安全性产生了前所未有的需求。人们认识到，计算机数据是现代生活的重要方面。因此，安全的不同领域开始受到重视。下面是两个典型的安全机制示例。

- 向每个用户提供用户 ID 和口令，用这个信息认证用户。

- 以某种方式对数据库中存储的信息进行编码,使没有正确权限的用户看不见。

公司用自己的机制来提供这类安全机制。随着技术的改进,通信基础结构不断成熟,针对不同用户需求开发了越练越新的应用程序。很快,人们发现仅有基本安全措施是不很够的。

此外,Internet 给这个世界带来了一场风暴,如果为 Internet 开发的应用程序没有足够的安全性,那么什么事都可能发生。图 1.1 显示了在 Internet 上购物时使用信用卡的情形。在用户计算机上,用户信息(如用户 ID)、订单细节(如订单 ID 和项目 ID)和付款信息(如信用卡信息)经过 Internet 到达商家服务器(即商家计算机),商家服务器把这些信息存放在其数据库中。

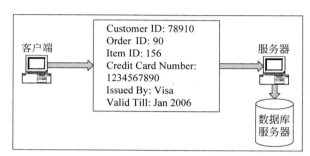

图 1.1   信息通过 Internet 从客户端传递到服务器

这里存在各种安全漏洞。首先,入侵者可能捕获从客户端传递到服务器的信用卡信息。即使防止了入侵者的中途攻击,但仍然不能解决问题。商家收到信用卡信息并进行检验后,要处理订单和取得付款,把信用卡信息存放在数据库中。这样,攻击者只要能访问这个数据库,就可以得到其中的所有信息。一个俄罗斯攻击者(Maxim)就曾经入侵了商家的 Internet 站点,从其数据库中得到 30 万个信用卡号码,然后向商家索要保护费(10 万美元)。商家拒绝后,Maxim 在 Internet 上发布了其中 25 000 多个信用卡号码,使得有些银行重新签发了所有信用卡,每张卡 20 美元,而有些则警告客户注意报表中的异常项目。

这种攻击可能造成巨大的财务和物质损失。一般来说,更换每张卡花费 20 美元,如果银行要更换 30 万张卡,则要花费 600 万美元！如果这些商家采用正确的安全措施,则可以省下这笔钱,少惹这个麻烦。

当然,这只是一个示例。近来又出现了几个案例,每次攻击都让人们更加意识到需要采用正确的安全措施。其中一个示例是在 1999 年,一个瑞典黑客攻入 Microsoft 公司的 Hotmail 站点,并建立一个镜像站点,使任何人都可以输入任何 Hotmail 用户的电子邮件 ID,阅读别人的电子邮件。

1999 年进行了两次独立调查问卷,询问了安全攻击成功造成的损失。一个调查显示,每次事故的平均损失为 256 296 美元,另一个调查显示,每次事故的平均损失为 759 380 美元。到了 2000 年,这一数字上升到了 972 857 美元。

1.2.2   攻击的现代性

如果我们弄清楚了攻击的技术,就会发现,基于计算机系统的与现实世界中的大同小异。与现实世界的相比,基于计算机系统的主要差别是发生的速度与精确度。

攻击的现代性主要体现在如下一些方面。

1. 自动攻击

计算机的速度使得多种攻击可以同时进行。例如,在现实世界中,假设某人要生产一台可以制造假币的机器。这是否会干扰权威机构呢? 当然会。但是,大规模地生产这么多的硬币并没有多大的回报。制假者能把多少假币迅速投放到市场中呢? 计算机就大不相同了。计算机非常善于和乐意完成这种枯燥而重复的工作。例如,它们非常善于在几分钟内从一个上百万的银行账户中窃取少量钱(一美元或 20 卢比)。这可以给攻击者带来几十万美元而没有任何抱怨,如图 1.2 所示。

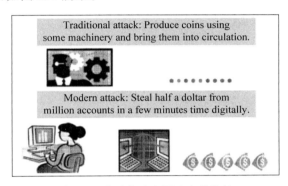

图 1.2　自动化改变了攻击的特性

上述的核心内容是:

人类不喜欢枯燥而重复的工作。自动化则可以很快地导致破坏或带来烦恼。

2. 隐私问题

收集人们的信息后误用它,是一个巨大的问题。名为数据挖掘的应用程序可以收集、处理单个的信息,并把它们制作成表格。然后,人们可以非法兜售这些信息。例如,在美国,Experian(以前称为 TRW)、TransUnion 和 Equifax 等之类的公司维护着个人的信用记录。其他国家也是类似的趋势。这些公司具有这些国家的公民的信息。只要有人想购买,这些公司就可以收集、整理、加工和格式化所有类型的信息。信息可来自:人们多从哪个商场购物、在哪个餐馆用餐、经常去哪里休假,等等。每个公司(如商场、银行、航空公司、保险公司等)都在收集和处理我们的信息,而我们并不知道它是如何使用的。

3. 距离不成问题

以前,窃贼会窃取银行,因为银行有钱。现在,银行不再有那么多现金了。钱都是数字化的,利用计算机网络在内部流通。因此,现代的窃贼不再蒙着脸去抢劫了,而是坐在家里就可以很容易攻击银行的计算机系统了。在舒适的家中或办公室中,攻击者就可以闯入银行的服务器,或窃取信用卡/ATM,如图 1.3 所示。

1995 年,一个俄罗斯黑客远程入侵了花旗银行的计算机,窃取了 1200 美元。尽管追踪到了这个黑客,但很难引渡他来进行审判。

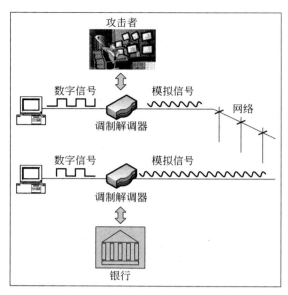

图 1.3   现在，可以远程发起一个攻击

1.3   安 全 方 法

1.3.1   可信系统

可信系统（trusted system）是这样的一个计算机系统：可以在特定范围内信任，实现特定的安全策略。

最初，军队对可信系统很感兴趣。但是，现在，这个概念已跨越了多个领域，最主要的是银行和金融领域。可信系统经常使用术语**引用监视器**（reference monitor）。这是计算机系统逻辑核心的一个实体。它主要负责确定访问控制。引用监视器应具有如下特性：

（a）它应该是不可随意修改的。

（b）它总可以被激活。

（c）它应该足够小，从而可以单独测试。

1.3.2   安全模型

可以用以下几种方法实现安全模型，下面进行一个总结。

1. 无安全性

这是最简单情形，可以根本不实现安全性。

2. 隐藏安全

系统安全性就是别人不知道它的内容和存在。这个安全模型不能长久使用，因为攻击者可能用许多方式发现目标。

3. 主机安全性

这种安全模型中每个主机单独实现安全性,非常安全,但扩展性不好。现代站点/组织的复杂性与多样性使这个工作更加困难。

4. 网络安全性

随着组织机构的增长和差异化,很难实现主机安全性。网络安全性控制各个主机及其服务的网络访问,是非常有效和可扩展的模型。

1.3.3　安全管理实务

好的安全管理实务首先要有好的安全策略。实施一个安全策略其实并不容易。安全策略及其正确实现有助于长期保证充分的安全管理实务。好的安全策略通常要考虑四个关键方面。

- 经济性:这个安全实现需要投入多少经费和成本?
- 实用性:用什么机制提供安全性?
- 文化问题:安全策略是否符合人们的预期和工作风格等?
- 合法性:安全策略是否符合法律要求?

一旦有了安全策略后,要保证下面几点:

(a) 向各有关方面解释安全策略;

(b) 概要介绍每个人的责任;

(c) 在所有沟通中使用简单语言;

(d) 要建立可监察性;

(e) 提供预期和定期审查。

1.4　安全性原则

在介绍实际生活中遇到的一些攻击后,下面要对相关安全性原则进行分类,以便更好地了解攻击和考虑可能的解决方案。下面举例说明这些概念。

假设 A 要向 B 发一个 100 美元的支票。通常,A 和 B 会考虑什么因素? A 要开具一张 100 美元的支票,放在信封中,发给 B。

- A 要保证只有 B 能收到信封,即使别人收到,也不知道支票的细节。这是**保密性**(confidentiality)原则。
- A 和 B 还要保证别人不会篡改支票内容(如金额、日期、签名、收款人等)。这是**完整性**(integrity)原则。
- B 要保证支票是来自 A,而不是别人假装 A(否则是假支票)。这是**认证**(authentication)原则。

* 如果 B 把支票转入账号中，钱从 A 账号转到 B 账号之后，A 否认签发了支票呢？法院要用 A 的签名否认 A 的抵赖，解决争端。这是**不可抵赖性**（non-repudiation）原则。

这就是四大安全性原则。还有两个安全性原则是**访问控制**（access control）与**可用性**（availability），这些原则不针对特定消息，而是针对整个系统。

下面几节介绍这些安全性原则。

1.4.1　保密性

保密性原则要求做到只有发送人和所有接收人才能访问消息内容。如果非法人员能够访问消息内容，则破坏了保密性原则。图 1.4 显示了一个破坏了保密性原则的示例。这里，计算机 A 的用户向计算机 B 的用户发一个消息（从这里开始，A 指用户 A，B 指用户 B，但我们只显示这些用户的计算机）。另外一个用户 C 访问这个消息（这是不应该的），因此破坏了保密性原则。这种示例包括 A 发给 B 的保密电子邮件消息，用户 C 未经 A 和 B 许可或知道而进行访问了，这种攻击称为**截获**（interception）。

注意：截获破坏了保密性原则。

1.4.2　认证

认证机制用于证明身份。认证过程保证正确标识电子消息或文档来源。例如，假设用户 C 通过 Internet 向用户 B 发送一个电子文档。但这里的问题是，用户 C 假装成用户 A，将文档发给用户 B。B 怎么知道消息是来自 C 的呢？现实示例可能是这样一种情况：C 假装成用户 A，发送一个转账请求（从 A 账号转账给到 C 账号）给银行 B。银行以为这是 A 要求的，从 A 账号转账到 C 账号。这个概念如图 1.5 所示，这种攻击称为**伪造**（fabrication）。

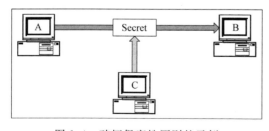

图 1.4　破坏保密性原则的示例

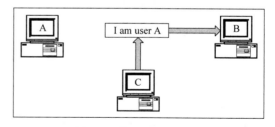

图 1.5　缺乏认证的示例

注意：缺乏认证机制时可能导致伪造。

1.4.3　完整性

消息内容在发送方发出后和到达所要接收方之间发生改变时，就会失去消息的**完整性**（integrity）。例如，假设开出了一张 100 美元支票，支付从美国购买的货款。但是，若下次看到账号报表时，发现支票付款为 1000 美元，则表明已经失去消息的完整性。这个概念如

图 1.6 所示。这里,用户 C 篡改用户 A 发出的消息,其接收方为 B。用户 C 设法访问消息,改变其内容,然后将改变后的消息发送到 B。用户 B 不知道 A 发出的消息已经被改变,A 也不知道这个改变。这类攻击称为**篡改**(modification)。

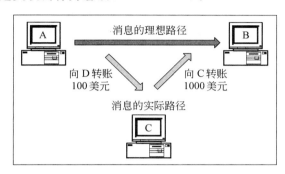

图 1.6 失去消息完整性的示例

注意:篡改会失去消息的完整性。

1.4.4 不可抵赖性

有时用户发送了消息后,又想否认发送了这个消息。例如,用户 A 通过 Internet 向银行 B 发送了一个转账请求。银行按 A 的请求转账之后,A 声称没有发送这个转账请求,即 A 想否认(抵赖)这个转账请求。**不可抵赖性**(non-repudiation)原则可以防止这类抵赖现象,如图 1.7 所示。

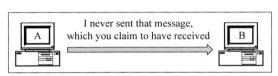

图 1.7 建立不可抵赖

注意:不可抵赖不允许发消息者拒绝承认发送过消息。

1.4.5 访问控制

访问控制(access control)原则确定谁能访问些什么内容。例如,可以指定允许用户 A 浏览数据库中的记录,但不能更新这些记录。而用户 B 则可以更新这些记录。访问控制机制可以保证这些设置。访问控制与两大领域相关:角色管理与规则管理。角色管理考虑用户方(哪个用户可以干什么),而规则管理考虑资源方(什么条件下允许访问什么资源)。根据所采用的决策,可以建立访问控制矩阵,列出用户及其可以访问的项目(例如,允许 A 写入文件 X,但只能更新文件 Y 和 Z)。访问控制表(ACL)是访问控制矩阵的子集。

注意:访问控制指定和控制谁能访问些什么内容。

1.4.6　可用性

可用性（availability）原则表示要随时向授权方提供资源（即信息）。例如，由于某个非授权用户 C 的故意操作，使授权用户 A 无法与服务器计算机 B 联系，如图 1.8 所示，从而破坏可用性原则，这种攻击称为中断（interruption）。

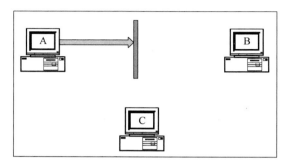

图 1.8　破坏可用性原则的示例

注意：中断会破坏可用性原则。

我们已经知道了网络模型的传统 OSI 标准（标题为"OSI Network Model 7498-1"），该模型描述了网络技术的七层（应用层、展示层、会话层、传输层、网络层、数据链路层和物理层）。一个大家不怎么熟悉的类似标准是安全模型的 OSI 标准（标题为"OSI Security Model 7498-2"）。该模型也定义有关安全性的如下七层：

- 认证；
- 访问控制；
- 不可抵赖；
- 数据完整性；
- 保密性；
- 保证或可用性；
- 公证或签名。

本书将介绍这些内容中的大部分。

在介绍了各种安全性的原则后，下面从技术的角度来讨论一下各种可能的攻击类型。

1.5　攻　击　类　型

下面我们将从两个角度来给攻击分类：普通人的角度和技术人员的角度。

1.5.1　一般意义上的攻击

从普通人的角度，可以把攻击分为 3 类，如图 1.9 所示。

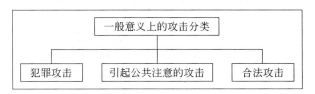

图 1.9 一般意义上的攻击分类

我们来讨论一下这些攻击。

1. 犯罪攻击

犯罪攻击最好理解了。这里,攻击者的目的就是通过攻击计算机系统来获得最大的经济利益。表 1.1 列举了犯罪攻击的一些形式。

表 1.1 犯罪攻击的类型

攻 击	描 述
欺骗	现代的欺骗攻击主要关注电子货币、信用卡、电子股票证书、支票、ATM 等诈骗有多种形式,最常见的欺骗出现在服务销售、拍卖、多级市场、一般的商贸中
诱骗	人们邮寄钱并许诺返回丰厚的利益,但最终血本无归。一个非常普遍的例子是 Nigeria 诈骗,这是一封来自 Nigeria(和其他非洲国家)的电子邮件,诱骗人们往一个银行账号存钱,许诺有高额的回报。所有陷入该欺骗的人都损失巨大
破坏	这种攻击的背后有着一定的妒忌。例如,一个不得意的员工可能会攻击自己公司的网站,而恐怖分子攻击的就不只是一个网站了。例如,2000 年,攻击者攻击了大众 Internet 网站,如 Yahoo!、CNN、eBay、Buy.com、Amazon.com 等电子商务网站,使得已授权用户无法登录或访问这些网站
身份窃取	攻击者并不从合法用户那里窃取任何东西,他只是假扮成该合法用户
智力窃取	智力窃取包括偷窃公司的商业秘密、数据库、数字音乐与视频、电子文件与图书以及软件等
商标窃取	很容易创建一个与真实 Web 站点一样的假冒 Web 站点。普通用户如何知道他正在访问的是 HDFC 银行的网址还是攻击者的网址?无知的用户在这些假冒的网址上把他们的密码和个人信息提供给了攻击者。然后,攻击者利用这些信息去访问真实的网址,这就是身份窃取

2. 引起公众注意的攻击

发生这种攻击,是因为攻击者希望他们的名字出现在电视新闻频道和报纸上。历史告诉我们,这种类型的攻击通常不是犯罪。他们往往是大学的学生或大公司的员工,通过采用独创的方法攻击计算机系统来引起公众的注意。

这种攻击的一种形式是通过攻击来破坏 Web 页面。这种攻击最著名的一个例子是发生在 1996 年对美国法院网站的攻击。两年后,纽约时报的主页也被攻击了。

3. 合法攻击

这种攻击非常新颖和独特。这里,攻击者试图使法官和陪审员怀疑计算机系统的安全性。其工作如下所示。攻击者攻击了计算机系统,被攻击方(假设是银行和公司)试图将攻击者告上法庭。攻击者试图向法官和陪审员证实，是计算机系统本身存在脆弱性，而不是他做错了什么。攻击者的目标是利用法官和陪审员在技术上的弱点。

例如，攻击者可能会控告银行执行了他并不想做的一个在线事务。在法庭上，他可能会无辜地说："银行的 Web 网站让我输入口令，我也只能提供这些。后面发生了什么我就不知道了"。法官很可能会同情攻击者。

1.5.2　技术角度的攻击概念

从技术的角度，为了更好地理解，我们可以把对计算机和网络系统的攻击类型分为两类：(a)这些攻击后面的理论概念；(b)攻击者使用的实际方法。下面来一一介绍。

理论概念

前面曾介绍过，安全性原则可能受各种攻击的威胁。这些攻击可以分成前面介绍的 4 类：

- 截获：见前面"保密性"一节的介绍。它表示一个未授权方获得了对某个资源的访问。这可以是一个人、一个程序或一个基于计算机的系统。截获的示例包括数据或程序的复制，监听网络流量。
- 伪造：见前面"认证"一节的介绍。它包括在一个计算机系统上创建一个非法对象。例如，攻击者可能往数据库中添加伪造的记录。
- 篡改：见前面"完整性"一节的介绍。例如，攻击者可能修改数据库中的数值。
- 中断：见前面"可用性"一节的介绍。这里，资源变得不可用、丢失或不正常了。中断会导致硬件设备问题，删除程序、数据或操作系统的组件。

这些攻击又可以进一步分成两类：主动攻击（active attack）和被动攻击（passive attack），如图 1.10 所示。

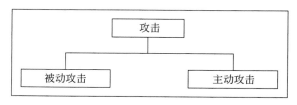

图 1.10　攻击的类型

下面分别介绍这两种攻击。

- 被动攻击

在被动攻击中，攻击者只是窃听或监视数据传输，即取得传输中的信息。这里的被动指攻击者不会对数据进行任何篡改。事实上，这也使被动攻击很难被发现。因此，处理被动攻击的一般方法是防止而不是探测与纠正。

注意：被动攻击不会对数据进行任何篡改。

图 1.11 又把被动攻击分成两类，分别是**消息内容泄漏**（release of message content）和**流量分析**（traffic analysis）。

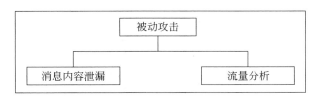

图 1.11　被动攻击

消息内容泄漏很容易理解。当发送保密电子邮件消息时,我们希望只有对方才能访问,否则消息内容会被别人看到。利用某种安全机制,可以防止消息内容泄漏。例如,可以用代码语言编码消息内容,使消息内容只有指定人员才能理解,别人没有这个代码语言。但是,如果传递许多这类消息,则攻击者可以猜出某种模式的相似性,从而猜出消息内容。对编码消息的这种分析就是流量分析。

- 主动攻击

与被动攻击不同的是,主动攻击以某种方式篡改消息内容或生成假消息。这些攻击很难防止。但是,这是可以发现和恢复的。这些攻击包括中断、篡改和伪造。

在主动攻击中,会以某种方式篡改消息内容。

- 中断攻击又称为**伪装**(masquerade)攻击。
- 篡改攻击又可以分为**重放攻击**(replay attacks)和**消息更改**(alteration of messages)。
- 伪造会产生**拒绝服务**(Denial Of Service,DOS)攻击。

图 1.12 显示了这个分类。

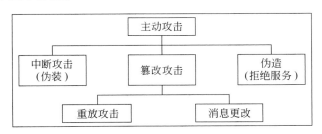

图 1.12　主动攻击

伪装(Masquerade)就是将非法实体假装成另一个实体。前面曾介绍过,用户 C 可能假冒用户 A,向用户 B 发一个消息。用户 B 可能相信这个消息来自用户 A。

在**重放攻击**(replay attack)中,用户捕获一系列事件(或一些数据单元),然后重发。例如,假设用户 A 要向用户 C 的账号汇一些钱。用户 A 与 C 都在银行 B 有账号。用户 A 向银行 B 发一个电子消息,请求转账。用户 C 捕获这个消息,然后向银行再发一次这个消息。银行 B 不知道这是个非法消息,会再次从用户 A 的账号转钱。因此,用户 C 得到两笔钱:一笔是授权的,一笔是用重放攻击得到的。

消息更改(Alteration of messages)就是改变原先的消息。例如,假设用户 A 向银行 B 发一个电子消息"往 D 的账号中转 1000 美元"。用户 C 捕获这个消息,更改成"往 C 的账号转 10 000 美元"。注意,这里收款人和金额都做了篡改,即使只改变其中一项,也是消息更改。

拒绝服务攻击（Denial Of Service，DOS）就是使合法用户无法进行合法访问。例如，非法用户可能向一个服务器发出了太多的登录请求，快速连续地发出一个个随机用户 ID，使网络拥塞，从而使其他合法用户无法访问这个网络。

1.5.3　实际的攻击

前面介绍的攻击在实际中有几种表现形式，可以分成两大类：应用层攻击和网络层攻击，如图 1.13 所示。

图 1.13　实际的攻击

下面分别介绍这些攻击。

1. 应用层攻击

应用层攻击发生在应用层，攻击者访问、篡改和防止访问特定应用程序的信息或该应用程序本身。例如，取得 Internet 中某人的信用卡信息或更改消息内容，从而更改事务金额等。

2. 网络层攻击

网络层攻击通常用各种方法降低网络能力。这些攻击通常减慢或停止计算机网络。注意，这样可能自动导致应用层攻击，因为一旦能够访问网络，通常至少可以访问/篡改某些敏感信息，造成混乱。

这两种攻击可以使用各种机制实现，具体见下面介绍。我们不把这些攻击分为上面两类，因为它们可能既是应用层攻击，又是网络层攻击。

注意：安全攻击可能发生在应用层或网络层。

1.5.4　攻击程序

现在来看一些程序，它们可以攻击计算机系统，导致出现一些破坏或产生混乱。

1. 病毒

攻击者可以用**病毒**（virus）来启动应用层攻击或网络层攻击。其中，病毒就是一段程序代码，它连接到合法程序代码中，在合法程序代码运行时运行。病毒可以影响计算机中的其他程序或同一网络中其他计算机上的程序，如图 1.14 所示。在这个示例中，删除当前用户计算机上的所有文件之后，病毒自动传播，将代码发送到当前用户地址簿中含有地址的所有用户。

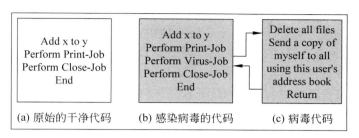

图 1.14   病毒

病毒也可以由特定事件触发(如在每天上午 12 时自动执行)。通常,病毒会导致计算机与网络系统损坏,但只要组织部署了良好的备份与恢复过程,就可以修复。

注意:病毒是一种计算机程序,可以把它自己连接到另一个合法程序中,导致计算机系统或网络的破坏。

在生存期,病毒会经历如下 4 个阶段。

(a) 蛰伏阶段:此时,病毒是空闲状态的。它在某种动作或事件情况下才获得活动(如用户键入了某个键,或到了某个日期或时间,等等)。这不是一个必经阶段。

(b) 传播阶段:在该阶段中,病毒自我复制,每个副本又复制更多的副本,从而传播该病毒。

(c) 触发阶段:当某个动作或事件发生时,一个蛰伏病毒就进入了这个阶段。

(d) 运行阶段:这是病毒的实际工作,这可以是有害的(在屏幕上显示一些消息)或破坏性的(删除磁盘的文件)。

病毒可以分为如下一些类型。

(a) 寄生虫病毒:这种病毒的最常见形式。这种病毒把自己连接到可运行文件中并不断地复制。当感染病毒的文件运行时,病毒会查找其他的可运行文件,并把自己连接到这些文件中进行传播。

(b) 内存驻留病毒:这种病毒首先把自己附加到主存区,然后感染正在运行的每个可运行程序。

(c) 启动区病毒:这种类型的病毒感染磁盘的主启动记录,当操作系统启动计算机时,病毒在磁盘上扩散。

(d) 潜行病毒:这种病毒内有一定的智能,以防止反病毒软件程序检测到它。

(e) 多态病毒:这种病毒在每次运行时不断改变它的签名(即标识),使得它很难被检测到。

(f) 变形病毒:这种病毒除了能像多态病毒那样能改变它的签名,还能每次重写自己,使得它更难被检测到。

另一种常见的病毒类型是宏病毒(macro virus)。这种病毒感染特定的应用程序软件,如 Microsoft Word 或 Microsoft Excel。这种病毒感染由用户创建的文档,并且很容易扩散,因为这种文档经常用电子邮件进行交换。这是一种称为宏的特性,它允许用户在文档中编写较小的实用程序。病毒附加到这些宏中,因此称之为宏病毒。

2. 蠕虫

蠕虫（worm）与病毒相似，但实际上是另一种实现方法。病毒篡改程序（即附加到被攻击的程序上），而蠕虫并不篡改程序，只是不断复制自己，如图1.15所示。蠕虫复制速度很快，最终会使相应计算机与网络变得很慢，直到停滞。这样，蠕虫攻击的基本目的不同于病毒，它是想通过吃掉所有资源从而使相应计算机与网络变得无法使用。

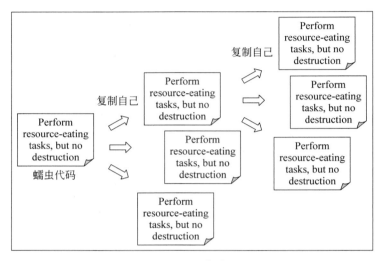

图 1.15 蠕虫

注意：蠕虫不进行任何破坏性操作，只是耗尽系统资源，使其停滞。

3. 特洛伊木马

特洛伊木马（Trojan horse）是像病毒一样的隐藏代码，但特洛伊木马具有不同目的。病毒的主要目的是对目标计算机或网络进行某种篡改，而特洛伊木马则是为了向攻击者显示某种保密信息。特洛伊木马一词源于希腊士兵的故事，他们隐藏在一个大木马中，特洛伊市民把木马搬进城里，不知道其中藏了士兵。希腊士兵进入特洛伊城后，打开城门，把其他希腊士兵放了进来。

同样，特洛伊木马可能把自己连接到登录屏幕代码中。用户输入用户名和口令信息时，特洛伊木马捕获这些信息，将其发送给攻击者，而输入用户名和口令信息的用户并不知道。然后攻击者可以用这个用户名和口令信息访问系统，如图1.16所示。

注意：特洛伊木马使攻击者可以取得计算机和网络的某种保密信息。

1.5.5 对付病毒

防止病毒是最好的选择。但是，要连接到Internet，就几乎不可能防止它们。我们必须面对它们，需要找到对付它们的方法。因此，我们要检测、识别和删除病毒，如图1.17所示。

检测病毒包括定位病毒、知道已感染了病毒。然后需要识别所感染的特定病毒。最好就是删除病毒。为此，我们需要删除病毒的所有踪迹，把已感染的程序和文件恢复到初始状

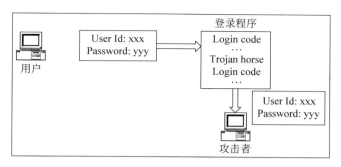

图 1.16　特洛伊木马

态。这可以用反病毒软件来完成。

反病毒软件分为 4 代,如图 1.18 所示。

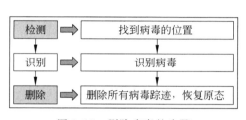

图 1.17　删除病毒的步骤

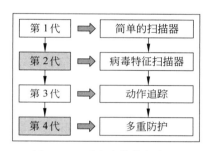

图 1.18　反病毒软件的发展

我们来归纳一下反病毒软件这 4 代的主要特性。

1. 第 1 代反病毒软件

这些反病毒软件称为简单的扫描器。它们利用病毒特征来标识一个病毒。这种程序的一个变体是监视程序的长度,关注其变化,以便能识别病毒的攻击。

2. 第 2 代反病毒软件

这些反病毒软件程序不只是依赖于简单的病毒特征,而是使用有启发性的规则来查找可能的病毒攻击。其思想是查找病毒常常具有的代码块。例如,这种反病毒程序可以查找由病毒使用的加密密钥,找到它后,解密并删除病毒,从而使代码变得干净。这种反病毒的另一个变体是存储文件的某些标识(如我们后面将要讨论的消息摘要等),以检测文件内容的变化。

3. 第 3 代反病毒软件

这些反病毒软件程序驻留在内存中。它们是基于病毒的动作而不是结构来监视病毒。于是,反病毒软件不需要维护一个大型的病毒特征数据库,而是只需要监视少量的可疑动作。

4. 第 4 代反病毒软件

这些反病毒软件程序封装了很多种反病毒技术（如扫描器、动作监视等）。它们还含有访问控制特性，因而可以阻止病毒去感染文件。

有一种类型的软件，称为**行为阻止软件**（behavior-blocking software），它集成在计算机的操作系统中，实时监视类似于病毒的行为。一旦检测到这种行为，该软件就可以阻止它，防止产生破坏。在监视之下的动作有：

- 打开、显示、修改、删除文件。
- 网络通信。
- 各种设置（如启动脚本）的修改。
- 试图格式化磁盘。
- 可运行程序的修改。
- 发送可运行代码给其他人的电子邮件脚本和即时消息。

这种软件程序的最大优点是，它们更多的是进行病毒阻止而不是病毒检测。换句话说，它们在病毒进行任何破坏之前就阻止病毒，而不是等到发生攻击后才去检测它们。

1.5.6　特定攻击

1. 窃听与伪装

Internet 上的计算机用所谓分组的小块数据（分组）交换消息。分组就像把实际数据放在信封中，加上地址信息。攻击者的目标是这些分组，因为它们要在 Internet 上从源计算机发往目标计算机。这些攻击有两大类：**分组窃听**（Packet sniffing 或 snooping）和**分组伪装**（Packet spoofing）。由于这个通信使用的协议是 Internet 协议（IP），因此这些攻击又称为 **IP 窃听**（IP sniffing）和 **IP 伪装**（IP spoofing），其意思是相同的。

下面介绍这两种攻击。

（1）分组窃听：分组窃听是对正在进行的会话的被动攻击。攻击者不干扰会话，只是监视传递的分组（即窃听）。显然，为了防止分组窃听，就要以某种方式保护传递的信息。这可以在两个层次进行：以某种方式编码传递的信息；或者编码传输链路。要读取分组，攻击者就要访问这些分组，最简单的方法是控制通信量经过的计算机，通常是路由器。但是，路由器是高度保护的资源，因此攻击者很难攻击，它们会转而攻击同一路径中保护较差的计算机。

（2）分组伪装：分组伪装就是用不正确的源地址发送分组。这时，接收方（接收包含伪源地址的分组）会向这个**伪装地址**（spoofed address）发送答复，而不是答复攻击者，可能造成如下三种情况：

- 攻击者截获应答：如果攻击者在目的地和伪装地址之间，则可以看到应答，用这个信息进行**劫持**（hijacking）攻击。
- 攻击者不用看到应答：如果攻击者的意图是拒绝服务攻击，则攻击者不用看到应答。

- 攻击者不想看到应答：攻击者可能只是对主机有仇恨,把它的地址作为伪装地址,向目的地发送分组。攻击者不想看到分组,只是让伪装地址收到分组和感到迷惑。

2. 钓鱼欺骗

现在,钓鱼欺骗(phishing)已经成为一个大问题。据相关研究报告,2006 年,因钓鱼欺骗的损失估计高达 28 亿美元。攻击者设置一个像真实 Web 站点一样的伪造 Web 站点。这很容易实现,因为创建 Web 页面只需要相对简单的技术,如 HTML、JavaScript、CSS 等。学习和使用这些技术非常简单。攻击者的操作套路如下所示。

(1) 攻击者创建自己的 Web 站点,该站点非常像一个真实的 Web 站点。例如,攻击者可以克隆美国花旗银行的 Web 站点。这种克隆非常逼真,肉眼根本无法辨别真伪。

(2) 攻击者可以使用很多技术来攻击银行的客户。我们这里来介绍最常用的一种,如下所示。

攻击者发送一封电子邮件给合法的银行客户。该电子邮件本身看上去就像是来自银行的。为此,攻击者利用电子邮件系统把电子邮件的发送方设置为是银行的官方地址(如 accountmanager@citibank.com)。这封伪造的电子邮件警告银行客户,花旗银行的计算机系统发生了某些攻击,银行要给所有客户发布新口令或验证他们已有的 PIN。为此,要求银行客户访问该电子邮件中的一个 URL,其概念如图 1.19 所示。

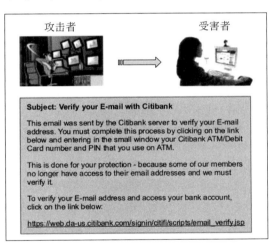

图 1.19　攻击者发送一个伪造的电子邮件给无辜的受害者(客户)

(3) 当客户(即是受害者)天真地点击了电子邮件中的 URL 后,就把她带到了攻击者的站点而不是银行原来的站点了。在这里,会提示客户输入保密信息,如口令或 PIN。由于攻击者伪造的站点太像银行原来的站点了,客户信以为真,提供了这些信息。攻击者接收这些信息并显示一个"Thank you"信息以迷惑受害者。这样,攻击者现在就可以使用受害者的口令或 PIN 去访问银行的真实网站,就像他是受害者一样,可以执行任何事务。

这种攻击的现实例子显示在站点 http://www.fraudwatchinternational.com 中。

图 1.20 显示了一封由攻击者发送给合法用户 PayPal 的伪装电子邮件。

从图 1.20 中可以看到,攻击者试图欺骗 PayPal 用户去验证她的信用卡信息。显然,攻

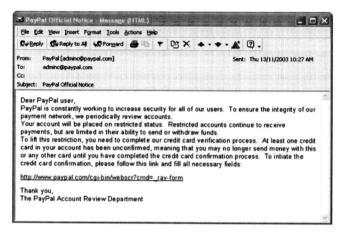

图 1.20   从攻击者发送给 PayPal 用户的伪装电子邮件

击者的目的是要访问客户的信用卡信息，然后滥用它。图 1.21 显示了当用户点击了伪装电子邮件中指定的 URL 后所出现的屏幕。

一旦用户提供了这些信息，攻击者的工作就很容易了。她就可以以持卡人的身份进行购物了。

3. DNS 欺骗（DNS 伪装）

另一个类似的攻击是 DNS 伪装（DNS spoofing），现在称为 DNS 欺骗（pharming）攻击。众所周知，域名系统（Domain Name System，DNS）可以用可读名称（如 www. yahoo. com）来标识 Web 站点，计算机把其当作 IP 地址（如 120.10.81.67）。为此，一种称为 DNS 服务器的特殊服务器计算机要进行域名与 IP 地址之间的变换。DNS 服务器可以位于任何地方，通常是用户的 Internet 服务提供者（ISP）。有了这个背景之后，DNS 伪装攻击的方法如下。

（1）假设商家 Bob 的域名为 www. bob. com，IP 地址为 100.10.10.20，则所有 DNS 服务器中 Bob 的 DNS 项目如下：

    www. bob. com   100. 10. 10. 20

（2）攻击者（假设为 Trudy）要在用户 Alice 的 ISP 维护的 DNS 服务器中把 Bob 的 IP 地址换成自己的 IP 地址（如 100.20.20.20）。因此，用户 Alice 的 ISP 维护的 DNS 服务器中具有下列项目：

    www. bob. com   100. 20. 20. 20

这样，由 ISP 维护的假想 DNS 表的内容发生了改变。该表的假想部分（攻击之前和攻击之后）如图 1.22 所示。

（3）Alice 要与 Bob 的站点通信时，它的 Web 浏览器查询其 ISP 的 DNS 服务器中 Bob 的 IP 地址，提供它的域名（即 www. bob. com）。Alice 得到的是 Trudy 的 IP 地址，即 100. 20. 20. 20。

（4）然后 Alice 与 Trudy 通信，还以为是在与 Bob 通信。

这种 DNS 伪装攻击很普遍，造成大量混乱。更糟的是，攻击者（Trudy）不必监听线路

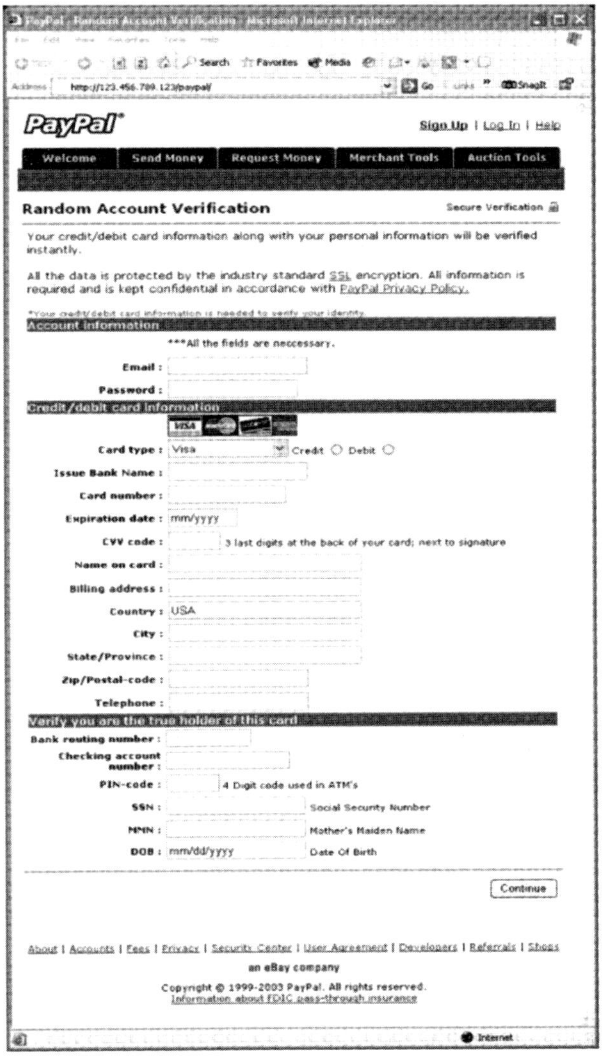

图 1.21　伪造 PayPal 站点，询问用户的信用卡信息

DNS 名称	IP 地址	DNS 名称	IP 地址
www.amazon.com	161.20.10.16	www.amazon.com	161.20.10.16
www.yahoo.com	121.41.67.89	www.yahoo.com	121.41.67.89
www.bob.com	100.10.10.20	www.bob.com	100.20.20.20
…	…	…	…
攻击前		攻击后	

图 1.22　DNS 攻击的结果

上的会话，只要攻击 ISP 的 DNS 服务器，换一个 IP 地址即可。

DNSSec(DNS Secure)协议可以防止这种 DNS 伪装攻击，但使用并不广泛。

1.6　本　章　小　结

- 网络与 Internet 安全近几年来越来越重要，因为使用这些技术开展业务已经非常重要。
- 自动攻击、隐私问题、距离不是问题等是现代攻击的关键特性。
- 安全性原则是保密性、认证、完整性、不可抵赖、访问控制和可用性。
- 保密性原则要求只有发送方和所有接收方才能访问消息内容。
- 认证标识计算机系统用户，与消息接收方建立信任关系。
- 消息从发送方传递到接收方过程中要保证完整性，而不能被中途篡改。
- 不可抵赖保证消息发送方不能否认已发送的消息。
- 访问控制指定用户可以对网络或 Internet 系统采取哪些操作。
- 可用性保证合法用户能够访问计算机与网络资源。
- 系统攻击可以分为截获、伪造、篡改与中断。
- 攻击分类的一般方法是把它们分为：犯罪攻击、引起公众注意的攻击和合法攻击。
- 系统攻击也可以分为主动攻击与被动攻击。
- 被动攻击不会篡改消息内容。
- 主动攻击会篡改消息内容。
- 消息内容泄漏和流量分析属于被动攻击。
- 伪装、重放攻击、消息更改和拒绝服务攻击属于主动攻击。
- 攻击也可以分为应用层攻击和网络层攻击。
- 病毒、蠕虫、特洛伊木马、Java 小程序和 ActiveX 控件都可能对计算机系统造成攻击。
- 如果实现得当，Java 可以提供较高的编程安全性。
- 窃听和伪装属于分组攻击。
- 钓鱼欺骗是一种新的攻击方法，它试图欺骗合法用户向伪造网站提供保密信息。
- DNS 欺骗攻击会修改 DNS 实体，从而把用户重定向到一个无效的站点，同时还使得他们认为是连接到正确的站点了。

1.7　实　践　练　习

1.7.1　多项选择题

1. _____原则保证只有发送方与接收方能访问消息内容。
    （a）保密性　　　　（b）认证　　　　（c）完整性　　　　（d）访问控制
2. 如果消息接收方要确定发送方身份，则要使用_____原则。

　　　　(a) 保密性　　　　　(b) 认证　　　　　(c) 完整性　　　　　(d) 访问控制

3. 如果要保证_____原则,则不能在传输时篡改消息内容。

　　　　(a) 保密性　　　　　(b) 认证　　　　　(c) 完整性　　　　　(d) 访问控制

4. _____原则保证消息发送者以后不会否认所发送的内容。

　　　　(a) 保密性　　　　　(b) 认证　　　　　(c) 完整性　　　　　(d) 访问控制

5. _____攻击与保密性有关。

　　　　(a) 截获　　　　　　(b) 伪造　　　　　(c) 篡改　　　　　　(d) 中断

6. _____攻击与认证有关。

　　　　(a) 截获　　　　　　(b) 伪造　　　　　(c) 篡改　　　　　　(d) 中断

7. _____攻击与完整性有关。

　　　　(a) 截获　　　　　　(b) 伪造　　　　　(c) 篡改　　　　　　(d) 中断

8. _____攻击与可用性有关。

　　　　(a) 截获　　　　　　(b) 伪造　　　　　(c) 篡改　　　　　　(d) 中断

9. 在_____攻击中不会篡改消息内容。

　　　　(a) 被动　　　　　　(b) 主动　　　　　(c) 都是　　　　　　(d) 都不是

10. 在_____攻击中会篡改消息内容。

　　　　(a) 被动　　　　　　(b) 主动　　　　　(c) 都是　　　　　　(d) 都不是

11. 中断攻击又称为_____攻击。

　　　　(a) 伪装　　　　　　(b) 改变　　　　　(c) 拒绝服务　　　　(d) 重放攻击

12. 拒绝服务攻击是由_____引起的。

　　　　(a) 认证　　　　　　(b) 改变　　　　　(c) 伪造　　　　　　(d) 重放攻击

13. 病毒是一种计算机_____。

　　　　(a) 文件　　　　　　(b) 程序　　　　　(c) 数据库　　　　　(d) 网络

14. 蠕虫_____篡改程序。

　　　　(a) 不　　　　　　　　　　　　　　　　(b) 会

　　　　(c) 可能会或可能不会　　　　　　　　　(d) 可能

15. _____不断复制自己,生成副本,使网络停滞。

　　　　(a) 病毒　　　　　　(b) 蠕虫　　　　　(c) 特洛伊木马　　　(d) 炸弹

1.7.2　练习题

1. 举出一些近年来发生的安全攻击示例。

2. 安全的关键原则是什么?

3. 为什么保密性是重要的安全性原则? 如何实现(提示:想想小孩如何使用暗语)?

4. 说明认证的意义,找出一种简单认证机制(提示:使用 Yahoo 或 Hotmail 之类的免费电子邮件服务时要提供什么信息?)。

5. 现实中如何保证消息完整性?(提示:支票对什么对象有效?)

6. 什么是抵赖? 如何防止(提示:假设签发了一张支票,银行取完钱后,你说没有开过这张支票,会出现什么情况)?

7. 什么是访问控制？与可用性有什么不同？

8. 为什么有些攻击是被动攻击？有些是主动攻击？

9. 试说明任意一种被动攻击。

10. 什么是伪装？它破坏哪个安全性原则？

11. 什么是重放攻击？试举例说明。

12. 什么是拒绝服务攻击？

13. 什么是蠕虫？蠕虫与病毒有什么重大差别？

14. 请讨论一下钓鱼欺骗和 DNS 欺骗。

15. 消息完整性可以确保消息的内容在传输过程中不被修改吗？还需要做些其他什么？

1.7.3　设计与编程

1. 编写一个 C 语言程序，包含字符串（字符指针）值"Hello World"。程序将字符串中每个字符与 0 进行异或运算并显示结果，再将字符串中每个字符与 1 进行异或运算并显示结果，能否看到什么特殊之处？

2. 编写一个 C 语言程序，包含字符串（字符指针）值"Hello World"。程序将字符串中每个字符与 127 进行与、或和异或运算并显示结果，为什么这些结果不同？

3. 更详细地研究一些钓鱼欺骗。看看哪些银行被钓鱼欺骗过，是如何欺骗的？

4. 请提供一些防钓鱼欺骗的技术。哪一种最有效？为什么？

5. 与钓鱼欺骗相比，为什么更容易掉入 DNS 欺骗？请从技术的角度来解释一下。

6. 通常，使用一种称为 SSL 的技术可以防止钓鱼欺骗和 DNS 欺骗。是否总是可以？为什么？

7. 请用英语编写一个类似于病毒的小型程序，该程序可以接收一个文件名，并把文件中的每个字符修改为一个星号。

8. DNS 是如何实现安全的？是否有标准的协议可用？

9. 研究一下 Nigerian Fraud 的含义，看看可以如何防止它。

10. 何谓在线彩票诈骗？其工作原理如何？

11. 黑客使用什么技巧来入侵在线银行账户？

12. 研究一下社会工程的含义及其工作原理。

13. 谁是 Kevin Mitnick？他为什么出名？

14. 社会工程网络攻击有哪些威胁？如何防止？

15. 攻击者用来攻击 Web 网站的常用工具有哪些？

第2章

密码技术

2.1　概　　述

本章介绍密码学(cryptography)的基本概念。本章的目的是阐述与密码技术有关的所有复杂术语。学完本章后,我们就可以为后面章节学习基于计算机的安全解决方案和问题打下基础。

> 密码学是通过把消息编码使其不可读从而获得安全性的艺术与科学。

图 2.1 显示了密码学的概念图。

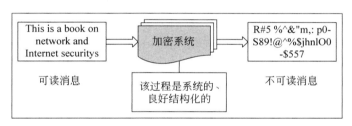

图 2.1　密码学概念图

本章要介绍的其他术语如下。

> **密码分析**(cryptanalysis)是在不知道消息原先是如何从可读格式转换为不可读格式的情况下,把它从不可读格式转换回可读格式的技术。

换句话说,这就像破解一个编码,其概念如图 2.2 所示。

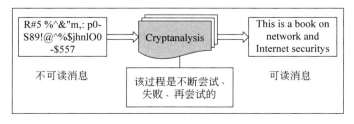

图 2.2　加密分析

> **密码技术**（cryptology）是加密与密码分析的组合。

其概念如图2.3所示。

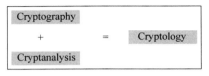

图2.3 加密＋密码分析＝密码技术

过去，加密通常是手工完成的。进行加密的基本框架当然是差不多的，但实际实现中做了大量改进。更重要的是，计算机可以完成这些加密功能和算法，使这个过程更快、更安全。但是，本章介绍不用计算机而达到加密的基本方法。

我们首先要介绍密码学的基本概念，然后介绍如何使消息不可读，从而达到安全性。为此可以采用多种方法，本章将介绍所有这些方法。现代计算机加密方案实际上都是从这些基本方法演变而成的。本章介绍所有这些加密算法，并介绍不同算法的优缺点和适用情形。

有些加密方法很容易理解和复制，因此也很容易破解，而有些加密方法更复杂，因此更难破解，有些则介于两者之间。一定要详细了解这些细节之后才能在后面章节介绍计算机加密方案时进行对照。

2.2 明文与密文

人类语言的任何通信可以称为**明文**（plain text）。明文消息是知道这种语言的任何人都能理解的，该消息不进行任何编码。例如，与家人、朋友或同事谈话时，我们使用明文，因为我们不想隐藏任何东西。假设我说"Hi Amit"，这是个明文，我和Amita都知道这句话的含义和意图。更重要的是，同一个房间中的任何人都能听懂这句话，知道我在向Amita问好。

显然，电子会话期间也使用明文。例如，向别人发电子邮件时，我们用明文编写邮件消息。例如，我可以编写图2.4所示的邮件消息。

```
Hi Amit
Hope you are doing fine. How about meeting at the train station this
Friday at 5 pm?
Please let me know if it is ok with you.


Regards.


Atul
```

图2.4 明文邮件消息

任何人看到这个邮件消息都知道我写的内容，因为我没有使用任何编码语言，而是用大白话编写邮件消息。这是另一个明文示例，只是书面形式而已。

明文是发送方、接收方和任何访问消息的人都能理解的消息。

在正常生活中,我们不担心别人偷听。大多数情况下,别人偷听问题不大,因为他们无法用所听到的信息干什么坏事。实际上,我们在日常生活中不会泄露太多秘密。

但是,有时我们要保守会话的秘密。例如,假设我想知道我的银行账号结余,从办公室中向电话银行打电话。电话银行通常会问一些暗语,只有我知道它的答案,防止别人冒充我。这里,回答这些暗语的答案时(如 Leena),我通常会小声回答或到没人的房间打这个电话,目的是保证只有对方(电话银行)能知道正确答案。

同样,假设图 2.4 中给 Amit 的电子邮件是保密的,则不能让别人了解其内容,即使他们能访问这个邮件。怎么保证?这是小孩子可能遇到的问题。小孩子交流时喜欢带点小秘密,怎么达到?通常最简单的方法是语言编码。例如,他们把谈话中的每个字母换成另一个字母。例如,把每个字母换成向后三个字母的字母,A 换成 D,B 换成 E,C 换成 F,最后,W 换成 Z,X 换成 A,Y 换成 B,Z 换成 C。图 2.5 总结了这个模式。第一行是原字母,第二行是替换字母。

A	B	C	D	E	F	G	H	I	J	K	L	M	N	O	P	Q	R	S	T	U	V	W	X	Y	Z
D	E	F	G	H	I	J	K	L	M	N	O	P	Q	R	S	T	U	V	W	X	Y	Z	A	B	C

图 2.5　把每个字母换成向后三个字母的消息编码模式

这样,把每个字母换成向后三个字母的字母后,消息"I LOVE YOU"就会变成"L ORYH BRX",如图 2.6 所示。

I		L	O	V	E		Y	O	U
L		O	R	Y	H		B	R	X

图 2.6　替换字母的编码模式

当然,这个模式还可以有各种变形,不一定把每个字母换成向后三个字母的字母,也可以把每个字母换成向后四个字母的字母、把每个字母换成向后五个字母的字母,等等,但都是把每个字母换成另一个字母,从而隐藏原消息的内容。经编码后的消息称为密文(cipher text)。密文就是已编码或秘密消息。

明文消息用某种模式编码后,得到密文消息。

基于这些概念,我们可以把这些术语以图形方式表示出来,如图 2.7 所示。

如图 2.8 所示,下面用替换字母的模式写出邮件消息及其密文,进一步说明这个思想。

如图 2.9 所示,明文消息可以用两种方式变为密文消息:**替换法**(Substitution)与**变换法**(Transposition)。

我们下面来讨论这两种方法。注意,当把这两种方法一起使用时,我们称这种技术为**求积加密法**(product cipher)。

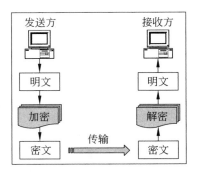

图 2.7   加密操作的基本组成元素

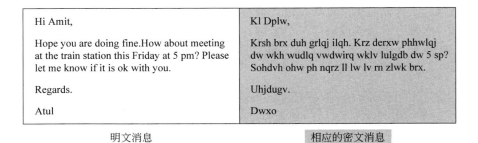

图 2.8   明文消息转换为密文消息的示例

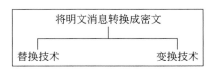

图 2.9   把明文转换成密文的技术

2.3   替换加密技术

2.3.1   凯撒加密法

前面介绍的模式首先是由朱利叶斯·凯撒提出的，称为**凯撒加密法**（Caesar Cipher）。这是第一个替换加密示例。使用替换加密技术时，明文消息的字符替换成另一个字符、数字或符号。凯撒加密法是替换方法的一个特例，消息中每个字母替换成向后三个字母的字母，例如，明文 ATUL 变成了密文 DWXO。

> 使用替换加密法时，明文消息的字符替换成另一个字符、数字或符号。

显然，凯撒加密法是一种非常脆弱的隐藏明文消息的方案。要破解凯撒加密法，只要逆转凯撒加密过程即可，即把每个字母替换成向前三个字母的字母。这样，对于凯撒加密法生成的密文,只要把 A 换成 X,B 换成 Y,C 换成 Z,D 换成 A,E 换成 B,等等。图 2.10 显示了破解凯撒加密法的简单算法。

> (1) 读取密文消息中每个字母,查找图 2.5 第二行。
> (2) 找到匹配时,将密文消息中的字母换成表中第一行同一列的相应字母(如 J 换成 G)。
> (3) 对密文消息中所有字母重复这个过程。

图 2.10　破解凯撒加密法的简单算法

从上述过程可以得出明文,对于密文"L ORYH BRX",可以求出明文"I LOVE YOU",如图 2.11 所示。

密文	L		O	R	Y	H		B	R	X
明文	I		L	O	V	E		Y	O	U

图 2.11　破解凯撒加密法的示例

2.3.2　凯撒加密法的改进版本

凯撒加密法在理论上很好,但不太实用。下面尝试改进凯撒加密法,使其更难破解。如何使凯撒加密法更加一般化?假设密文字母与明文字母不是相隔三个字母,而是可以隔任意多个字母,则会更复杂一些。

这样,明文中的字母 A 不一定换成 D,而是可能换成任何有效字母,如 E、F、G,等等。确定替换模式后,就可以对消息中所有其他字母采用同样的替换。我们知道,英语有 26 个字母,字母 A 可以换成字母表中任何其他字母(B~Z),但换成本身是没意义的(A 换成 A 等于没换)。因此,每个字母有 25 种替换可能。这样,要破译改进的凯撒加密法,就不能用上述算法,而要改进破解方法,如图 2.12 所示。

> (1) 假设 K 为数字 1。
> (2) 读取整个密文消息。
> (3) 将密文中每个字母换成字母表中相隔 K 的字母。
> (4) 将 K 递增 1。
> (5) 如果 K 小于 26,则转第 2 步,否则过程停止。
> (6) 从上述步骤可以得到 25 个结果,其中有一个是原先的明文消息。

图 2.12　破解改进的凯撒加密法

下面取一个改进的凯撒加密法产生的密文,试用前面的算法将其还原成明文。由于明文中的每个字符可以换成另外 25 个字母中的任何一个,因此要从 25 个明文消息中选择。这样,用上述算法破译密文消息 KWUM PMZN 时,得到图 2.13 所示的结果。

可以看到,图中第一行显示的密文要进行 25 次破译(见前面的算法描述)。我们还可以看到,第 18 次得到的明文是与该密文相应的正确消息。因此,我们实际上可以到此为止。但为了完整起见,我们显示了全部 25 步,这是最糟的情形。

密　文	K	W	U	M		P	M	Z	M
尝试次数（K 值）									
1	L	X	V	N		Q	N	A	N
2	M	Y	W	O		R	O	B	O
3	N	Z	X	P		S	P	C	P
4	O	A	Y	Q		T	Q	D	Q
5	P	B	Z	R		U	R	E	R
6	Q	C	A	S		V	S	F	S
7	R	D	B	T		W	T	G	T
8	S	E	C	U		X	U	H	U
9	T	F	D	V		Y	V	I	V
10	U	G	E	W		Z	W	J	W
11	V	H	F	X		A	X	K	X
12	W	I	G	Y		B	Y	L	Y
13	X	J	H	Z		C	Z	M	Z
14	Y	K	I	A		D	A	N	A
15	Z	L	J	B		E	B	O	B
16	A	M	K	C		F	C	P	C
17	B	N	L	D		G	D	Q	D
18	C	O	M	E		H	E	R	E
19	D	P	N	F		I	F	S	F
20	E	Q	O	G		J	G	T	G
21	F	R	P	H		K	H	U	H
22	G	S	Q	I		L	I	V	I
23	H	T	R	J		M	J	W	J
24	I	U	S	K		N	K	X	K
25	J	V	T	L		O	L	Y	L

图 2.13　破译改进的凯撒加密法

　　将消息编码以便安全发送的机制称为密码学。这里要介绍几个与密码学相关的术语。通过所有置换与组合攻击密文消息称为**蛮力攻击法**（Brute-force attack）。从密文消息求出明文消息的过程称为**密码分析**（Cryptanalysis），进行密码分析的人称为**密码分析员**（cryptanalyst）。

> 密码分析员是从密文消息求出明文消息的人，这个求解过程称为密码分析。

　　可以看到，即使改进的凯撒加密法也不是太安全。密码分析只要知道下面三点就可以用蛮力攻击法求出明文消息：
　　（1）密文是用替换技术从明文得到的。
　　（2）只有 25 种可能性。
　　（3）明文的语言是英语。

> 密码分析员进行蛮力攻击时，通过各种可能方式从密文消息求出明文消息。

　　只要知道这三点，任何人都可以破译改进的凯撒加密法产生的密文。如何进一步改进这个改进的凯撒加密法？

2.3.3 单码加密法

凯撒加密法的主要弱点是可预测性。只要决定将明文消息中的字母换成相距 K 个字母的字母，就可以用同样方法替换明文消息中的所有其他字母。这样，密码分析员最多只要进行 25 次攻击，就一定能取得成功。

假设某个明文消息的所有字母不是采用相同的模式，而是使用随机替换，则在某个明文消息中，每个 A 可以换成 B～Z 的任意字母，B 也可以换成 A 或 C～Z 的任意字母，等等。这里的关键差别是 B 的替换与 A 的替换没有关系，将 A 替换成 D 未必表示要将 B 换成 E，而是可以将 B 换成任何其他字母。

数学上，现在可以使用 26 个字母的任何置换与组合，从而得到($26 \times 25 \times 24 \times 23 \times \cdots \times 2$)或 4×10^{26} 种可能性。这是很难破解的，即使用最先进的计算机，也要许多年才能破解。

> 单码加密法会给密码分析员带来难题，由于置换与组合量很大，很难破解。

但也有一个问题。如果用这个方法生成的密文很短，则密码分析员可以根据英文知识进行不同攻击。我们知道，英文中有些字母的出现频率较大。语言分析师发现，在密文的单个字母表中，P 的出现概率最高，为 13.33％，然后是 Z，概率为 11.67％，而 C、K、L、N 和 R 的概率几乎为 0。

密码分析员可以寻找密文中的字母模式，将密文字母换成各种字母，进行破译。

除了单码替换外，密码分析员还寻找单词 to 的重复模式，进行攻击。例如，密码分析员可能寻找两个字母的文本模式，因为单词 to 在英文中的频率很高。如果密码分析员发现密文消息中的两字母组合经常出现，则可以试着将其换成 to，然后推导出其他单词。然后密码分析员还可以寻找替换三字母模式，试着将其换成 the，等等。

2.3.4 同音替换加密法

同音替换加密法（Homophonic Substitution Cipher）与单码加密法非常相似。与普通替换密文方法一样，这里是把一个字母换成另一个字母。但是，这两个技术有所不同，简单替换方法中的替换字母表是固定的（如 A 换成 D，B 换成 E，等等），而同音替换加密法中一个明文字母可能对应于多个密文字母。例如，A 可以换成 D、H、P、R；B 可以换成 E、I、Q、S，等等。

> 同音替换加密法也是一次把一个明文字母换成一个密文字母，但密文字母可以是所选集合中的任何一个字母。

2.3.5 块替换加密法

块替换加密法（Polygram Substitution Cipher）技术不是一次把一个明文字母换成一个

密文字母,而是把一块字母换成另一块字母。例如,HELLO 换成 YUQQW,而 HELL 换成
TEUI,如图 2.14 所示,尽管两者之前四个字母都是 HELL。由此可见,块替换加密法是把
一块字母换成另一块字母,而不是把一个字母换成另一个字母。

> 块替换加密法是把一块字母换成另一块字母,而不是把一个字母换成另一个字母。

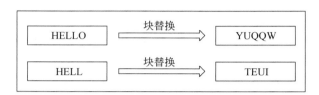

图 2.14　块替换加密

2.3.6　多码替换加密法

1568 年,Leon Battista 发明了**多码替换加密法**(Polyalphabetic Substitution Cipher)。
尽管这种加密法已经被多次破译,但至今仍然广泛使用。Vigenere 加密法与 Beaufort 加密
法都是多码替换加密法。

这种加密法使用多个单码密钥,每个密钥加密一个明文字符。第一个密钥加密第一个
明文字符,第二个密钥加密第二个明文字符,等等。用完所有密钥后,再循环使用。这样,如
果有 30 个单码密钥,则明文中的每隔 30 个字母换成相同密钥,这个数字(30)称为密文
周期。

多码替换加密法的主要特性有:

(a) 它使用一个单码替换规则集。

(b) 它使用一个密钥,用于确定哪种转换使用哪个规则。

例如,我们来看看 Vigenere 加密法,它是这种加密法的一个例子。在这种算法中,26
种凯撒加密法组成了单码替换规则。这是一种从 0～25 的移动替换机制。对每个明文字
母,有一种相应的替换方法,我们称之为**密钥字母**(key letter)。对移位为 3 的字母,其密钥
值是 e。

为了理解这种技术,我们需要看看一个表,这个表称为 Vigenere 表,如图 2.15 所示。

其加密逻辑很简单。对密钥字母 p 和明文字母 q,对应的密文字母是 p 行与 q 列交叉
的字母。因此,在图 2.15 中,密文为 F。

很显然,要加密一个明文消息,需要一个密钥,其长度等于明文消息的长度。通常使用
一个重复自身的密钥。

2.3.7　Playfair 加密法

Playfair 加密法,也称为 Playfair 方块(Playfair Square),是一种用于手工数据加密的密
码技术。这种方案是由 Charles Wheatstone 于 1854 年发明的。但是,这种方案最终来自

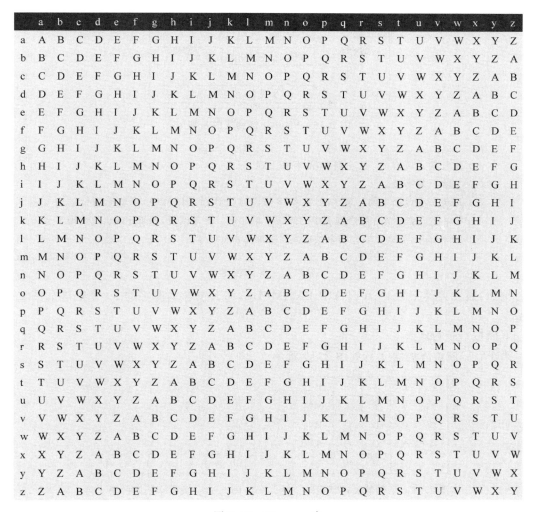

图 2.15 Vigenere 表

Lord Playfair 的名字,他是 Wheststone 的朋友。Playfair 使得这种方案流行起来,因此使用了他的名字来命名。

Playfair 加密法在第一次世界大战中被英国军方使用,在第二次世界大战中被澳大利亚人使用。这可能是因为 Playfair 加密法可以很快地使用,不需要任何特殊的设备。它用于保护重要但不很关键的信息,因此,等到密码分析员破解时,这些信息已经没有任何价值了。当然,今天看来,Playfair 加密法是一种过时的算法。现在,除了出现在一些报纸上,Playfair 加密法只有学术作用了。

Playfair 使用两个主要过程,如图 2.16 所示。

步骤 1:创建矩阵

Playfair 加密法使用一个 5×5 的矩阵,该矩阵用于存储关键字或关键词,在加密或解密时用作密钥。把关键词输入到这个 5×5 的矩阵中的方法基于一些简单的规则,如图 2.17 所示。

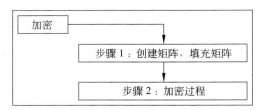

图 2.16　Playfair 加密法的步骤

（1）按行输入关键词：从左到右，然后从上到下。

（2）去除重复字母。

（3）用英文字母表中的其余字母（这些字母没有包含在关键词中）来填充剩余的空格。这里把 I 和 J 组合到表中的同一个单元中。换句话说，如果 I 或 J 是关键字的一部分，那么在填充剩余的单元时忽略 I 和 J 字母。

图 2.17　矩阵创建

例如，假设关键字为 PLAYFAIR EXAMPLE，那么包含关键字的 5×5 矩阵如图 2.18 所示。

下面按行进行解释。

第 1 行：该矩阵的第 1 行如图 2.19 所示。

P	L	A	Y	F
I	R	E	X	M
B	C	D	G	H
K	N	O	Q	S
T	U	V	W	Z

图 2.18　示例的关键字矩阵

图 2.19　关键字矩阵的第 1 行

我们可以看到，这里只是关键字的前 5 个字母（PLAYF）。到此为止没有重复的字母。因此按照规则（1），在同一行中逐个写出这些字母。

第 2 行：第 2 行如图 2.20 所示。

前 4 个字母是前面一行中写剩余的关键字（IREX）。但是，之后是一个重复的字母 A，如图 2.21 所示。

图 2.20　关键字的第 2 行

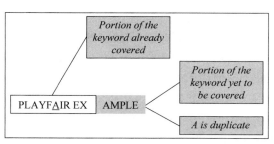

图 2.21　发现一个重复字母（A）的情况

因此,按照规则(2),要忽略这个重复的字母 A,把下一个字母 M 填入。这就完成了该行的第 5 个单元的填充。

第 3 行:该矩阵的第 3 行如图 2.22 所示。

我们来看看在前两行中包含了关键字的哪些部分。

关键字是:PLAYFAIR EXAMPLE

前两行是:PLAYF 和 IREXM

B	C	D	G	H

图 2.22　矩阵的第 3 行

我们把前两行中已包含的字母用斜体表示,重复的字母加下划线表示,那么,关键字就是如下所示:

*PLAYFAIR EX*AMPLE

我们可以看到,现在关键字的所有字母都已涵盖了(因为每个字母要么是斜体,表示已经是矩阵的一部分了,要么是已加下划线了,表示是重复的)。

因此,从第 3 行开始,没有关键字字母可以填充了。于是,考虑规则(3)。该规则表示,用 A~Z 中没使用过的字母来填充矩阵剩余的单元。根据这个标准,我们把 B、C、D、G 和 H 填充到矩阵的第 3 行。

第 4 行:第 4 行如图 2.23 所示。

这里,只需使用规则(3)就可以得到字母 K、N、O、Q 和 S。

第 5 行:第 5 行如图 2.24 所示。这里,只需使用规则(3)就可以得到字母 T、U、V、W 和 Z。

K	N	O	Q	S

图 2.23　矩阵的第 4 行

T	U	V	W	Z

图 2.24　矩阵的第 5 行

步骤 2:加密过程

加密过程由 5 个步骤组成,如图 2.25 所示。

(1) 在运行这些步骤之前,要加密的明文消息需要分成多个组,每个组含有两个字母。例如,如果消息为"MY NAME IS ATUL",那么就分成"MY NA ME IS AT UL"。加密过程就是用这些已分组的消息进行。

(2) 如果两个字母相同(或只剩下一个字母了),那么就在第一个字母后添加一个 X。把这个新的分组加密,然后往下继续进行。

(3) 如果分组的两个字母出现在矩阵的同一行中,那么就分别用这两个字母右边的字母来替换。如果初始分组位于行的右边,那么就转到该行的左边。

(4) 如果分组的两个字母出现在矩阵的同一列中,那么就分别用这两个字母下面的字母来替换。如果初始分组位于行的底端,那么就转到该行的顶端。

(5) 如果分组的两个字母不在同一行或列中,那么就分别用相同行中的字母替换它们,矩形另一角的除外。这里的顺序很重要。分组中首先加密的字母是同一行中的第一个明文字母。

图 2.25　Playfair 加密法的加密过程

加密过程则以相反的方向进行。注意,最后可能还需要删除在第 1 步中添加的字母 X。

我们来看一个具体的示例,演示使用一个关键字加密某些文字的过程。这里的关键字是"PLAYFAIR EXAMPLE",初始文字是"MY NAME IS ATUL"。我们知道,关键字的矩阵如图 2.26 所示。前面已经详细介绍过了,这里就不重复了。

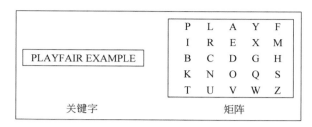

图 2.26   示例的关键字矩阵

下面是该加密过程的解释。

（1）首先把初始文字分成两个字母一组。于是初始文字就成了这样子：

MYNAMEISATUL

（2）现在来对这些文字使用 Playfair 加密算法。第 1 组字母是 MY。通过查找该矩阵,发现字母 M 和 Y 不在同一行或同一列。因此,需要应用 Playfair 加密法的加密过程的第 5 步。也就是说,需要使用对角上的字母来替换。在这个示例中是 XF,这也就是第一个加密文字块,如图 2.27 所示。

（3）要加密的下一个文字块是 NA。这里同样需要使用加密过程第 5 步,如图 2.28 所示。

P	L	A	Y	F
I	R	E	X	M
B	C	D	G	H
K	N	O	Q	S
T	U	V	W	Z

图 2.27   第 1 组字母

P	L	A	Y	F
I	R	E	X	M
B	C	D	G	H
K	N	O	Q	S
T	U	V	W	Z

图 2.28   第 2 组字母

我们可以看到,第 2 个加密文字块是 OL。

（4）下面来看第 3 个明文块 ME,如图 2.29 所示。我们可以看到,这个明文块中的字母 E 和 M 在同一行（即第 2 行）中。因此,根据加密过程第 3 步,加密文字块是 IX。

（5）下面来看第 4 个明文块 IS,如图 2.30 所示。我们可以看到,根据加密过程第 5 步,加密文字块是 MK。

P	L	A	Y	F
I	R	E	X	M
B	C	D	G	H
K	N	O	Q	S
T	U	V	W	Z

图 2.29   第 3 组字母

P	L	A	Y	F
I	R	E	X	M
B	C	D	G	H
K	N	O	Q	S
T	U	V	W	Z

图 2.30   第 4 组字母

（6）下面来看第 5 个明文块 AT,如图 2.31 所示。我们可以看到,根据加密过程第 5 步,加密文字块是 PV。

（7）下面来看第 6 个也是最后一个明文块 UL，如图 2.32 所示。我们可以看到，U 和 L 在同一列中，根据加密过程第 4 步，加密文字块是 LR。

P	L	A	Y	F
I	R	E	X	M
B	C	D	G	H
K	N	O	Q	S
T	U	V	W	Z

图 2.31　第 5 组字母

P	L	A	Y	F
I	R	E	X	M
B	C	D	G	H
K	N	O	Q	S
T	U	V	W	Z

图 2.32　第 6 组字母

于是，明文块“MY NA ME IS AT UL”就变成了“XF OL IX MK PV LR”。

这里不打算演示解密过程。这个过程很简单，只需进行相反的步骤即可。我们留给读者自己去验证。

为了进一步熟悉这个过程，我们来演示另一个示例，如图 2.33 所示。

假设关键字是 Harsh，要加密的明文是 My name is Jui Kahate I am Harshu's sister。
根据这些信息，我们可以有如下的关键字矩阵：

HARSBCDEFGIKLMNOPQTUVWXYZ

明文消息可以分成如下的字母组：

MY NA ME IS IU IK AH AT EI AM HA RS HU 'S XS IS TE RX

基于上面的矩阵使用 Playfair 加密法，得到的加密密文为：

TS KB LF MH NO KL RA SP CL SK AR SB BO AB YR MH QF ER

具体步骤请读者自己去计算。

图 2.33　Playfair 加密示例

2.3.8　希尔加密法

希尔加密法（Hill Cipher）可以同时作用于多个字母。因此，它是一种多字母替换加密法。Lester Hill 于 1929 年发明了这种加密法。希尔加密法以数学的矩阵理论为基础。具体地说，我们需要知道如何计算矩阵的逆阵。这些数学知识在附录 A 中有解释。感兴趣的读者可以参考这些数学理论知识。

希尔加密法的工作方法如图 2.34 所示。

（1）把明文中的每个字母看作为一个数字，于是 A＝0，B＝1，…，Z＝25。
（2）根据上面的转换，把明文消息组成一个数字矩阵。例如，如果明文为 CAT。根据上面的步骤，我们知道 C＝2，A＝0，以及 T＝19。因此明文矩阵为：

图 2.34(a)　希尔加密法示例（第 1 部分）

$$\begin{bmatrix} 2 \\ 0 \\ 19 \end{bmatrix}$$

（3）随机选择一个密钥矩阵，其大小为 n×n，其中 n 等于明文矩阵的行数。例如，我们采用如下密钥矩阵：

$$\begin{bmatrix} 6 & 24 & 1 \\ 13 & 16 & 10 \\ 20 & 17 & 15 \end{bmatrix}$$

（4）然后把这两个矩阵相乘：

$$\begin{bmatrix} 2 \\ 0 \\ 19 \end{bmatrix} \times \begin{bmatrix} 6 & 24 & 1 \\ 13 & 16 & 10 \\ 20 & 17 & 15 \end{bmatrix} = \begin{bmatrix} 31 \\ 216 \\ 325 \end{bmatrix}$$

（5）对上面计算所得的矩阵取模 26。也就是说，对该矩阵除以 26 得其余数，即：

$$\begin{bmatrix} 31 \\ 216 \\ 325 \end{bmatrix} \bmod 26 = \begin{bmatrix} 5 \\ 8 \\ 13 \end{bmatrix}$$

（6）这是因为 31÷6=1，余数为 5，其他的以此类推。

（7）然后把这些数字转换后字母，即 5=F，8=I，13=N。于是，密文就是 FIN。

（8）要加密，需要把密文矩阵与初始密钥矩阵的逆阵相乘。这里，密钥矩阵的逆阵为：

$$\begin{bmatrix} 8 & 5 & 10 \\ 21 & 8 & 21 \\ 21 & 12 & 8 \end{bmatrix}$$

图 2.34（a） 续

（1）要加密，需要把密文矩阵与初始密钥矩阵的逆阵相乘，即：

$$\begin{bmatrix} 8 & 5 & 10 \\ 21 & 8 & 21 \\ 21 & 12 & 8 \end{bmatrix} \times \begin{bmatrix} 5 \\ 8 \\ 13 \end{bmatrix} = \begin{bmatrix} 210 \\ 442 \\ 305 \end{bmatrix}$$

（2）然后对上面计算所得的矩阵取模 26，即：

$$\begin{bmatrix} 210 \\ 442 \\ 305 \end{bmatrix} \bmod 26 = \begin{bmatrix} 2 \\ 0 \\ 19 \end{bmatrix}$$

（3）这样，明文矩阵包含的数字就是 2、0、19，它们对应的是 2=C，0=A，19=T。这就成功地转换回了初始明文。

图 2.34（b） 希尔加密法示例（第 2 部分）

希尔加密法容易被已知明文攻击法破解，后面将介绍这种攻击法。这是因为希尔加密法是线性的。

2.4　变换加密技术

前面曾介绍过,替换加密将一个明文字母换成一个密文字母。变换加密则与替换加密不同,它不是简单地把一个字母换成另一字母,而是对明文字母进行某种置换。

2.4.1　栅栏加密技术

栅栏加密技术(Rail Fence Technique)就是一个变换加密技术,使用图 2.35 所示的简单算法。

> (1) 将明文消息写成对角线序列。
> (2) 将第 1 步写出的明文读入行序列。

图 2.35　栅栏加密技术

下面用一个简单示例说明栅栏加密技术。假设明文消息为"Come home tomorrow",如何用栅栏加密技术变成密文消息? 如图 2.36 所示。

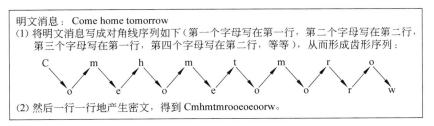

图 2.36　栅栏加密技术示例

正如图 2.36 所示,明文消息"Come home tomorrow"通过栅栏加密技术变成"Cmhmtm-rooeoeoorw"。

> 栅栏加密技术将明文消息写成对角线序列,然后一行一行地产生密文。

显然,密码分析员很容易破解栅栏加密技术,这里没有什么复杂之处。

2.4.2　简单分栏式变换加密技术

1. 基本技术

栅栏加密技术之类的基本变换加密技术有各种变形,图 2.37 显示的机制称为简单分栏式变换加密技术(Simple Columnar Transposition Technique)。

（1）将明文消息一行一行地写入预定长度的矩形中。

（2）一列一列读消息，但不一定按 1、2、3 列的顺序，也可以按随机顺序，如 2、3、1。

（3）得到的消息就是密文消息。

图 2.37　简单分栏式变换加密技术

下面用一个示例说明简单分栏式变换加密技术。假设明文还是"Come home tomorrow"。图 2.38 显示了如何用简单分栏式变换加密技术将其变成密文。

明文消息为 Come home tomorrow。

（1）假设矩形为 6 列，则可以将明文消息一行一行地写入其中如下：

第 1 列　第 2 列　第 3 列　第 4 列　第 5 列　第 6 列

　C　　　o　　　m　　　e　　　h　　　o

　m　　　e　　　t　　　o　　　m　　　o

　r　　　r　　　o　　　w

（2）下面要指定随机列顺序，如 4、6、1、2、5、3，然后按这个顺序一列一列地读消息。

（3）得到密文 eowoocmroerhmmto。

图 2.38　简单分栏式变换加密技术示例

简单分栏式变换加密技术只是将明文排成矩阵中的行序列，按随机顺序读取。

与栅栏加密技术一样，简单分栏式变换加密技术也很容易破解。只要试试列的置换与组合，就可以得到原先的明文。为了使密码分析员更难破译，可以修改简单分栏式变换加密技术，用相同方法进行多次变换。

2. 多轮简单分栏式变换加密技术

为了使密码分析员更难破译，可以将简单分栏式变换加密技术中的变换进行多次，从而增加复杂性。

图 2.39 显示了多轮简单分栏式变换加密技术的基本算法。

（1）将明文消息一行一行地写入预定长度的矩形中。

（2）一列一列读消息，但不一定按 1、2、3 列的顺序，也可以按随机顺序，如 2、3、1。

（3）得到的消息就是密文消息，这是第一轮。

（4）将 1～3 步重复多次。

图 2.39　多轮简单分栏式变换加密技术

可以看到，这个技术只是在简单分栏式变换加密技术中增加了第 4 步，使基本算法执行多次。尽管看起来好像很简单，但得到的密文比简单分栏式变换加密技术复杂得多。假设上例采用多轮变换，如图 2.40 所示。

明文消息为 Come home tomorrow。

(1) 假设矩形为 6 列,则可以将明文消息一行一行地写入其中如下:

第 1 列　第 2 列　第 3 列　第 4 列　第 5 列　第 6 列

　C　　　o　　　m　　　e　　　h　　　o

　m　　　e　　　t　　　o　　　m　　　o

　r　　　r　　　o　　　w

(2) 下面要指定随机列顺序,如 4、6、1、2、5、3,然后按这个顺序一列一列读消息。

(3) 得到密文 eowoocmroerhmmto,这是第一轮。

(4) 下面再次执行 1～3 步,第 1 轮后的密文表格如下:

第 1 列　第 2 列　第 3 列　第 4 列　第 5 列　第 6 列

　e　　　o　　　w　　　o　　　o　　　c

　m　　　r　　　o　　　e　　　r　　　h

　m　　　m　　　t　　　o

(5) 假设使用相同的随机列顺序,即 4、6、1、2、5、3,然后按这个顺序一列一列读消息。

(6) 得到密文 oeochemmrmormorwot。

(7) 可以进行更多次迭代,也可以到此为止。

图 2.40　多轮简单分栏式变换加密技术示例

在图 2.40 中,多轮迭代使密文比基本简单分栏式变换加密技术得到的密文更复杂。迭代次数越多,得到的密文越复杂。

多轮简单分栏式变换加密技术使密文比基本简单分栏式变换加密技术得到的密文更复杂。

2.4.3　Vernam 加密法

Vernam 加密法也称为**一次性板**(One-Time Pad),用随机的非重复字符集合作为输入密文。这里最重要的是,一旦使用变换的输入密文,就不再在任何其他消息中使用这个输入密文(因此是一次性的)。输入密文的长度等于原消息明文的长度。图 2.41 显示了 Vernam 加密算法。

(1) 按递增顺序把每个明文字母作为一个数字,即 A=0,B=1,…,Z=25。

(2) 对输入密文中每个字母进行相同处理。

(3) 将明文中的每个字母与输入密文中的相应字母相加。

(4) 如果得到的和大于 26,则从中减去 26。

(5) 将和变成相应字母,从而得到输出密文。

图 2.41　Vernam 加密算法

假设对明文消息 HOW ARE YOU 采用 Vernam 加密,一次性板为 NCBTZQARX,则得到密文消息 UQXTUYFR,如图 2.42 所示。

(1) 明文	H	O	W	A	R	E	Y	O	U
	7	14	22	0	17	4	24	14	20
+									
(2) 一次性板	13	2	1	19	25	16	0	17	23
	N	C	B	T	Z	Q	A	R	X
(3) 初始和	20	16	23	19	42	20	24	31	43
(4) 大于 25 时减去 26	20	16	23	19	16	20	24	5	17
(5) 密文	U	Q	X	T	Q	U	Y	F	R

图 2.42 Vernam 加密法示例

显然，由于一次性板用完就要放弃，因此这个技术相当安全，适合少量明文消息，但对大消息是行不通的。Vernam 加密法最初是 AT&T 公司借助所谓的 Vernam 机实现的。Vernam 加密法使用一次性板，用完就要放弃，适合少量明文消息。

2.4.4　书加密法/运动密钥加密法

书加密法（Book Cipher）也称为**运动密钥加密法**（Running Key Cipher），思路很简单，与 Vernam 加密法相似。产生密文时，用书中的某段文本，作为一次性板。这样，书中的字符成为一次性板，像一次性板中一样，与输入明文消息相加。

2.5　加密与解密

前面介绍了明文及其如何完成密文，以保证只有发送方和接收方能够理解。下面介绍其涉及的技术术语。按照技术术语，将明文消息变成密文消息的过程称为**加密**（encryption），如图 2.43 所示。

图 2.43　加密过程

相反，将密文消息变成明文消息的过程称为**解密**（decryption），如图 2.44 所示。

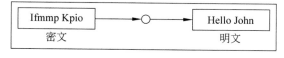

图 2.44　解密过程

解密与加密正好相反，加密是将明文消息变成密文消息，而解密是将密文消息变成明文消息。

计算机与计算机之间进行通信时，发送方的计算机通常要通过加密将明文消息变成密文消息，然后通过网络（如 Internet，也可以是任何其他网络）将加密的密文消息发送到接收方。接收方计算机对加密的密文消息采用相反的过程，即通过解密还原成明文消息，如图 2.45 所示。

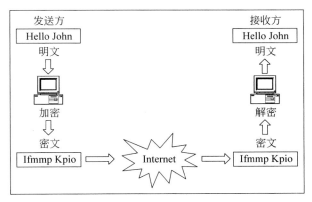

图 2.45　实际的加密与解密过程

要加密明文消息，发送方（这里发送方指发送方的计算机）进行加密，即采用加密算法。要解密收到的加密消息，接收方要进行解密，即采用解密算法。算法的概念与前面介绍的算法相似。

显然，解密算法要与加密算法相同，否则无法通过解密得到原先的消息。例如，如果发送方用栅栏加密技术加密，而接收方用简单分栏式技术解密，则结果不是正确的明文。因此，发送方与接收方要确定共同算法，才能得到有意义的通信。算法就是取一个输入文本，产生一个输出文本。

消息加密与解密的另一个方面是**密钥**（key）。什么是密钥？密钥相当于 Vernam 加密法中所用的一次性板。任何人都可以使用 Vernam 加密法，但由于只有发送方与接收方知道这个一次性板，因此除发送方与接收方以外，别人看不懂这个消息，如图 2.46 所示。

> 每个加密与解密过程都有两个方面：加密与解密的算法与密钥。

为了更好地理解以上内容，我们来看一个组合锁的示例，它在我们的实际生活中使用。需要记住一个组合（即一个数字，如 871）来开锁。这里，组合锁以及如何开锁（即算法）大家都知道。但是，要打开具体锁的实际密钥（这里是 871）是保密的，其思想如图 2.47 所示。

图 2.46　加密与解密

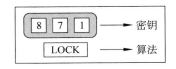

图 2.47　组合锁

例如，发送方与接收方可以商定用 Vernam 加密算法，用密钥 XYZ，保证只有发送方与接收方才能访问他们之间的会话。别人可能知道他们用的是 Vernam 加密法，但不知道加密/解密密钥是 XYZ。

> 一般来说，加密与解密过程使用的算法通常是公开的，但加密与解密所用的密钥能够保证加密过程的安全性。

广义地说，根据使用的密钥，有两种加密机制。如果加密与解密使用相同密钥，则称为**对称密钥加密**（Symmetric Key Cryptography）；如果加密与解密使用不同密钥，则称为**非对称密钥加密**（Asymmetric Key Cryptography），如图 2.48 所示。

图 2.48　加密机制

下面介绍这两种加密机制的基本概念，后面几章介绍这些类别中不同计算机加密算法的细节。

> 对称密钥加密的加密与解密使用相同密钥，而非对称密钥加密的加密与解密使用不同密钥。

2.6　对称与非对称密钥加密

2.6.1　对称密钥加密与密钥发布问题

介绍计算机加密算法之前，要先了解为什么需要这两种加密机制。为此，下面举一个简单示例。

> A 要向 B 发送高度机密的信件，A 和 B 在同一城市，但相距好几千米，由于某种原因而无法见面。

下面看看如何处理这个问题。最简单的方法是 A 把信件放在信封中，密封起来，通过邮局发送，希望中途不要被别人拆开，如图 2.49 所示。

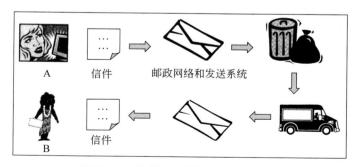

图 2.49　发送机密信件的最简单方法

显然，这个方法是不可行的，怎么能保证不会被别人拆开呢？通过挂号信或特快专递可能会好一些，但仍然不能保证不会被别人拆开。别人可以拆开阅读，然后再重新封好发出。

　　另一个方法是通过人工传递。A 把信交给 P,由 P 亲手交给 B。这个方法更好一些,但仍然不是完全可靠的。

　　还可以用另一种方法,A 把信放在一个箱子中,用相当安全的锁把它锁住,使别人无法在中途打开箱子和信封,因此无法访问和读取这个高度机密的信件。这样就可以解决问题了。但是,这个问题又带来了新的问题,这时 B 也无法打开箱子和信封,怎么办?

　　不仅非法用户无法访问信件,连合法用户也无法访问信件,B 也不能打开这个锁,发这封信还有什么用?

　　如果 A 在发出箱子的同时配一把钥匙,则 B 可以打开锁,访问箱中的信,但这样一来,别人(例如 P)也可以用这把钥匙打开箱子。

　　因此,A 又想出了一个主意。锁住的箱子用上述方法发给 B(邮局、信使或人工传递),但不在发出箱子的同时配一把钥匙,而是选择某个时间和地点,亲手将钥匙交给 B。这样就可以保证钥匙不会落入别人手里,只有 B 能够访问高度机密信件,这样就可以万无一失了,对吗?

　　如果 A 能与 B 见面,亲手交出钥匙,则也可以亲手交出密信,为什么还要多这些麻烦呢? 记住,问题的前提是 A 和 B 由于某种原因而无法见面。

　　看来,没有一种办法是可行的,或者不安全,或者行不通,这就是**密钥发布**(key distribution)或**密钥交换**(key exchange)问题。由于发送方与接收方用相同密钥锁住和开锁,因此称为对称密钥操作(在密码学中,称为对称密钥加密)。这样,我们发现密钥分配问题是与对称密钥操作相关联的。

　　假设不仅 A 与 B 之间,而且有几千个人之间要相互发送这类密信,能否使用对称密钥操作呢? 如果仔细分析一下,就可以发现,随着服务人数的增加,这个方法有个很大的缺点。

　　我们首先看看人数较少的情况,然后看看人数增加的情况。例如,假设 A 要与两个人(B 和 C)安全通信,A 可否用同一种锁和钥匙处理 B 与 C 的消息(即相同属性的锁,用相同钥匙打开)? 当然,这是不行的,否则怎么保证 B 不会打开给 C 的信,C 不会打开给 B 的信(因为 B 和 C 拥有与 A 相同的密钥)? 即使 B 和 C 在城市的两头,A 也不能冒这个险! 因此,不管锁和钥匙多么安全,A 也要对 B 和 C 使用不同的锁和钥匙。这样,A 要买两套锁和钥匙,如图 2.50 所示,要将相应钥匙发给 B 和 C。

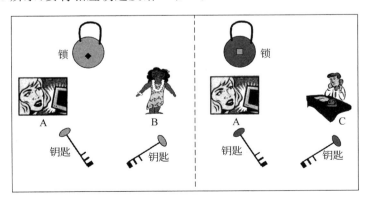

图 2.50　使用不同的锁和钥匙

这样就会出现下列情形:

- A 只要与 B 通信时,要用一套锁和钥匙(A-B)。
- A 要与 B 和 C 通信时,要用两套锁和钥匙(A-B 与 A-C),这样,A 要通信的每个人要有一套锁和钥匙。如果 B 要与 C 通信,则要另一套锁和钥匙 B-C。这样,三方通信要三套锁和钥匙。
- 假设又加入第四个人 D。假设 A、B、C、D 都要安全地相互通信,则会有六对通信 A-B、A-C、A-D、B-C、B-D 与 C-D,因此要六套锁和钥匙。
- 假设又加入第五个人 E,则会有十对通信 A-B、A-C、A-D、A-E、B-C、B-D、B-E、C-D、C-E 与 D-E,因此要十套锁和钥匙。

图 2.51 列出了所要的锁和钥匙套数。

参 加 人 数	所要的锁和钥匙套数
2(A, B)	1(A-B)
3(A, B, C)	3(A-B, A-C, B-C)
4(A, B, C, D)	6(A-B, A-C, A-D, B-C, B-D, C-D)
5(A, B, C, D, E)	10(A-B, A-C, A-D, A-E, B-C, B-D, B-E, C-D, C-E, D-E)

图 2.51　所要的锁和钥匙套数

可以看到:
- 两方参加时,需要 $2 \times (2-1)/2 = 2 \times (1)/2 = 1$ 套锁和钥匙。
- 三方参加时,需要 $3 \times (3-1)/2 = 3 \times (2)/2 = 3$ 套锁和钥匙。
- 四方参加时,需要 $4 \times (4-1)/2 = 4 \times (3)/2 = 6$ 套锁和钥匙。
- 五方参加时,需要 $5 \times (5-1)/2 = 5 \times (4)/2 = 10$ 套锁和钥匙。

推而广之,n 方参加时,所要的锁和钥匙套数为 $n \times (n-1)/2$!。假设有 1000 人参加,则可以算出所要的锁和钥匙套数为 $1000 \times (1000-1)/2 = 1000 \times (999)/2 = 999\ 000/2 = 499\ 500$。

另外,还要有专人记录哪对通信使用哪套锁和钥匙。假设这个人为 T。这是必要的,因为有的人会丢掉锁或钥匙,这时 T 要发出正确复制的钥匙,或发出锁的复制品,或者换一套锁和钥匙。这个工作量非常大。另外,谁是 T? T 应为高度可信和每个人都能访问的人,因为每个通信对都要从 T 取得锁和钥匙对,这是个麻烦而费时的过程。

2.6.2　Diffie-Hellman 密钥交换协议/算法

1. 概述

Whitefield Diffie 与 Martin Hellman 在 1976 年提出了一个奇妙的密钥交换协议,称为 **Diffie-Hellman 密钥交换协议/算法**(Diffie-Hellman Key Exchange Agreement/Algorithm)。这个机制的妙处在于需要安全通信的双方可以用这个方法确定对称密钥。然后可以用这个密钥进行加密和解密。但是注意,Diffie-Hellman 密钥交换协议/算法只能用于密钥交换,而不能用于消息加密和解密。双方确定要用的密钥后,要使用其他对称密钥操作加密算法实际加密和解密消息。

　　尽管 Diffie-Hellman 密钥交换协议/算法使用了数学原理,但很容易理解。我们首先介绍这个算法的步骤,举个简单示例,然后介绍其数学基础。

2. 算法描述

　　假设 Alice 与 Bob 要确定双方加密与解密消息所用的密钥,则可以按图 2.52 所示使用 Diffie-Hellman 密钥交换协议/算法。

（1）首先,Alice 与 Bob 确定两个大素数 n 和 g,这两个整数不必保密,Alice 与 Bob 可以用不安全信道确定这两个数。

（2）Alice 选择另一个大随机数 x,并如下计算 A:
$$A = g^x \bmod n$$

（3）Alice 将 A 发给 Bob。

（4）Bob 选择另一个大随机数 y,并如下计算 B:
$$B = g^y \bmod n$$

（5）Bob 将 B 发给 Alice。

（6）计算秘密密钥 $K1$ 如下:
$$K1 = B^x \bmod n$$

（7）计算秘密密钥 $K2$ 如下:
$$K2 = A^y \bmod n$$

图 2.52　Diffie-Hellman 密钥交换协议/算法

图 2.53 显示了这种算法过程。

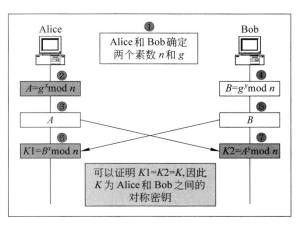

图 2.53　Diffie-Hellman 密钥交换图解

　　其实 $K1$ 与 $K2$ 相等,即 $K1 = K2 = K$ 是个对称密钥,Alice 和 Bob 将其保密,用于双方加密与解密消息。这个方法使用的机制很有趣,我们先证明,后检验。

3. 算法示例

　　下面用一个简单示例来介绍 Diffie-Hellman 算法的工作过程。当然,为了便于理解,我们使用很小的值,在实际中,这些值很大。图 2.54 显示了密钥协定过程。

（1）首先，Alice 与 Bob 确定两个大素数 n 和 g，这两个整数不必保密，Alice 与 Bob 可以用不安全信道确定这两个数。

设 $n=11$，$g=7$

（2）Alice 选择另一个大随机数 x，并如下计算 A：

$$A=g^x \bmod n$$

设 $x=3$，那么 $A=7^3 \bmod 11 = 343 \bmod 11 = 2$

（3）Alice 将 A 发给 Bob。

Alice 将 2 发给 Bob

（4）Bob 选择另一个大随机数 y，并如下计算 B：

$$B=g^y \bmod n$$

设 $y=6$，则 $B=7^6 \bmod 11=117\,649 \bmod 11 = 4$

（5）Bob 将 B 发给 Alice。

Bob 将 4 发给 Alice

（6）计算秘密密钥 $K1$ 如下：

$$K1=B^x \bmod n$$

有 $K1 = 4^3 \bmod 11 = 64 \bmod 11 = 9$

（7）计算秘密密钥 $K2$ 如下：

$$K2=A^y \bmod n$$

有 $K2 = 2^6 \bmod 11=64 \bmod 11=9$

图 2.54　Diffie-Hellman 密钥交换协议/算法示例

介绍 Diffie-Hellman 密钥交换协议/算法后，下面分析它的数学理论知识。

4. 数学理论知识

首先看看算法复杂度的技术描述。

Diffie-Hellman 密钥交换协议/算法的安全性在于，在有限域中的离散对数计算难度比同一个域中的指数计算难得多。

下面用简单术语解释这个含义。

（a）首先看看 Alice 在第 6 步的工作，Alice 计算：

$$K1 = B^x \bmod n$$

什么是 B？第 4 步中：

$$B=g^y \bmod n$$

如果把这个 B 代入第 6 步，则得到下列方程：

$$K1=(g^y)^x \bmod n=g^{yx} \bmod n$$

（b）再看看 Bob 在第 7 步的工作，Bob 计算：

$$K2=A^y \bmod n$$

什么是 A？第 2 步中：

$$A=g^x \bmod n$$

如果把这个 A 代入第 7 步，则得到下列方程：

$$K2 = (g^x)^y \quad \mathrm{mod}\ n = g^{xy}\ \mathrm{mod}\ n$$

从数学的角度,我们知道:

$$K^{yx} = K^{xy}$$

因此,$K1 = K2 = K$。

既然 Alice 与 Bob 能够独立求出 K,攻击者也能够! 怎么办? 事实上,Alice 与 Bob 交换 n、g、A、B。根据这些值,并不容易求出 x(只有 Alice 知道)和 y(只有 Bob 知道)。数学上,对于足够大的数,求 x 与 y 是相当复杂的,攻击者无法求出 x 与 y,因此也无法求出 K。

5. 算法的工作原理

Diffie-Hellman 的思想很简单但非常美妙。Alice 与 Bob 共享的对称密钥由三部分组成:g、x 和 y,如图 2.55 所示。

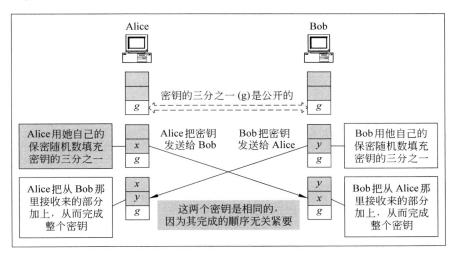

图 2.55　Diffie-Hellman 的工作原理

密钥 g 的第一部分是一个公开数字。该密钥的其他两部分(即 x 和 y)必须只有 Alice 和 Bob 才知道。Alice 负责添加第二部分(x),而 Bob 添加的是第三部分(y)。当 Alice 从 Bob 那里接收了已完成三分之二的密钥时,她把剩余的三分之一部分(即 x)添加到密钥中去。这就完成了 Alice 的密钥。同样,当 Bob 从那里 Alice 接收了已完成三分之二的密钥时,她把剩余的三分之一部分(即 y)添加到密钥中去。这就完成了 Bob 的密钥。

注意,尽管 Alice 的密钥生成是按照 g-y-x 的顺序,而 Bob 的密钥则是按照 g-x-y 的顺序,这两个密钥是相同的,因为 $g^{xy} = g^{yx}$。

尽管这两个密钥最终是相同的,但 Alice 无法得到 Bob 的那部分(即 y),因为该计算是通过对 n 取模来完成的。同样,Bob 也无法得到 Alice 的那部分(即 x)。

6. 算法的问题

Diffie-Hellman 密钥交换协议/算法是否解决了所有密钥交换问题? 不是!

Diffie-Hellman 密钥交换协议/算法可能受到**中间人攻击**(man-in-the-middle attack)或**桶队攻击**(bucket brigade attack),其工作过程如下。

（1）Alice 要与 Bob 安全通信，因此首先要进行 Diffie-Hellman 密钥交换协议/算法。为此，Alice 向 Bob 发出 n 和 g 值。假设 $n=11$，$g=7$（这些值是 Alice 与 Bob 的 A 和 B 基础，用于计算对称密钥 $K1=K2=K$）。

（2）Alice 不知道攻击者 Tom 在监听他们的会话。Tom 取得 n 和 g 值，也将其转发给 Bob（即 $n=11$，$g=7$），如图 2.56 所示。

（3）假设 Alice、Tom 与 Bob 选择随机数 x、y，如图 2.57 所示。

Alice	Tom	Bob
$n=11$，$g=7$	$n=11$，$g=7$	$n=11$，$g=7$

图 2.56　中间人攻击，第一步

Alice	Tom	Bob
$x=3$	$x=8$，$y=6$	$y=9$

图 2.57　中间人攻击，第二步

（4）问题是，为什么 Tom 同时选择 x 和 y？稍后将介绍这个问题。根据这些值，三个人计算 A、B 的值，如图 2.58 所示。注意，Alice 与 Bob 只是分别计算 A 和 B，而 Tom 同时计算 A 和 B，见稍后介绍。

Alice	Tom	Bob
$A=g^x \bmod n$	$A=g^x \bmod n$	$B=g^y \bmod n$
$=7^3 \bmod 11$	$=7^8 \bmod 11$	$=7^9 \bmod 11$
$=343 \bmod 11$	$=5764801 \bmod 11$	$=40353607 \bmod 11$
$=2$	$=9$	$=8$
	$B=g^y \bmod n$	
	$=7^6 \bmod 11$	
	$=117469 \bmod 11$	
	$=4$	

图 2.58　中间人攻击，第三步

（5）这时真正的好戏开始了，如图 2.59 所示。

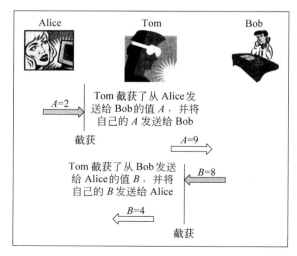

图 2.59　中间人攻击，第四步

如图 2.59 所示，其中发生了下列情况。

（a）Alice 将 A（如 2）发给 Bob，Tom 截获这个 A，将自己的 A（如 3）发给 Bob。Bob 不知道 Tom 截获了 Alice 的 A 后改成了他自己的 A。

（b）Bob 将 B（如 8）发给 Alice，Tom 截获这个 B，将自己的 B（如 4）发给 Alice。Alice 不知道 Tom 截获了 Bob 的 B 后改成了他自己的 B。

（c）此时 Alice、Tom 与 Bob 的 A、B 值如图 2.60 所示。

Alice	Tom	Bob
$A=2$，$B=4^*$	$A=2$，$B=8$	$A=9$，$B=8$
注：表示 Tom 截获并改变后的值		

图 2.60　中间人攻击，第五步

（6）根据这些值，三方计算其密钥，如图 2.61 所示。注意 Alice 只计算 $K1$，Bob 只计算 $K2$，而 Tom 同时计算 $K1$ 与 $K2$。Tom 为什么要这样做？见稍后介绍。

Alice	Tom	Bob
$K1=B^x \bmod n$	$K1=B^x \bmod n$	$K2=A^y \bmod n$
$=4^3 \bmod 11$	$=8^8 \bmod 11$	$=9^9 \bmod 11$
$=64 \bmod 11$	$=16777216 \bmod 11$	$=387420489 \bmod 11$
$=9$	$=5$	$=5$
	$K2=A^y \bmod n$	
	$=2^6 \bmod 11$	
	$=64 \bmod 11$	
	$=9$	

图 2.61　中间人攻击，第六步

下面看看 Tom 为什么要两个密钥。这是因为，一方面 Tom 要用共享对称密钥（即 9）与 Alice 安全通信，另一方面 Tom 要用另一个共享对称密钥（即 5）与 Bob 安全通信。只有这样，Tom 才能够从 Alice 收到消息，进行浏览与操纵，然后将其转发给 Bob；从 Bob 收到消息，进行浏览与操纵，然后将其转发给 Alice。但是，Alice 和 Bob 都误以为是双方直接通信，即 Alice 以为密钥 9 是与 Bob 共有的，而 Bob 以为密钥 5 是与 Alice 共有的，实际上 Tom 与 Alice 共享密钥 9，与 Bob 共享密钥 5。

同样，Tom 需要两组秘密变量 x 与 y 和两组非秘密变量 A 与 B。

可以看出，可以用中间人攻击破解 Diffie-Hellman 密钥交换算法，使其失败，因为中间人攻击使通信双方以为是相互通信，而实际上是中间人与他们通信！

但是，这里并不是一无是处，只要稍作修改，就可以使用这个模式，即采用**非对称密钥操作**（asymmetric key operation）。

2.6.3　非对称密钥操作

在这个模式中，Alice 和 Bob 不必同时访问 T 以求出锁与密钥对，只要 Bob 访问 T，取得一个锁和封锁的钥匙（K1），将锁与钥匙 K1 发给 Alice。Bob 告诉 Alice，Alice 可以用这个锁与密钥封箱，然后将封住的箱发给 Bob。但 Bob 怎么打开锁呢？

这个机制的一个有趣属性是，Bob 拥有不同组相关的密钥（K2），Bob 从 T 取得这个密钥，是根据锁与钥匙 K1 求出的，只有这个密钥才能开锁，保证其他密钥无法开锁，包括 Alice 用来封箱的锁（即 K1）。由于一个密钥（K1）用于封箱，另一个密钥（K2）用于开锁，因此把这种机制称为非对称密钥操作。另外，这里明确定义 T 为**可信任的第三方**（trusted third party）。T 经过认证，是高度可靠和高效的机构。

这样，Bob 拥有密钥对 K1 与 K2，一个密钥（K1）用于封箱，另一个密钥（K2）用于开锁。Bob 可以将锁与钥匙 K1 发给任何人（如 Alice），使其可以安全地向 Bob 发消息。Bob 请求发送方（如 Alice）用这个锁与钥匙 K1 封锁内容。然后 Bob 可以用密钥 K2 开锁。由于密钥 K1 用于锁住，是公开的，因此称为**公钥**（public key）。这里 K1 不是秘密的，而是公开的。因此，与对称密钥操作不同，这里不必保证密钥的安全。另一个密钥 K2 用于开锁，是 Alice 保密的，因此称为**私钥**（private key）或**秘密密钥**（secret key）。

这个过程如图 2.62 所示。

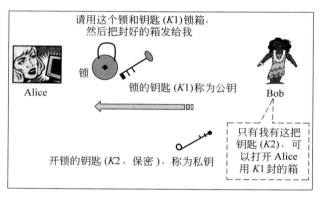

图 2.62   使用密钥对

注意，如果 Bob 要从 C 接收某个安全消息，则不必取得新的锁与密钥对，而是可以向 C 发出相同的锁与密钥对（K1）（Bob 的锁与公钥 K1，使 Alice 和 C 可以同时向 Bob 发送安全消息）。这样，C 用相同的锁与密钥封箱之后将消息发给 Bob。与前面一样，Bob 用相应的私钥开锁。这个概念可以进一步扩展：如果 Bob 要从 10 000 个人那里收到安全消息，则可以发送相同的锁与密钥对，而不像对称密钥方法一样要分别使用不同密钥。发送方总是用 Bob 的公钥锁箱，Bob 总是用自己的私钥开锁。

显然，这个方法相当方便，比对称密钥方法好多了。

下面看看 Alice、Bob 与 C 三方要相互通信的情形。Alice、Bob 与 C 要相互发送安全消息，因此三方可以从信任第三方（T）取得锁与密钥对。一方要从另一方接收安全消息时，就要将锁与密钥对发给另一方。如果 Alice 要从 Bob 接收安全消息，则要将锁与密钥发给 Bob，Bbo 可以用其封箱并将封箱消息发给 Alice。然后 Alice 用私钥开锁。同样，如果 Bob 要从 Alice 接收安全消息，则要将锁与密钥发给 Alice，Alice 可以用其封箱并将封箱消息发给 Bob。然后 Bob 用私钥开锁。

展开这个思想，如果 1000 个人要安全地相互通信，只要有 1000 个锁与密钥对，即 1000 个锁，1000 个公钥和 1000 个私钥，而对称密钥方法则需要 499 500 个锁与密钥对（见前面介绍）。

因此，一般来说，使用非对称密钥方法时，接收方要向发送方发送锁与密钥对，发送方用其封箱并将封锁的内容发给接收方。接收方用私钥打开锁。由于私钥只是这个接收方才拥有，因此可以保证只有所要接收方能够开锁。

2.7　夹带加密法

注意：夹带加密法（Steganography）就是将要保密的消息放在另一个消息中。

这样就可以取消秘密消息。历史上，发送方使用隐形墨水之类的方法、在某个字符上加上小标记、在书写字符之间稍做变化或在手写字符上面使用铅笔标记，等等。

后来，人们用图形夹带秘密消息。例如，假设开发一个秘密消息，可以取一个图形文件，将图形每个字节最右边两位换成秘密消息的两位，得到的图形差别不大，但夹带了秘密消息。接收方进行相反的操作，读取图形文件中每个字节的最后两位，从而得到秘密消息。这个概念如图 2.63 所示。

图 2.63　夹带加密法示例

2.8　密钥范围与密钥长度

我们已经介绍了如何对信息或信息源（如计算机与网络）的攻击进行分类。但加密消息也可以攻击。这里，密码分析员拥有下列信息：

- 加密/解密算法；
- 加密消息；
- 关于密钥长度的知识（即密钥值为 0～1000 亿的值）。

前面曾介绍过，加密/解密算法通常是公开的，每个人都知道。另外，可以用各种方法访问加密消息（如监听网络上的信息流）。因此，攻击者只要知道密钥值就可以了。如果找到密钥，攻击者就可以求出原先的明文消息，如图 2.64 所示。这里应考虑蛮力攻击，试验密钥范围中的每个密钥，直到找到密钥。

试验密钥通常只要很短的时间。攻击者可以编写一个计算机程序，每秒钟测试多个密钥。最好情况下，攻击者第一次就找到密钥；最差情况下，要试 1000 亿次。通常情况下，找到密钥的时间介于这两者之间。根据数学原理，密钥在平均进行密钥范围的一半测试时找到。当然，这只是一个准则，在具体情形中不一定适用。

如图 2.64 所示，攻击者可以访问密文块和加密/解密算法，也知道密钥范围（0～1000 亿之间）。现在，她可以从 0 开始试验每个密钥。每次解密后，她检查生成的明文（实际上不是明

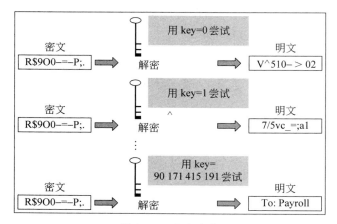

图 2.64　蛮力攻击

文,而是解密结果,但这里先不管这个细节)。如果他发现解密结果无法理解,则继续测试下一个密钥。最后,他可以找到正确的密钥,取值为 90、171、451、191,得到明文"To：Payroll"。

攻击者怎么保证密钥与明文是否正确? 这取决于明文的值。如果明文的值可读(即接近合理的单词/句子/数字),则很可能是与密文对应的明文。

这样,密文和密钥就被破解了! 如何防止攻击者攻击成功呢? 我们知道,目前的密钥范围为 0～1000 亿,另外,假设攻击者只用五分钟就破解密钥,而我们希望消息至少在五年内保密。这样,至少要让攻击者花五年时间才能试遍每一种密钥,从而得到原先的明文消息。因此,要解决这个问题,就要增加密钥范围,从而增加攻击者所需的测试时间。也许密钥范围应该是 $0～10^{38}$。

在计算机中,密钥范围对应于密钥长度。就像股票用指数测量,黄金用盎司测量,金钱用货币值测量一样,加密密钥的强度用密钥长度测量。**密钥长度**(key size)的单位是位,表示为二进制系统。这样,密钥长度可能是 40 位、56 位、128 位,等等。为了防止蛮力攻击,要有一定的密钥长度,使攻击者无法在指定时间内破译。多长时间呢? 请看下面的分析。

最简单的密钥长度只有 1 位,即密钥为 0 或 1。如果密钥长度为 2,则密钥值可能为 00、01、10、11。显然,这些示例只有理论意义,没有实际意义。

从实用角度看,40 位密钥要用 3 小时来破译,而 41 位密钥要 6 小时,42 位密钥要 12 小时,等等。即每增加一位,破译时间增加一倍,为什么? 因为二进制数每增加一位就增加一倍,如图 2.65 所示。

---

2 倍二进制数有 4 个状态：

00

01

10

11

图 2.65　了解密钥的范围

```
3 倍二进制数有 8 个状态:
000
001
010
011
100
101
110
111
一般来说,如果 n 位二进制数有 K 个状态,则 n+1 位二进制数有 2K 个状态
```

图 2.65　(续)

这样,每增加一位,攻击者需要的操作就加倍。对于 56 位密钥,搜索密钥范围的 1% 就要一秒钟,而搜索密钥范围的一半就要一分钟。根据这些情况,下面看看不同密钥长度时搜索密钥范围的 1% 和一半所要的时间,如图 2.66 所示。

密钥长度(位)	搜索密钥范围的 1% 所需时间	搜索密钥范围的一半所需时间
56	1 秒	1 分钟
57	2 秒	2 分钟
58	4 秒	4 分钟
64	4.2 钟	4.2 小时
72	17.9 小时	44.8 天
80	190.9 天	31.4 年
90	535 年	32 100 年
128	1.46×10^{15} 年	8×10^{16} 年

图 2.66　破译密码所需的操作

密钥范围值可以用十六进制表示,看到密钥长度增加如何增加密钥范围,从而增加攻击复杂度,如图 2.67 所示。

显然,128 位密钥是相当安全的(因为 2^{128} 表示大约有 340 000 000 000 000 000 000 000 000 000 000 000 000 个密钥),目前计算机还无法破解。显然,随着计算能力与技术改进,这些数字会不断改变。几年后,也许 128 位密钥会被破解,这时就要使用 256 位或 512 位密钥了。

既然技术进步使密钥长度增长这么快,能这么坚持下去吗? 如今,56 位密钥已经不安全,明天,128 位密钥可能也不够,再后来,256 位密钥也太弱了,等等。有人说,我们永远不会超过 512 位密钥,因为 512 位密钥总是安全的,但怎么能保证呢?

假设宇宙中的每个原子都是一台计算机,则全世界有 2^{300} 台计算机。如果每台计算机每秒检查 2^{300} 个密钥,则要搜索密钥范围的 1% 所需时间,就需要 2^{162} 千年。大爆炸理论认

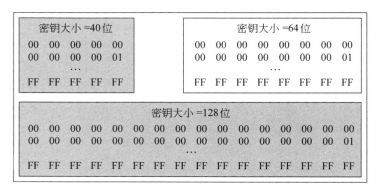

图 2.67　密钥长度与范围

为宇宙已经经过的时间不到 2^{24} 千年，比密钥搜索时间短得多。因此，512 位密钥总是安全的，但也很难说！

2.9　攻　击　类　型

根据前面介绍，发送方将明文消息加密成密文消息时，消息的攻击类型有 5 种，如图 2.68 所示。

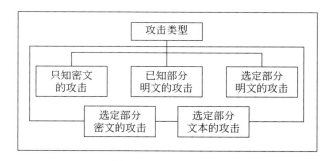

图 2.68　攻击的类型

现在我们来介绍一下这些攻击类型。

1．只知密文的攻击

在这种攻击中，攻击者对明文没有任何线索，只有部分或全部密文。攻击者需要分析密文，得出初始明文。根据字母频率（如英语中字母 e、i、a 最常见），攻击者可以猜测明文。显然，攻击者具有的密文越多，成功攻击的机会也就越大。例如，假设只有一个非常小的密文块 RTQ，这很难猜测出它的初始明文。这有很多种可能的明文，经加密后产生该密文。但如果密文更多些，攻击者就可以缩小变换和组合的范围，从而可能得到初始明文。其概念如图 2.69 所示。

我们说过，攻击者要攻击成功，需要具有足够数量的密文。其原因很简单。例如，如果攻击者具有密文 ABC，而且她知道所用的加密算法是单码加密法，那么就几乎不可能得出

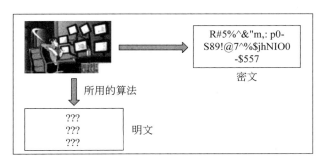

图 2.69　只知密文的攻击

正确的明文。在英语中，对应该密文的含有三个字母的词太多了。该密文是对应的是 CAT、RAT、MAT、SHE、ARE，……？ 这个问题如图 2.70 所示。

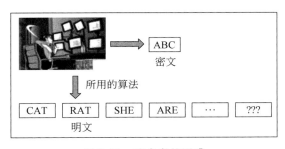

图 2.70　攻击者的困惑

2. 已知部分明文的攻击

在这种攻击中，攻击者已经知道了某些明文对及其相应的密文。利用这些信息，攻击者就可以尝试找出其他明文对，然后知道更多的明文。这种已知的明文可能是公司名称、文件头等一些在特定公司的所用文件中常常出现的内容。攻击者如何能得到这些明文呢？可能是明文信息一段时间后过期了，从而变成了公开信息，也有可能是不小心泄漏出去的，具体如图 2.71 所示。

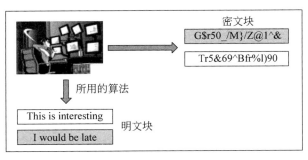

图 2.71　已知部分明文的攻击

3. 选定部分明文的攻击

这里，攻击者选定一个明文块，并尝试在密文中寻找其加密结果。攻击者可以选择要加密的消息。然后基于这些,有意识地选取能产生密文的模式,从而获得密钥的更多信息。

这是如何实现的呢? 例如,电报公司可能提供一种付费服务,把客户的消息加密并发送给目标接收者。在另一端的电报公司需要解密这个消息,并把解密得到的初始消息给接收者。因此,攻击者很可能选取一些她认为在加密消息中很常用的明文。于是,攻击者选取这样一些明文后,并请电报公司来加密它。结果是,攻击者就有了她所选取的明文以及相应的密文。

其描述如图 2.72 所示。

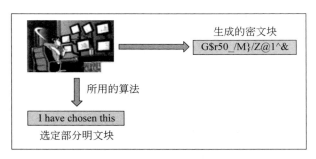

图 2.72　选定部分明文的攻击

4. 选定部分密文的攻击

在这种攻击中,攻击者知道了要解密的密文、产生这些密文的加密算法以及相应的明文块。攻击者的工作是要得出用于加密的密钥。但这种攻击不太常用。

5. 选定部分文本的攻击

这是选定部分明文攻击和选定部分密文攻击的组合,如图 2.73 所示。

图 2.73　选定部分文本的攻击

图 2.74 归纳了这些攻击方法的特征。

攻击方法	攻击者需要知道的内容	攻击者要得到的内容
只知密文的攻击	• 几个消息的密文,这些都是用同一加密密钥加密的 • 所用的算法	• 这些密文消息对应的明文消息 • 加密所用的密钥
已知部分明文的攻击	• 几个消息的密文,这些都是用同一加密密钥加密的 • 对应于上面密文消息的明文消息 • 所用的算法	• 加密所用的密钥 • 用同一密钥解密密文的算法

图 2.74　攻击类型的归纳

攻击方法	攻击者需要知道的内容	攻击者要得到的内容
选定部分明文的攻击	• 密文以及相关的明文消息 • 选取要加密的明文	• 加密所用的密钥 • 用同一密钥解密密文的算法
选定部分密文的攻击	• 几个要解密的消息的密文 • 对应的明文消息	• 加密所用的密钥
选定部分文本的攻击	• 以上的某一些	• 以上的某一些

图 2.74　（续）

2.10　案例研究：拒绝服务攻击

1. 课题讨论要点

（1）何谓拒绝服务（Denial Of Service, DOS）攻击？

（2）哪种拒绝服务攻击更危险,使用 TCP 协议发起的攻击,还是使用 UDP 协议发起的攻击？为什么？

（3）在拒绝服务中的“服务”指的是什么？

（4）怎样才可能防止拒绝服务攻击？

在过去的几年里,拒绝服务攻击引起了大家的不少注意。最著名的拒绝服务攻击是对一些知名 Web 网站（如 Yahoo!、Amazon 等）发起的攻击。2000 年 4 月,一个名为 Mafiaboy 的 15 岁加拿大人发起了拒绝服务攻击,这引起了大家对 Web 网站安全机制的关注。

拒绝服务攻击的基本目的只是使一个网络泛洪,从而拒绝合法用户的网络服务请求。拒绝服务攻击可以以多种方式发起。最终的结果都是使网络泛洪,或修改网络中路由器的配置。

拒绝服务攻击难以检测的原因是,不会有明显的迹象表明某个用户正在发起拒绝服务攻击,也无法明确认定该用户不是系统的一个合法用户。这是因为在拒绝服务攻击中,攻击者只是不断地往被攻击的服务器或网络发送数据分组。服务器负责检测某种数据分组是来自攻击者,而不是来自合法用户,并采取恰当的行动。这并不是一项容易的任务。如果没有检测出,那么经过一段时间后,服务器将出现资源（如内存、网络连接等）短缺,从而出现服务中断。

发起拒绝服务攻击的一种常见机制是利用 SYN 请求。在 Internet 中,客户端与服务器是使用 TCP/IP 协议进行通信的。在客户端与服务器可以交换任何数据之前,需要在客户端与服务器之间创建 TCP 连接。这一系列的交互作用包括如下:

（1）客户端发送一个 SYN 请求给服务器。一个 SYN（synchronize 的缩写）请求向服务器表明,客户端正在请求一个与之的 TCP 连接。

（2）服务器用一个确认消息来回应客户端,这个确认消息称为 SYN ACK。

（3）然后,客户端就等待来自服务器的 SYN ACK。

这个交互过程如图 2.75 所示。

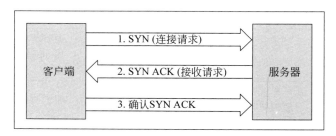

图 2.75　客户端与服务器的交互过程

只有在以上所有这三个步骤都完成后，才认为是创建了客户端与服务器之间的一个 TCP 连接。在这个连接中，它们就可以开始交换实际的应用数据了。

如果要对服务器发起拒绝服务攻击，攻击者要先执行第（1）步。服务器将执行第（2）步。但攻击者并不会执行第（3）步了。这意味着 TCP 连接的创建没有完成。因此，服务器将等待来自客户端的连接请求。客户端（也就是攻击者）根本不会执行第（3）步，他只是安静地待着。此时，可以想象一下，如果客户端往同一服务器发送了很多的 SYN 请求，且对每个请求都不执行第（3）步，情况会怎么样？显然，在服务器的内存中会有大量未完成的 SYN 请求被挂起，如果这种请求太多，服务器将宕机了！

发起 SYN 攻击的另一种机制是，在第（1）步中，攻击者伪造源地址。也就是说，攻击者把一些源地址设置为并不存在的客户端的地址。因此，当服务器执行第（2）步时，SYN ACK 根本到达不了任何客户端，从而使服务器宕机。

更糟糕的情况是，攻击者发起**分布式拒绝服务**（Distributed DOS，DDOS）攻击。此时，攻击者从位于不同物理位置的多个客户端计算机上往服务器发送很多 SYN 请求。这样，即使服务器能够检测到了一个拒绝服务攻击，阻止来自某个 IP 地址的 SYN 请求，也无济于事，因为会有来自不同（伪造的）客户端的太多请求。

Mafiaboy 进行了一次攻击，这次攻击很像上面介绍的。他一个接一个地往 Web 服务器发送数据分组，从而使该服务器泛洪。这使得一些网站宕机超过三小时。要使这种攻击停止，网站管理员需要阻止来自可疑 IP 地址的数据分组。几小时后，攻击看起来已经无效了。但情况并非如此。实际情况是，Mafiaboy 停止了攻击。可能是他太累了或觉得无聊了。

如何防止拒绝服务攻击呢？这里没有明确的答案。但可疑尝试以下一些方法。

（1）审查进入的数据包，查找某种模式。如果发现有某种模式，那么就阻止来自相关 IP 地址的进入数据包。但这并不是说的这么简单，在实际中要这样做甚至更难。

（2）另一种方法是配置某种应用程序提供的服务，这样，在某个时间间隔内，不会接收多于某个数量的请求。因此，尽管攻击者不停地发送越来越多的请求，服务器仍以自己的速度处理这些请求，并分析或检测攻击，采取正确的行动。

（3）阻止某个 IP 地址、端口号或这两者的组合，也可以防止拒绝服务攻击。当然，在实际中，这样做并不容易。

（4）作为预防，一种较好的办法是准备备用防火墙和服务器。如果主服务器出现险情，那么就可以很快切换到备用服务器，由备用服务器来接替，直到清理工作完成为止。

2.11 本 章 小 结

- 密码学是通过将明文消息编码,把明文转换成密文的技术。
- 密码分析是在不知道原来是如何把可读格式转换成不可读格式的情况下,把消息从不可读格式解码为可读格式的技术。
- 进行密码分析的人员称为密码分析员。
- 通信的正常语言使用的是明文。
- 消息经编码后产生密文。
- 对那些不知道用于生成密文的编码机制的人,密文是不理解的。
- 明文可以用替换法或变换法变成密文。
- 在替换加密法中,把明文字符换成其他字符或符号。
- 凯撒加密法是最早的替换加密法,将明文消息中每个字母换成相隔三个字母的字母。
- 也可以改进凯撒加密法。
- 通过尝试所有可能情况来攻击密文的称为蛮力攻击。
- 单码加密法是改进的凯撒加密法,比凯撒加密法更难破译。
- 同音替换加密法与单码加密法相似,但增加了复杂度。
- 在块替换加密法中,一块文本换成另一块文本。
- Vigenere 加密法赫 Beaufort 加密法是多码替换加密法的两个示例。
- Playfair 加密法,又称为 Playfair Square,是一种用于手工数据加密的密码技术。
- 希尔加密法一次加密多个字母,因此它是一种块替换加密法。
- 变换加密技术对明文进行置换与组合,从而产生密文。
- 栅栏加密技术将明文内容写成一系列对角,然后一行一行地读取。
- 简单分栏式变换技术将明文内容写成行,然后按列读取,但不一定按相同顺序,还可以用多轮简单分栏式技术。
- Vernam 加密法也称为一次性板,每次使用随机密文。
- 书加密法或运动密钥加密法用书中的文本产生密文。
- 将明文消息编码为密文的过程称为加密。
- 将密文消息译码成明文的过程称为解密。
- 加密可以用一个密钥(对称)或两个密钥(非对称)。
- 攻击者可以使用以下一种技术来发起攻击:只知密文的攻击、已知部分明文的攻击、选定部分明文的攻击、选定部分密文的攻击和选定部分文本的攻击。
- 在只知密文的攻击中,攻击者不知道明文的任何线索。她只要部分或全部的密文。攻击者通过分析密文来得出明文。
- 在已知部分明文的攻击中,攻击者已经知道了某些明文对及其相应的密文。利用这些信息,攻击者就可以尝试找出其他明文对,然后知道更多的明文。
- 在选定部分明文的攻击中,攻击者选定一个明文块,并尝试在密文中寻找其加密结果。攻击者可以选择要加密的消息。然后基于这些,有意识地选取能产生密文的模式,从而获得密钥的更多信息。

- 在选定部分密文的攻击中,攻击者知道了要解密的密文、产生这些密文的加密算法以及相应的明文块。
- 选定部分文本的攻击是选定部分明文攻击和选定部分密文攻击的组合。

2.12　实　践　练　习

2.12.1　多项选择题

1. 我们通常使用的语言称为_____。
   - （a）纯文
   - （b）简文
   - （c）明文
   - （d）标准文

2. 经编码后的语言称为_____。
   - （a）明文
   - （b）非明文
   - （c）代码文本
   - （d）密文

3. 在替换加密法中,将发生以下情形_____。
   - （a）字符换成其他字符
   - （b）行换成列
   - （c）列换成行
   - （d）都不是

4. 变换加密法包括_____。
   - （a）将文本块换成另一块
   - （b）将文本字符换成另一字符
   - （c）严格的行换列
   - （d）对输入文本进行置换,得到密文

5. 凯撒加密法是一种_____。
   - （a）替换加密
   - （b）变换加密
   - （c）替换与变换加密
   - （d）都不是

6. Vernam 加密法是一种_____。
   - （a）替换加密
   - （b）变换加密
   - （c）替换与变换加密
   - （d）都不是

7. 密码分析员负责_____。
   - （a）提供加密方案
   - （b）破译加密方案
   - （c）都不是
   - （d）都是

8. 同与单码加密法相比,同音替换加密法的破译难度_____。
   - （a）更小
   - （b）相同
   - （c）更大
   - （d）更小或相同

9. 将文本写成对角并一行一行地读取的过程称为_____。
   - （a）栅栏加密技术
   - （b）凯撒加密
   - （c）单码加密
   - （d）同音替换加密

10. 将文本写成行,然后按列读取,称为_____。
    - （a）Vernam 加密
    - （b）凯撒加密
    - （c）简单分栏式技术
    - （d）同音替换加密

11. Vernam 加密法又称为_____。
    - （a）栅栏加密技术
    - （b）一次性板
    - （c）书加密
    - （d）运动密钥加密

12. 书加密法又称为_____。

    (a) 栅栏加密技术   (b) 一次性板

    (c) 单码加密   (d) 运动密钥加密

13. 多码加密法使用很多_____。

    (a) 密钥   (b) 变换   (c) 代码   (d) 单码替换规则

14. 矩阵理论使用在_____技术中。

    (a) 希尔加密法   (b) 单码加密法

    (c) Playfair 加密法   (d) Vigenere 加密法

15. 在锁钥加密机制中,如果包含有四方,那么所需的密钥数为_____。

    (a) 2   (b) 4   (c) 6   (d) 8

2.12.2 练习题

1. 什么是明文? 什么是密文? 举例说明将明文变成密文。

2. 将明文变成密文的两个基本方法是什么?

3. 替换加密法与变换加密法有什么区别?

4. 什么是凯撒加密法? 明文"Hello there, my name is Atul"用凯撒加密法的输出结果是什么?

5. 如何破译凯撒加密?

6. 什么是单码加密法? 与凯撒加密法有什么不同? 为什么单码加密法较难破译?

7. 同音替换加密法与单码加密法有何不同?

8. 块替换加密法的主要特性是什么?

9. 试说明栅栏加密技术。假设明文为"Security is important",试用栅栏加密技术产生相应的密文。

10. 简单分栏式技术如何工作? 假设明文为"Security is important",试用其产生相应的密文。

11. 一次性板加密法的原理是什么? 为什么这种加密法相当安全?

12. 书加密法与一次性板加密法有什么不同?

13. 什么是加密? 什么是解密? 画出一个块板图,显示明文、密文、加密与解密。

14. 对称与非对称密钥加密法有什么不同?

15. 请讨论一下 Playfair 加密法。

2.12.3 设计与编程

1. 编写一个 Java 程序,用下列算法进行加密与解密:

- 凯撒算法。
- 栅栏加密技术。
- 简单变换加密技术。

2. Alice 与 Bob 的谈话内容为"Rjjy rj ts ymj xfggfym. bj bnqq inxhzxx ymj uqfs"。如

果它已使用凯撒加密法进行了加密,那么这表示的是什么意思?

3. 消息"Happy birth day to you"用栅栏加密技术变成什么?

4. Bob 收到下列消息:"hs yis ls. eftstof n^Tyymri eraseMr e ho ec^etose Dole^"。如果用简单变换法加密,密钥为 24153,试求出其初始明文。

5. 第二次世界大战期间,德国间谍使用 Null 加密技术。生成实际消息时,消息中每个单词第一个字母是实际发送出去的内容。如果发送的消息如下,试求出实际消息:

President's embargo ruling should have immediate notice. Grave situation affecting international law, statement foreshadows ruin of many neutrals. Yellow journals unifying national excitement immensely.

6. 假设字母替换机制如下:

原字母　　A　B　C　…　X　Y　Z

替换成　　Z　Y　X　…　C　B　A

如果 Alice 发出消息 HSLDNVGSVNLMVB,Bob 能求出什么结果?

7. Diffie-Hellman 练习:

(a) Alice 与 Bob 要用 Diffie-Hellman 密钥交换协议建立秘密密钥。假设值为 $n=11$,$g=5$,$x=2$ 与 $y=3$,试求出 A、B 和秘密密钥($K1$ 或 $K2$)的值。

(b) 下次选择 $n=10$,$g=3$,$x=5$ 与 $y=11$ 时,试求出 A、B 和秘密密钥($K1$ 或 $K2$)的值。

8. 用单图替换加密法和密钥 4 加密下列消息:

This is a book on Security

9. 用单图替换加密法和密钥 4 解密下列消息:

wigyvmxc rixiv gsqiw jsv jvii

10. 用提供的密钥加密下列明文位模式,用异或运算,求出得到的密文位模式:

明文	10011110100101010
密钥	01000101111101101

11. 将上一练习生成的密文变回原先的明文。

12. 假设明文消息为 I AM A HACKER,用下列算法加密:

(a) 将每个字母换成相应的 7 位 ASCII 码。

(b) 最左边加一个 0 位,使其变成 8 位模式。

(c) 将每个字母前 4 位与后 4 位交换。

(d) 写出每四位的十六进制表示。

13. 编写一个 C 语言程序,完成上题的任务。

14. 请用 Java 语言实现 Playfair 加密法。

15. 请使用 HTML 和 JavaScript 实现 Diffie-Hellman 密钥交换机制。其中,终端用户(Alice)作为一方,JavaScript 应用程序作为另一方(Bob)。

第3章

对称密钥算法与 AES

3.1 概　　述

我们已经介绍了密码学、加密和解密的基本概念。计算机能够方便快捷地进行加密。近年来,对称密钥加密已经相当普及。最近已经和非对称密钥加密融合起来了。稍后将会介绍,大多数实际应用都是对称与非对称密钥加密的组合。

本章介绍对称密钥加密的不同方面,介绍不同对称密钥加密算法类型与模式,还要介绍链接的作用。

本章还介绍几个对称密钥加密算法的细节,使读者了解这些算法的工作原理,包括 DES 及其变体、IDEA、RC5 与 Blowfish。我们还要介绍 Rijndael 算法,美国政府批准其为高级加密标准(AES)。

学完本章后,读者就可以完全了解对称密钥加密的工作原理。但是,如果读者不想了解这些算法的细节,则可以跳过相关部分,不会破坏连贯性。

3.2　算法类型与模式

介绍实际基于计算机的加密算法之前,要介绍这些算法的两个关键方面:算法类型与算法模式。算法类型定义算法每一步要加密的明文长度,算法模式定义具体类型中的加密算法细节。

3.2.1　算法类型

我们已经介绍明文消息变成密文消息,也介绍了进行这些变换的不同方法。不管用哪种方法,广义上从明文生成密文的方法有两种:**流加密法**(stream ciphers)与**块加密法**(block ciphers),如图 3.1 所示。

1. 流加密法

流加密法是一次加密明文中的一个位。假设原先的明文消息为 ASCII(文本格式)的"Pay 100",则将这些 ASCII 字符变成相应二进制值时,可以假设其变成 01011100(为了简

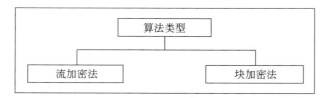

图 3.1　加密类型

单起见,我们作此假设,实际上,由于每个字符占 7 个位,因此二进制文本更大)。假设采用的密钥为二进制值 10010101,再假设我们的加密算法使用异或逻辑。异或逻辑很容易理解,如图 3.2 所示。简单地说,只有一个输入为 0、一个输入为 1 时,异或运算才能得到 1,否则输出为 0。

图 3.3 显示了异或逻辑的结果。

输入 1	输入 2	输出
0	0	0
0	1	1
1	0	1
1	1	0

图 3.2　异或逻辑

图 3.3　流加密法

对原消息中每个位采用密钥的一位后,假设密文为二进制值 11001001（文本值为 ZTU91^％）。注意,明文的位是逐位加密的,因此,传输的是二进制值 11001001,但其 ASCII 值为 ZTU91^％,攻击者搞不懂,因此保护了信息。

> 流加密技术一次加密明文中的一个位,解密时也是一位一位地进行。

异或逻辑的另一个有趣属性是,再用一次时,可以恢复原先的数据。例如,假设有两个二进制值 A＝101 与 B＝110,A 和 B 进行异或操作得到 C:

C=A XOR B

因此:

C=101 XOR 110=011

如果 C 与 A 进行异或操作,则得到 B,即:

B=011 XOR 101=110

同样,如果 C 与 B 进行异或操作,则得到 A,即:

A=011 XOR 110=101

异或操作的可逆性在加密算法中意义重大,见稍后介绍。

> 异或操作的可逆性可用来恢复原值,这在加密算法中意义重大。

2. 块加密法

块加密法不是一次加密明文中的一个位,而是一次加密明文中的一个块。假设要加密的明文为 FOUR_AND_FOUR,利用块加密法,可以先加密 FOUR,再加密 _AND_,然后加密 FOUR,即一次加密明文中的一个块。

解密时,每个块转换回初始的格式。实际上,通信是在位上进行的,因此 FOUR 实际上是 ASCII 字符 FOUR 的相应二进制值。用任何算法加密之后,得到的位要变成相应的 ASCII 值,因此可能得到 Vfa% 之类的怪字符,对方收到二进制值后,将其译码成 ASCII 值 FOUR 的二进制形式,如图 3.4 所示。

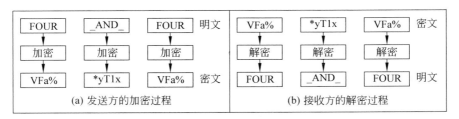

图 3.4　块加密

块加密的一个明显问题是重复文本。对重复文本模式,生成的密文是相同的,因此,密码分析员可以猜出原文的模式。密码分析员可以检查重复字符串,试图破译。如果破译成功,则可能破译明文中的更多部分,从而更容易破译全部消息。即使密码分析员不能猜出其余单词,只要能在转账消息中把 debit(借款)与 credit(存款)变换,也会造成混乱! 为了处理这类问题,块加密法是在链接模式中使用的,见稍后介绍。使用这个方法时,前面的密文块与当前块混合,从而掩护密文,避免重复内容出现重复块模式。

> 块加密技术一次加密明文中的一个块,解密时也是一个块一个块地进行。

实际上,块加密法使用的块通常包含 64 位以上,我们知道,流加密一次加密一位,是相当费时的,实际中通常是不必要的。因此,在计算机加密算法中,块加密法的用途比流加密法更加广泛。因此,我们主要介绍块加密法及其算法模式。稍后将会介绍,块加密法的两个算法模式也可以实现为流加密模式。

3. 组结构

讨论算法时,经常会遇到是否是组(group)的问题。组元素是每个可能密钥构成的密文块。因此,组表示明文生成密文时的变化次数。

4. 混淆与扩散

克劳德·香农引入了**混淆**(confusion)与**扩散**(diffusion)的概念,在计算机加密算法中非常重要。

混淆是为了保证密文中不会反映出明文线索,防止密码分析员从密文中找到模式,从而求出相应明文。我们已经知道如何混淆:就是使用前面介绍的替换技术。

扩散增加明文的冗余度，使其分布在行和列中。我们已经知道如何扩散：就是使用前面介绍的置换技术（也称变换加密技术）。

流加密法只使用混淆，而块加密法使用混淆与扩散，读者可以想想这是为什么。

3.2.2　算法模式

算法模式（algorithm mode）是块加密法中一系列基本算法步骤的组合，有些要从上一步得到某些反馈，这是计算机加密算法的基础。算法模式有 4 种：电子编码簿（Electronic Code Book，ECB）、加密块链接（Cipher Block Chaining，CBC）、加密反馈（Cipher Feedback，CFB）和输出反馈（Output Feedback，OFB），如图 3.5 所示，前两种算法模式处理块加密，而后两种模式是块加密模式，可以看成处理流加密一样。

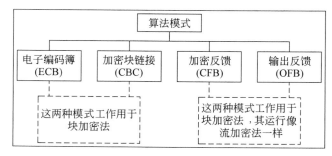

图 3.5　算法模式

下面简要介绍这些算法模式。

1. 电子编码簿（ECB）模式

电子编码簿模式是最简单的操作模式，将输入明文消息分成 64 位块，然后单独加密每个块。消息中的所有块用相同密钥加密，如图 3.6 所示。

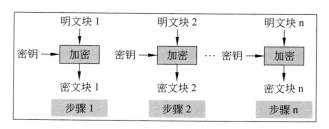

图 3.6　电子编码簿模式的加密过程

接收方将收到的数据分成 64 位块，利用与加密时相同的密钥解密每个块，得到相应的明文块，如图 3.7 所示。

电子编码簿模式中用一个密钥加密消息的所有块，如果原消息中重复明文块，则加密消息中的相应密文块也会重复。因此，电子编码簿模式只适合加密小消息，因为重复相同明文块的范围很小。

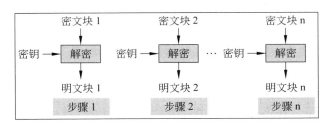

图 3.7　电子编码簿模式的解密过程

2. 加密块链接（CBC）模式

对电子编码簿模式,在指定消息(即指定密钥)中,明文块总是产生相同的密文块。因此,如果输入中一个明文块多次出现,则输出中相应的密文块也会多次出现,从而给密码分析员提供一些线索。为了克服这个问题,加密块链接模式保证即使输入中的明文块重复,这些明文块也会在输出中得到不同的密文块。为此,要使用一个反馈机制,见下面介绍。

链接在块加密法中增加反馈机制。在加密块链接模式中,上一块的加密结果反馈到当前块的加密中,用每个块修改下一个块的加密。这样,每块密文与相应的当前输入明文块相关,与前面的所有明文块相关。

图 3.8 描述了 CBC 的加密过程。

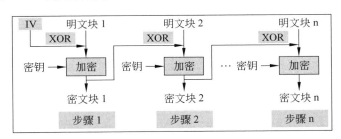

图 3.8　CBC 的加密过程

（1）如图 3.8 所示,第 1 步接收两个输入：第一个明文块和一个随机文本块,称为**初始化向量**(Initialization Vector,IV)。

（a）初始化向量没有什么特别意义,只是使每个消息唯一。因为初始化向量值是随机生成的,所以两个不同消息中重复初始化向量的可能性很小。因此,初始化向量可以使密文更独特,至少不同于不同消息中的其他密文。有趣的是,初始化向量不一定要保密,也可以是公开的。这好像不容易理解,但只要看看 CBC 加密过程,就可以发现,初始化向量只是第一步加密的两个输入之一。第 1 步的输出是密文块 1,它是第 2 步加密的两个输入之一。换句话说,密文块 1 也是第 2 步的初始化向量。同样,密文块 2 也是第 3 步的初始化向量,等等。由于所有这些密文块都要发送给接收方,因此从第 2 步起的所有初始化向量都要发送。因此,第一步的初始化向量就没有保密的必要。但是,实际上,为了提高安全性,密钥和初始化向量都保密。

（b）第一个密文块和初始化向量用异或运算组合,然后用一个密钥加密,产生第一个密文块。第一个密文块作为下一个明文块的反馈,见下面介绍。

（2）将第二个明文块与第（1）步的输出（第一个密文块）用异或运算组合，然后用相同密钥加密，产生第二个密文块。

（3）将第三个明文块与第（2）步的输出（第二个密文块）用异或运算组合，然后用相同密钥加密，产生第三个密文块。

（4）这个过程对原消息的所有明文块继续。

记住，初始化向量只在第一个明文块中使用，但所有明文块的加密使用相同密钥。

解密过程如下：

（1）密文块1送入解密算法，使用所有明文块的加密使用的密钥。这一步的输出与初始化向量进行异或运算，得到第一个明文块。

（2）解密密文块2，输出与第一个密文块异或操作，得到第二个明文块。

（3）这个过程对加密消息的所有密文块继续。

图3.9显示了CBC的解密过程。

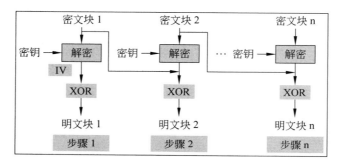

图3.9　CBC的解密过程

3. 加密反馈（CFB）模式

不是所有应用程序都能处理数据块，面向字符的应用程序也需要安全性。例如，操作员可能在终端输入，要以安全方式在通信链路上立即传输，即使用加密方法。这时要使用流加密法，可以使用加密反馈模式。在加密反馈模式中，数据用更小的单元加密（如可以是8位，即操作员输入的一个字符的长度），这个长度小于定义的块长（通常是64位）。

下面看看加密反馈模式如何工作，假设我们一次处理j位（通常j=8）。由于加密反馈模式比前两种加密模式更复杂些，因此我们要一步一步进行介绍。

第1步：与CBC一样，加密反馈模式也使用64位的初始化向量。初始化向量放在移位寄存器中，在第1步加密中，产生相应的64位初始化向量密文，如图3.10所示。

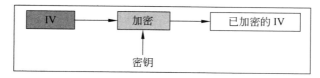

图3.10　CFB的第1步

第2步：加密初始化向量最左边（即最重要）的j位与明文前j位进行异或运算，产生密文第一部分（假设为C），如图3.11所示。然后将C传输到接收方。

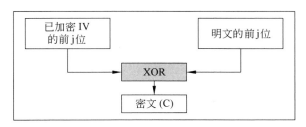

图 3.11　CFB 的第 2 步

第 3 步：初始化向量的位（即初始化向量所在的移位寄存器内容）左移 j 位，使移位寄存器最右边的 j 位为不可预测的数据，在其中填入 C 的内容，如图 3.12 所示。

图 3.12　CFB 的第 3 步

第 4 步：重复第 1～3 步，直到加密所有明文单元，即重复下列步骤：

- 加密 IV。
- 加密得到的左边 j 位与明文的下面 j 位进行异或运算。
- 得到的明文部分（密文的下 j 位）发给接收方。
- 将 IV 的移位寄存器左移 j 位。
- 在 IV 的移位寄存器右边插入这 j 位密文。

图 3.13 显示了 CFB 的总体加密过程。

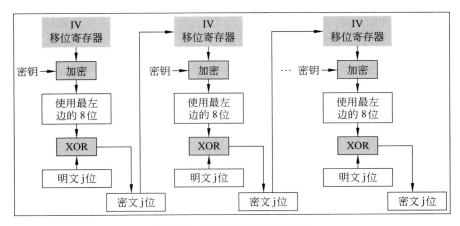

图 3.13　CFB 的总体加密过程

接收方的解密过程也很简单，只要稍作改变，这里不再重述。

4. 输出反馈（OFB）模式

输出反馈模式与 CFB 很相似，唯一的差别是，CFB 中密文填入加密过程下一阶段，而在 OFB 中，IV 加密过程的输出填入加密过程下一阶段。因此，这里不准备描述 OFB 的细节，而只是画出 OFB 过程的框图，如图 3.14 所示，具体细节与 CFB 过程大致相同。

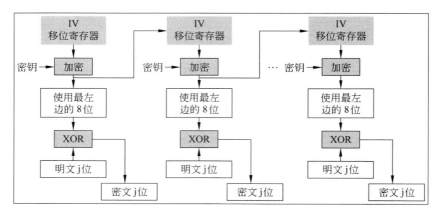

图 3.14　OFB 的总体加密过程

我们来归纳一下 OFB 模式的主要优点。简单地说，我们可以认为，在这种模式中，如果某个位有错误，那么这些错误只会保留在单个位上，不会破坏整个消息。也就是说，位错误不会扩散。如果密文位 C_i 出错，那么解密后，只有对应该位的值（即 P_i）是错误的，其他位不受影响。在 CFB 模式则不同，密文位 C_i 作为输入反馈给移位寄存器，会破坏整个消息的其他位。

OFB 模式的缺点是，攻击者可以对密文和消息的校验和以可控的方式做必要的修改。对密文的这种修改不会被检测到。换句话说，攻击者可以同时修改密文和校验和，而没有办法检测到这种修改。

5. 计数器(CTR)模式

计数器模式与 OFB 模式非常类似。它使用序号（称为计数器）作为算法的输入。每个块加密后，要填充到寄存器中，使用下一个寄存器值。通常使用一个常数作为初始计数器的值，并且每次迭代后递增（通常是增加 1）。计数器块的大小等于明文块的大小。

加密时，计数器加密后与明文块做 XOR 运算，得到密文。不需要使用链接过程。解密时，使用相同的计数器序列。其中，每个已加密的计数器与对应的密文块做 XOR 运算，得到初始明文。

计数器模式的整个操作如图 3.15 和图 3.16 所示。

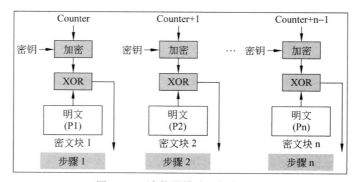

图 3.15　计数器模式：加密过程

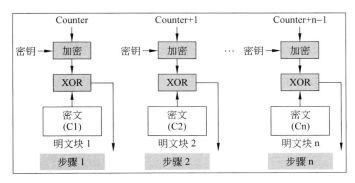

图 3.16 计数器模式：解密过程

计数器模式的加密或解密过程可以并行地作用于多个文本块，因为这里不涉及链接的情况。这就使得计数器模式的运行速度更快。多处理系统可以利用这个特性，有助于减少整个处理时间。可以实现预处理，为加密盒准备输出（这些是 XOR 操作的输入）。计数器模式只负责加密过程的实现，不负责解密过程的实现。

表 3.1 归纳了各种算法模式的主要特性。

表 3.1 算法模式：细节内容与使用

算 法 模 式	细 节 内 容	使 用
电子编码簿（ECB）	用相同的密钥分别加密文本的每个块，一次加密 64 位	以一种安全的方式传输一个值
加密块链接（CBC）	来自上一步的 64 位密文与下一步的明文进行 XOR 运算	文本块加密
认证加密反馈（CFB）	来自上一步的随机化密文的 K 位与下一步的明文的 K 位进行 XOR 运算	传输已加密的数据流认证
输出反馈（OFB）	类似于 CFB，只不过加密步骤的输入是前面的 DES 输出传输	已加密的数据流
计数器模式（CTR）	计数器与明文块一起加密，然后递增该计数器	基于块的传输需要高速的应用程序

表 3.2 归纳了各种模式的主要优点和缺点。

表 3.2 各种模式的主要优点和缺点

特 性	ECB	CBC	CFB	OFB/CTR
有关安全的问题	不能隐藏明文 模式块加密的输入与明文相同，没有随机化 明文容易操作，文本块可以被删除、重复或交换	明文块可以从消息的开头和末尾删除，可以改变第 1 个块的位明文块	可以从消息的开头和末尾删除，可以改变第 1 个块的位	明文容易操作 密文的改变直接改变明文
有关安全的优点	同一密钥可以用来加密多个消息	通过把明文与前一个密文块进行 XOR 运算，可以隐藏明文 同一密钥可以用来加密多个消息	可以隐藏明文模式通过使用不同的 IV，可以用同一密钥加密多个消息 块加密的输入是随机的	可以隐藏明文模式通过使用不同的 IV，可以用同一密钥加密多个消息 块加密的输入是随机的

续表

特　性	ECB	CBC	CFB	OFB/CTR
有关效率的问题	通过填充块，使得密文的长度大于明文长度 不能预处理	密文比明文多一个块 不能预处理 加密中不能引入并行性密文	长度与明文长度相同 加密中不能引入并行性	密文长度与明文长度相同 加密中不能引入并行性（只有 OFB 可以）

3.3　对称密钥加密法概述

下面简要复习一下对称密钥加密法。对称密钥加密法也称为**秘密密钥加密法**（Secret Key Cryptography）或**私钥加密法**（Private Key Cryptography），只使用一个密钥，加密与解密使用相同密钥。显然，双方要先协商好密钥之后才能开始传输，别人不应该知道这个密钥。图 3.17 的示例显示了对称密钥加密法的工作原理。简单地说，发送方（A）用密钥将明文消息变成密文，接收方（B）用相同密钥将密文消息变成明文，从而得到原消息。

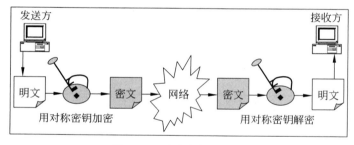

图 3.17　对称密钥加密法

前面曾介绍过，对称密钥加密法在实际应用中存在几个问题，下面简单回顾一下这些问题。

第一个问题是密钥协定或密钥发布。双方如何确定密钥？一个办法是发送方的某个人实际访问接收方，交出密钥；另一个办法是由信使传递写有密钥的纸张；第三个办法是通过网络向 B 发一个密钥并请求确认，但如果第三方得到这个消息，则可以解释后面的所有消息。

第二个问题更加严重。由于加密和解密使用相同密钥，因此一对通信需要一个密钥。假设 A 要与 B 和 C 安全通信，则与 B 通信要一个密钥，与 C 通信要一个密钥。A 与 B 通信所用的密钥不能在 A 与 C 通信时使用，否则 C 可能解释 A 与 B 之间的通信消息，B 可能解释 A 与 C 之间的通信消息。由于 Internet 上有几千个商家向几十万个买家销售产品，如果使用这种模式，根本行不通，因为每个商家/买家之间要不同密钥。

无论如何，由于这些缺点可以用巧妙的解决方案克服，加上对称密钥加密法还有几个优点，因此使用很广泛。但是，我们首先要介绍最常用的计算机对称密钥加密算法，并在后面介绍非对称密钥加密时考虑如何解决这些问题。

3.4　数据加密标准

3.4.1　背景与历史

数据加密标准(Data Encryption Standard,DES)也称为**数据加密算法**(Data Encryption Algorithm,DEA)(ANSI)和 DEA-1(ISO),是近 20 年来使用的加密算法。后来,人们发现 DES 在强大攻击下太脆弱,因此使 DES 的应用有所下降。但是,任何一本安全书籍都不得不提到 DES,因为它曾经是加密算法的标志。介绍 DES 的细节还有两个作用:第一,介绍 DES;第二,更重要的是分析和理解实际加密算法。利用这个方法,我们还要从概念上介绍其他加密算法,但不准备深入介绍,因为通过 DES 介绍已经可以了解计算机加密算法的工作原理。DES 通常使用 ECB、CBC 或 CFB 模式。

DES 的产生可以追溯到 1972 年,美国的国家标准局(NBS,即现在的国家标准与技术学会 NIST)启动了一个项目,旨在保护计算机和计算机通信中的数据。它们想开发一个加密算法。两年之后,NBS 发现 IBM 公司的 Lucifer 相当理想,没必要从头开发一个新的加密算法。经过几次讨论,NBS 于 1975 年发布了这个加密算法的细节。到 1976 年底,美国联邦政府决定采用这个算法,并将其更名为 DES。不久,其他组织也认可和采用 DES 作为加密算法。

3.4.2　DES 的工作原理

1. 基本原理

DES 是个块加密法,按 64 位块长加密数据,即把 64 位明文作为 DES 的输入,产生 64 位密文输出。加密与解密使用相同的算法和密钥,只是稍作改变。密钥长度为 56 位。图 3.18 显示了 DES 的工作原理。

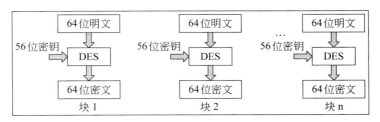

图 3.18　DES 的工作原理

前面曾介绍过,DES 使用 56 位密钥。实际上,最初的密钥为 64 位,但在 DES 过程开始之前放弃密钥的每个第八位,从而得到 56 位密钥,即放弃第 8、16、24、32、40、48、56 和 64 位,如图 3.19 所示,阴影部分表示放弃的位(放弃之前,可以用这些位进行奇偶校验,保证密钥中不包含任何错误)。

这样,64 位密钥丢弃每第 8 位即得到 56 位密钥,如图 3.20 所示。

1	2	3	4	5	6	7	8	9	10	11	12	13	14	15	16
17	18	19	20	21	22	23	24	25	26	27	28	29	30	31	32
33	34	35	36	37	38	39	40	41	42	43	44	45	46	47	48
49	50	51	52	53	54	55	56	57	58	59	60	61	62	63	64

图 3.19　放弃密钥的每个第 8 位（阴影部分表示放弃的位）

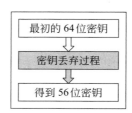

图 3.20　密钥丢弃

简单地说，DES 利用加密的两个基本属性：替换（也称为混淆）与变换（也称为扩散）。DES 共 16 步，每一步称为一轮（round），每一轮进行替换与变换步骤。下面介绍 DES 中的主要步骤。

（1）首先将 64 位明文块送入**初始置换**（Initial Permutation，IP）函数。

（2）对明文进行初始置换。

（3）初始置换产生转换块的两半，假设为左明文（LPT）和右明文（RPT）。

（4）每个左明文与右明文经过 16 轮加密过程，各有自己的密钥。

（5）最后，将左明文与右明文重接起来，对组成的块进行最终置换（Final Permutation，FP）。

（6）这个过程的结果得到 64 位密文。

图 3.21 显示了这个过程。

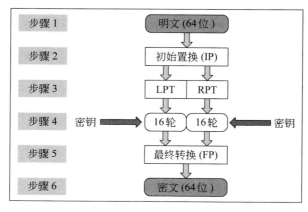

图 3.21　DES 中的主要步骤

下面详细介绍这些步骤。

2. 初始置换

前面曾介绍过,初始置换只发生一次,是在第一轮之前进行的,指定初始置换中的变换如何进行,如图 3.22 所示。例如,它指出初始置换将原明文块的第一位换成原明文块的第58 位,第 2 位换成原明文块的第 50 位,等等,这只是把原明文块的位进行移位。

明文块中各位位置	初始置换后的内容
1	58
2	60
3	42
…	…
64	7

图 3.22 初始置换的思想

图 3.23 显示了 IP 使用的完整变换表。这个表(和本章的所有其他表)要从左向右、从上到下读。例如,我们发现第一个位置的 58 表示原明文块中第 58 位的内容在初始置换时改写第 1 位的内容,同样,1 放在表中第 40 位,表示第一位改写原明文块中第 40 位,所有其他位也一样。

前面曾介绍过,IP 完成后,得到的 64 位置换文本块分成两半,各 32 位,左块称为左明文(LPT),右块称为右明文(RPT)。然后对这两块进行 16 轮操作,见下面介绍。

3. DES 的一轮

DES 的每一轮包括图 3.24 所示的步骤。

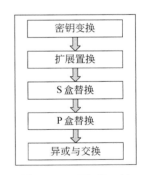

58	50	42	34	26	18	10	2	60	52	44	36	28	20	12	4
62	54	46	38	30	22	14	6	64	56	48	40	32	24	16	8
57	49	41	33	25	17	9	1	59	51	43	35	27	19	11	3
61	53	45	37	29	21	13	5	63	55	47	39	31	23	15	7

图 3.23 初始置换表

图 3.24 DES 的一轮

下面详细介绍这些步骤。

■ 第 1 步:密钥变换

前面曾介绍过,最初 64 位密钥通过放弃每个第 8 位而得到 56 位密钥。这样,每一轮有个 56 位密钥。每一轮从这个 56 位密钥产生不同的 48 位**子密钥**(sub-key),称为**密钥变换**(key transformation)。为此,56 位密钥分成两半,各为 28 位,循环左移一位或两位。例如,如果轮号为 1、2、9、16,则只移动一位,否则移动两位。图 3.25 显示了每一轮移动的密钥位数。

相应移位后,选择 56 位中的 48 位。选择 56 位中的 48 位时使用图 3.26 所示表格。例

轮次	1	2	3	4	5	6	7	8	9	10	11	12	13	14	15	16
移动的密钥位数	1	1	2	2	2	2	2	2	1	2	2	2	2	2	2	1

图 3.25   每一轮移动的密钥位数

如，移位之后，第 14 位移到第 1 位，第 17 位移到第 2 位，等等。如果仔细看看表格，则可以发现其中只有 48 位。位号 18 放弃（表中没有），另外 7 位也是，从而将 56 位减到 48 位。由于密钥变换要进行置换和选择 56 位中的 48 位，因此称为**压缩置换**（compression permutation）。

14	17	11	24	1	5	3	28	15	6	21	10
23	19	12	4	26	8	16	7	27	20	13	2
41	52	31	37	47	55	30	40	51	45	33	48
44	49	39	56	34	53	46	42	50	36	29	32

图 3.26   压缩置换

由于使用压缩置换，因此每一轮使用不同的密钥位子集，使 DES 更难破译。

■ **第 2 步：扩展置换**

经过初始置换后，我们得到两个 32 位明文区，分别称为左明文与右明文。扩展置换将右明文从 32 位扩展到 48 位。除了从 32 位扩展到 48 位之外，这些位也进行置换，因此称为**扩展置换**（expansion permutation）。过程如下。

（1）将 32 位右明文分成 8 块，每块各有 4 位，如图 3.27 所示。

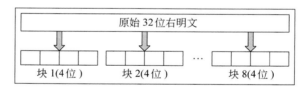

图 3.27   32 位右明文分成 8 个 4 位的块

（2）将上一步的每个 4 位块扩展为 6 位块，即每个 4 位块增加 2 位。这两位是什么？实际上是重复 4 位块的第一位和第四位。第二位和第三位口令输入一样写出，如图 3.28 所示。注意第一个输入位在第二个输出位重复，并在第 48 位重复。同样，第 32 个输入位在第 47 个输出位和第一个输出位。

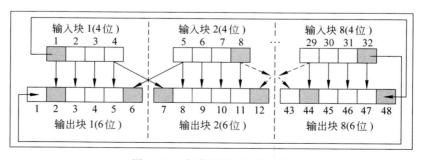

图 3.28   右明文扩展置换过程

显然,这个过程在生成输出时扩展和置换输入位。

可以看出,第一个输入位出现在第二个输出位和第 48 位,第二个输入位到第三个输出位,等等。因此,扩展置换实际上使用图 3.29 所示。

32	1	2	3	4	5	4	5	6	7	8	9
8	9	10	11	12	13	12	13	14	15	16	17
16	17	18	19	20	21	20	21	22	23	24	25
24	25	26	27	28	29	28	29	30	31	32	1

图 3.29　右明文扩展置换表

可以看出,密钥变换将 56 位密钥压缩成 48 位,而扩展置换将 32 位右明文扩展为 48 位。现在,48 位密钥与 48 位右明文进行异或运算,将结果传递到下一步,即 S 盒替换(见下节介绍),如图 3.30 所示。

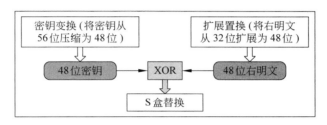

图 3.30　S 盒替换

■ **第 3 步:S 盒替换**

S 盒替换过程从压缩密钥与扩展右明文异或运算得到的 48 位输入用替换技术得到 32 位输出。替换使用了 8 个**替换盒**(substitution box)(也称为 S 盒),每个 S 盒有 6 位输入和 4 位输出。48 位输入块分成 8 个子块(各有 6 位),每个子块指定一个 S 盒。S 盒将 6 位输入变成 4 位输出,如图 3.31 所示。

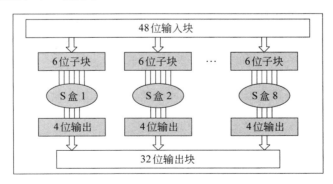

图 3.31　S 盒替换

S 盒替换用什么逻辑从 6 位中选择 4 位? 可以把每个 S 盒看成一个表,4 行(0~3)和 16 列(0~15)。这样,共有 8 个表。在每个行和列相交处,有一个 4 位数(是 S 盒的 4 位输出),如图 3.32(a)~图 3.32(h)所示。

6 位输入表示选择哪个行和列(即哪个交点),因此确定 4 位输出。这是怎么进行呢? 假设 S 盒的 6 位表示为 b1、b2、b3、b4、b5 与 b6。现在,b1 和 b6 位组合,形成一个两位数。

14	4	13	1	2	15	11	8	3	10	6	12	5	9	0	7
0	15	7	4	14	2	13	1	10	6	12	11	9	5	3	8
4	1	14	8	13	6	2	11	15	12	9	7	3	10	5	0
15	12	8	2	4	9	1	7	5	11	3	14	10	0	6	13

(a) S 盒1

15	1	8	14	6	11	3	4	9	7	2	13	12	0	5	10
3	13	4	7	15	2	8	14	12	0	1	10	6	9	11	5
0	14	7	11	10	4	13	1	5	8	12	6	9	3	2	15
13	8	10	1	3	15	4	2	11	6	7	12	0	5	1	49

(b) S 盒2

10	0	9	14	6	3	15	5	1	13	12	7	11	4	2	8
13	7	0	9	3	4	6	10	2	8	5	14	12	11	15	1
13	6	4	9	8	15	3	0	11	1	2	12	5	10	14	7
1	10	13	0	6	9	8	7	4	15	14	3	11	5	2	12

(c) S 盒3

7	13	14	3	0	6	9	10	1	2	8	5	11	12	4	15
13	8	11	5	6	15	0	3	4	7	2	12	1	10	14	9
10	6	9	0	12	11	7	13	15	1	3	14	5	2	8	4
3	15	0	6	10	1	13	8	9	4	5	11	12	7	2	14

(d) S 盒4

2	12	4	1	7	10	11	6	8	5	3	15	13	0	14	9
14	11	2	12	4	7	13	1	5	0	15	10	3	9	8	6
4	2	1	11	10	13	7	8	15	9	12	5	6	3	0	14
11	8	12	7	1	14	2	13	6	15	0	9	10	4	5	3

(e) S 盒5

12	1	10	15	9	2	6	8	0	13	3	4	14	7	5	11
10	15	4	2	7	12	9	5	6	1	13	14	0	11	3	8
9	14	15	5	2	8	12	3	7	0	4	10	1	13	11	6
4	3	2	12	9	5	15	10	11	14	1	7	6	0	8	13

(f) S 盒6

4	11	2	14	15	0	8	13	3	12	9	7	5	10	6	1
13	0	11	7	4	9	1	10	14	3	5	12	2	15	8	6
1	4	11	13	12	3	7	14	10	15	6	8	0	5	9	2
6	11	13	8	1	4	10	7	9	5	0	15	14	2	3	12

(g) S 盒7

13	2	8	4	6	15	11	1	10	9	3	14	5	0	12	7
1	15	13	8	10	3	7	4	12	5	6	11	0	14	9	2
7	11	4	1	9	12	14	2	0	6	10	13	15	3	5	8
2	1	14	7	4	10	8	13	15	12	9	0	3	5	6	11

(h) S 盒8

图 3.32 S 盒的 4 位输出

两位可以存储 0（二进制 00）到 3（二进制 11）的任何值，它指定行号。其余四位 b2、b3、b4、b5 构成一个四位数，指定 0（二进制 0000）到 15（二进制 1111）的列号。这样，这个 6 位输入自动选择行号与列号,可以选择输出,如图 3.33 所示。

图 3.33 根据 6 位输入选择 S 盒中的项

下面举一个示例。假设 48 位输入的第 7~12 位(即第二个 S 盒的输入)包含二进制值 101101,则从上述框图可以得到(b1, b6)=11(二进制,相当于十进制值 3)和(b2, b3, b4, b5)=0110(二进制,相当于十进制值 6),从而选择第 3 行第 6 列相交处的 S 盒 2 输出,即 4(记住,行号与列号从 0 算起,而不是从 1 算起),如图 3.34 所示。

图 3.34 根据输入选择 S 盒输出

所有 S 盒的输出组成 32 位块,传递到一轮的下一个阶段,即 P 盒置换,见下面介绍。

■ 第 4 步:P 盒置换

所有 S 盒的输出组成 32 位块,对该 32 位要进行 **P 盒置换**(P-box Permutation)。P 盒置换机制只是进行简单置换(即按 P 表指定把一位换成另一位,而不进行扩展的压缩)。图 3.35 显示了 P 盒。例如,第一块的 16 表示原输入的第 16 位移到输出的第 1 位,第 16 块的 10 表示原输入的第 10 位移到输出的第 16 位。

16	7	20	21	29	12	28	17	1	15	23	26	5	18	31	10
2	8	24	14	32	27	3	9	19	13	30	6	22	11	4	25

图 3.35 P 盒置换

■ 第 5 步:异或与交换

注意上述所有操作只是处理了 64 位明文的右边 32 位(即右明文),还没有处理左边部分(左明文)。这时,最初 64 位明文的左半部分与 P 盒置换的结果进行异或运算,结果成为新的右明文,并通过交换将旧的右明文变成为新的左明文,如图 3.36 所示。

4. 最终置换

16 轮结束后,进行最终置换(只一次),即按图 3.37 进行变换。例如,第 40 位输入代替第 1 位输出,等等。

最终置换的输出就是 64 位加密块。

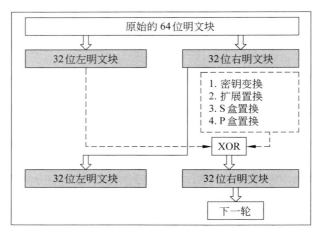

图 3.36 异或与交换

40	8	48	16	56	24	64	32	39	7	47	15	55	23	63	31
38	6	46	14	54	22	62	30	37	5	45	13	53	21	61	29
36	4	44	12	52	20	60	28	35	3	43	11	51	19	59	27
34	2	42	10	50	18	58	26	33	1	41	9	49	17	57	25

图 3.37 最终置换

5．DES 解密

从上面对 DES 的介绍，我们可以看到，这个加密机制相当复杂，因此 DES 解密时可能采用完全不同的方法。令人奇怪的是，DES 加密算法也适用于解密。各个表的值和操作及其顺序是经过精心选择的，使这个算法可逆。加密与解密过程的唯一差别是密钥部分倒过来了。如果原先的密钥 K 分解为 K1，K2，K3，…，K16，用于 16 轮加密，则解密密钥应为 K16，K15，K14，…，K1。

6．分析 DES

■ S 盒使用

DES 中的替换表（即 S 盒）被 IBM 保密。IBM 花费了 17 人年的时间提出了 S 盒的内部设计。多年以来，有人怀疑在 DES 的这个方面有某些脆弱性。一些研究认为，通过 S 盒，可以对 DES 进行一定范围的攻击。但是，直到现在，也没有具体示例出现。

■ 密钥长度

我们前面介绍过，任何加密系统都有两个重要的方面：加密算法和密钥。DES 算法的内部工作原理对公众是完全公开的。因此，DES 的抗攻击强度只能依赖于另一方面，即它的密钥，这必须是保密的。

我们知道，DES 使用的是 56 位密钥（有趣的是，最初的建议是使用 112 位密钥），这样，就有 2^{56} 种可能的密钥（这大约有 7.2×10^{16} 种密钥）。这看起来要蛮力攻击 DES 是不太实际的。假设即使只要检查一半密钥（即一半密钥空间）就可以找到正确的密钥，一台计算机每微秒进行一次 DES 加密,也要 1000 年才能破解 DES。

■ 差分与线性密码分析

1990 年,Eli Biham 与 Adi Shamir 引入了**差分密码分析**(differential cryptanalysis)的概念。这个方法寻找明文具有特定差分的密文对,在明文经过 DES 不同轮次时分析这些差分的进展。目的是选择具有固定差别的明文对。可以随机选择两个明文,只要其满足特定差分条件(可以是简单异或)。然后在得到的密文中使用差别,对不同密钥指定不同相似性。分析越来越多的密文对后,就可以得到正确的密钥。

线性密码分析(linear cryptanalysis)攻击是 Mitsuru Matsui 发明的,采用线性近似法。如果把一些明文位进行异或操作,把一些密文位进行异或,然后把结果进行异或,则会得到一个位,是一些密钥位的异或。

■ 计时攻击

计时攻击(timing attack)更多的是针对非对称密钥加密,但也可用于对称密钥加密。其思想很简单:观察加密算法在解密不同密文块所花费的时间长短。通过观察这些计时,来尝试获得明文或用于加密的密钥。通常,解密不同长度的明文块所花费的时间是不同的。

3.4.3 DES 的变体

尽管 DES 的抗攻击不错,但随着计算机硬件的迅速进步(处理速度达 GHz 以上,内存更大更便宜,以及并行处理功能,等等),DES 也可能被破解。但由于 DES 已经被证明是相当好的算法,因此最好能够利用 DES,用某种方法改进,而不是编写全新的加密算法。编写新的加密算法并不容易,要有充分的测试才能证明其是否强算法。因此,DES 出现了两个主要变体,即双重 DES 和三重 DES,将在下面介绍。

1. 双重 DES

双重 DES(Double DES)很容易理解。实际上,它就是把 DES 通常要做的工作多做一遍。双重 DES 使用两个密钥 K1 和 K2。首先对原明文用 K1 进行 DES,得到加密文本,然后对加密文本用另一密钥 K2 再次进行 DES,加密这个加密文本(即原明文用不同密钥加密两次),如图 3.38 所示。

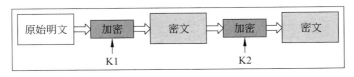

图 3.38 双重 DES 加密

当然,其他加密算法也可以采用双重加密,但 DES 中双重加密已经很普及,因此放在这里介绍。同样,解密过程就是按相反顺序解密两次,如图 3.39 所示。

双重加密的密文块首先用密钥 K2 解密,得到单重加密的密文块。然后用密钥 K1 解密这个文本块,得到原先的明文块。

如果密钥只有 1 位,则有两种密钥(0 和 1)。如果使用 2 位密钥,则有 4 种密钥(00、01、

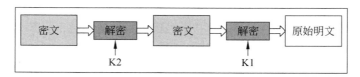

图 3.39　双重 DES 解密

10 与 11）。一般来说，如果使用 n 位密钥，则要进行 2^n 次运算才能试遍所有密钥。如果使用两种不同密钥（各 n 位），密码分析员要进行 2^{2n} 次运算才能试遍所有密钥。因此，基本 DES 要搜索 2^{56} 个密钥，而双重 DES 要搜索 $2^{2×56}$（即 2^{112}）个密钥。但其实不完全如此，Merkle 与 Hellman 引入了**中间人**（meet-in-the-middle）攻击的概念，这个攻击从一端加密，另一端解密，在中间匹配结果，因此称为中间人攻击。下面试说明中间人攻击的工作方法。

假设密码分析员知道两个基本信息：P（明文块）和 C（对应的最终密文块）。我们知道，对于双重 DES，P 与 C 存在图 3.40 所示的关系。我们显示了这两者的数学等价性。第一个加密的结果称为 T，标为 $T = E_{K1}(P)$（即用密钥 K1 加密块 P）。用另一密钥 K2 加密这个加密文本后，我们将结果标为 $C = E_{K2}(E_{K1}(P))$（即用另一密钥 K2 加密加密文本 T，称为最后密文 C）。

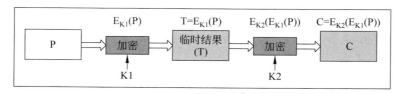

图 3.40　双重 DES 的数学表达

知道 P 和 C 之后，想取得 K1 与 K2 值，怎么办？

第 1 步：对密钥 K1 的所有取值（2^{56}），密码分析员使用计算机内存中的一个大表，执行下列步骤：

（1）密码分析员通过第一个加密运算加密明文块 P，即 $T = E_{K1}(P)$。

（2）密码分析员存储这个操作的输出（临时密文 T），放在内存中表格的下一行。

为了便于理解，我们用二位密钥显示这个过程（实际上，密码分析员要使用 56 位密钥，困难得多），如图 3.41 所示。

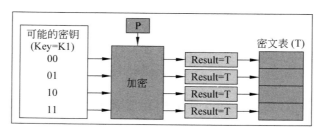

图 3.41　密码分析员加密运算概念图

第 2 步：上述过程结束时，密码分析员得到如图所示的密文表（T）。然后密码分析员进行逆运算，即用 K2 的所有取值解密已知的密文 C（即执行 $D_{K2}(C)$）。每种情况下，密码分析员比较得到的值与密文表(T)中的所有值。这个过程如图 3.42 所示。

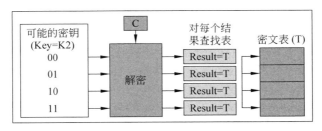

图 3.42　密码分析员解密运算概念图

总结如下:

第 1 步,密码分析员从左边计算 T 值(即用 K1 加密 P),即 $T = E_{K1}(P)$。

第 2 步,从右边求 T 值(即用 K2 解密 C,求 T),即 T 的 $D_{K2}(C)$。

从上面两步可以看到,可以用两者方法取得临时结果(T),可以用 K1 加密 P,也可以用 K2 解密 C。这是因为有下列方程:

$$T = E_{K1}(P) = D_{K2}(C)$$

现在,如果密码分析员对所有 K1 值生成 $E_{K1}(P)$ 表(即 T 表),并对所有 K2 值进行 $D_{K2}(C)$ (求 T),则两个运算可能得到相同的 T。如果密码分析员能够在 K1 加密和 K2 解密时得到相同 T,则密码分析员不仅知道 P 和 C,而且可以找到 K1 与 K2 值。

现在,他可以用另一个已知 P 与 C 对试验这个 K1 和 K2 对,如果能够用 $E_{K1}(P)$ 与 $D_{K2}(C)$ 运算得到相同 T,则可以对其余消息块使用相同的 K1 与 K2 值。

显然,这种攻击是可能的,但需要大量内存。如果算法使用 64 位明文块和 56 位密钥,则要用 2^{56} 个 64 位块。在内存中存储 T 表(存在磁盘中太慢,无法有效地攻击),相当于 10^{17} 字节,今后几代计算机也还没有这么大的内存!

2. 三重 DES

尽管双重 DES 的中间人攻击还不太现实,但加密法就是要防患于未然。因此,人们觉得双重 DES 还不够,又提出了三重 DES。可以想象,三重 DES 就是三次执行 DES,分为两大类:一种用三个密钥,另一种用两个密钥,下面一一介绍。

■ 三个密钥的三重 DES

三个密钥的三重 DES 如图 3.43 所示,首先用密钥 K1 加密明文块 P,然后用密钥 K2 加密,最后用密钥 K3 加密,其中 K1、K2、K3 各不相同。

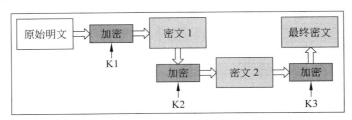

图 3.43　三个密钥的三重 DES

三个密钥的三重 DES 在许多产品中广泛使用，包括 PGP 和 S/MIME。要解密密文 C 和取得明文 P，就要执行操作 $P = D_{K3}(D_{K2}(D_{K1}(C)))$。

■ **两个密钥的三重 DES**

三个密钥的三重 DES 是相当安全的，可以用公式 $C = E_{K3}(E_{K2}(E_{K1}(P)))$ 表示。但是，三个密钥的三重 DES 有一个缺点，就是需要 $56 \times 3 = 168$ 位密钥，在实际中比较困难。Tuchman 提出了只用两个密钥的三重 DES，算法如下：

（1）用密钥 K1 加密明文块 P，得到 $E_{K1}(P)$。

（2）用密钥 K2 解密上面的输出，得到 $D_{K2}(E_{K1}(P))$。

（3）最后用密钥 K1 再次加密第 2 步的输出，得到 $E_{K1}(D_{K2}(E_{K1}(P)))$。

这个过程如图 3.44 所示。

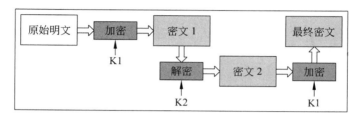

图 3.44　两个密钥的三重 DES

要解密密文 C 和取得明文 P，就要进行操作 $P = D_{K1}(E_{K2}(D_{K1}(C)))$。

第二步的解密没有什么特别含义，只是使三重 DES 用两个密钥而不是三个密钥，称为**加解加密**（Encrypt-Decrypt-Encrypt，EDE）模式。与使用 K1 与 K2 的双重 DES 不同，两个密钥的三重 DES 不会受到中间人攻击。

3.5　国际数据加密算法

3.5.1　背景与历史

国际数据加密算法（International Data Encryption Algorithm，IDEA）是最强大的加密算法之一，出现在 1990 年，名称和功能都有多次改变，如表 3.3 所示。

表 3.3　IDEA 的进展

年份	名　称	描　述
1990	Proposed Encryption Standard（PES，推荐加密标准）	由瑞士联邦技术学院的 Xuejia Lai 与 James Massey 开发
1991	Improved Proposed Encryption Standard（IPES，改进推荐加密标准）	密码分析员发现几个弱点后，进行了算法改进
1992	International Data Encryption Algorithm（IDEA，国际数据加密算法）	只是更名，改变不大

尽管 IDEA 很强大，但不像 DES 那么普及，原因有两个：第一，IDEA 受专利保护，而

DES 不受专利保护,IDEA 要先获得许可证之后才能在商业应用程序中使用;第二,DES 比 IDEA 具有更长的历史和跟踪记录。但是,著名的电子邮件隐私技术 PGP 就是基于 IDEA 的。

3.5.2 IDEA 的工作原理

1. 基本原理

从技术上来说,IDEA 是块加密。与 DES 一样,IDEA 也处理 64 位明文块。但是,其密钥更长,共 128 位。和 DES 一样,IDEA 是可逆的,即可以用相同算法加密和解密。IDEA 也用扩展与混淆进行加密。

图 3.45 显示了 IDEA 的工作方法。64 位输入明文块分成 4 个部分(各 16 位)P1～P4。这样,P1～P4 是算法第一轮的输入,共 8 轮。前面曾介绍过,其密钥为 128 位。每一轮从原先的密钥产生 6 个子密钥,各为 16 位(稍后将详细介绍)。这 6 个子密钥作用于 4 个输入块 P1～P4。第一轮,有 6 个密钥 K1～K6;第二轮,有 6 个密钥 K7～K12;最后,第 8 轮,有 6 个密钥 K43～K48。最后一步是输出变换,只用 4 个子密钥(K49～K52)。产生的最后输出是输出变换的输出,为 4 个密文块 C1～C4(各 16 位),从而构成 64 位密文块。

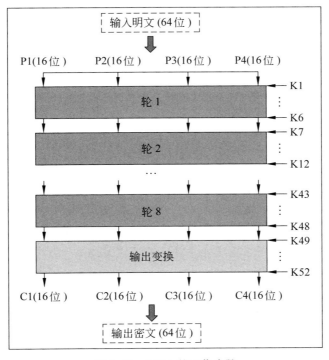

图 3.45　IDEA 的工作步骤

2. 轮次

IDEA 中有 8 轮,每一轮为 6 个密钥对 4 个数据块的一系列操作。广义上看,这些步骤如图 3.46 所示。可以看出，这些步骤进行许多数学运算，包括乘、加和异或运算。

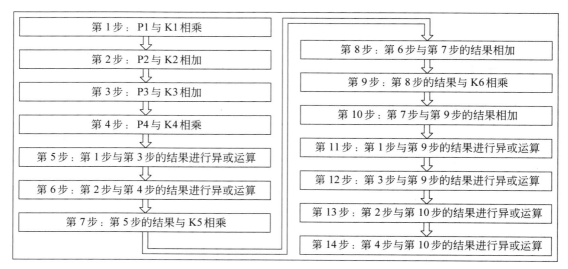

第1步：P1 与 K1 相乘

第2步：P2 与 K2 相加

第3步：P3 与 K3 相加

第4步：P4 与 K4 相乘

第5步：第1步与第3步的结果进行异或运算

第6步：第2步与第4步的结果进行异或运算

第7步：第5步的结果与 K5 相乘

第8步：第6步与第7步的结果相加

第9步：第8步的结果与 K6 相乘

第10步：第7步与第9步的结果相加

第11步：第1步与第9步的结果进行异或运算

第12步：第3步与第9步的结果进行异或运算

第13步：第2步与第10步的结果进行异或运算

第14步：第4步与第10步的结果进行异或运算

图 3.46　IDEA 中的轮

注意，我们在 Add 与 Multiply 后面加上星号，使其变成 Add * 与 Multiply *，因为这不只是加和乘，而是加后用 2^{16}（即 65 536）求模，乘后用 $2^{16}+1$（即 65 537）求模。求模运算如下：如果 a 和 b 是两个整数，则 a mod b 是 a/b 的余数。例如，5 mod 2 为 1（因为 5/2 余数为 1），5 mod 3 为 2（因为 5/3 余数为 2）。

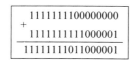

图 3.47　两个 16 位数的
二进制加法

为什么 IDEA 中需要这样，表示什么意思？下面看看正常二进制加的示例。例如在 IDEA 的第一轮第 2 步中，假设 P2 ＝11111111 00000000，而 K2＝1111111111000001。首先，看看不加星号而直接相加的情形，如图 3.47 所示。

可以看出，正常加法得到的结果是 17 位（即 111111110110?00001），但第 2 步的输出只有 16 位，因此要将这个数（十进制值为 130753）变为 16 位。为此可以用 65536 求模，130753 modulo 65536 为 65217，即 1111111011000001，是个 16 位数，符合这个方案。

由此可见，IDEA 中需要采用求模算法，保证即使两个 16 位数相加或相乘的结果超过 17 位，也能缩减到 16 位。

下面再次看看 IDEA 中的各轮，如图 3.48 所示，其与图 3.46 相同，但更加符号化，描述的步骤与前面一样。输入块表示为 P1～P4，子密钥表示为 K1～K6，这个步骤的输出表示为 R1～R4（而不是 C1～C4，因为这不是最终密文，只是中间输出，要在后面各轮和输出变换中处理）。

3. 子密钥生成

我们经常提到子密钥。前面曾介绍过，每一轮使用 6 个子密钥（因此 8 轮共需 48 个子密钥），最后的输出变换使用 4 个子密钥（共需 52 个子密钥）。从 128 位的输入密钥，怎么得

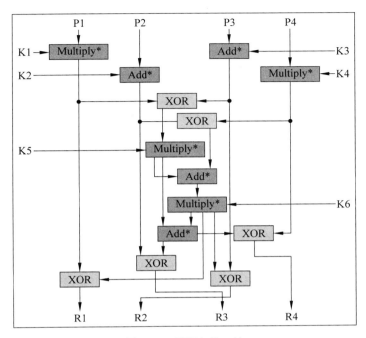

图 3.48 IDEA 的一轮

到 52 个子密钥呢？下面看看前两轮的做法。根据前两轮的做法，读者可以得到后面各轮的子密钥表。

- **第一轮**

我们知道，原始密钥为 128 位，可以产生第一轮的 6 个子密钥 K1～K6。由于 K1～K6各为 16 位，因此用到 128 位中的前 96 位（6 个子密钥，各 16 位）。这样，第一轮结束时，97～128 位密钥还没有使用，如图 3.49 所示。

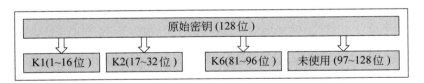

图 3.49 第一轮的子密钥生成

- **第二轮**

第二轮首先使用第一轮没有使用的 32 位（97～128 位）密钥。我们知道，每一轮需要 6个子密钥 K1～K6，各 16 位，共 96 位，因此第二轮还要 96 位。但原始密钥的 128 位已经用完，怎么生成其余 65 位？为此，IDEA 采用了**密钥移位**（key shifting）技术。在这个阶段，原始密钥循环左移 25 位，即原始密钥的第 26 位移到第 1 位，成为移位后的第 1 位，原始密钥的第 25 位移到最后一位，成为移位后的第 128 位。整个过程如图 3.50 所示。

可以看到，第二轮使用了第一轮 97～128 位，以及经过 25 位移位后的 1～64 位。然后，第三轮其余的部分，即 65～128 位（总共 64 位）。再次进行 25 位的移位，移位后，在第三轮使用 1～32 位，以此类推，如表 3.4 所示。

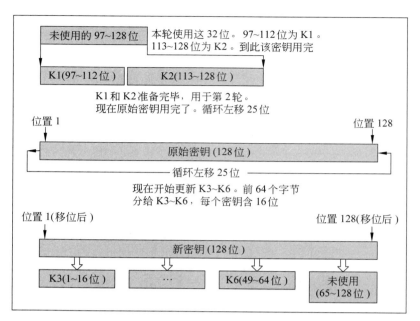

图 3.50 第二轮子密钥生成使用密钥循环左移

表 3.4 每一轮的子密钥生成过程

轮次	子密钥生成过程
1	使用原始 128 位密钥的 1～96 位，从而在第一轮中有 6 个子密钥 K1～K6。97～128 位留给下一轮用
2	第一轮未用的 97～128 位用作本轮的 K1 和 K2。原始密钥进行 25 位移位，如上面所述。移位后，前 64 位用作本轮的子密钥 K3～K6。剩下的 65～128 位留给下一轮用
3	上一轮未用的 65～128 位用作本轮的 K1～K4。密钥用完后，再进行一次 25 位移位，移位后的密钥的 1～32 位用作本轮的子密钥 K5 和 K6。剩下的 33～128 位留给下一轮用
4	上一轮未用的 33～128 位正好用作本轮的 6 个子密钥。此时没有未用的位了。然后，对当前密钥再进行移位
5	本轮类似于第一轮。本轮使用当前密钥的 1～96 位。97～128 位留给下一轮用
6	上一轮未用的 97～128 位用作本轮的 K1 和 K2。原始密钥进行 25 位移位，如上面所述。移位后，前 64 位用作本轮的子密钥 K3～K6。剩下的 65～128 位留给下一轮用
7	上一轮未用的 65～128 位用作本轮的 K1～K4。密钥用完后，再进行一次 25 位移位，移位后的密钥的 1～32 位用作本轮的子密钥 K5 和 K6。剩下的 33～128 位留给下一轮用
8	上一轮未用的 33～128 位正好用作本轮的 6 个子密钥。此时没有未用的位了。然后，对当前密钥再进行移位，用作输出变换

4. 输出变换

输出变换只进行一次，在第 8 轮结束时发生。当然，输出变换的输入是第 8 轮的输出。和平常一样，64 位值分为四个子块（R1～R4，各 16 位）。另外，这里采用四个子密钥，而不是六个。稍后将介绍输出变换的密钥生成过程。这里假设输出变换已经有四个 16 位子密钥 K1～K4，图 3.51 显示了输出变换过程。

图 3.52 显示了输出变换过程的框图。这个过程得到最终 64 位密文,是由 4 个密文块 C1~C4 组合而成的。

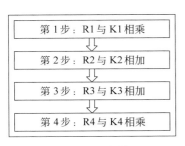

图 3.51　输出变换过程

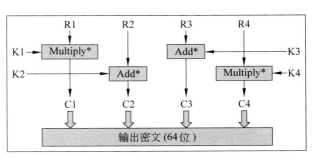

图 3.52　输出变换过程

5. 输出变换的子密钥生成过程

输出变换的子密钥生成过程与上面八轮的密钥生成过程差不多。前面曾介绍过,第 8 轮结束时,刚好用完密钥,因此输出变换过程首先要对密钥进行 25 位循环左移。第 8 轮的结束位为 125,经过 25 位左移后,新的开始位置为 23,结束位置为 22。由于输出变换过程只要四个密钥,各 16 位,共 64 位,因此使用 23 到 86 位。其余 87~128 和 1~22 位不用,将其放弃。

6. IDEA 解密

解密过程与加密过程完全相同,只是子密钥的生成与模式有所不同。解密子密钥实际上是加密子密钥的逆。这里不准备展开介绍,因为其基本概念是相同的。

7. IDEA 的强度

IDEA 使用 128 位密钥,是 DES 密钥长度的两倍,因此要破译 IDEA,就要进行 2^{128}(即 10^{38})次加密运算。与前面一样,即使取得正确的密钥只要搜索一半密钥(空间),每微秒执行一次 IDEA 加密的计算机也要 54000000000000000000000000 年才能破解 IDEA。

3.6　RC4

3.6.1　背景与历史

RC4 是 RSA 安全公司的 Ron Rivest 于 1987 年设计的。这种算法的正式名字是 "Rivest Cipher 4"。但为了引用方便,通常使用其缩写 RC4。

RC4 是一种流加密法。这意味着,其加密是逐个字节进行的。但也可以改为逐位加密 (或者是除字节/位之外的大小)。

最初,RC4 是保密的。但是,在 1994 年 9 月,有关这个算法的描述被人匿名地邮寄给了 Cypherpunks 邮件列表。从那以后,它又被贴到了 sci. crypt 新闻组,从那里又贴到了其他很多网站上。由于现在该算法已经为大家所熟知了,因此它不再是秘密的了。但要注意的是,有一个商标与名称 RC4 相关。

一个有趣的评论说,"当前的状态是,非官方的实现是合法的,但不能使用 RC4 名称"。

RC4 已经成为某些被广泛使用的加密技术和标准的一部分,包括**无线设备隐私**(Wireless Equivalent Privacy,WEP)、用于无线卡与 TLS 的 WPA。它之所以能被这么广泛部署,是因为它的速度及设计的简单性。它可以用软件和硬件来实现,而且不用消耗太多的资源。

3.6.2 算法描述

RC4 生成一个称为**密钥流**(keystream)的伪随机流。加密时,这是使用 XOR 的明文组合。解密也是以类似的方式进行的。

在下面的段落中,我们可以更详细地了解这些。

有一个由 1~256 个字节组成的变长密钥。该密钥用于初始化一个 256 字节的状态向量(state vector),其元素用 S[0],S[1],…,S[255]标识。要进行解密或解密操作,选取 S 中的 256 个字节之一来进行。我们称这个结果输出为 K。之后将 S 的项重新排列一次。

总之,这里包含两个处理过程:(a)S 的初始化,以及(b) 流的生成。我们下面来详细介绍一下。

1. S 的初始化

这个处理过程由以下步骤组成。

(1) 选取一个长度为 1~256 个字节的密钥(K)。

(2) 设置状态向量 S 的值等于 0~255(以递增的顺序)。也就是说,S[0]＝0,S[1]＝1,S[2]＝2,…,S[255]＝255。

(3) 创建另一个临时数组 T。如果密钥 K 的长度是 256 个字节,那么就把 K 复制到 S。否则,在把 K 复制到 T 后,T 的剩余位置再次用 K 的值来填充。最后,T 必须完全填满。

然后,运行如下步骤。

```
for i=0 to 255
    S[i]=i;
    T[i]=K[i mod keylen];
```

图 3.53 显示了一个实现上述逻辑的小型 Java 程序。这里,我们认为 K 数组含有 10 个元素,即 keylen 等于 10。

```
public class InitRC4 {
    public static void main (String[] args) {
        int[] S, T, K;
        S=new int [255];
        T=new int [255];
        K=new int [255];
```

图 3.53　用于实现 S 初始化的 Java 代码

```
        int i;
        int keylen=10;

        for (i=0; i<200; i++)
            K[i]=i * 2;
        for (i=0; i<255; i++) {
            S[i]=i;
            T[i]=K[i%keylen];
        }
    }
}
```

图 3.53 （续）

然后，T 数组用来生成 S 的初始置换。为此，需要运行一个循环，i 从 0～255 迭代。在每种情况下，位于 S[i] 的字节与 S 数组的另一个字节（由 T[i] 决定）进行交换。为此，可以使用如下逻辑。

```
j=0;
for i=0 to 255
    j=(j+S[i]+T[i])mod 256;
    swap(S[i], T[i]);
```

注意，这只是一次置换。S 的值只是重排了位置，没有发生改变。相应的 Java 代码如图 3.54 所示。

```
int j=0, temp;

for (i=0; i<255; i++) {
    j=(j+S[i]+T[i])%256;
    temp=S[i];
    S[i]=T[i];
    T[i]=temp;
}

for (i=0; i<255; i++) {
    System.out.println("S[i]=" +S[i]);
}
```

图 3.54 用于实现 S 置换的 Java 代码

2. 流的生成

经过以上的初始化和置换以后，S 已经准备好了，初始的密钥数组 K 可以丢弃了。现在我们需要另一个循环（for i = 0 to 255）。在每一步中，我们把 S[i] 与 S 的另一个字节进行交换，每次交换的方法由 S 的实现来决定。一旦用完了 255 个位置后，再从 S[i] 开始。

其逻辑如下所示。

```
i=0;
j=0;
while (true)
  i=(i+1) mod 256
  j=(j+S[i]) mod 256;
  swap(S[i], S[j]);
  t=(S[i]+S[j]) mod 256;
  k=S[i];
```

然后,对于加密,k与明文的下一个字节进行 XOR 运行。对于解密,k与密文的下一个字节进行 XOR 运算。

已经发现了 RC4 的一些脆弱性,因此,在新的应用程序中不推荐使用 RC4。

3.7　RC5

3.7.1　背景与历史

RC5 是 Ron Rivest 开发的对称密钥块加密算法。RC5 的主要特性是很快,只使用基本计算机运算(加、异或、移位等),轮数可变,密钥位数可变,从而大大增加灵活性。需要不同安全性的应用程序可以相应设置这些值。RC5 的另一个重要特性是执行所需的内存更少,因此不仅适合桌面计算机,也适合智能卡和其他内存较小的设备。RSA 数据安全公司的 BSAFE、JSAFE 与 S/MAIL 等产品中使用了 RC5。

3.7.2　RC5 工作原理基本原理

RC5 的字长(即输入明文块长度)、轮数和密钥 8 位字节数都是可变的。表 3.5 列出了这些值的取值范围。当然,一旦确定之后,这些值在执行特定加密算法时保持不变。这些变量在执行特定 RC5 实例之前是可变的,可以从取值范围中选择。而 DES 的块长只能是 64 位,密钥长度只能是 56 位;IDEA 的块长只能是 64 位,密钥长度只能是 128 位。

表 3.5　RC5 块长、轮数和密钥位数

参　　数	取　值　范　围
字长(位数,RC5 一次加密 2 个字)	16、32、64
轮数	0~255
密钥 8 位字节数	0~255

从表中可以得到下列结论:
- 明文块长可以为 32、64 或 128 位(使用 2 字块)。
- 密钥长度为 0~2040 位(我们指定了 8 位密钥的取值)。

RC5 的输出是密文,与输入明文具有相同参数。由于 RC5 的三个参数可以改变数值,因此 RC5 算法的特定实例记作 RC5-w/r/b,其中 w 为字长(位),r 为轮数,b 为密钥的 8 位字节数。这样,RC5-32/16/16 表示 RC5 的块长为 64 位(记住 RC5 使用 2 字块)、16 轮加密和 16 字节(128 位)密钥。Ron Rivest 推荐的最低安全版本为 RC5-32/16/16。

1. 操作原理

由于使用上述记法,RC5 初看起来比较复杂。我们首先介绍 RC5 的工作原理,如图 3.55 所示。从图中可以看出,初始操作有两步(图中阴影所示),然后是几轮操作,轮数可以取 0~255。

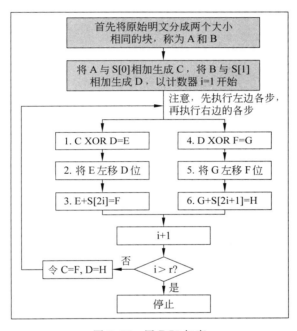

图 3.55　用 RC5 加密

为了简单起见,我们假设输入明文块的长度为 64 位,其他块长的操作原理是相同的。

在一次性初始操作中,输入明文块分成两个 32 位块 A 和 B,前两个子密钥(稍后介绍如何生成)S[0] 和 S[1] 分别加进 A 和 B,分别产生 C 和 D,表示一次性操作结束。

然后开始各轮,每一轮完成下列操作:

- 位异或操作;
- 循环左移;
- 对 C 与 D 增加下一个子密钥,先是加法运算,然后将结果用 2^w 求模(由于这里 W=32,因此为 2^{32})。

如果仔细看看图 3.55 的操作,则可以看到,一个块的输出作为另一块的输入,使整个逻辑很难破译。

下面看看算法细节。

2. 一次性初始操作

首先看看一次性初始操作，如图 3.56 所示，包括两个简单步骤：第一，输入明文分为两个等长块 A 和 B，然后第一个子密钥 S[0] 与 A 相加；第二个子密钥 S[1] 与 B 相加。这些操作用 2^{32} 求模，分别得到 C 和 D。

3. 每轮的细节

下面看看第一轮细节，后面各轮也一样，因此不再一一介绍。

■ **第 1 步：C 与 D 异或**

每一轮的第一步为 C 与 D 异或运算，得到 E，如图 3.57 所示。

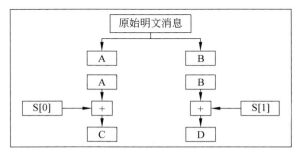

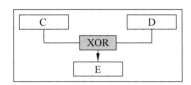

图 3.56　RC5 中的一次性初始操作　　　　图 3.57　每一轮的第 1 步

■ **第 2 步：循环左移 E**

现在将 E 循环左移 D 位，如图 3.58 所示。

■ **第 3 步：将 E 与下一个子密钥相加**

这一步要将 E 与下一个子密钥相加。第 1 轮为 S[2]，第 i 轮为 S[2i]。这个运算的结果为 F，如图 3.59 所示。

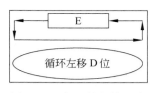

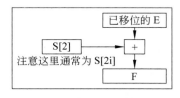

图 3.58　每一轮的第 2 步　　　　图 3.59　每一轮的第 3 步

注意，第 4～6 步的运算（异或、循环左移和加法）与第 1～3 步相同，只是第 4～6 步的输入与第 1～3 步不同。

■ **第 4 步：D 与 F 异或**

这一步和第 1 步相似，D 与 F 异或操作得到 G，如图 3.60 所示。

■ **第 5 步：循环左移 G**

这一步和第 2 步相似，现在将 G 循环左移 F 位，如图 3.61 所示。

■ **第 6 步：将 G 与下一个子密钥相加**

这一步和第 3 步相同，这一步要将 G 与下一个子密钥相加。第 1 轮为 S[3]，第 i 轮为

S[2i+1],i 从 1 开始。这个运算的结果为 H,如图 3.62 所示。

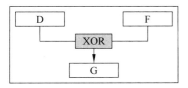

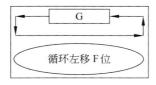

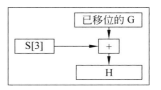

图 3.60　每一轮的第 4 步　　　　图 3.61　每一轮的第 5 步　　　　图 3.62　每一轮的第 6 步

■ 第 7 步：其他任务

这一步要检查所有各轮是否完成。为此要执行下列步骤:

* 将 i 加 1;
* 检查是否 i<r。

假设 i 仍然小于 r,则将 F 更名为 C,H 更名为 D,回到第 1 步,如图 3.63 所示。

有趣的是,RC5 中的所有这些操作(初始操作和后面各轮)都可以使用古怪的数学表示,如图 3.64 所示,注意<<<表示循环左移。

```
i=i+1

if i<r
            Call F as C again
            Call H as D again
            Go back to step 1
Else
            Stop
End-if
```

图 3.63　每一轮的第 7 步数学表示

```
A=A+S[0]
B=B+S[1]


For i=1 to r
    A= ((A XOR B)<<<B)+S[2i]
    B= ((B XOR A)<<<A)+S[2i+1]
Next i
```

图 3.64　RC5 加密的数学表示

此外,还可以写出 RC5 解密的数学表示,如图 3.65 所示,请读者验证。>>> 表示循环右移。

```
For i=1 to r to 1 step-1 (i.e. decrement i each time by 1)
    A= ((B-S[2i+1])>>>A) XOR A
    B= ((A-S[2i])>>>B) XOR B
Next i
B=B-S[1]
A=A-S[0]
```

图 3.65　RC5 解密的数学表示

4. 子密钥生成

下面看看 RC5 中的子密钥生成过程,共两步。

(1) 第 1 步,生成子密钥(标为 S[0], S[1], …)。

(2) 原先的密钥称为 L。第 2 步,子密钥(S[0], S[1], …)与原密钥的相应部分(L[0],

L[1]，…）混合。

如图 3.66 所示。

图 3.66 子密钥生成

下面介绍这两个步骤。

■ **第 1 步：子密钥生成**

这一步使用两个常量 P 与 Q。生成的子密钥数组称为 S，第一个子密钥 S[0]用 P 值初始化。

每个后续子密钥（S[1]，S[2]，…）根据前面的子密钥和常量 Q 求出，用 2^{32} 求模。这个过程进行 $2(r+1)-1$ 次，其中 r 是轮数。因此，如果有 12 轮，则进行 $2(12+1)-1$ 即 $2 \times (13)-1=25$ 次。因此，生成子密钥 S[0]，S[1]，…，S[25]。

这个过程如图 3.67 所示，图 3.68 显示了子密钥生成的数学形式。

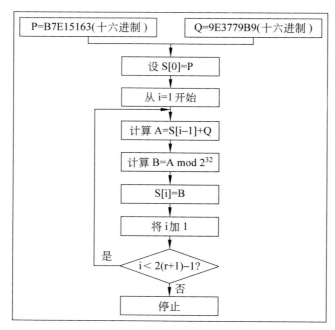

图 3.67 子密钥生成

```
S[]=P

For i=1 to 2(r+1)-1
          S[]=(S(i-1)+Q) mod 2³²
Next i
```

图 3.68 子密钥生成的数学形式

■ **第 2 步：子密钥混合**

子密钥混合阶段将子密钥 S[],S[],…与原密钥中的 L[],L[],…L[]混合。注意 c 是原密钥中最后一个子密钥部分。这个过程如图 3.69 所示。

```
i=j=0
A=B=0


Do 3n times (where n is the maximum of 2(r+1) and c)

    A=S[i]=(S[i]+A+B)<<<3
    B=L[i]=(L[i]+A+B)<<<(A+B)

    i=(i+1) mod 2(r+1)
    j=(j+1) mod c

End-do
```

图 3.69　子密钥混合的数学形式

3.7.3　RC5 的模式

以表 3.6 所示的算法模式来实现 RC5，可以获得更好的性能。这些定义在 RFC 2040 中。

表 3.6　RC5 的模式

模　式	描　述
RC5 块	加密也称为电子编码簿模式。它把固定大小的 2w 位的输入块加密成相同长度的密文块
RC5-CBC	这是 RC5 的加密链表块。它把长度等于 RC5 块大小的整数倍（即 2w 位的倍数）的明文消息加密。这种模式的安全性更好,因为输入的相同明文块可以产生不同的输出密文块
RC5-CBC-Pad	这是 CBC 的一个修订版本。这里的输入可以是任意长度。密文可以比明文长单个 RC5 块的最大值。为了处理长度的不匹配,需要进行填充。这就使得消息的长度等于 2w 位的整数倍。初始消息的长度看作是字节数量。1～b 个字节填充到该消息的末尾。要填充多少个字节,可由等式 b=2w/8 来决定。这样,b 等于 RC5 的块大小（以字节为单位）。所用填充字节的值是相同的,设置为一个表示用于填充的字节数的字节。例如,如果有 6 个填充字节,那么每个填充字节都含有一个等于 6 的二进制值,即 00000110
RC5-CTS	这称为密文偷换模式。该模式类似于 RC5-CBC-Pad。这里,明文输入可以是任意长度。输出密文也是相等的长度

3.8　Blowfish

3.8.1　简介

Blowfish 是由 Bruce Schneier 开发的，它是个非常强大的对称密钥加密算法。据 Bruce Schneier 称，Blowfish 的设计目标如下。

- 快速：Blowfish 在 32 位微处理器中的加密速率为每字节 26 个时钟循环。
- 紧凑：Blowfish 可以在不到 5 kb 的内存中执行。
- 简单：Blowfish 只使用基本运算，如加法、异或和表格查阅，因此很容易设计与实现。
- 安全：Blowfish 是变长密钥的，最长 448 位，使其既灵活又安全。

Blowfish 适合密钥长期不变的情形（如通信链路加密），而不适合密钥经常改变的情形（如分组交换）。

3.8.2　操作

Blowfish 用变长密钥加密 64 位块，分为如下两个部分。

- 子密钥生成：这个过程将最长 448 位的密钥转换成总长为 4168 位的子密钥。
- 数据加密：这个过程将简单函数迭代 16 次，每一轮包含密钥相关置换和密钥与数据相关替换。

1. 子密钥生成

下面来逐步学习子密钥生成过程的重要内容。

（1）Blowfish 使用了大量的子密钥。在加密和解密操作之间就得准备好这些密钥。密钥的大小为 32～448 位。换句话说，密钥的大小为 1～14 个字，每个字由 32 位组成。这些密钥存储在一个数组中，如下所示：

$$K1, K2, \cdots, Kn, \quad 其中\ 1 \leqslant n \leqslant 14$$

（2）于是我们就有了 P 数组，它由 18 个 32 位的子密钥构成。

P1, P2, ⋯, P18

P 数组的创建随后将介绍。

（3）4 个 S 盒，每个含有 256 个 32 位的项：

S1,0, S1,1, ⋯, S1,255

S2,0, S2,1, ⋯, S2,255

S3,0, S3,1, ⋯, S3,255

S4,0, S4,1, ⋯, S4,255

S 盒的创建随后将介绍。

现在我们来看看如何使用这些信息来生成子密钥。

（1）首先初始化 P 数组，然后使 4 个 S 盒。Schneier 建议使用常量 Pi(π) 的小数部分（十六进制的形式），于是有：

```
P1     =243F6A88
P2     =85A208D3
...
S4254 =578FDFE3
S4255 =3AC372E6
```

（2）P1 与 K1 进行 XOR 运算，P2 与 K2 进行 XOR 运算，一直到 P18。这在 P14 与 K14 之前都是工作得很好的。但之后密钥数组（K）用完了。因此，对 P15～P18，重复使用 K1～K4。即如下进行：

```
P1 = P1 XOR K1
P2 = P2 XOR K2
...
P14 = P14 XOR K14
P15 = P15 XOR K1
P16 = P16 XOR K2
P17 = P17 XOR K3
P18 = P18 XOR K4
```

（3）现在采用一个 64 位的块，所有这 64 位都初始化为 0。使用上面的 P 数组和 S 盒（P 数组和 S 盒称为子密钥），在这个全为 0 的 64 位块上运行 Blowfish 加密过程。换句话说，要生成子密钥本身，需要使用 Blowfish 算法。不要说，一旦生成了子密钥，就可以用 Blowfish 算法来加密实际的明文了。

这一步将产生 64 位的密文。把这些分成两个 32 位的块，分别用这两个 32 位的块来替换 P1 和 P2 的初始值。

（4）使用 Blowfish 和修改后的子密钥，对（1）步的输出进行加密。输出结果同样由 64 位组成。像前面一样，把它分成两个 32 位的块。现在，用这两个密文块来替换 P3 和 P4。

（5）可以用同样的方法依次替换 P 数组的其余部分（即 P5～P18）以及 4 个 S 盒的所有元素。在每一步中，要把前一步的输出结果输入到 Blowfish 算法，以生成子密钥的下两个 32 位块（即 P5 与 P6，然后是 P7 与 P8，等等）。

这里总共需要 521 次迭代来生成所有的 P 数组和 S 盒。

2. 数据加密与解密

对 64 位块的明文输入 X 的加密如图 3.70 所示。在加密和解密过程中使用了 P 数组和 S 盒。

```
（1）将 X 分成两个长度相同的部分 XL 与 XR，每个含有 32 位。
（2）For i＝1 to 16
            XL＝XL XOR P（i）
            XR＝F（XL）XOR XR
            Swap XL, XR
      Next i
（3）Swap XL, XR（即取消上次交换）。
（4）XL＝XL XOR P18
（5）将 XL 与 XR 合并为 X。
```

图 3.70　Blowfish 算法

加密过程如图 3.71 所示。

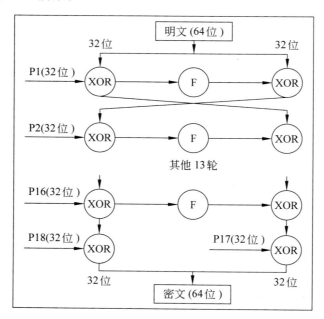

图 3.71　Blowfish 加密

函数 F 如下所示。

（1）把 32 位的 XL 块分成 4 个 8 位的子块，分别命名为 a、b、c 和 d。

（2）计算 F[a, b, c, d] = ((S1, a + S2, b) XOR S3, c) + S4, d。例如，如果 a=10，b=95，c=37，d=191，那么 F 的计算如下所示。

F[a, b, c, d] = ((S1, 10 + S2, 95) XOR S3, 37) + S4, 191

函数 F 如图 3.72 所示。

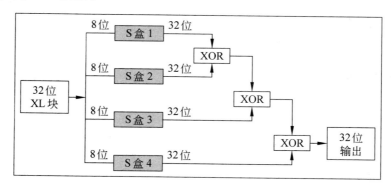

图 3.72　Blowfish 的 F 函数

解密过程如图 3.73 所示。可以看到，解密过程很简单，使用的是 P 数组值的逆。

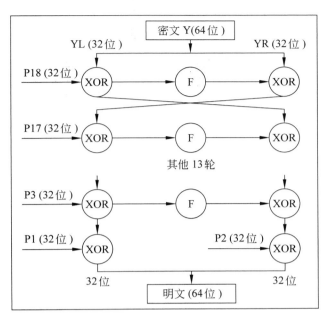

图 3.73   Blowfish 解密

3.9   高级加密标准

3.9.1   简介

20 世纪 90 年代,美国政府想把已经广泛使用的加密算法标准化,称为**高级加密标准**(Advanced Encryption Standard,AES),为此提出了许多草案,经过多次争论,最后采用了 Rijndael 算法。Rijndael 是由比利时的 Joan Daemen 与 Vincent Rijmen 开发的,名称 Rijndael 就是从他们的姓氏(Rijmen 与 Daemen)合并而成的。

之所以需要新算法,是因为人们感到 DES 有弱点。DES 的 56 位密钥在穷举密钥搜索的攻势下显得不太安全,64 位块也不够强大。AES 采用 128 位块和 128 位密钥。

1998 年 6 月,Rijndael 算法提交给 NIST,作为 AES 候选算法之一。在最初 15 种候选算法中,只有如下 5 种在 1999 年 8 月进行了公开。

- Rijndael(来自 Joan Daemen 和 Vincent Rijmen,86 票)。
- Serphent(来自 Ross Anderson、Eli Bihan 和 Lars Knudsen,59 票)。
- Twofish(来自 Bruce Schneier 等,31 票)。
- RC6(来自 RSA 实验室,23 票)。
- MARS(来自 IBM,13 票)。

2000 年 10 月,NIST 宣布 AES 最终选择 Rijndael。2001 年,Rijndael 成为美国政府标准:联邦信息处理标准 197(FIPS 197)。

按照设计者的说法，AES 的主要特性如下。

- 对称与并行结构：使算法实现具有很大的灵活性，而且能够很好地抵抗密码分析攻击。
- 适应现代处理器：算法很适合现代处理器（Pentium、RISC 和并行处理器）。
- 适合智能卡：这个算法很适合智能卡。

Rijndael 支持的密钥长度和明文块长度为 128 位～256 位（步长为 32 位）。密钥长度与明文块长度要分别选取。AES 规定，明文块大小必须是 182 位，密钥长度是 128 位、192 位或 256 位。通常使用的两个 AES 版本是：128 位明文块加 128 位密钥，以及 128 位明文块加 256 位密钥。

由于 128 位明文块加 128 位密钥更像是一个商用标准，因此这里只介绍这种版本。其他版本的原理是相同的。由于 128 位可能有 2^{128} 或 3×10^{38} 种密钥，Andrew Tanenbaum 以其特有风格概述了这种密钥的范围长度：

即使 NSA 构建了一台具有 10 亿个并行处理器的机器，每个处理器每微微秒处理一个密钥，该机器也需要大约 10^{10} 年来查找这个密钥空间。到那时，太阳已经燃烧完了，人们只能靠烛火来阅读结果了。

3.9.2 操作

Rijndael 的基础是一个称为伽罗瓦场论的数学概念。对于当前的讨论，我们不打算介绍这些概念，而是介绍算法本身在概念层面上的工作原理。

与 DES 的工作方法类似，Rijndael 也使用了替换与变换（即置换）的基本技术。密钥长度和明文块长度决定了需要运行的轮数。最少轮数是 10（当密钥长度和明文块长度分别为 128 位时），最多轮数是 14。DES 与 Rijndael 的一个主要不同之处是，所有 Rijndael 操作都涉及整个字节，而不是字节的单个位。这使得可以更好地进行该算法实现的硬件和软件优化。

图 3.74 描述了 Rijndael 的步骤。

```
（1）完成以下一些一次性初始化处理：
（a）扩展 16 字节的密钥，以得到所用的实际密钥块。
（b）完成 16 字节明文块（称为状况）的一次性初始化。
（c）该状况与密钥块进行 XOR 运算。
（2）对每一轮，完成以下工作：
（a）对每个明文字节应用 S 盒。
（b）把明文块的 k 行旋转 k 个字节。
（c）执行一个混合列操作。
（d）该状况与密钥块进行 XOR 运算。
```

图 3.74   Rijndael 描述

3.9.3 一次性初始化处理

现在来详细介绍该算法的每一步。

1. 扩展 16 字节的密钥，以得到所用的实际密钥块

与正常情况下一样，该算法的输入是密钥和明文。在这种情况下，密钥长度是 16 字节。这一步是要把这个 16 字节密钥扩展到 11 个数组中，每个数组含有 4 行和 4 列。密钥扩展过程如图 3.75 所示。

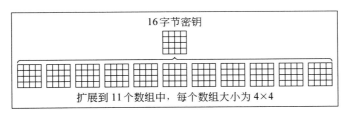

图 3.75 密钥扩展的概念图

换句话说，初始 16 字节密钥被扩展为一个含有 $11 \times 4 \times 4 = 176$ 字节的密钥。这 11 个数组中的一个用于初始化处理，其余 10 数组用在 10 轮中，每轮一个数组。

密钥扩展很复杂，可以忽略不讲。下面的介绍是为了完整性。这里我们要开始使用 AES 上下文中的术语"词"。一个词意为 4 个字节。因此，16 字节的初始密钥（即 $16 \div 4 = 4$ 个词的密钥）将扩展为 176 字节的密钥（即 $176 \div 4 = 44$ 个词）。

（1）首先，把初始 16 字节的初始密钥复制到扩展密钥的前 4 个词中（即图 3.76 中的前 4×4 的数组中）。

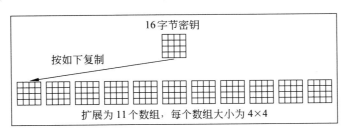

图 3.76 密钥扩展：第 1 步

另一种表示如图 3.77 所示。

（2）如上填充了扩展密钥块的第 1 个数组（标号为 W0~W3）后，逐个填充剩余的 10 个数组（标号为 W4~W43）。每次填充一个 4×4 的数组（即 4 个词）。添加每个密钥数组块与上一个块以及位于该块之前的第 4 个块有关。也就是说，添加的每个词 w[i] 与 w[i−1] 和 w[i−4] 有关。前面说过，每次填充的是 4 个词。为了一次填充 4 个词，需要使用如下的逻辑：

K0	K1	K2	K3
K4	K5	K6	K7
K8	K9	K10	K11
K12	K13	K14	K15
↓	↓	↓	↓
W0	W1	W2	W3

图 3.77 密钥扩展：第 1 步

（a）在 W 数组中，如果索引是 4 的倍数的词，就需要使用一些复杂的逻辑。即，对于 W[4]，W[8]，W[12]，…，W[40]，其填充逻辑如图 3.78 所示。

```
ExpandKey(byte K[16], word W[44]) {
    word tmp;

    for (i=0; i<4; i++) {
        W[i]=K[4 * i], K[4 * i-1], K[4 * i-2], K[4 * i-3];
    }

    for ((i=4; i<44; i++) {
        tmp=W[i-1];

        if (i mod 4==0)
            tmp=Substitute (Rotate (tmp)) XOR Constant[i/4];
        W[i]=W[i-4] XOR tmp;
    }
}
```

图 3.78　密钥扩展算法

（b）对于其他的词，只需使用简单 XOR 运算即可。

前面已经介绍了把所有 16 个输入密钥块（即 16 个字节）复制到输出密钥块的前 4 个词中。因此，这里不再讨论它了。这是由第 1 个 for 循环来完成的。

在第 2 个 for 循环中，将检查当前词的索引是否为 4 的倍数。如果是，则执行 3 个函数 Substitute、Rotate 和 Constant。我们将简要地介绍这些函数。如果在输出密钥块中的当前词的索引不是 4 的倍数，则只需把前面第 1 个词与前面第 4 个词进行 XOR 运算。即，对词 W[5]，需要把 W[4]与 W[1]进行 XOR 运算，其结果存储为 W[5]。从上面算法中可以清楚地看出这一点。注意，这里创建了一个名为 tmp 的临时变量，它先是存储 W[i−1]，然后与 W[i−4]进行 XOR 运算。

下面来看看 3 个函数 Substitute、Rotate 和 Constant。

（i）函数 Rotate 把词的内容完成一个左移位循环，每次移动一个字节。这样，如果输入词含有标号为[B1，B2，B3，B4]的 4 个字节，那么输出词将含有[B2，B3，B4，B1]。

（ii）函数 Substitute 对输入词的每个字节进行字节替换。为此，它使用了如图 3.79 所示的 S 盒。

（iii）在函数 Constant 中，以上步骤的输出与一个常量进行 XOR 运算。该常量是一个词，由 4 个字节组成。该常量的值与轮数有关。常量词的后 3 个字节总为 0。这样，与这样一个常量进行 XOR 运算的输入词总是与输入词的第一个字节进行 XOR 运算一样。每轮的常量值如图 3.80 所示。

X 下面用一个示例来阐述整个事情是如何工作的。

假设有初始未扩展的 4 词密钥，如图 3.81 所示（即 16 字节）。

（1）在前 4 轮中，初始 4 个词的输入密钥被复制到输出密钥的前 4 个词中，每一步的算

		Y														
		0	1	2	3	4	5	6	7	8	9	a	b	c	d	e	f
X	0	63	7c	77	7b	f2	6b	6f	c5	30	01	67	2b	fe	d7	ab	76
	1	ca	82	c9	7d	fa	59	47	f0	ad	d4	a2	af	9c	a4	72	c0
	2	b7	fd	93	26	36	3f	f7	cc	34	a5	e5	f1	71	d8	31	15
	3	04	c7	23	c3	18	96	05	9a	07	12	80	e2	eb	27	b2	75
	4	09	83	2c	1a	1b	6e	5a	a0	52	3b	d6	b3	29	e3	2f	84
	5	53	d1	00	ed	20	fc	b1	5b	6a	cb	be	39	4a	4c	58	cf
	6	d0	ef	aa	fb	43	4d	33	85	45	f9	02	7f	50	3c	gf	a8
	7	51	a3	40	8f	92	9d	38	f5	bc	b6	da	21	10	ff	f3	d2
	8	cd	0c	13	ec	5f	97	44	17	c4	a7	7e	3d	64	5d	19	73
	9	60	81	4f	dc	22	2a	90	88	46	ee	b8	14	de	5e	0b	ab
	a	e0	32	3a	0a	49	06	24	5c	c2	d3	ac	62	91	95	e4	79
	b	e7	c8	37	6d	8d	d5	4e	a9	6c	56	f4	ea	65	7a	ae	08
	c	ba	78	25	2e	1c	a6	b4	c6	e8	dd	74	1f	4b	bd	8b	8a
	d	70	3e	b5	66	48	03	f6	0e	61	35	57	b9	86	c1	1d	9e
	e	e1	f8	98	11	69	d9	8e	94	9b	1e	87	e9	ce	55	28	df
	f	8c	a1	89	0d	bf	e6	42	68	41	99	2d	0f	b0	54	bb	16

图 3.79 AES 的 S 盒

轮数	1	2	3	4	5	6	7	8	9	10
使用的常量值(十六进制)	01	02	04	08	10	20	40	80	1B	36

图 3.80 用于 Constant 函数中的每轮的常量值

字节位置	0	1	2	3	4	5	6	7	8	9	10	11	12	13	14	15
值(十六进制)	00	01	02	03	04	05	06	07	08	09	0A	0B	0C	0D	0E	0F

图 3.81 密钥扩展第 1 步,初始 4 个词的密钥

法如下所示。

```
for (i=0; i<4; i++) {
    W[i]=K[4 * i],K[4 * i-1],K[4 * i2],K[4 * i3];
}
```

这样,输出密钥的前 4 个词(即 W[0]~W[3])包含的值如图 3.82 所示。这是从 4 个词的输入密钥中按如下方式构建而来的。

(a) 首先,把输入密钥的前 4 个字节(即第 1 个词,也就是 00 01 02 03)复制到输出密钥的第 1 个词(即 W[0])中。

(b) 接着,把输入密钥的下 4 个字节(即 04 05 06 07)复制到输出密钥的第 2 个词(即 W[2])中。

(c) 同样,可以把输入密钥的剩余内容复制到 W[2] 和 W[3],如图 3.82 所示。

W[0]	W[1]	W[2]	W[3]	W[4]	W[5]	...	W[44]
00 01 02 03	04 05 06 07	08 09 0A 0B	0C 0D 0E 0F	?	?	?	?

图 3.82 密钥扩展第 2 步,填充输出密钥的前 4 个词

（2）现在我们来看看输出密钥块的下一个词（即 W[4]）要放置什么内容。为此，需要运行如下算法。

```
for((i=4; i<44; i++){
    tmp=W[i-1];
    if(i mod 4==0)
            tmp=Substitute(Rotate(tmp))XOR Constant[i/4];
    W[i]=W[i-4] XOR tmp;
}
```

基于此，我们有：

tmp=W[i-1]=W[4-1]=W[3]=0C 0D 0E 0F

由于 i＝4，i mod 4＝0。因此有：

tmp=Substitute(Rotate(tmp))XOR Constant[i/4];

- Rotate(tmp)就是 Rotate(0C 0D 0E 0F)，其结果是 0D 0E 0F 0C。
- 然后要计算的是 Substitute(Rotate(tmp))。为此，需要在 S 盒中查找，每次查找一个字节。例如，这里的第 1 个字节是 0D，在 S 盒中，x＝0，y＝D，查找结果是 D7。同样，由 0E 得出 AB，0F 得出 76，0C 得出 FE。这样，对输入 0D 0E 0F 0C，Substitute(Rotate(tmp))的转换输出是 D7 AB 76 FE。
- 现在需要把上面这个值与 Constant[ ]进行 XOR 运算。由于 i＝4，于是有 Constant[4/4]，即是 Constant[1]，从前面的常量表可以知道它等于 01。这里还需要填充另外 3 个字节，且都设置为 00。因此，常量值为 01 00 00 00。因此有：

```
    D7 AB 76 FE
XOR
    01 00 00 00
    =D6 AB 76 FE
```

这样，tmp 的新值为 D6 AB 76 FE。

- 最后，需要把 tmp 与 W[i-4]（即为 W[4-4]=W[0]）进行 XOR 运算。于是有：

```
    D6 AB 76 FE
XOR
    00 01 02 03
    =D6 AA 72 FD
```

这样，W[ ]＝D6 AA 72 FD。

使用同样的逻辑，可以得出扩展密钥块的其他部分 W[5]～W[44]。

2. 16 字节明文块的一次性初始化（称为状态）

这一步相对简单。这里把 16 字节明文块复制到一个称为 state 的二维 4×4 数组中。复制的顺序是按列进行。也就是，该明文块的前 4 个字节复制到 state 数组的第 1 列中，接下来的 4 个字节复制到 state 数组的第 2 列中，以此类推，如图 3.83 所示（标号为 B1～

B16)。

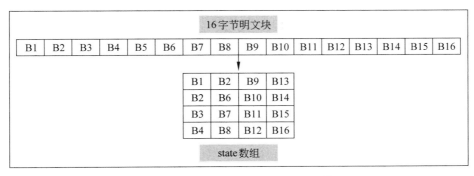

图 3.83 把输入明文块复制到 state 数组

3. state 数组与密钥块进行 XOR 运算

现在,扩展密钥的前 16 个字节(即 4 个词 W[0]、W[1]、W[2]和 W[3])进行 XOR 运算后存储到了 16 字节的 state 数组(即上面所示的 B1~B16)。于是,state 数组中的每个字节被其自己与扩展密钥的对应字节做 XOR 运算后的结果替换。

至此,初始化工作完成,我们可以准备每轮的处理了。

3.9.4　每轮的处理

对于每一轮,运行下面步骤 10 次。

1. 对每个明文字节应用 S 盒

这一步非常简单。按 state 数组的内容查找 S 盒。用 S 盒的对应项替换 state 数组的内容,从而完成逐个字节的替换。注意,这里只使用一个 S 盒,而 DES 使用的是 3 个 S 盒。

2. 把明文块(即 state 数组)的 k 行旋转 k 个字节

state 数组(有 4 行)的每一行都向左旋转。行 0 旋转 0 个字节(即根本不旋转),行 1 旋转 1 个字节,行 2 旋转 2 个字节,行 3 旋转 3 个字节。这有助于数据的混淆。这样,如果 state 数组的初始 16 个字节含有的值是 1、2、3、4、5、6、7、8、9、10、11、12、13、14、15、16,那么,经过旋转操作后的值变成了如下所示。

初 始 数 组	旋转后的数组
1 5 9 13	1 5 9 13
2 6 10 14	6 10 14 2
3 7 11 15	11 15 3 7
4 8 12 16	16 4 8 12

3. 进行混合列操作

现在来把列混合,且相互之间是没有关联的。这需要使用到矩阵相乘操作。这一步的输出是旧值与常量矩阵进行矩阵相乘的结果。

这一步最复杂。下面我们来进行解释。以下内容是基于 Adam Berent 的一篇文章。

这一步有两个方面的内容。首先来解释 state 的哪个部分与矩阵的哪个部分相乘，然后解释如何基于伽利略场（Galois Field）实现矩阵相乘。

■ 矩阵相乘

我们知道，state 数组组织成了一个 4×4 的矩阵。矩阵相乘是一次一列（即一次 4 个字节）进行的。列的每个值要与矩阵的每个值相乘（即总共进行 16 次乘法）这些相乘的结果一起进行 XOR 运算，只生成 4 个字节，用作下一个 state 数组。这里我们总共有 4 个输入、16 次乘法、12 次 XOR 运算以及 4 个输出字节。这种乘法是每次用矩阵的一行乘以 state 列的每个值。

例如，假设有矩阵如图 3.84 所示。

接着，假设有如图 3.85 所示的 16 字节 state 数组。

2	3	1	1
1	2	3	1
1	1	2	3
3	1	1	2

图 3.84　相乘矩阵

b1	b5	b9	b13
b2	b6	b10	b14
b3	b7	b11	b15
b4	b8	b12	b16

图 3.85　16 字节数组

第 1 个结果字节是通过把 state 列的 4 个值与矩阵的第 1 行的 4 个值相乘得到的。然后，每个相乘结果进行 XOR 运算，生成一个字节。例如，使用如下的计算：

$$b1 = (b1 \times 2) \ XOR \ (b2 \times 3) \ XOR \ (b3 \times 1) \ XOR \ (b4 \times 1)$$

接着，第 2 个结果字节是通过把 state 列的相同 4 个值与矩阵的第 2 行的 4 个值相乘得到的。然后，每个相乘结果进行 XOR 运算，生成一个字节。

$$b2 = (b1 \times 1) \ XOR \ (b2 \times 2) \ XOR \ (b3 \times 3) \ XOR \ (b4 \times 1)$$

第 3 个结果字节是通过把 state 列的相同 4 个值与矩阵的第 3 行的 4 个值相乘得到的。然后，每个相乘结果进行 XOR 运算，生成一个字节。

$$b3 = (b1 \times 1) \ XOR \ (b2 \times 1) \ XOR \ (b3 \times 2) \ XOR \ (b4 \times 3)$$

第 4 个结果字节是通过把 state 列的相同 4 个值与矩阵的第 4 行的 4 个值相乘得到的。然后，每个相乘结果进行 XOR 运算，生成一个字节。

$$b4 = (b1 \times 3) \ XOR \ (b2 \times 1) \ XOR \ (b3 \times 1) \ XOR \ (b4 \times 2)$$

对 state 数组的每一列，重复上面过程。

下面来总结一下。

第 1 列等于 state 的第 1～4 个字节以下方式与矩阵相乘的结果：

$$b1 = (b1 \times 2) \ XOR \ (b2 \times 3) \ XOR \ (b3 \times 1) \ XOR \ (b4 \times 1)$$
$$b2 = (b1 \times 1) \ XOR \ (b2 \times 2) \ XOR \ (b3 \times 3) \ XOR \ (b4 \times 1)$$
$$b3 = (b1 \times 1) \ XOR \ (b2 \times 1) \ XOR \ (b3 \times 2) \ XOR \ (b4 \times 3)$$
$$b4 = (b1 \times 3) \ XOR \ (b2 \times 1) \ XOR \ (b3 \times 1) \ XOR \ (b4 \times 2)$$

（b1＝state 数组的第 1 个字节）

第 2 列等于以下方式与矩阵的第 2 行相乘的结果：

$$b5 = (b5 \times 2) XOR (b6 \times 3) XOR (b7 \times 1) XOR (b8 \times 1)$$
$$b6 = (b5 \times 1) XOR (b6 \times 2) XOR (b7 \times 3) XOR (b8 \times 1)$$
$$b7 = (b5 \times 1) XOR (b6 \times 1) XOR (b7 \times 2) XOR (b8 \times 3)$$
$$b8 = (b5 \times 3) XOR (b6 \times 1) XOR (b7 \times 1) XOR (b8 \times 2)$$

其余的以此类推。

■ 伽利略场

上面矩阵相乘可以基于伽利略场来完成。伽利略场的数学知识很复杂,超出了本书的范围。但是,我们可以只介绍这种相乘的实现,使用如图 3.86 和图 3.87 所示的两个表(以十六进制表示),可以很容易地完成。

	0	1	2	3	4	5	6	7	8	9	A	B	C	D	E	F
0	01	03	05	0F	11	33	55	FF	1A	2E	72	96	A1	F8	13	35
1	5F	E1	38	48	D8	73	95	A4	F7	02	06	0A	1E	22	66	AA
2	E5	34	5C	E4	37	59	EB	26	6A	BE	D9	70	90	AB	E6	31
3	53	F5	04	0C	14	3C	44	CC	4F	D1	68	B8	D3	6E	B2	CD
4	RC	D4	67	A9	E0	3B	4D	D7	62	A6	F1	08	18	28	78	88
5	83	9E	B9	D0	6B	BD	DC	7F	81	98	B3	CE	49	DB	76	9A
6	B5	C4	57	F9	10	30	50	F0	0B	1D	27	69	BB	D6	61	A3
7	FE	19	2B	7D	87	92	AD	EC	2F	71	93	AE	E9	20	60	A0
8	FB	16	3A	4E	D2	6D	B7	C2	5D	E7	32	56	FA	15	3F	41
9	C3	5E	E2	3D	47	C9	40	C0	5B	ED	2C	74	9C	BF	DA	75
A	9F	BA	D5	64	AC	EF	2A	7E	82	9D	BC	DF	7A	8E	89	80
B	9B	B6	C1	58	E8	23	65	AF	EA	25	6F	B1	C8	43	C5	54
C	FC	1F	21	63	A5	F4	07	09	1B	2D	77	99	B0	CB	46	CA
D	45	CF	4A	DE	79	8B	86	91	A8	E3	3E	42	C6	51	F3	0E
E	12	36	5A	EE	29	7B	8D	8C	8F	8A	85	94	A7	F2	0D	17
F	39	4B	DD	7C	84	97	A2	FD	1C	24	6C	B4	C7	52	F6	01

图 3.86 E 表

	0	1	2	3	4	5	6	7	8	9	A	B	C	D	E	F
0		00	19	01	32	02	1A	C6	4B	C7	1B	68	33	EE	DF	03
1	64	04	E0	0E	34	8D	81	EF	4C	71	08	C8	F8	69	1C	C1
2	7D	C2	1D	B5	F9	B9	27	6A	4D	E4	A6	72	9A	C9	09	78
3	65	2F	8A	05	21	0F	E1	24	12	F0	82	45	35	93	DA	8E
4	96	8F	DB	BD	36	D0	CE	94	13	5C	D2	F1	40	46	83	38
5	66	DD	FD	30	BF	06	8B	62	B3	25	E2	98	22	88	91	10
6	7E	6E	48	C3	A3	B6	1E	42	3A	6B	28	54	FA	85	3D	BA
7	2B	79	0A	15	9B	9F	5E	CA	4E	D4	AC	E5	F3	73	A7	57
8	AF	58	A8	50	F4	EA	D6	74	4F	AE	E9	D5	E7	E6	AD	E8
9	2C	D7	75	7A	EB	16	0B	F5	59	CB	5F	B0	9C	A9	51	A0
A	7F	0C	F6	6F	17	C4	49	EC	D8	43	1F	2D	A4	76	7B	B7
B	CC	BB	3E	5A	FB	60	B1	86	3B	52	A1	6C	AA	55	29	9D
C	97	B2	87	90	61	BE	DC	FC	BC	95	CF	CD	37	3F	5B	D1
D	53	39	84	3C	41	A2	6D	47	14	2A	9E	5D	56	F2	D3	AB
E	44	11	92	D9	23	20	2E	89	B4	7C	B8	26	77	99	E3	A5
F	67	4A	ED	DE	C5	31	FE	18	0D	63	8C	80	C0	F7	70	07

图 3.87 L 表

相乘结果等于从 L 表查询的结果加上从 E 查询的结果。注意,这里的加法运算指的是传统数学的加法,而不是逐位 AND 运算。

所有要用于相乘的数,都要使用混合列函数转换为十六进制,以形成一个含两个数字的十六进制数。然后以这个数的第 1 个数字作为竖向索引,第 2 个数字作为横向索引。如果要用于相乘的数只有一个数字,那么就以 0 作为其竖向索引。例如,假设要用于相乘的两个十六进制数为 AF×8,那么,首先查找 L(AF) 得到 B7,然后查找 L(08) 得到 4B。完成 L 表的查询后,将这两个结果相加。这里,如果相加的结果大于 FF,那么就需要从这个相加结果中减去 FF。例如,B7+4B=102。因为 102>FF,因此,用 102 减去 FF 得到 03。

最后一步是按相加结果查询 E 表。同样,以第 1 个数字作为竖向索引,第 2 个数字作为横向索引。

例如,E(03)=0F。因此,基于伽利略场的 AF×8 的结果是 0F。

4. 把 state 数组与密钥块进行 XOR 运算

这一步是把该轮的密钥与 state 数组进行 XOR 运算。

对于解密,其执行过程正好相反。

3.10 案例研究：安全的多方计算

课堂讨论要点

1. 你知道哪些实际情况要求安全的多方计算?

2. 只使用对称密钥加密能满足安全的多方计算需要吗? 如何能,可能的问题或限制是什么?

3. 在这种方案中,是否需要一个仲裁者?

假设有如下问题:

Alice、Bob、Carol 和 Dave 是 4 个在某机构工作的人。一天,他们想知道他们的平均工资。但是,他们想要确保谁也不知道其他人的工资。然而,没有仲裁者来做这个工作。

这如何能做得呢? 可以使用一个协议来满足这些需求,具体如下:

(1) Alice 生成一个随机数,把这个随机数与她的工资相加,用 Bob 的公钥对结果值进行加密,并把它发送给 Bob。

(2) Bob 用自己的私钥把从 Alice 那里接收来的信息解密。他把自己的工资与已解密的数(也就是 Alice 的工资加上随机数)相加。然后,用 Carol 的公钥对结果值加密,并把它发送给 Carol。

4. Carol 用自己的私钥把从 Bob 那里接收来的信息解密。他把自己的工资与之相加。然后,用 Dave 的公钥对结果值加密,并把它发送给 Dave。

5. Dave 用自己的私钥把从 Carol 那里接收来的信息解密。他把自己的工资与之相加。然后,用 Alice 的公钥对结果值加密,并把它发送给 Alice。

6. Alice 用自己的私钥把从 Dave 那里接收来的信息解密,并减去最初的随机数,从而得到总工资。

7. Alice 把总工资除以人数(这里为 4),这就可以得到平均工资值,然后她把结果告诉
Bob、Carol 和 Dave。

3.11　本章小结

- 在对称密钥加密中,发送方与接收方共享一个密钥,这个密钥用于加密和解密。
- 一些重要的对称加密算法有 DES(及其变体)、IDEA、RC4、RC5 和 Blowfish。
- 算法类型定义了在该算法的每一步中要加密的明文的长度。
- 有两种主要算法类型:流加密法与块加密法。
- 在流加密法中,文本的每个位或字单独加密或解密。
- 在块加密法中,一次加密或解密一个文本块。
- 算法模式定义了加密算法的细节内容。
- 混淆是确保密文不会提供有关初始明文的任何线索的技术。
- 打乱是通过扩展明文的行和列来增加明文的冗余度。
- 有 4 种重要的算法:电子编码簿(ECB)、加密块链接(CBC)、加密反馈(CFB)和输出
  反馈(OFB)。
- OFB 模式的一种变体是计数器模式(CTR)。
- 电子编码簿(ECB)是最简单的操作模式。其中,输入明文消息分成一个个的块,每
  个块含有 64 位。然后单独加密这些块。对某个消息的所有块,使用相同的密钥进
  行加密。
- 加密块链接(CBC)模式保证即使输入中的明文块重复,这些明文块也会在输出中得
  到不同的密文块。为此,使用了一种反馈机制。
- 加密反馈(CFB)模式把数据以更小的单元进行加密(如可以是 8 位,即操作员输入
  的一个字符的长度),这个长度小于定义的块长(通常是 64 位)。
- 输出反馈(OFB)模式与 CFB 很相似,唯一的差别是,CFB 中密文填入加密过程下一
  阶段,而在 OFB 中,IV 加密过程的输出填入加密过程下一阶段。
- 计数器模式(CTR)计数器模式与 OFB 模式非常类似。它使用序号(称为计数器)作
  为算法的输入。每个块加密后,要填充到寄存器中,使用下一个寄存器值。
- 在对称密钥加密中有两个问题:密钥交换问题,以及每个通信对需要一个密钥。
- 数据加密标准(DES),ANSI 称之为数据加密算法(DEA),ISO 称之为 DEA-1。DES
  是一种已经使用了 20 多年的加密算法。后来发现 DES 容易被蛮力攻击破解,因此
  DES 的受欢迎程度逐渐降低了。
- DES 是一种块加密法。它加密每个块大小为 64 位的数据。即,每 64 位的明文作为
  DES 的一个输入,生成 64 位的密文。加密和解密使用的算法和密钥相同。密钥长
  度为 56 位。
- 1990 年,Eli Biham 和 Adi Shamir 引入了差分加密分析的概念。该方法寻找明文具
  有特定差分的密文对,在明文经过 DES 不同轮次时分析这些差分的进展。
- 线性密码分析攻击是 Mitsuru Matsui 发明的,采用线性近似法。如果把一些明文位

进行异或操作,把一些密文位进行异或,然后把结果进行异或,则会得到一个位,是一些密钥位的异或。

- 计时攻击更多的是针对非对称密钥加密,但也可用于对称密钥加密。其思想很简单:观察加密算法在解密不同密文块所花费的时间长短。通过观察这些计时,来尝试获得明文或用于加密的密钥。通常,解密不同长度的明文块所花费的时间是不同的。
- DES 出现了两种主要的变体:双重 DES 与三重 DES。
- 双重 DES 非常简单,就是进行两次 DES。双重 DES 使用两个密钥。
- Merkle 与 Hellman 引入了中间人攻击的概念,这个攻击从一端加密,另一端解密,在中间匹配结果,因此称为中间人攻击。
- 三重 DES 就是三次 DES。它有两种形式:一种是使用 3 个密钥,另一种是使用 2 个密钥。
- 国际数据加密算法(IDEA)被认为是最强大的加密算法之一。
- IDEA 是块加密。和 DES 一样,IDEA 也处理 64 位明文块。但是,其密钥更长,共 128 位。和 DES 一样,IDEA 是可逆的,即可以用相同算法加密和解密。IDEA 也用扩展与混淆进行加密。
- RC4 是 Ron Rivest 于 1987 年设计的。这种算法的正式名字是"Rivest Cipher 4"。但为了引用方便,通常使用其缩写 RC4。
- RC4 是一种流加密法。这意味着,其加密是逐个字节进行的。但也可以改为逐位加密(或者是除字节/位之外的大小)。
- RC5 是 Ron Rivest 开发的对称密钥块加密算法。RC5 的主要特性是很快,只使用基本计算机运算(加、异或、移位等),轮数可变,密钥位数可变,从而大大增加灵活性。
- Blowfish 是由 Bruce Schneier 开发的,它是个非常强大的对称密钥加密算法。
- Blowfish 用变长密钥加密 64 位块。
- 20 世纪 90 年代,美国政府想把已经广泛使用的加密算法标准化,称为高级加密标准(AES),为此提出了许多草案,经过多次争论,最后采用了 Rijndael 算法。
- Rijndael 支持的密钥长度和明文块长度为 128 位～256 位(步长为 32 位)。密钥长度与明文块长度要分别选取。AES 规定,明文块大小必须是 182 位,密钥长度是 128 位、192 位或 256 位。通常使用的两个 AES 版本是:128 位明文块加 128 位密钥,以及 128 位明文块加 256 位密钥。

3.12 实 践 练 习

3.12.1 多项选择题

1. 在_____中一次加密一位明文。
   - (a) 流加密法
   - (b) 块加密法
   - (c) 流加密法与块加密法
   - (d) 都不是

2. 在_____中一次加密一块明文。
    (a) 流加密法　　　　　　　　　　　　(b) 块加密法
    (c) 流加密法与块加密法　　　　　　　(d) 都不是

3. _____增加了明文冗余度。
    (a) 混淆　　　　　(b) 扩散　　　　　(c) 混淆与扩散　　　(d) 都不是

4. _____适用于块模式。
    (a) CFB　　　　　(b) OFB　　　　　(c) CCB　　　　　(d) CBC

5. DES 加密_____位块。
    (a) 32　　　　　　(b) 56　　　　　　(c) 64　　　　　　(d) 128

6. 在 DES 中,总共有_____轮。
    (a) 8　　　　　　(b) 10　　　　　　(c) 14　　　　　　(d) 16

7. _____基于 IDEA 算法。
    (a) S/MIME　　　(b) PGP　　　　　(c) SET　　　　　(d) SSL

8. AES 加密中的实际算法是_____。
    (a) Blowfish　　　(b) IDEA　　　　　(c) Rijndael　　　　(d) RC4

9. 为生成子密钥,Blowfish 算法运行_____算法。
    (a) Blowfish　　　(b) IDEA　　　　　(c) Rijndael　　　　(d) RC4

10. 在 AES 中,16 字节的密钥扩展为_____。
    (a) 200 字节　　　(b) 78 字节　　　　(c) 176 字节　　　　(d) 184 字节

11. 在 IDEA 中,密钥长度为_____。
    (a) 128 字节　　　(b) 128 位　　　　(c) 256 字节　　　　(d) 256 位

12. 在_____算法中,一旦 1～256 字节的初始密钥用于生成转换密钥后,就丢弃掉该初始密钥。
    (a) Blowfish　　　(b) IDEA　　　　　(c) Rijndael　　　　(d) RC4

13. 在 RC5 中,最少有_____个加密轮次。
    (a) 8　　　　　　(b) 12　　　　　　(c) 16　　　　　　(d) 20

14. RC5 块加密模式又称为_____。
    (a) RC5 块加密法　　　　　　　　　(b) RC5-CBC
    (c) RC5-CBC-Pad　　　　　　　　　(d) RC5-CTS

15. _____步骤确保明文在块加密模式中不易被攻击。
    (a) 加密　　　　　(b) 轮　　　　　　(c) 初始　　　　　(d) 链表

3.12.2　练习题

1. 试区别流加密法与块加密法。
2. 说明算法模式的思想,并至少解释一下其中的两种。
3. 请列举一下各种算法模式的安全性及其易被攻击性。
4. 何谓初始化向量(IV)？它有什么重要性？
5. 对称密钥加密有什么问题？

6. 中间人攻击的思想是什么？

7. 请解释一下 DES 的主要概念。

8. 三重 DES 中如何复用同一密钥？

9. 请解释一下 IDEA 算法的原理。

10. 区别差分与线性密码分析。

11. 请解释一下 Blowfish 算法中的子密钥生成过程。

12. 请解释一下 RC4 算法中的 S 数组的使用。

13. 请讨论一下在 RC5 中的加密过程。

14. AES 中的一次性初始化步骤是如何工作的？

15. 请解释一下 AES 的每个轮中的步骤。

3.12.3　设 计 与 编 程

1. 编写一个 C 语言程序，实现 DES 算法逻辑。

2. 用 Java 语言编写上题的程序。

3. 编写一个 Java 程序，其函数接收要解密/解密的密钥与输入文本，这个应用程序用三重 DES 算法通过密钥解密/解密输入文本。利用 Java 加密软件包。

4. 编写一个 C 语言程序，实现 Blowfish 算法。

5. 用 Visual Basic. NET 编写上题的程序。

6. 进一步分析 Rijndael，编写一个 C 语言程序，实现 Rijndael 算法。

7. 从 Internet 上查找有关 DES 的更多脆弱性。

8. 用 Java 语言编写实现 RC4 算法的程序。

9. 自己选择一种编程语言来实现不同算法模式的逻辑。

10. 创建一个可视化的工具，以某些明文和密钥为输入，然后运行用户选择的一个算法（如 DES）。它应该能显示加密过程中每个阶段的可视化输出。

11. 利用 Java 加密，使用 Blowfish 将文本“Hello world”加密。使用 Java 的 keytool 创建你自己的密钥。

12. 利用. NET 的 API 实现上题的任务。

13. 请查看一下现实中的软件产品使用的是哪种加密算法，并找出选择这些算法背后的原因。

14. 使用 Java 加密来实现 DES-2 和 DES-3（两个密钥），并尝试将一个较大块的文本加密。看看在性能上是否有很大的不同。

15. 把上题中的结果与 DES-3（3 个密钥）进行比较。

第4章

基于计算机的非对称密钥算法

4.1 概　　述

对称密钥加密快速且高效,但也存在一个很大的缺点,那就是密钥交换问题。加密消息的发送方与接收方在对称密钥加密中使用的是相同密钥,协定密钥时很容易被别人知道。非对称密钥加密可以解决这个问题,每个通信方用两个密钥构成密钥对:一个是私钥,自己保密;另一个是公钥,是公开的。

本章将详细介绍非对称密钥加密,介绍其历史和如何利用密钥交换与数字封包机制进行优化。然后我们介绍消息摘要(散列)的概念,详细介绍各种消息摘要算法,并介绍其变形 MAC。

近些年来,数字签名得到普及,在许多国家取得了合法状态,其他国家也在跟进。我们将介绍数字签名及相应算法。

本章还简要介绍其他外几种非对称密钥加密算法。

4.2　非对称密钥加密简史

我们详细介绍了密钥交换(又称为密钥发布或密钥协定)问题。在任何对称密钥加密机制中,主要的问题是消息的发送方与接收方如何确定加密和解密所用的密钥。在基于计算机的加密算法中,这个问题更加严重,因为消息的发送方与接收方可能在不同国家。例如,假设某个商品的销售商建立了联机购物 Web 站点。不同国家的客户想通过 Internet 下订单(采用加密形式,以便保密)。客户(即客户的计算机)要如何加密订单细节,将其发送给销售商? 用什么密钥? 怎么让销售商知道这个密钥,使销售商能解密这个消息? 记住,加密与解密要使用相同密钥。可以看出,对称密钥加密无法解决这个密钥交换问题。此外,每对通信要一个不同密钥,也是麻烦和不理想的。

20 世纪 70 年代中期,斯坦福大学的学生 Whitfield Diffie 和他的导师 Martin Hellman 开始考虑密钥交换问题。经过一些研究和复杂的数学分析,他们发明了非对称密钥加密的思想。许多专家认为,这个发明是密码学历史上的一次真正的革命性概念。因此,Whitfield Diffie 与 Martin Hellman 可以称为非对称密钥加密之父。

　　但是,关于非对称密钥加密的荣誉归谁的问题,人们也存在许多争议。有人认为,英国通信电子安全小组(CSEG)的 James Ellis 早在 20 世纪 60 年代就提出了非对称密钥加密的思想。他的思想基于二次大战期间贝尔实验室的一份匿名论文。但是,James Ellis 没有提出可行的算法。后来他遇到 1973 年加入 CSEG 的 Clifford Cocks。经过双方的简短讨论,Clifford Cocks 提出了可行的算法。第二年,CSEG 的另一个成员 Williamson 开发了非对称密钥加密算法。但是,由于 CSEG 是个保密机构,因此这些成果没有发表,使他们无法得到应得的荣誉。

　　与此同时,美国国家安全局(NSA)也在研究非对称密钥加密。有人认为,20 世纪 70 年代中期,美国国家安全局就有了基于非对称密钥加密的系统。

　　1977 年,根据 Whitfield Diffie 与 Martin Hellman 的理论框架,麻省理工学院的 Ron Rivest、Adi Shamir 和 Len Adleman 开发了第一个重要的非对称密钥加密系统,并于 1978 年发表了他们的成果,称为 RSA 算法。RSA 是由从三位研究人员的姓氏首字母合成的。实际上,Rivest 是麻省理工学院教授,聘请 Shamir 与 Adleman 研究非对称密钥加密问题。

　　即使今天,RSA 算法也是最广泛接受的公钥方案,它解决了密钥协定与发布问题。前面曾介绍过,这里使用的方法是每个通信方拥有一对密钥,即公钥和私钥。

　　为了在任何网络上安全通信,只要发布自己的公钥。所有这些公钥可以放在一个数据库中,让任何人都能够查询,但私钥则是个人拥有的。

4.3　非对称密钥加密概述

　　非对称密钥加密(Asymmetric Key Cryptography)又称为**公钥加密**(Public Key Cryptography),它使用两个密钥,构成一对,一个用于加密,另一个用于解密,其他密钥都无法解密这个消息,包括用于加密的密钥(即第一个密钥)! 这个机制的妙处在于,每个通信方只需要一对密钥,就可以和多个其他方通信。一旦取得密钥对之后,就可以和任何其他人通信。

　　这个模式有一个简单的数学基础。如果一个大数只有两个素数因子,则可以生成一对密钥。例如,数字 10 只有两个素数因子 2 和 5。如果用 5 作为加密因子,则只能用 2 作为解密因子,任何别的数都不行,包括 5。当然,10 很小,很容易破解,但如果数字很大,则多年的计算也无法破解。

　　两个密钥中,一个是公钥,一个是私钥。假设要在 Internet 之类的计算机网络上以安全方式通信,则要取得公钥和私钥。稍后将介绍如何取得这些密钥。私钥是保密的,不能向别人披露,但公钥是公开的,可以向任何人公布。事实上,这种机制中每一方或每个节点都要发布自己的公钥。这样就可以构造一个目录,维护各个节点(ID)及相应的公钥。查询这个目录就可以得到任何人的公钥,从而与其通信。

　　假设 A 要向 B 发送消息,但不担心其安全性,则 A 和 B 都要有公钥和私钥。
- A 的私钥保密;
- B 的私钥保密;
- A 要将公钥告诉 B;
- B 要将公钥告诉 A。

这样就得到如图 4.1 所示的私钥与公钥矩阵。

密 钥 细 节	A 知道	B 知道
A 的私钥	是	否
A 的公钥	是	是
B 的私钥	否	是
B 的公钥	是	是

图 4.1　私钥与公钥矩阵

根据这些知识,非对称密钥加密的工作原理如下:

(1) A 要给 B 发消息时,A 用 B 的公钥加密消息,因为 A 知道 B 的公钥。

(2) A 将这个消息发给 B(已经用 B 的公钥加密该消息)。

(3) B 用自己的私钥解密 A 的消息。注意,只有 B 知道自己的私钥。另外,这个消息只能用 B 的私钥解密,而不能用别的密钥解密。因此,即使别人能够截获这个消息,他都无法看懂该消息。这是因为侵入者不知道 B 的私钥,而这个消息只能用 B 的私钥解密,如图 4.2 所示。

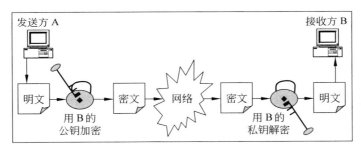

图 4.2　非对称密钥加密

同样,B 要向 A 发消息时,其过程正好相反。B 用 A 的公钥加密消息,这个消息只能用 A 的私钥解密。

我们考虑一个非对称密钥加密的实际情形。假设银行通过非安全网络接受客户的事务请求。银行具有公钥/私钥对。银行向所有客户发布公钥,客户用银行公钥加密消息之后再将其发给银行。银行可以用自己的私钥解密所有这些加密消息。我们知道,只有银行知道这个私钥,才能解密这些消息,如图 4.3 所示。这里没有详细介绍加密与解密过程的细节。

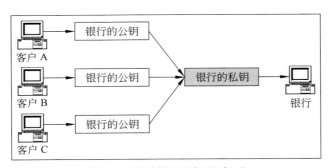

图 4.3　银行使用公钥/私钥对

4.4　RSA 算法

4.4.1　简介

RSA 算法是最著名和可靠的非对称密钥加密算法。介绍 RSA 算法之前，先要简单介绍素数的概念，这是 RSA 算法的基础。

注意：素数就是只能被 1 和本身整除的数。

例如，3 是个素数，因为它只能被 1 和 3 整除，而 4 不是，因为它还可以被 2 整除。同样，5、7、11、13、17、……是素数，而 6、8、9、10、12、……不是。可以看出，2 以上的素数只能是奇数，因为所有偶数均可以被 2 整除，因此不是素数。

RSA 算法基于这样的数学事实：两个大素数相乘很容易，而对得到的积求因子则很难。RSA 中的私钥和公钥基于大素数（100 位以上），算法本身很简单（不像对称密钥加密算法），但实际难度在于 RSA 选择和生成的私钥与公钥。

下面看看如何生成私钥和公钥，如何用其进行加密与解密。整个过程如图 4.4 所示。

> (1) 选择两个大素数 P、Q。
> (2) 计算 N = P×Q。
> (3) 选择一个公钥（即加密密钥）E，使其不是 (P−1) 与 (Q−1) 的因子。
> (4) 选择私钥（即解密密钥）D，满足下列条件：
> $(d×E) \bmod (P−1) × (Q−1) = 1$
> (5) 加密时，从明文 PT 计算密文 CT 如下：
> $CT = PT^E \bmod N$
> (6) 将密文 CT 发送给接收方。
> (7) 解密时，从密文 CT 计算明文 PT 如下：
> $PT = CT^D \bmod N$

图 4.4　RSA 算法

4.4.2　RSA 示例

下面举例说明这些概念。为了便于阅读，我们写出示例值的算法步骤，如图 4.5 所示。

> (1) 选择两个大素数 P、Q。
>   设 P＝7，Q＝17
> (2) 计算 N＝P×Q。
>   得 N＝7×17＝119

图 4.5　RSA 算法过程

（3）选择一个公钥（即加密密钥）E，使其不是（P−1）与（Q−1）的因子。

- 求出（7−1）×（17−1）＝ 6×16 ＝ 96。
- 96 的因子为 2、2、2、2、2 与 3（因为 96＝2×2×2×2×2×3）。
- 因此，E 不能有因子 2 和 3。例如，不能选择 4（因为 2 是它的因子）、15（因为 5 是它的因子）或 6（因为 2 和 3 都是它的因子）。
- 假设选择 E 为 5（也可以选择其他值，只要没有因子 2 和 3 即可）。

（4）选择私钥（即解密密钥）D，满足下列条件：

$$(d \times E) \bmod (P-1) \times (Q-1) = 1$$

- 将 E、P 与 Q 值代入公式。
- 得到：$(D \times 5) \bmod (7-1) \times (17-1) = 1$。
- 即，$(d \times 5) \bmod (6) \times (16) = 1$。
- 即，$(d \times 5) \bmod (96) = 1$。
- 经过计算，取 D＝77，则：$(77 \times 5) \bmod (96) = 385 \bmod 96 = 1$，满足要求。

（5）加密时，从明文 PT 计算密文 CT 如下：

$$CT = PT^E \bmod N$$

- 假设要加密明文 10。则，
- $CT = 10^5 \bmod 119 = 100000 \bmod 119 = 40$。

（6）将密文 CT 发送给接收方。

将密文 40 发送给接收方。

（7）解密时，从密文 CT 计算明文 PT 如下：

$$PT = CT^D \bmod N$$

计算如下：

- $PT = CT^D \bmod N$
- 即 $PT = 40^{77} \bmod 119 = 10$，这就等于第 5 步的初始明文。

图 4.5 （续）

下面来看上面相同的示例，但稍有不同。

（1）取 P＝7，Q＝17。

（2）因此，N＝P×Q＝7×17＝119。

（3）可以看到，（P−1）×（Q−1）＝6×16＝96，96 的因子为 2、2、2、2、2 和 3，因此公钥 E 不能有因子 2 和 3。我们选择公钥 E 的值为 5。

（4）选择一个私钥，使（d×E）mod（P−1）×（Q−1）＝1。我们选择 D 为 77，因为（5×77）mod 96＝385 mod 96＝1，能满足条件。

根据这些值，考虑图 4.6 所示的加密与解密过程。这里 A 是发送方，B 是接收方。可以看出，可以用编码机制编码字母：A＝1，B＝2，…，Z＝26。假设用这个机制编码字母，那么 B 的公钥为 77（A 和 B 知道），B 的私钥为 5（只有 B 知道），其描述如图 4.6 所示。

其工作如下，假设发送方 A 要向接收方 B 发送一个字母 F（我们用这个简单情形，便于理解）。利用 RSA 算法，字母 F 编码如下：

（1）用字母编号机制（如 A＝1，B＝2，…，Z＝26），这里 F 为 6，因此首先将 F 编码为 6。

（2）求这个数与指数为 E 的幂，即 6^5。

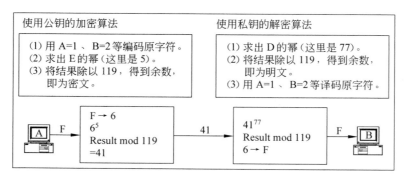

图 4.6　RSA 算法示例

（3）计算 $6^5 \bmod 119$，得到 41，这是要在网络上发送的加密信息。

接收方用下列方法解密 41，得到初始字母 F：

（1）求这个数与指数为 D 的幂，即 41^{77}。

（2）计算 $41^{77} \bmod 119$，得到 6。

（3）按字母编号机制将 6 译码为 F，这就是初始的明文。

4.4.3　了解 RSA 的关键

　　根据示例中的计算，可以看出 RSA 算法本身很简单，关键是选择正确的密钥。假设 B 要接收 A 的保密消息，则要生成私钥(D)和公钥(E)，然后把公钥和数字 N 发给 A。A 用 E 和 N 加密消息，然后将加密的消息发给 B。B 用私钥(D)解密消息。

　　问题是，既然 B 能计算和求出 D，别人也能计算和求出 D，但并不容易，这就是 RSA 的关键所在。

　　攻击者只要知道公钥 E(这里是 5)和数字 N(这里是 119)，好像就可以通过试错法找到私钥 D(这里是 77)。攻击者要怎么做？首先要用 N 求出 P 和 Q(因为 N ＝ P×Q)。本例中，P 和 Q 很小(分别是 7 和 17)，因此很容易求出。但实际中，P 和 Q 选择很大的数，因此要从 N 求出 P 和 Q 并不容易，是相当复杂和费时的。由于攻击者无法求出 P 和 Q，也就无法求出 D，因为 D 取决于 P、Q 和 E。因此，即使攻击者知道 N 和 E，也无法求出 D，因此无法将密文解密。

　　数学分析表明，N 为 100 位数时，要 70 多年才能求出 P 和 Q。

　　如果用硬件实现 DES 之类的对称算法和 RSA 之类非对称算法，则 DES 比 RSA 快大约 1000 倍。如果用软件实现这些算法，则 DES 比 RSA 快大约 100 倍。

4.4.4　RSA 的安全性

　　尽管到目前为止还没有关于成功攻击 RSA 的报道，但未来发生成功攻击的可能性不是没有。下面介绍一些针对 RSA 的可能攻击。

1. 明文攻击

明文攻击又进一步划分为如下三个子类型。

（1）利用较短消息的攻击。假设攻击者知道了一些明文块。如果是这样，那么攻击者就可以尝试对每个明文块进行加密，看看是否能得到已知的密文。要防止这种攻击，建议在对明文进行加密之前，进行一定的防护。

（2）周期性的攻击。这里，攻击者假设密文是通过以某种方式对明文进行置换而得到的。如果这种假设成立，那么攻击者就可以进行逆向处理，即不断对已知密文进行置换操作，以获得原来的明文。但是，对攻击者来说，这里的困难是，在使用这种方法时，攻击者并不知道哪些可以认为是正确的明文。因此，攻击者不断地对密文进行置换操作，直到得到密文本身，也就是说，完成一个完整周期的置换。如果攻击者使用这种方法能够再次得到原来的密文，那么攻击者就可以知道，在得到原来密文的前一步中所获得的文字肯定就是原来的明文。因此，这种攻击称为周期性攻击(cycling attack)。但是，到目前为止还没有发现成功的案例。

（3）利用公开消息的攻击。理论上，在极少情况下，加密所得的密文与原来的明文相同！如果是这样，那么原来的明文消息就不能隐藏了。这种攻击就称为利用公开消息的攻击(unconcealed message attack)。因此，在利用 RSA 进行加密后，在把密文发送给接收方之前，应确保密文与原来的明文是不同的，以便防止这种攻击。

2. 选定部分密文的攻击

在这种攻击中，攻击者使用扩展欧几里得算法，基于原来的密文，找出明文。

3. 因数分解攻击

RSA 的整个安全性是基于这样一种假设的：攻击者无法把数字 N 分解为两个因数 P 和 Q。如果攻击者能够从等式 N = P × Q 中得到 P 或 Q，那么攻击者就可以得到私钥，如前文所述。假设 N 是十进制的 300 位数字，攻击者要找到 P 和 Q 并不容易。因此，因数分解攻击失败。

4. 对加密密钥的攻击

即使是精通 RSA 数学知识的人，有时候也会觉得它很慢，因为公钥（或称为加密密钥）E 使用的是一个非常大的数。的确是这样，它使得 RSA 更安全。因此，如果使用数值较小的 E，RSA 的运行当然也会更快，但也会导致出现潜在的攻击，这种攻击称为对加密密钥的攻击，因此，推荐使用 E 为 $2^{16}+1=65537$ 或接近整个数的值。

5. 对解密密钥的攻击

这种攻击又可以进一步分为如下两类。

（1）猜测解密指数的攻击。如果攻击者能够猜测出解密密钥 D，那么不仅用相应的加密密钥 E 加密明文所得的密文危险，甚至后面的消息也危险。为防止这种攻击，建议发送方为 P、Q、N 和 E 使用不常用的值。

（2）对较小解密指数的攻击。类似于在加密密钥中所解释的那样，为解密密钥 D 使用较小数，可以使得 RSA 运行更快。这将有助于攻击者在攻击时猜测出解密密钥 D。

4.5 ElGamal 加密

ElGamal 加密（ElGamal cryptography）是由 Taher ElGamal 创造的，更常用的名称是 **ElGamal 加密系统**（ElGamal cryptosystem）。这里不解释其背后的复杂数学知识，而是以一种简单的方式解释这种算法。这里需要介绍三个方面的内容：ElGamal 密钥生成、ElGamal 加密和 ElGamal 解密。

4.5.1 ElGamal 密钥生成

这包括如下步骤。

（1）选择一个较大的质数，称为 P。这是加密密钥或公钥的第一部分。

（2）选择解密密钥或私钥 D。这里需要遵循一些数学规则，为简单起见，这里不做介绍。

（3）选择加密密钥或公钥的第二部分 E1。

（4）加密密钥或公钥的第三部分 E2 是这样计算所得的：$E2 = E1^D \bmod P$。

（5）公钥为（E1，E2，P），私钥为 D。

例如，$P = 11$，$E1 = 2$，$D = 3$。那么 $E2 = E1^D \bmod P = 2^3 \bmod 11 = 8$。

因此，公钥为（2，8，11），私钥为 3。

4.5.2 ElGamal 密钥加密

这包括如下步骤。

（1）选择一个随机整数 R，该数满足一些数学特性，这里不予讨论。

（2）计算密文的第一部分 $C1 = E1^R \bmod P$。

（3）计算密文的第二部分 $C2 = (PT \times E2^R) \bmod P$，其中 PT 为明文。

（4）最后的密文是（C1，C2）。

例如，假设 $R = 4$，且明文 $PT = 7$，那么就有：

$$C1 = E1^R \bmod P = 2^4 \bmod 11 = 16 \bmod 11 = 5$$

$$C2 = (PT \times E2^R) \bmod P = (7 \times 2^8) \bmod 11 = (7 \times 4096) \bmod 11 = 6$$

因此，密文为（5，6）。

4.5.3 ElGamal 密钥解密

这包括如下步骤：

使用公式 $PT = [C2 \times (C1^D)^{-1}] \bmod P$ 计算明文 PT。

例如：

$$PT = [C2 \times (C1^D)^{-1}] \bmod P$$
$$PT = [6 \times (5^3)^{-1}] \bmod 11 = [6 \times 3] \bmod 11 = 7$$

这里 7 就是原来的明文。

4.6　对称与非对称密钥加密

4.6.1　对称与非对称密钥加密比较

非对称密钥加密(用接收方的公钥进行加密)解决了密钥协定与密钥交换问题,但并没有解决实际安全结构中的所有问题。具体地说,对称与非对称密钥加密还有其他一些差别,各有所长。下面总结一下这些技术的实际用法,如图 4.7 所示。表中最后一点(即用法)已经介绍过,但为了完整起见,我们还是放在一起。稍后将介绍这些方面。

特　　征	对称密钥加密	非对称密钥加密
加密/解密使用的密钥	加密/解密使用的密钥相同	加密/解密使用的密钥不同
加密/解密速度	很快	慢
得到的密文长度	通常等于或小于明文长度	大于明文长度
密钥协定与密钥交换	大问题	没问题
所需密钥数与消息交换参与者个数的关系	大约为参与者个数的平方,因此伸缩性不好	等于参与者个数,因此伸缩性好
用法	主要用于加密/解密(保密性),不能用于数字签名(完整性与不可抵赖检查)	可以用于加密/解密(保密性)和用于数字签名(完整性与不可抵赖检查)

图 4.7　对称与非对称密钥加密

图 4.7 显示对称与非对称密钥加密各有所长,也都有需要改进的问题。非对称密钥加密解决了伸缩性和密钥协定与密钥交换问题,但速度慢,而且产生比对称密钥加密更大的密文块(因为使用的密钥比对称密钥加密大,算法更复杂)。

4.6.2　两全其美

最好能够组合这两种加密机制,达到两全其美,而不失各自的优点。具体地说,我们要达到下列目标：

(1) 解决方案完全安全。
(2) 加密/解密速度要快。
(3) 生成的密文长度要小。
(4) 伸缩性要好,不能引入更多复杂性。
(5) 要解决密钥发布问题。

　　在实际中，对称与非对称密钥加密结合起来，提供了相当高效的安全方案，工作如下，这里假设 A 是发送方，B 是接收方。

　　(1) A 的计算机利用 DES、IDEA 与 RC5 之类的对称密钥加密算法加密明文消息(PT)，产生密文消息(CT)，如图 4.8 所示。这个操作使用的密钥(K1)称为一次性对称密钥，用完即丢弃。

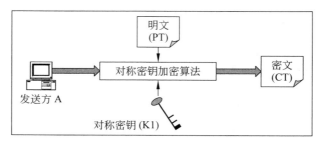

图 4.8　对称密钥加密算法加密明文消息

　　(2) 好像又回到平方问题了。我们用对称密钥加密明文(PT)。现在要把这个一次性对称密钥(K1)发送给服务器，使服务器能够解密密文(CT)，恢复明文消息(PT)。这不又回到密钥交换问题了吗？这里要用一个新概念，A 要取第 1 步的一次性对称密钥(K1)，用 B 的公钥(K2)加密 K1。这个过程称为对称密钥的**密钥包装**(key wrapping)，如图 4.9 所示。我们看到对称密钥 K1 放在逻辑箱中，用 B 的公钥(K2)封起来。

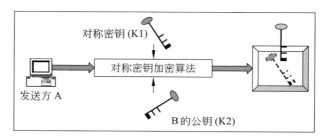

图 4.9　用接收方的公钥包装对称密钥

　　(3) 现在，A 把密文 CT 和已加密的对称密钥一起放在**数字信封**(digital envelope)中，如图 4.10 所示。

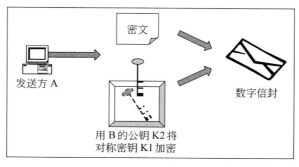

图 4.10　数字信封

（4）这时 A 将数字信封（包含密文（T）和用 B 的公钥包装的对称密钥（K1））用基础传输机制（网络）发送给 B，如图 4.11 所示。这里没有显示数字信封的概念，假设数字信封包含上述两个项目。

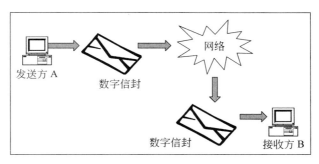

图 4.11　数字信封通过网络到达 B

（5）B 接收并打开数字信封。B 打开信封后，收到密文 CT 和用 B 的公钥包装的对称密钥（K1），如图 4.12 所示。

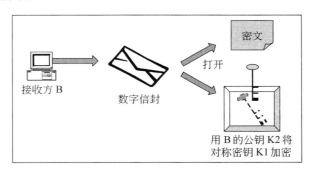

图 4.12　B 用私钥打开数字信封

（6）B 可以用 A 所用的非对称密钥算法和自己的私钥（K3）解密（即打开）逻辑盒，其中包含 B 的公钥包装的对称密钥（K1），如图 4.13 所示。这样，这个过程的输出是一次性对称密钥 K1。

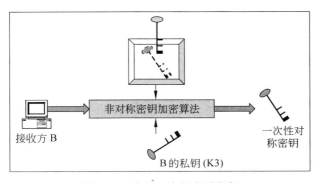

图 4.13　取得一次性会话密钥

（7）最后，B 用 A 所用的对称密钥算法对称密钥 K1 解密密文（CT），这个过程得到明文

PT,如图 4.14 所示。

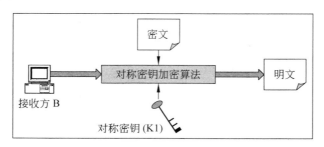

图 4.14　用对称密钥取得明文

这个过程好像很复杂,怎么会很有效? 这个基于数字信封的过程之所以有效,原因如下:

（a）首先,我们用对称密钥加密算法和一次性会话密钥（K1）加密明文（PT）。我们知道,对称密钥加密算法速度快,得到的密文（CT）通常比原先的明文（PT）小。如果这时使用非对称密钥加密算法,则速度很慢,对大块明文更是如此。另外,输出密文（CT）也会比原先的明文（PT）大。

（b）第二,我们用 B 的公钥包装的对称密钥（K1）。由于 K1 长度小（通常是 56 或 64位）,因此这个非对称密钥加密过程不会用太长的时间,得到的加密密钥不会占用太大空间。

（c）第三,这个机制解决了密钥交换问题,同时不失对称密钥加密算法和非对称密钥加密算法的长处。

但还有几个没有解决的问题。B 怎么知道 A 用了哪种对称或非对称密钥加密算法? B要知道这个信息之后才能用相同算法进行相应解密。实际上,A 发给 B 的数字信封包含这个信息。因此,B 知道用私钥（K3）和什么算法取得一次性会话密钥（K1）,然后用一次性会话密钥和什么算法解密密文（CT）。

实际中对称与非对称密钥加密算法就是这样结合使用的。数字信封是相当有效的技术,可以从发送方向接收方传输消息,达到保密性。

4.7　数 字 签 名

4.7.1　简介

我们介绍的是非对称密钥加密中的下列一般机制:

> 如果 A 是发送方,B 是接收方,则 A 用 B 的公钥加密消息,并将其发送给 B。

我们故意隐藏了这个机制的细节。我们知道,实际上这里利用了前面介绍的数字信封,只用接收方的公钥加密消息加密时使用的一次性会话密钥,而不是加密整个消息。为了简单起见,我们忽略这个技术细节,假设只用接收方的公钥加密整个消息。

下面考虑另一机制:

> 如果 A 是发送方,B 是接收方,则 A 用 A 的私钥加密消息,并将其发送给 B。

这个机制如图 4.15 所示。

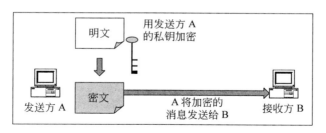

图 4.15　用发送方的私钥加密消息

这个机制有什么用? A 的公钥是公开的,谁都可以访问,任何人都可以用其解密消息,了解消息内容,从而无法实现保密!

的确如此,但 A 用私钥加密消息后,不是要隐藏消息内容(不是要保密),而是另有用途。有什么意图? 如果接收方(B)收到用 A 的私钥加密的消息,则可以用 A 的公钥解密,从而访问明文。如果解密成功,则 B 可以肯定这个消息是 A 发来的。这是因为,如果 B 能够用 A 的公钥解密消息,则表明最初消息用 A 的私钥加密(记住,用一个公钥加密的消息只能用相应私钥解密,反过来,用一个私钥加密的消息只能用相应公钥解密),而且只有 A 知道他的私钥,因此,别人(如 C)不可能假冒 A,用 A 的私钥加密消息。因此,这个消息一定是 A 发来的。所以,尽管这个机制无法实现保密,但可以进行认证(标识和证明 A 是发送方)。此外,如果今后发生争议,则 B 可以拿出加密消息,用 A 的公钥解密从而证明这个消息是 A 发来的,即不可抵赖(即 A 无法否认自己发了消息,因为消息是用他的私钥加密的,只有他有这个私钥)。

即使 C 在中途截获了加密消息,能够用 A 的公钥解密消息,然后改变消息,也没法达到任何目的,因为 C 没有 A 的私钥,无法再次用 A 的私钥加密改变后的消息。因此,即使 C 把改变的消息转发给 B。B 也不会误以为来自 A,因为它没有用 A 的私钥加密。

发送方用私钥加密消息即得到数字签名,如图 4.16 所示。

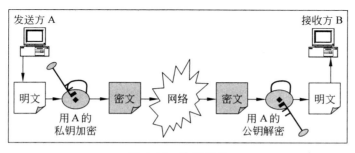

图 4.16　数字签名

数字签名在现代 Web 商务中具有重要意义。大多数国家已经把数字签名看成与手工签名具有相同法律效力的授权机制。数字签名已经具有法律效力。例如,假设通过 Internet 向银行发一个消息,要求把钱从你的账号转到某个朋友的账号,并对消息进行数字签名,则这个事务与你到银行亲手签名的效果是相同的。

我们已经介绍了数字签名的理论,但这个机制中还有一些不理想的地方,将在后面介绍。

4.7.2 消息摘要

1. 简介

从数字签名的概念可以看出,其中没有解决非对称加密算法的问题,即速度慢和密文大。这是因为,我们用发送方的私钥加密整个明文消息。由于明文消息可能很大,因此这个加密过程可能很慢。

与前面一样,可以用数字信封方法来解决这个问题。A 用一次性对称密钥(K1)加密明文消息(PT),得到密文(CT)。然后用私钥(K2)加密一次性对称密钥(K1),生成一个数字信封,包含 CT 和用 K2 加密的 K1,将这个数字信封发送给 B。B 打开数字信封,用 A 的公钥(K3)解密一次性对称密钥,取得对称密钥 K1。然后它用 K1 解密密文(CT),取得原先的明文(PT)。由于 B 用 A 的公钥解密加密的一次性对称密钥(K1),因此可以保证只有 A 的私钥能加密出这个 K1。因此,B 可以保证数字信封来自 A。

这种机制虽然不错,但实际中使用更高效的机制,即使用**消息摘要**(message digest),又称为**散列**(hash)。

消息摘要是消息的**指印**(fingerprint)或汇总,类似于**纵向冗余校验**(Longitudinal Redundancy Check,LRC)和循环冗余校验(cyclic Redundancy Check,CRC)。用于验证数据完整性(即保证消息在发送之后和接收之前没有被篡改)。下面举一个 LRC 示例(CRC 也差不多,但使用不同数学方法)。

图 4.17 显示了发送方的 LRC 计算,纵向冗余校验将位块组成列表(行)。例如,如果要发送 32 位,则把其排成四行,然后计算每个列(共 8 列)有多少个 1 位(如果 1 位为奇数,则称为奇性,在阴影 LRC 行中用一个 1 位表示;相反,如果 1 位为偶数,则称为偶性,在阴影 LRC 行中用一个 0 位表示)。例如,第一列有两个 1,表示偶性,因此第一列的阴影 LRC 行为 0;同样,最后一列有三个 1,表示奇性,因此阴影 LRC 行为 1。这样,每列计算奇偶位,生成一个新行,共 8 个奇偶位,成为整个块的奇偶位。这样,LRC 实际上是初始消息的指印。

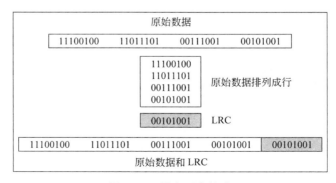

图 4.17　纵向冗余校验

然后将数据和 LRC 发送给接收方。接收方把数据和 LRC 分开(如阴影所示),对数据块执行 LRC 运算,然后将得到的 LRC 值与从发送方收到的 LRC 值比较。如果两个 LRC 值相同,则可以相信发送方发来的信息没有在中途发生改变。

2. 消息摘要的思想

消息摘要采用类似原理,但范围更大一些。例如,假设数字 4000 要用 4 除,得到 1040。则 4 可以作为 4000 的指印。将 4000 除以 4 总是得到 1000。如果改变 4000 或 4,则结果不再是 1000。

另一个要点是,如果只给出数字 4 而不给出更多信息,则无法追溯原来的公式 $4 \times 1000 = 4000$。因此,这里还有另一个重要概念。消息的指印(这里是数字 4)没有暴露初始消息的任何信息(这里是数字 4000),因为还有无数公式可以得到结果 4。

另一个消息摘要的简单示例如图 4.18 所示。假设要计算数字 7391753 的消息摘要,则可以将数字中每个位与下一个位相乘(是 0 时排除),忽略乘积中的第一位。

这样,我们对数据块进行散列运算(或消息摘要算法),得到其散列或消息摘要,比初始消息小得多,如图 4.19 所示。

运算	结果
• 原数为 7391743	
7 乘以 3	21
丢弃第一位	1
1 乘以 9	9
9 乘以 1	9
9 乘以 7	63
丢弃第一位	3
3 乘以 4	12
丢弃第一位	2
2 乘以 3	6
• 消息摘要为 6	

图 4.18　简单消息摘要示例

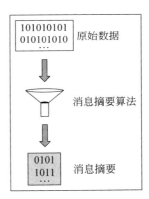

图 4.19　消息摘要概念

前面考虑的是非常简单的消息摘要。实际上,消息摘要的计算没有这么简单。消息摘要通常占 128 位以上,即任意两个消息摘要相同的机会为 $0 \sim 2^{128}$ 之间。选择这么长的消息摘要是有目的的,是为了减少两个消息摘要相同的范围。

3. 消息摘要的要求

消息摘要的要求可以总结如下。

(1) 给定一个消息,应很容易求出消息摘要,如图 4.20 所示。给定一个消息,消息摘要应该相同。

(2) 给定消息摘要,应该很难求出原先的消息,如图 4.21 所示。

(3) 给定两个不同的消息,求出的消息摘要应该不同,如图 4.22 所示。

如果两个不同的消息得到相同的消息摘要,则会违背上述原则,称为**冲突**(collision)。如果两个消息摘要发生冲突,则表示其摘要相同。稍后将会介绍,消息摘要算法通常产生长度为 128 位或 160 位的消息摘要,即任何两个消息摘要相同的概率分别为 2^{128} 或 2^{160} 分之一,显然,这在实际中可能性极小。

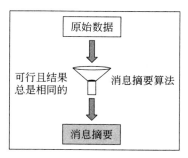

图 4.20　给定一个消息，消息摘要应该相同

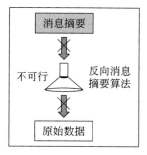

图 4.21　消息摘要不能反向求出

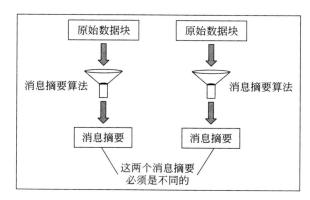

图 4.22　不同消息的消息摘要应该不同

一种用于检测消息摘要算法中的冲突的安全攻击类型是**生日攻击**（birthday attack）。它是基于**生日悖论**（Birthday Paradox）原理的。该原理表示，如果一个房间里有 23 个人，那么至少两个人生日相同的概率要大于 50%。乍一看，这好像不合逻辑。但是，我们可以用另一种方式来理解它。我们要记住的是，我们只是说（23 个人中的）任意两个人生日相同，而没有说具体某个人。例如，假设 Alice、Bob 和 Carol 是房间里 23 人中的其中 3 个。那么，Alice 与其他人生日相同的可能性有 22 种（因为这可以组成 22 对）。如果没人与 Alice 生日相同，那么就可以把 Alice 剔除出去。现在，Bob 与房间中的其他人相同相同的可能性有 21 种。如果 Bob 也没人与他生日相同，那么下一个是 Carol 了。她有 20 种可能。以此类推，有 $22+21+20+\cdots+1$，总共有 253 种。由于每两人生日相同的概率是 1/365，显然，253 种的概率大于 50%。

> 生日攻击主要用来发现哈希函数（如 MD5 或 SHA-1）中的冲突。

这可以解释如下。

如果消息摘要使用 64 位密钥，那么在尝试 2^{32} 次处理后，攻击者就会发现，对于两个不同的消息，可能得到相同的消息摘要。通常，如果计算多达 N 条不同消息摘要，那么出现第一个冲突的可能性大于 N 的平方根。换句话说，当冲突的概率超过 50% 时，就可能发生冲突。这就使得生日攻击成为可能。

令人惊奇的是，即使两个消息只有微小的差别，其消息摘要也会大不相同，根本不能从中看出这两个消息的相似性，如图 4.23 所示。图中有两个消息（即"Please pay the newspaper bill today"与"Please pay the newspaper bill tomorrow")及相应消息摘要,注意消息很接近,而消息摘要大不相同。

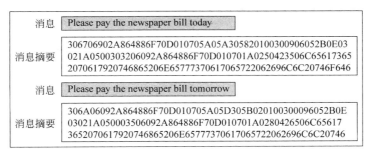

消息	Please pay the newspaper bill today
消息摘要	306706902A864886F70D010705A05A305820100300906052B0E03 021A0500303206092A864886F70D010701A0250423506C65617365 2070617920746865206E6577737061706572206269C6C20746F646
消息	Please pay the newspaper bill tomorrow
消息摘要	306A06092A864886F70D010705A05D305B020100300096052B0E 03021A050003506092A864886F70D010701A0280426506C65617 3652070617920746865206E6577737061706572206269C6C20746

图 4.23　消息摘要示例

对一个消息(M1)及其消息摘要(MD),不太可能找到另一个消息(M2),使其产生完全相同的消息摘要。消息摘要机制应最大程度地保证这个结果,如图 4.24 所示。

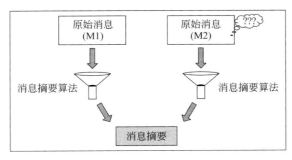

图 4.24　消息摘要不能暴露初始消息的信息

4.7.3　MD5

1. 简介

MD5 消息摘要算法是 Ron Rivest 开发的。MD5 实际上根源于一系列消息摘要算法,都是由 Ron Rivest 开发的。原先的消息摘要算法称为 MD,很快进入下一版 MD2,是 Ron Rivest 开发的,但很脆弱。因此,Ron Rivest 开始开发 MD3,结果失败了(因此没有发布)。后来,Ron Rivest 开发了 MD4,但很快发现其还是不理想,因此最终推出了 MD5。

MD5 速度很快,产生 128 位消息摘要。多年来,研究人员发现了 MD5 的弱点,但 MD5 成功地克服了冲突,不过今后情况还很难说。

经过初始处理后,输入文本变成 512 位块(进一步分为 16 个 32 位块)。这个算法的输出是 4 个 32 位块构成的集合,形成 128 位消息摘要。

2. MD5 工作原理

■ 第 1 步:填充

MD5 的第 1 步是在初始消息中增加填充位,目的是使初始消息长度等于一个值,即比

512 的倍数少 64 位。例如，如果初始消息长度为 1000 位，则要填充 472 位，使消息长度为 1472 位，因为 64＋1472＝1536，是 512 的倍数（1536＝512×3）。

这样，填充后，初始消息的长度为 448 位（比 512 少 64 位）、960 位（比 1024 少 64 位）、1472 位（比 1536 少 64 位），等等。

填充对用一个 1 位和多个 0 位。注意，填充总是要进行的，即使消息长度已经是比 512 的倍数少 64。因此，如果消息长度已经是 448 位，则要填充 512 位，使长度变成 960 位。因此，填充长度为 1～512 的值。

图 4.25 显示了填充过程。

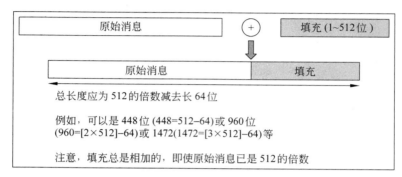

图 4.25　填充过程

■ 第 2 步：添加长度

增加填充位后，下一步要计算消息原长，将其加进填充后的消息末尾。怎么做？

先计算消息长度，不包括填充位（即增加填充位前的长度）。例如，如果初始消息为 1000 位，则填充 472 位，使其变成比 512 的倍数（1536）少 64 位，但长度为 1000，而不是 1472。

这个消息原长表示为 64 位值，添加到加进填充后的消息末尾，如图 4.26 所示。注意如果消息长度超过 2^{64} 位（即 64 位无法表示，因为消息太长），则只用长度的低 64 位，即等于计算 length mod 2^{64}。

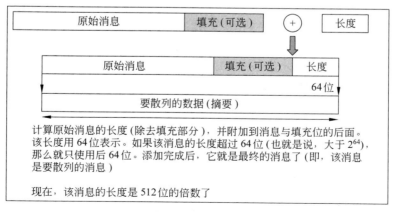

图 4.26　添加长度

我们看到，这时消息长度为 512 位的倍数，成为要散列的消息。

■ **第 3 步：将输入分成 512 位的块**

下面要将输入分成 512 位的块，如图 4.27 所示。

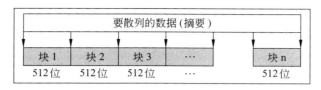

图 4.27　将输入分成 512 位的块

■ **第 4 步：初始化链接变量**

第 4 步要初始化 4 个链接变量，分别称为 A、B、C、D，都是 32 位的数字。这些链接变量的初始十六进制值如图 4.28 所示。

A	十六进制	01	23	45	67
B	十六进制	89	AB	CD	EF
C	十六进制	FE	DC	BA	98
D	十六进制	76	54	32	10

图 4.28　链接变量

■ **第 5 步：处理块**

初始化之后，就要开始实际算法了。这个算法很复杂，我们准备一步一步介绍，尽量将其简化。

这是个循环，对消息中的多个 512 位块运行。

5.1 步：将 4 个链接变量复制到 4 个变量 a、b、c、d 中，使 a＝A，b＝B，c＝C，d＝D，如图 4.29 所示。

实际上，这个算法将 a、b、c、d 组合成 128 位寄存器(abcd)，寄存器(abcd)在实际算法运算中保存中间结果和最终结果，如图 4.30 所示。

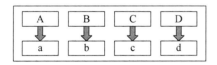

图 4.29　将 4 个链接变量复制到 4 个变量中

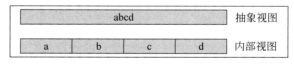

图 4.30　链接变量抽象视图

5.2 步：将当前 512 位块分解为 16 个子块，每个子块为 32 位，如图 4.31 所示。

图 4.31　将当前 512 位块分解为 16 个子块

5.3 步：这时有 4 轮，每一轮处理一个块中的 16 个子块。每一轮的输入如下：(a)16 个子块；(b)变量 a、b、c、d；(c)常量 t，如图 4.32 所示。

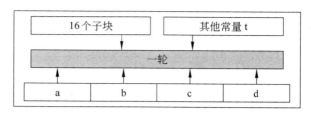

图 4.32　每一轮处理

这 4 轮干什么用？这 4 轮的第 1 步进行不同处理，其他步骤是相同的。

- 每一轮有 16 个输入子块 M[0]，M[1]，…，M[15]，或表示为 M[i]，其中 i 为 1～25。我们知道，每个子块为 32 位。
- t 是个常量数组，包含 64 个元素，每个元素为 32 位。我们把数组 t 的元素表示为 t[1]，t[2]，…，t[64]，或 t[k]，其中 k 为 1～64。由于有 4 轮，因此每一轮用 64 个 t 值中的 16 个。

下面总结这 4 轮的迭代。每一轮输出的中间和最终结果复制到寄存器 abcd 中，注意，每一轮有 16 个寄存器。

(1) 处理 P 首先处理 b、c、d。这个处理 P 在四轮中不同。

(2) 变量 a 加进处理 P 的输出（即寄存器 abcd）。

(3) 消息子块 M[i]加进第 2 步输出（即寄存器 abcd）。

(4) 常量 t[k]加进第 3 步输出（即寄存器 abcd）。

(5) 第 4 步的输出（即寄存器 abcd 内容）循环左移 S 位（S 值不断改变，见稍后介绍）。

(6) 变量 b 加进第 5 步输出（即寄存器 abcd）。

(7) 第 6 步的输出成为下一步的新 abcd。

图 4.33 显示了 MD5 操作过程。

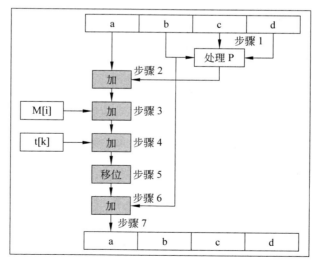

图 4.33　MD5 操作过程

可以用数学方法表示 MD5 操作过程如下：

$$a=b+((a+Process\ P(b,c,d) + M[i] + T[k]) <<< s$$

其中,a、b、c、d 为链接变量;Process P(处理 P)为非线性运算,见稍后介绍;M[i]＝M[q ×16＋i]是消息中第 9 个 512 位块的第 i 个 32 位字;t[k]为常量,见稍后介绍;<<<s 表示循环左移 S 位。

■ **处理 P 简介**

我们看到,这里的关键是要了解处理 P,因为它在 4 轮中是不同的。简单地说,处理 P 就是 b、c、d 的基本布尔运算,如图 4.34 所示。

轮　次	处　理　P
1	(b AND c) OR ((NOT b) AND (b))
3	B XOR c XOR d
2	(b AND d) OR (c AND (NOT d))
4	C XOR (b OR (NOT d))

图 4.34　每一轮的处理 P

注意,每一轮中只有处理 P 不同,所有其他步骤都是相同的,因此可以在每一轮中替换处理 P 的实际细节,其余保持不变。

3. MD5 执行示例

详细介绍 MD5 算法后,下面举例说明一轮中的实际值。每一轮的输入如下:

a

b

c

d

M[i = 0 to 15]

s

t[k = 1, to 16]

知道这些值之后,就知道怎么处理了。第一轮的第一个迭代用下列值:

a	＝01	23	45	67(十六进制)
b	＝89	AB	CD	EF(十六进制)
c	＝FE	DC	BA	98(十六进制)
d	＝76	54	32	10(十六进制)

M[0]＝前 32 位子块的值

s　　＝7

t[1]＝D7　　6A　　A4　　78(十六进制)

第二次迭代要将 a、b、c、d 右移一位,因此:

a　　＝第 1 次迭代时 d 的输出值

b　　＝第 1 次迭代时 a 的输出值

c　　＝第 1 次迭代时 b 的输出值

d   =第 1 次迭代时 c 的输出值

M[1] =前 32 位子块的值

s   =12

t[2] =E8   C7   B7   56(十六进制)

这个过程在第 1 轮的后 14 次迭代和第 2、3、4 轮的所有 16 次迭代中重复。每种情况下，开始迭代之前，我们把 a、b、c、d 右移一位，在这一步/迭代中使用 MD5 定义的不同 S 和 t[i]。图 4.35 显示了 4 轮迭代的实际情况，然后列出了 t 的 64 个取值。

迭代	a	b	c	d	M	s	t
1	a	b	c	d	M[0]	7	t[1]
2	d	a	b	c	M[1]	12	t[2]
3	c	d	a	b	M[2]	17	t[3]
4	b	c	d	a	M[3]	22	t[4]
5	a	b	c	d	M[4]	7	t[5]
6	d	a	b	c	M[5]	12	t[6]
7	c	d	a	b	M[6]	17	t[7]
8	b	c	d	a	M[7]	22	t[8]
9	a	b	c	d	M[8]	7	t[9]
10	d	a	b	c	M[9]	12	t[10]
11	c	d	a	b	M[10]	17	t[11]
12	b	c	d	a	M[11]	22	t[12]
13	a	b	c	d	M[12]	7	t[13]
14	d	a	b	c	M[13]	12	t[14]
15	c	d	a	b	M[14]	17	t[15]
16	b	c	d	a	M[15]	22	t[16]

(a) 第1轮

迭代	a	b	c	d	M	s	t
1	a	b	c	d	M[1]	5	t[17]
2	d	a	b	c	M[6]	9	t[18]
3	c	d	a	b	M[11]	14	t[19]
4	b	c	d	a	M[0]	20	t[20]
5	a	b	c	d	M[5]	5	t[21]
6	d	a	b	c	M[10]	9	t[22]
7	c	d	a	b	M[15]	14	t[23]
8	b	c	d	a	M[4]	20	t[24]
9	a	b	c	d	M[9]	5	t[25]
10	d	a	b	c	M[14]	9	t[26]
11	c	d	a	b	M[3]	14	t[27]
12	b	c	d	a	M[8]	20	t[28]
13	a	b	c	d	M[13]	5	t[29]
14	d	a	b	c	M[2]	9	t[30]
15	c	d	a	b	M[7]	14	t[31]
16	b	c	d	a	M[2]	20	t[32]

(b) 第2轮

迭代	a	b	c	d	M	s	t
1	a	b	c	d	M[5]	4	t[33]
2	d	a	b	c	M[8]	11	t[34]
3	c	d	a	b	M[11]	16	t[35]
4	b	c	d	a	M[14]	23	t[36]
5	a	b	c	d	M[1]	4	t[37]
6	d	a	b	c	M[4]	11	t[38]
7	c	d	a	b	M[7]	16	t[39]
8	b	c	d	a	M[10]	23	t[40]
9	a	b	c	d	M[13]	4	t[41]
10	d	a	b	c	M[0]	11	t[42]
11	c	d	a	b	M[3]	16	t[43]
12	b	c	d	a	M[6]	23	t[44]
13	a	b	c	d	M[9]	4	t[45]
14	d	a	b	c	M[12]	11	t[46]
15	c	d	a	b	M[15]	16	t[47]
16	b	c	d	a	M[2]	23	t[48]

(c) 第3轮

迭代	a	b	c	d	M	s	t
1	a	b	c	d	M[0]	6	t[49]
2	d	a	b	c	M[7]	10	t[50]
3	c	d	a	b	M[14]	15	t[51]
4	b	c	d	a	M[5]	21	t[52]
5	a	b	c	d	M[12]	6	t[53]
6	d	a	b	c	M[3]	10	t[54]
7	c	d	a	b	M[10]	15	t[55]
8	b	c	d	a	M[1]	21	t[56]
9	a	b	c	d	M[8]	6	t[57]
10	d	a	b	c	M[15]	10	t[58]
11	c	d	a	b	M[6]	15	t[59]
12	b	c	d	a	M[13]	21	t[60]
13	a	b	c	d	M[4]	6	t[61]
14	d	a	b	c	M[11]	10	t[62]
15	c	d	a	b	M[2]	15	t[63]
16	b	c	d	a	M[9]	21	t[64]

(d) 第4轮

图 4.35   4 轮迭代的实际情况

图 4.36 列出了 t 的取值。

t[i]	值	t[i]	值	t[i]	值	t[i]	值
t[1]	D76AA478	t[17]	F61E2562	t[33]	FFFA3942	t[49]	F4292244
t[2]	E8C7B756	t[18]	C040B340	t[34]	8771F681	t[50]	432AFF97
t[3]	242070DB	t[19]	265E5A51	t[35]	699D6122	t[51]	AB9423A7
t[4]	C1BDCEEE	t[20]	E9B6C7AA	t[36]	FDE5380C	t[52]	FC93A039
t[5]	F57C0FAF	t[21]	D62F105D	t[37]	A4BEEA44	t[53]	655B59C3
t[6]	4787C62A	t[22]	02441453	t[38]	4BDECFA9	t[54]	8F0CCC92
t[7]	A8304613	t[23]	D8A1E681	t[39]	F6BB4B60	t[55]	FFEFF47D
t[8]	FD469501	t[24]	E7D3FBC8	t[40]	BEBFBC70	t[56]	85845DD1
t[9]	698098D8	t[25]	21E1CDE6	t[41]	289B7EC6	t[57]	6FA87E4F
t[10]	8B44F7AF	t[26]	C33707D6	t[42]	EAA127FA	t[58]	FE2CE6E0
t[11]	FFFF5BB1	t[27]	F4D50D87	t[43]	D4EF3085	t[59]	A3014314
t[12]	895CD7BE	t[28]	455A14ED	t[44]	04881D05	t[60]	4E0811A1
t[13]	6B901122	t[29]	A9E3E905	t[45]	D9D4D039	t[61]	F7537E82
t[14]	FD987193	t[30]	FCEFA3F8	t[46]	E6DB99E5	t[62]	BD3AF235
t[15]	A679438E	t[31]	676F02D9	t[47]	1FA27CF8	t[63]	2AD7D2BB
t[16]	49B40821	t[32]	8D2A4C8A	t[48]	C4AC5665	t[64]	BE86D391

图 4.36 t 的取值

4. MD5 与 MD4

下面看看 MD5 与 MD4 的关键差别,如图 4.37 所示。

特 性	MD4	MD5
轮数	3	4
常量 t 的使用	所有迭代中相同	所有迭代中不相同
第 2 轮的处理 P	((b AND c) OR (b AND d) OR (c AND d))	(b AND d) OR (c AND (NOT d)),更随机

图 4.37 MD5 与 MD4 的主要差别

此外,第 2 轮和第 3 轮访问子块的顺序也发生改变,引入更大的随机性。

5. MD5 的抗攻击性

可以看到,MD5 非常复杂。Rivest 的意图是在 MD5 算法中增加更大的复杂度和随机性,使 MD5 不会对两个不同消息产生相同的消息摘要。MD5 的一个属性是,消息摘要中每一位是输入中每一位的某个函数。使用 MD5 时,两个消息产生相同的消息摘要概率为 2^{64} 次操作的数量级。给定一个消息摘要,要求初始消息,需要 2^{128} 次操作。

MD5 曾经遭到如下攻击。

(1) Tom Berson 找到了对 4 轮分别生成相同消息摘要的消息,但找不到四轮都生成相同消息摘要的消息。

(2) den Boer 与 Bosselaers 证明,在一个 512 位块上执行 MD5 时会对链接变量寄存器 abcd 中的两个不同值产生相同输出,称为伪冲突(pseudocollision),但这不能推广到 4 轮各

16 步的完整 MD5。

（3）Dobbertin 提出了对 MD5 最严重的攻击,两个不同 512 位块进行 MD5 操作可以得到相同的 128 位输出,但没有推广到完整消息块。

一般建议是,虽然 MD5 还没被完全破解,最好别信任它。因此,人们要寻求更好的消息算法,于是出现了 SHA-1,见下面介绍。

4.7.4　安全散列算法

1. 简介

美国国家标准与技术学会（NIST）和 NSA 开发了安全散列算法（Secure Hash Algorithm,SHA）。1993 年,SHA 以联邦信息处理标准（FIPS PUB 180）的形式发布,1995 年修订为 FIPS PUB 180-1,后来更名为 SHA-1。稍后将会介绍,SHA 是在 MD4 基础上修改而成的,与 MD4 的设计非常相似。

SHA 可以处理长度在 2^{64} 以内的任何输入消息。SHA 的输出是消息摘要,长度为 160 位（比 MD5 的消息摘要多 32 位）。SHA 中的"安全"利用了两个特性,在计算上保证下列情况的不可行:

（a）根据消息摘要取得初始消息;

（b）寻找两个消息,产生相同消息摘要。

2. SHA 工作原理

前面曾介绍过,SHA 与 MD5 很相似。因此,这里不准备介绍 SHA 与 MD5 相似的特性,只是指出它们的差别。读者可以从 MD5 描述中找到相应细节。

■ **第 1 步：填充**

和 MD5 一样,SHA 的第 1 步是在初始消息末尾进行填充,使消息长度为 512 的倍数少 64 位。和 MD5 一样,填充总是增加,即使消息长度已经是比 512 的倍数少 64。

■ **第 2 步：添加长度**

计算不包括填充的消息长度,用 64 位块加到填充后面。

■ **第 3 步：将输入分为 512 位块**

将输入分为 512 位块,这些块成为消息摘要处理逻辑的输入。

■ **第 4 步：初始化链接变量**

初始化 5 个链接变量 A～E。记住,MD5 中为 4 个 32 位的链接变量（总长度为 128 位）,中间结果和最终结果存放在这些链接变量构成的组合寄存器 abcd 中。SHA 要产生的消息摘要为 160 位,因此要有 5 个链接变量（5×32＝160 位）。SHA 中变量 A 到 D 的值与 MD5 中相同,E 初始化为 C3 D2 E1 F0（十六进制）。

■ **第 5 步：处理块**

这是实际算法,与 MD5 很相似。

5.1 步：将链接变量 A～E 复制到变量 a～e 中,a～e 组合成寄存器 abcde,存储中间结果和最终结果。

5.2 步：将当前 512 位块分解为 16 个子块，每个子块为 32 位。

5.3 步：SHA 共 4 轮，每一轮 20 步。每一轮的 3 个输入为当前 512 位块、寄存器 abcde 和常量 K[]，其中 t 为 0～79。然后用 SHA 算法步骤更新寄存器 abcde 内容。另外，MD5 中的 t 定义 64 个常量，而这里 K[]只定义 4 个常量，每一轮用一个。K[]的值如图 4.38 所示。

轮次	t 值范围	K[t]的十六进制值	K[t]的十进制值（只显示整数部分）
1	1～19	5A 92 79 99	$2^{30} \times \sqrt{2}$
2	20～39	6E D9 EB A1	$2^{30} \times \sqrt{3}$
3	40～59	9F 1B BC DC	$2^{30} \times \sqrt{5}$
4	60～79	CA 62 C1 D6	$2^{30} \times \sqrt{10}$

图 4.38　K[]的值

5.4 步：SHA 共 4 轮，每轮 20 次迭代，共 80 次。一次 SHA 迭代的逻辑操作如图 4.39 所示。

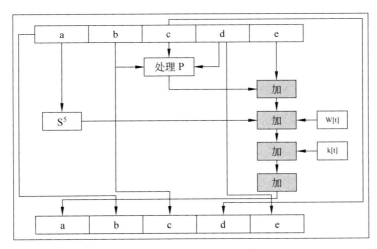

图 4.39　一次 SHA 迭代

一次 SHA 迭代的数学表示如下。

$$abcde = (e + Process\ P + s^5(a) + W[] + K[]),\ a,\ s^{30}(b),\ c,\ d$$

其中，abcde 为 5 个变量 a、b、c、d、e 构成的寄存器；Process P（处理 P）为逻辑操作，见稍后介绍；s^t 将 32 位子块循环左移 t 位；W[]从当前 32 位子块求出的 32 位值，见稍后介绍；K[]为 5 个常量之一，见稍后介绍。

注意，它与 MD5 相似，只是小有改动，使 SHA 比 MD5 更复杂。下面介绍处理 P 与 W[]的含义。

图 4.40 显示了每一轮 SHA-1 中的处理 P。

W[t]的值计算如下。

对 W 的前 16 个字（t=0～15），输入消息子块 M[t]的内容变成 W[t]内容，即把输入消息 M 的前 16 块复制到 W。

轮　次	处　理　P
1	(b AND c) OR ((NOT b) AND (d))
2	b XOR c XOR d
3	(b AND c) OR (b and d) OR (c AND d)
4	b XOR c XOR d

图 4.40　每一轮 SHA-1 中的处理 P

W 的其余值用下列方程求出：

$$W[t] = s^1(W[t-16]\ XOR\ W[t-14]\ XOR\ W[t-8]\ XOR\ W[t-3])$$

和前面一样，S^1 表示循环左移 1 位。

图 4.41 总结了 SHA-1 中的 W 值。

t＝0～15	W[t]值
W[t]＝	同 W[t]
W[t]＝	$S^1(W[t-16]\ XOR\ W[t-14]\ XOR\ W[t-8]\ XOR\ W[t-3])$

图 4.41　SHA-1 中的 W 值

3. 比较 MD5 与 SHA-1

我们知道，MD5 与 SHA-1 都基于 MD4 算法，因此可以进行比较，看看两者的差别，如图 4.42 所示。

特　　　性	MD5	SHA-1
消息摘要长度（位）	128	160
根据消息摘要寻找初始消息所需的操作	2^{128} 次	2^{160} 次，更安全
寻找产生相同消息摘要的两个消息所需的操作	2^{64} 次	2^{80} 次
目前攻击情况	一定程度（见前面介绍）还没有	还没有
速度	快（64 次迭代，128 位缓存）	慢（80 次迭代，160 位缓存）
软件实现	简单，不需要大程序和复杂表格	简单，不需要大程序和复杂表格

图 4.42　比较 MD5 与 SHA-1

4. SHA-1 的安全性

2005 年发现了 SHA-1 一个可能的脆弱性。就在这之前，NIST 刚刚宣布到 2010 年，要寻找更安全的 SHA 版本。因此，出现了如下一些版本：2002 年，NIST 在标准文档 FIPS

1802 中提供另一个新的 SHA 版本，称为 SHA-256、SHA-384 和 SHA-512，其后面的数字表示的是消息摘要的长度（以位为单位）。图 4.43 归纳了不同的 SHA 版本。

参　　　数	SHA-1	SHA-256	SHA-384	SHA-512
消息摘要长度（以字节为单位）	160	256	384	512
消息长度（以字节为单位）	$<2^{64}$	$<2^{64}$	$<2^{128}$	$<2^{128}$
块大小（以字节为单位）	512	512	1024	1024
词大小（以字节为单位）	32	32	64	64
算法所需的步骤	80	64	80	80

图 4.43　不同版本的 SHA 的参数

因此，我们需要理解更安全 SHA 算法的工作原理。因此，我们现在来介绍 SHA-512。自然，SHA-512 的工作原理与 SHA-1 类似，也含有一些加法等操作。

4.7.5　SHA-512

SHA-512 算法所用的消息长度为 2^{128} 位，生成一个大小为 512 位的消息摘要。其输出分成多个块，每个块的大小为 1024 位。

SHA-512 是严格按照 SHA-1 模型来的，而 SHA-1 又是按照 MD5 来的。因此，我们这里不讨论 SHA-512 中类似与 SHA-1 和 MD5 两种算法的特性。我们只是提及一下它们，重点是介绍它们的不同之处。更相信信息，读者可以回头看看相应的 MD5 描述。

■ 第 1 步：填充

与 MD5 和 SHA-1 一样，SHA-512 的第 1 步也是在初始消息中增加填充位，目的是使初始消息长度等于一个值，即比 1024 的倍数少 128 位。注意，与 MD5 和 SHA-1 一样，填充总是要进行的，即使消息长度已经是比 1024 的倍数少 128 位。

■ 第 2 步：添加长度

计算不包括填充位的消息长度，并把它作为一个 128 位的块附加到填充位的后面，这样消息长度正好是 1024 位的倍数。

■ 第 3 步：将输入分成 1024 位的块

将输入消息分成多个块，每个块长度为 512 位。这些块就是消息摘要处理逻辑的输入。

■ 第 4 步：初始化链接变量

现在要初始化从 A～H 的 8 个链接变量。记住，我们有（a）4 个 MD5 的链接变量，每个 32 位（总长度为 4×32＝128 位）；（b）5 个 SHA-1 的链接变量，每个 32 位（5×32＝160位）。回忆一下可知，我们把这些中间结果和最终结果存储在了由这些链接变量构成的组合寄存器（即 MD5 的 abcd 和 SHA-1 的 abcde）中。在 SHA-512 中，我们要生成一个长度为 512 位的消息摘要，因此需要 8 个链接变量，每个含有 64 位（8×64＝512）。在 SHA-512 中，这 8 个链接变量的值如图 4.44 所示。

A＝6A09E667F3BCC908	B＝BB67AE8584CAA73B
C＝3C6EF373FE94F82B	D＝A54FF53A5F1D36F1
E＝510E527FADE682D1	F＝9B05688C2B3E6C1F
G＝1F83D9ABFB41BD6B	H＝5BE0CD19137E2179

图 4.44　SHA-512 链接变量

■ **第 5 步：处理块**

现在开始实际算法了。这里的步骤与 MD5 和 SHA-1 的非常类似。

5.1 步：将链接变量 A～H 复制到变量 a～h 中，a～h（称为 abcdefgh）看作是单个寄存器，用于存储临时的中间结果和最终结果。

5.2 步：将当前的 1024 位块分解为 16 个子块，每个子块为 64 位。

5.3 步：SHA-512 有 80 轮，每轮以当前的 1024 位块、寄存器 abcdefgh 和常量 K[t]（其中 t＝0～79）作为它的 3 个输入。然后使用 SHA-512 算法步骤更新寄存器 abcdefgh 的内容。每轮的操作如图 4.45 所示。

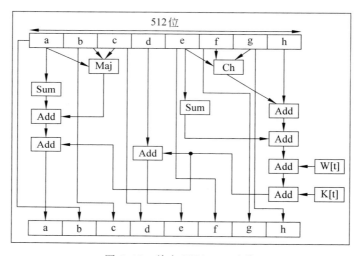

图 4.45　单个 SHA-512 迭代

每轮包含以下操作。

Temp1＝h＋Ch(e,f,g)＋Sum(e$_i$ for i＝1 to 512)＋W$_t$＋K$_t$

Temp2＝Sum(a$_i$ for i＝0 to 512)＋Maj(a,b,c)

a＝Temp1＋Temp2

b＝a

c＝b

d＝c

e＝d＋Temp1

f＝e

g＝f

h＝g

其中,

t=轮次号

Ch(e,f,g)=(e AND f) XOR (NOT e AND g)

Maj(a,b,c)=(a AND b) XOR (a AND c) XOR (b AND c)

Sum(a_i)=ROTR(a_i×28 位) XOR ROTR(a_i×34 位) XOR ROTR(a_i×39 位)

Sum(e_i)=ROTR(e_i×14 位) XOR ROTR(e_i×18 位) XOR ROTR(e_i×41 位)

ROTR(x)=循环右移,即,把 64 位数组移动指定数目的位

W_t=从当前 512 位输入块得出的 64 位词

K_t=64 位添加常量

+ (或 Add)=相加结果 mod 2^{64}

W_t 的 64 位词是使用某些映射从 1024 位消息中得出来的,这里不做详细介绍。我们只指出如下几点。

(1) 对于前 16 轮(即 0～15 轮),W_t 的值等于消息块的相应词。

(2) 对于其余的 64 轮,W_t 的值等于把前 4 个 W_t 的值与要进行移位和旋转操作的其中两个进行 XOR 操作后循环左移 1 位的结果。

这样就使得消息摘要更复杂,更难破解。

4.7.6　SHA-3

MD5 算法已经被攻破,但到目前为止还没有人能攻破 SHA-1。然而,由于 SHA-1 在本质上非常类似于 MD5,所以人们担心它未来可能同样会被攻破。因此,越来越多的人开始使用 SHA 算法家族的下一个版本,这个版本统称为 SHA-2(即 SHA-256、SHA-384 和 SHA-512)。SHA-512 被认为是最难以攻破的。但是,同样考虑到在未来的某个时候,SHA-2 也有可能会被攻破,因此人们正在研究消息摘要算法的下一个版本,即 SHA-3。

2007 年,NIST 宣布了 SHA-3 的面世。人们要求 SHA-3 应满足如下一些前提条件:

(1) 在用 SHA-3 替代 SHA-2 时,应用程序无须进行扩展修改。换句话说,我们应可以非常简单地用 SHA-3 来替代之前的版本。这就自然地要求 SHA-3 必须能够支持 224、256、384 和 512 位的消息摘要长度。

(2) 在 SHA-2 中,有一个基本特征是它可以处理较小的原始文本组,生成消息摘要,人们要求在 SHA-3 中同样应该可以。

人们对 SHA-3 的其他期待还有,它应该能像 SHA-2 那样挫败攻击。换句话说,SHA-3 在其算法操作上应与 MD5 和 SHA-1 或 SHA-2 不同。人们还希望它能运行快速,同时消耗的资源最少。此外,它还应该是比较简单的,应该可以添加一些参数以提高其灵活性。

4.7.7　消息认证码

消息认证码(Message Authentication Code,MAC)的概念与消息摘要相似,但有一个差别。可以看到,消息摘要是消息的简单指印,消息摘要不涉及加密过程。相反,MAC 要求发送方与接收方知道共享对称(秘密)密钥,用其准备 MAC。因此,MAC 涉及加密过程。

下面介绍 MAC 的工作原理。

　　假设发送方 A 要向接收方 B 发送消息 M，图 4.46 显示了 MAC 的工作原理，后面会进行介绍。

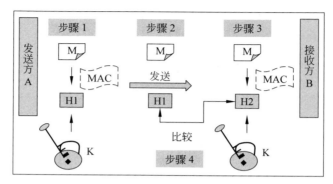

图 4.46　MAC 的工作原理

　　（1）A 与 B 共享一个对称（秘密）密钥 K，是别人不知道的。A 计算 MAC 时，要将密钥 K 作用于消息 M。

　　（2）A 将消息 M 和 MAC H1 发给 B。

　　（3）B 收到 M 时，也用 K 对 M 求出 MAC H2。

　　（4）B 比较 H1 与 H2. 如果两者相同，则表明消息 M 没有被中途改变，否则 B 拒绝消息，因此消息 M 已经被中途改变。

　　MAC 的意义如下。

　　（1）MAC 向接收方（这里是 B）保证消息 M 没有被中途改变。这是因为，如果攻击者改变消息而不改变 MAC（这里是 H1），则接收方求出的 MAC（这里是 H2）与其不同。攻击者为什么不能改变 MAC 呢？我们知道，计算 MAC 时使用的密钥 K 是只有发送方与接收方（A 和 B）知道的，因此攻击者不知道密钥 K，无法改变 MAC。

　　（2）接收方（这里是 B）保证消息是从正确的发送方（A）发来的。由于只有发送方与接收方（A 和 B）知道秘密密钥（K），别人不可能求出发送方（A）所发的 MAC（这里是 H1）。

　　有趣的是，尽管计算 MAC 与加密过程非常相似，但有一个重要不同。我们知道，在对称密钥加密中，加密过程是可逆的，即加密与解密相互镜像。但在 MAC 中，发送方与接收方都只进行加密过程，因此 MAC 算法不需要可逆，只要单向函数（加密）就可以了。

　　我们介绍了两个主要的消息摘要算法 MD5 与 SHA-1，能否用这些算法计算 MAC 呢？不行，因为它们不涉及使用秘密密钥，而这是 MAC 的基础。因此，我们要为 MAC 实现另一算法，即 HMAC，这是实现 MAC 的算法。

4.7.8　HMAC

1. 简介

　　HMAC 是指**基于散列的消息认证码**（Hash-based Message Authentication Code）。

HMAC 是 Internet 协议(IP)安全的强制安全实施方法,并在 Internet 上广泛使用的安全套接层(SSL)协议中使用。

HMAC 的基本思想是复用 MD5 与 SHA-1 之类现有消息摘要算法。显然,没必要一切从头开始,因此,HMAC 利用消息摘要算法,把消息摘要看成一个黑盒子,用共享秘密密钥加密消息摘要,从而输出 MAC,如图 4.47 所示。

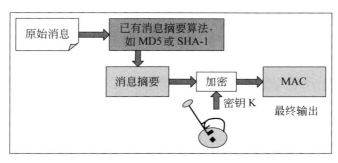

图 4.47　HMAC 概念

2. HMAC 工作原理

下面看看 HMAC 的内部工作原理。首先要看看 HMAC 中使用的各个变量。

MD　　=使用的消息摘要(散列)函数(如 MD5 与 SHA-1)

M　　　=计算 MAC 的输入消息

L　　　=消息 M 的块数

b　　　=每块的位数

K　　　=HMAC 使用的共享对称密钥

ipad　　=字符串 00110110 重复 b/8 次

opad　　=字符串 01011010 重复 b/8 次

根据这些输入,可以用一步一步方法了解 HMAC 操作。

■ 第 1 步:使 K 的长度等于 b

根据密钥 K 的长度,分三种情况:

(1) K＜b:这时要扩展密钥(K),使 K 的长度等于 b(初始消息块的位数)。为此,我们在 K 左边加上足够的 0。例如,如果初始密钥长度为 170 位,而 b 为 512,则增加 342 个 0 位到 K 左边。我们把修改后的密钥继续称为 K。

(2) K＝b:这时不需任何操作,直接转第 2 步。

(3) K＞b:这时要整理 K,使 K 的长度等于 b(初始消息块的位数)。为此,使 K 通过为该 HMAC 实例选择的消息摘要算法(H),从而得到密钥 K,然后将其长度整理为 b。

具体如图 4.48 所示。

■ 第 2 步:K 与 ipad 做异或运算,得到 S1

第 1 步输出的 K 与 ipad 做异或运算,得到 S1 变量,如图 4.49 所示。

■ 第 3 步:将 M 添加到 S1

下面取初始消息(M),将其添加到 S1 末尾(第 2 步求出),如图 4.50 所示。

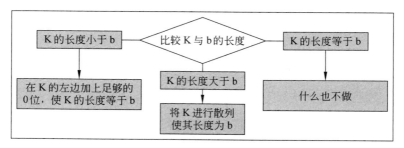

图 4.48　HMAC 的第 1 步

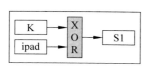

图 4.49　HMAC 的第 2 步

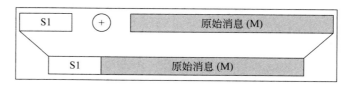

图 4.50　HMAC 的第 3 步

■ **第 4 步：消息摘要算法**

对第 3 步的输出（即 S1 与 M 的组合）采用选择的消息摘要算法（如 MD5 或 SHA-1），这个操作的输出为 H，如图 4.51 所示。

■ **第 5 步：K 与 opad 做异或运算，得到 S2**

第 1 步输出的 K 与 opad 做异或运算，得到 S2 变量，如图 4.52 所示。

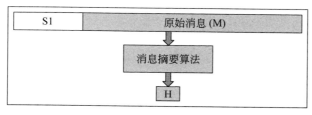

图 4.51　HMAC 的第 4 步

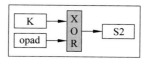

图 4.52　HMAC 的第 5 步

■ **第 6 步：将 H 添加到 S2**

这一步取第 4 步求出的消息摘要（H），将 H 添加到 S2 末尾，如图 4.53 所示。

■ **第 7 步：消息摘要算法**

对第 6 步的输出（即 S2 与 H 的组合）采用选择的消息摘要算法（如 MD5 或 SHA-1），这个操作的输出为最终 MAC，如图 4.54 所示。

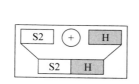

图 4.53　HMAC 的第 6 步

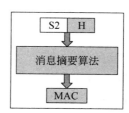

图 4.54　HMAC 的第 7 步

图 4.55 显示了 HMAC 的完整操作。

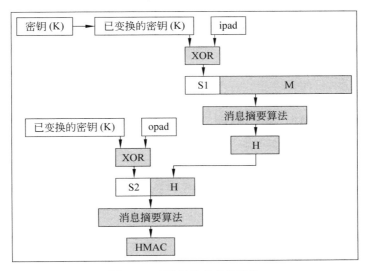

图 4.55　HMAC 的完整操作

3. HMAC 的缺点

初看起来,HMAC 算法产生的 MAC 能够满足数字签名要求。从逻辑角度看,我们首先计算初始消息的指印(消息摘要),然后用对称密钥加密,只有发送方和接收方知道这个密钥,从而使接收方可以肯定消息来自正确的发送方,没有在中途被篡改。但是,如果仔细看看 HMAC 机制,则可以发现,它没有解决所有问题。什么问题呢?

(1) HMAC 中假设只有发送方和接收方知道,但我们说过,对称密钥交换存在严重问题,很难解决。HMAC 中也存在相同的密钥交换问题。

(2) 即使解决了密钥交换问题,HMAC 也不适用于多个接收方的情形。这是因为,为了用 HMAC 产生 MAC,就要利用对称密钥,而对称密钥是双方共享的:一个发送方,一个接收方。当然,也可以让多方共用对称密钥来解决这个问题,但这个办法会导致第三个问题。

(3) 接收方怎么知道消息来自发送方,而不是来自其他接收方? 所有接收方都知道这个对称密钥,因此很可能以发送方身份发一个假消息,用 HMAC 准备这个消息的 MAC,发送消息和 MAC,就像合法的发送方一样。这是无法阻止和检测的!

(4) 即使解决了上述问题,也还有一个大问题。回到一个发送方和一个接收方的简单情形。现在,只有一个发送方(A,假设为银行客户)和一个接收方(B,假设为银行)共享对称密钥。假设有一天 B 把 A 账号中的所有结余转到另一个人的账号中,关闭 A 的账号,则 A 会非常恼火,到法院告 B。法庭上,B 说 A 发了一个电子消息,要求进行这个事务,并产出了这个消息,作为物证。A 声称没有发这个消息,这是伪证。好在 B 产生的消息证据中也有 MAC,是对初始消息产生的。我们知道,这要用 A 和 B 共享的对称密钥加密初始消息的消息摘要才能实现,麻烦就在这里。尽管有 MAC,但怎么证明这个 MAC 是 A 产生的还是 B 产生的? A 和 B 都知道这个对称密钥! 双方都有可能生成这个消息及其 MAC。

可以看到，即使解决了前三个问题，也无法解决最后一个问题，因此，不能将 HMAC 用于数字签名，而要寻找更好的机制。

4.7.9 数字签名技术

1. 简介

由于前面介绍的 MAC 相关问题，出现了用于数字签名的**数字签名标准**（Digital Signature Standard，DSS）。1991 年，美国国家标准与技术学会（NIST）发布了 DSS 标准，作为 FIPS（联邦信息处理标准）PUB 186，并于 1993 年和 1996 年做了修订。DSS 利用 SHA-1 算法计算初始消息的消息摘要，并对消息摘要进行数字签名，见稍后介绍。为此，DSS 利用**数字签名算法**（Digital Signature Algorithm，DSA）。注意 DSS 是标准，而 DSA 是实际算法。

这里有一点必须指出。和 RSA 一样，DSA 也基于非对称密钥加密，但是，其目的完全不同。我们知道，RSA 也可以对消息进行数字签名，而 DSA 则不能用于加密，只能对消息进行数字签名。

2. 数字签名的争论

DSA 的接受不是一帆风顺的，我们知道，RSA 也可以对消息进行数字签名。NIST 开发 DSA 的主要目的之一是使 DSA 成为免费的数字签名算法软件，但 RSA 数据安全公司（RSADSI）控制了所有 RSA 产品的许可证（不是免费的），其在 RSA 算法上投入了大量精力和经费。因此，他们竭力推荐 RSA（而不是 DSA）作为数字签名算法。此外，IBM、Novell、Lotus、Apple、Microsoft、DEC、Sun、Northern Telecom 之类的大公司也投入大量资金实现 RSA 算法，它们也反对使用 DSA。它们对 DSA 的强度提出了许多责难和怀疑，但一一得到解决，使 DSA 成为可靠的算法。但是，所有问题并没有全部解决！

尽管 NIST 持有 DSA 的专利，但至少还有三个部门也声称持有 DSA 的专利，这个问题至今还没有得到解决。

介绍 DSA 工作原理之前，先要介绍如何用 RSA 进行数字签名。

3. RSA 与数字签名

前面曾介绍过，可以用 RSA 进行数字签名。下面看看其如何进行。为此，假设发送方（A）要向接收方（B）发一个消息 M，并对消息 M 计算数字签名（S）。

第 1 步：发送方 A 用 SHA-1 消息摘要算法对消息 M 计算消息摘要（MD1），如图 4.56 所示。

第 2 步：发送方 A 用私钥加密这个消息摘要，这个过程的输出是 A 的数字签名（DS），如图 4.57 所示。

第 3 步：发送方（A）将消息 M 和数字签名（DS）一起发给接收方（B），如图 4.58 所示。

第 4 步：接收方（B）收到消息（M）和发送方的数字签名后，使用与 A 相同的消息摘要算法计算消息摘要（MD2），如图 4.59 所示。

图 4.56　计算消息摘要(MD1)

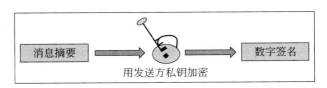

图 4.57　生成数字签名

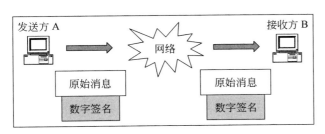

图 4.58　将消息 M 和数字签名(DS)一起发送

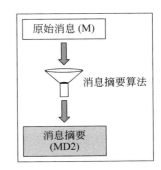

图 4.59　计算消息摘要(MD2)

第 5 步：接收方(B)用发送方的公钥解密(又称为设计)数字签名。注意 A 用私钥加密消息摘要，得到数字签名，因此只能用 A 的公钥解密。这个过程得到原先的消息摘要，和第 1 步 A 求出的一样(MD1)，如图 4.60 所示。

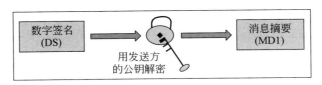

图 4.60　接收方取得发送方的消息摘要

第 6 步：这时 B 比较两个消息摘要如下：

* MD2，第 4 步求出；
* MD1，第 5 步从 A 的数字签名求出。

如果 MD1＝MD2，则可以表明：

* B 接受初始消息(M)，是 A 发来的正确消息，未经篡改；
* B 也保证消息来自 A 而不是别人伪装 A，如图 4.61 所示。

根据消息摘要比较结果接受或拒绝初始消息很简单。我们知道，发送方(A)用私钥加密消息摘要，产生数字签名。如果解密数字签名能得到正确的消息摘要，则接收方(B)可以肯定初始消息与数字签名的确来自发送方(A)，并证明消息没有中途被攻击者篡改。如果中途被攻击者篡改，则第 4 步 B 对所收到消息计算的消息摘要(MD2)不同于 A 发送的消息

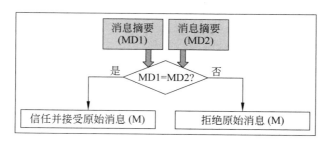

图 4.61　数字签名验证

摘要（加密形式）。为什么攻击者不能改变消息、重新计算消息摘要和再次签名呢？我们知道，攻击者完全可以进行前两步（即改变消息、重新计算消息摘要），但不能再次签名，因为攻击者没有 A 的私钥。由于只有 A 知道自己的私钥，因此攻击者无法用 A 的私钥再次将消息摘要加密（即签名消息）。

这样，数字签名的原理是相当强大、安全和可靠的。

4. 对 RSA 数字签名的攻击

攻击者试图对 RSA 数字签名发起一些攻击。这里简要介绍其中比较重要的一些。

（1）选定部分消息的攻击。在这种攻击中，攻击者创建两个不同的消息 M1 和 M2。这两个消息不需要很相似。攻击者诱使真实用户使用 RSA 数字签名技术对消息 M1 和 M2 进行数字签名。诱使签名成功后，攻击者计算新消息 M ＝ M1×M2，然后声称消息 M 已经经过了真实用户的数字签名。

（2）只有密钥的攻击。在这种攻击中，假设攻击者只有真实用户的公钥。攻击者先想办法获得真实的消息 M 及其签名 S。然后，攻击者试图创建另一个消息 MM，这样，同一个签名 S 看上去对 MM 也是有效的。然而，这是一种不容易发起的攻击，因为其背后的数学知识要求非常高。

（3）已知部分消息的攻击。在这种攻击中，攻击者使用了 RSA 的一个特性，即具有不同签名的两个不同消息可以组合在一起，这样它们的签名也是可以组合的。例如，假设有两个不同的消息 M1 和 M2，分别有签名 S1 和 S2。这样，如果 M ＝（M1×M2）mod n 成立，那么在数学上 S ＝（S1×S2）mod n 也成立。因此，攻击者可以计算 M ＝（M1×M2）mod n，然后计算 S ＝（S1×S2）mod n 来伪造签名。

5. DSA 与数字签名

DSA 的描述很复杂，涉及数学知识，读者可以跳过这个部分而不失连贯性。

DSA 算法利用下列变量：

p　　＝长度为 L 位的素数，L＝64 的倍数，在 512～1024 之间（即 512、576、640 或 …1024）。在原标准中，P 总是 512 位，受到许多技术批评，因此 NIST 做了改变。

q　　＝（p－1）的 160 位素数因子。

g　　＝$h^{(p-1)/q} \bmod p$，h 是小于（p－1）的数，使 $h^{(p-1)/q} \bmod p$ 大于 1。

x　　＝小于 q 的数。

y $=g^x \bmod p$。

H $=$消息摘要算法(通常是 SHA-1)。

前 3 个变量(p,q,g)是公开的,可以在非安全网络上任意发送。X 是私钥,而相应的公钥是 y。

假设发送方要将消息 m 签名,将签名消息发给接收方,则会执行下列步骤:

(1) 发送方产生小于 q 的随机数 k。

(2) 发送方计算如下。

- $r=(g^k \bmod p) \bmod q$
- $s=(k^{-1}(H(m)+xr)) \bmod q$

    r 和 s 是发送方的签名,发送方把这些值发送给接收方。为了验证签名,接收方计算如下。

(3) $w=s^{-1} \bmod q$

$u1=(H(m)*w) \bmod q$

$u2=(rw) \bmod q$

$v=((g^{u1}*y^{u2}) \bmod p) \bmod q$

如果 $v = r$,则签名正确,否则将其拒绝。

4.8 背 包 算 法

实际上,Ralph Merkle 与 Martin Hellman 开发了公钥加密的第一个算法,称为**背包算法**(Knapsack algorithm),它基于所谓的背包问题。这个问题其实很简单。假设有一堆重量不同的东西,则是否可以将其中一些放到背包中,使背包中有一定重量?

假设已知 M1,M2,…,Mn 以及总和 S,试求出 bi,使得:

$$S=b1M1+b2M2+\cdots+bnMn$$

每个 bi 可以取 0 或 1:1 表示把该项目放进背包,0 表示不把该项目放进背包。

与堆中项目数长度相同的明文块选择背包中的东西,密文是得到的和。例如,如果背包为 1、7、8、12、14、20,则图 4.62 显示了明文和得到的密文。

明文	0 1 1 0 1 1	1 1 1 0 0 0	0 1 0 1 1 0
背包	1 7 8 12 14 20	1 7 8 12 14 20	1 7 8 12 14 20
密文	7 + 8 + 14 + 20 = 49	1 + 7 + 8 = 16	7 + 12 + 14 = 33

图 4.62 背包算法示例

4.9 ElGamal 数字签名

前面已经介绍了 ElGamal 加密系统。ElGamal 数字签名使用的是相同的密钥,但使用的算法不同。该算法创建两个数字签名。在验证步骤中,这两个签名应该相吻合。这里的密钥生成过程与前面介绍的相同,因此这里不再重复介绍。公钥仍然是(E1，E2，P),而私钥仍然是 D。

4.9.1 签名过程

签名过程如下：

（1）发送方选择一个随机数 R。

（2）发送方使用等式 S1 ＝ E1^R mod P 计算出第一个签名 S1。

（3）发送方使用等式 S2 ＝（M－D × S1）× R^{-1} mod（P－1）计算出第二个签名 S2,这里 M 是需要进行签名的原始消息。

（4）发送方把 M、S1 和 S2 发送给接收方。

例如,假设 E1 ＝ 10,E2 ＝ 4,P ＝ 19,M ＝ 14,D ＝ 16,R ＝ 5。

那么有：

S1＝E1R mod P＝105 mod 19＝3

S2＝(M－D×S1) × R^{-1} mod (P－1) ＝ (14－16×3) × 5^{-1} mod 18 ＝ 4

因此,签名为(S1，S2),即(3，4)。把它发送给接收方。

4.9.2 验证过程

验证过程如下：

（1）接收方使用等式 V1 ＝ E1^M mod P 进行验证的第一部分 V1。

（2）接收方使用等式 V2 ＝ E2^{S1} × S1^{S2} mod P 进行验证的第二部分 V2。

例如：

V1＝E1^M mod P ＝ 10^{14} mod 19 ＝ 16

V2＝E2^{S1} × S1^{S2} mod P ＝ 4^3 × 3^4 mod 19 ＝ 5184 mod 19 ＝ 16

由于 V1＝V2,因此认为该签名是合法的。

4.10 对数字签名的攻击

通常有三种针对数字签名的攻击,简要介绍如下。

1. 选定部分消息的攻击

在这种攻击中,攻击者诱使真实用户对本不想签名的消息进行数字签名。这样,攻击者就获得了被签名的原始消息和签名。利用这些,攻击者可以创建一个新消息,让真实用户使用之前的签名进行数字签名。

2. 已知部分消息的攻击

在这种攻击中,攻击者从真实用户那里获得一些以前的消息和相应的数字签名。像加密中的已知部分文本的攻击那样,攻击者创建一个新消息,并在其上伪造真实用户的数字签名。

3．只有密钥的攻击

在这种攻击中,前提条件是一些信息由真实用户进行了公开。攻击者就可以滥用这些公开的信息。这类似于加密中的只有密文的攻击。只不过在这里,攻击者是试图创建真实用户的签名。

4.11　公钥交换的问题

如果你认真学习了前面的内容,则会发现,我们假设发送方(如 Alice)知道接收方(如 Bob)的公钥值,接收方(如 Bob)知道发送方(如 Alice)的公钥值,这是怎么实现的呢?

Alice 可以将公钥发给 Bob,并请求 Bob 的公钥。问题在哪里? Tom 是个攻击者,可以进行中间人攻击(见前面介绍的 Diffie-Hellman 密钥交换算法),如图 4.63 所示。

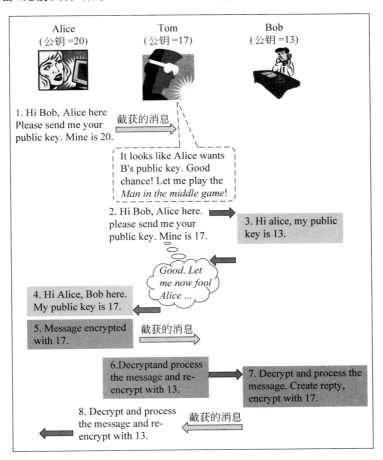

图 4.63　中间人攻击法

从图中可以看出,发送方(Alice)、攻击者(Tom)和接收方(Bob)的公钥分别是 20、

17、13。

（1）Alice 要安全地向 Bob 发消息时，向 Bob 发出自己的公钥（20），并请 Bob 提供 Bob 的公钥。

（2）攻击者 Tom 截获 Alice 的消息，将 Alice 消息中的公钥值从 20 变成自己的公钥（17），并将这个消息转发给 Bob。

（3）Bob 答复 Alice 的消息，发出自己的公钥（13）。

（4）Tom 截获 Bob 的消息，将公钥变成 17，并将这个消息转发给 Alice。

（5）Alice 认为 Bob 的公钥是 17，因此用 17 加密要发给 Bob 的消息，并将结果发给 Bob。

（6）Tom 截获这个消息，用自己的私钥解密消息，进行处理（阅读或改变），用 Bob 的公钥（13）重新加密消息，然后转发给 Bob。

（7）Bob 用私钥解密从 Tom 收到的消息，并相应答复。他用公钥 17 加密答复，以为这是 Alice 的公钥，然后发给 Alice。

（8）Tom 截获这个消息，用自己的私钥解密消息，进行处理（阅读或改变），用 Alice 的公钥（20）重新加密消息，然后转发给 Alice。Alice 可以用自己的私钥解密这个消息。

这个过程可以一直继续，Alice 和 Bob 不知道攻击者所干的勾当。如果 Tom 的加密与解密速度很快，则更是如此。

这样，尽管非对称密钥加密技术解决了密钥交换问题，从而解决了此后的通信安全问题，但没有解决将公钥交给对方的根本问题。发送方与接收方如何将公钥交给对方？如何防止中间人攻击？

稍后章节将回答这个问题。

案例研究 1：虚拟选举

课堂讨论要点

（1）从技术的角度来说，在 Internet 上进行选举是否可行？为什么？需要哪种类型的基础设施？

（2）在虚拟选择中，应主要关注的是什么？

（3）在虚拟选择中，数字签名和加密作用是什么？

加密技术的另一个用武之地是虚拟选举。在未来的几十年里，基于计算机的投票将会变得非常普遍。因此，非常重要的一点是，用于虚拟选举的协议应保护个人隐私，且不允许欺骗。考虑下面协议，投票者可以以电子的形式把选票发送给选举机构（Election Authority，EA）。

（1）每位投票者填写选票，并用 EA 的公钥将选票加密。

（2）每位投票者把已加密的选票发送给 EA。

（3）EA 把所有选票解密以得到原始选票，统计所有选票，并宣布选举结果。

这种协议安全吗？它能为投票者和 EA 提供方便吗？答案是根本不能！

在这种方案中有如下问题：

（1）EA 不知道有资格的投票者是否已经投票了，也不知道它是否收到了伪造投票。

（2）没有防止重复投票的机制。

这种协议的优点是什么？显然，无人能修改其他投票者的选票，因为先用 EA 的公钥对选票进行了加密，然后再发送给 EA。但是，如果仔细察看一下这种方案就会发现，攻击者根本不需要修改其他人的选票。攻击者只需要发送重复的选票即可！

那么如何修改这种协议使之更健壮呢？可以如下进行重写：

（1）每位投票者填写选票，并用其私钥对选票进行签名。

（2）每位投票者使用 EA 的公钥，把已签名的选票加密。

（3）每位投票者把选票发送给 EA。

（4）EA 用其私钥把选票解密，用投票者的公钥对每个投票者的签名进行验证。

（5）EA 统计所有选票，并宣布选举结果。

现在，这种协议可以确保不会重复投票。由于投票者在第（1）步对选票进行了签名（用自己的私钥），因此可以进行核查。同样，也没有人能够修改其他投票者的选票。这是因为选票经过了数字签名，在数字签名的验证过程中，可以检测并发现对选票的任何修改都。

尽管这个协议要好很多了，但它的问题是，EA 能够知道谁给谁投票了，导致出现了隐私问题。这里把这个问题留给读者去解决。

案例研究 2：合同签署

课堂讨论要点

（1）在现实生活中，什么时候可以认为完成了一个合同的签署？

（2）如果只有一方签署合同，是否够了？

（3）可以使用何种加密机制来签署电子合同？

（4）如果日后某一方拒绝承认签署了合同，怎样可以解决这种纠纷？

有一个名为 Bob 的建筑商，他建造了一栋住宅楼。这栋楼有 20 套房。Bob 想把它们全部卖给个人客户。Alice 就是这样的一个客户，她想购买一套。她给 Bob 打电话，表示想购买。在经过几个来回的讨论之后，Alice 决定前往购买。但 Bob 有一个唯一的要求。这个要求就是 Bob 与 Alice 签署合同的方式。由于 Bob 是 Internet 爱好者，他希望他与 Alice 之间的合同在 Internet 上进行数字化签署，Alice 通过网上银行把房款存入 Bob 的账户。

这里我们仅限于讨论第一个方面，即数字化签署合同。Bob 怎样才能确保完成合同的签署过程？Alice 怎样才能确保她没有被欺骗？如果出现纠纷，如何解决？

为了确保合同的签署顺利进行，Bob 与第三方 Trent 进行了联系。Alice 也给 Trent 打电话，确保 Trent 是她可信任的第三方。有了这些后，下面来写出一些步骤，以确保数字合同的签署是完整且全面的。

（1）Alice 数字化签署一份合同，并在 Internet 上把它发送给 Trent。

（2）Bob 也数字化签署一份合同，并在 Internet 上把它发送给 Trent。

（3）Trent 给 Alice 和 Bob 发送一条消息，告诉他们，他已经收到他们两人的数字化签名合同。

（4）此时，Alice 再数字化签署两份合同，并把这两份合同发给 Bob。

（5）Bob 对从 Alice 那里接收到的两份合同进行数字化签署。他保留其中一份作为记录，把另一份发送给 Alice。

（6）Alice 和 Bob 都告知 Trent，他们都有一份经两人数字化签署后的合同了。

（7）现在，Trent 可以把在第（1）和（2）步中从 Alice 和 Bob 那里接收来的原始合同销毁了。

以后，Alice 可以否认她签署过该合同吗？不能，因为 Bob 有一份他和 Alice 都签署了的合同。反过来，Bob 也不能否认签署过该合同，因为 Alice 也有一份两人都签署了的合同。

这样，问题就很好地解决了。这种解决办法还涉及了第三方（又称为仲裁人）Trent 的使用。

4.12   本 章 小 结

- 非对称密钥加密目的是要解决对称密钥加密的密钥交换问题。
- RSA 是一种非常著名的非对称密钥加密。
- 在非对称密钥加密中，每个通信方都需要有一个密钥对。
- 公钥是每个人共享的，而私钥则是由个人保密的。
- 素数在非对称密钥加密中非常重要。
- 数字信封结合了对称密钥加密与非对称密钥加密的优点。
- 消息摘要（又称为散列）唯一地标识消息。
- 消息摘要有 3 个重要属性：(1)两个不同的消息必须有不同的消息摘要；(2)给定一个消息摘要，如果算法没改变，必须总能得到相同的消息摘要；(3)给定一个消息摘要，必须不能获得初始消息。
- MD5 与 SHA-1 是消息摘要算法。
- 现在，MD5 认为是容易被攻击的。
- SHA-512 是 SHA 家族中的最新算法。
- HMAC 是包含加密的消息摘要算法。
- HMAC 存在实用问题。
- DSA 与 RSA 算法可以用于数字签名。
- RSA 比 DSA 更流行。
- RSA 可用于加密和数字签名。

4.13　实　践　练　习

4.13.1　多项选择题

1. 在非对称密钥加密中，每个通信方需要_____个密钥。
   - (a) 2
   - (b) 3
   - (c) 4
   - (d) 5

2. 私钥_____。
   - (a) 必须发布
   - (b) 要与别人共享
   - (c) 要保密
   - (d) 都不是

3. 如果 A 和 B 要安全通信，则 B 不必知道_____。
   - (a) A 的私钥
   - (b) A 的公钥
   - (c) B 的私钥
   - (d) B 的公钥

4. 在非对称密钥加密中_____非常重要。
   - (a) 整数
   - (b) 素数
   - (c) 负数
   - (d) 函数

5. 对称密钥加密比非对称密钥加密_____。
   - (a) 速度慢
   - (b) 速度相同
   - (c) 速度快
   - (d) 通常较慢

6. 在生成数字信封时，我们用_____对_____进行加密。
   - (a) 发送方的私钥，一次性会话密钥
   - (b) 接收方的公钥，一次性会话密钥
   - (c) 一次性会话密钥，发送方的公钥
   - (d) 一次性会话密钥，接收方的公钥

7. 如果发送方用私钥加密消息，则可以实现_____。
   - (a) 保密性
   - (b) 保密与认证
   - (c) 保密而非认证
   - (d) 认证

8. _____用于验证消息完整性。
   - (a) 消息摘要
   - (b) 解密算法
   - (c) 数字信封
   - (d) 都不是

9. 当两个不同的消息摘要具有相同值时，称为_____。
   - (a) 攻击
   - (b) 冲突
   - (c) 散列
   - (d) 都不是

10. _____是个消息摘要算法。
    - (a) DES
    - (b) IDEA
    - (c) MD5
    - (d) RSA

11. MAC 与消息摘要_____。
    - (a) 相同
    - (b) 不同
    - (c) 是子集关系
    - (d) 都不是

12. RSA _____用于数字签名。
    - (a) 不应
    - (b) 不能
    - (c) 可以
    - (d) 不可

13. 认为抗攻击最强的消息摘要算法是_____。
    - (a) SHA-1
    - (b) SHA-256
    - (c) SHA-128
    - (d) SHA-512

14. 要验证一个数字签名，需要_____。
    - (a) 发送方私钥
    - (b) 发送方公钥
    - (c) 接收方私钥
    - (d) 接收方公钥

15. 要解密用 RSA 加密的消息，需要_____。

（a）发送方私钥　　（b）发送方公钥　　（c）接收方私钥　　（d）接收方公钥

4.13.2　练习题

1. 简要说明非对称密钥加密的历史。

2. 如果 A 要向 B 安全地发消息,通常涉及哪些步骤?

3. RSA 的真正关键是什么?

4. 试列出对称与非对称密钥加密的优缺点。

5. 什么是密钥包装? 它为什么有用?

6. 消息摘要的关键要求是什么?

7. 为什么 SHA 比 MD5 更安全?

8. MAC 与消息摘要有什么差别?

9. 在数字签名中建立信任的重要内容是什么?

10. 公钥交换存在什么问题?

11. 简要介绍一下 ElGamal 数字签名。

12. 讨论一下对 RSA 数字签名可能发生的攻击。

13. 讨论一下 RSA 的安全性。

14. 解释一下 ElGamal 加密。

15. 何谓 SHA-3?

4.13.3　设计与编程

1. 编写一个 Java 程序,用图 4.18 所示的算法生成一个数的消息摘要(不是技术意义上的)。

2. 编写一个 C 语言程序,用 MD5 算法计算一个文本的消息摘要。

3. 编写一个 Visual Basic 程序,计算一个字符串的 32 位 CRC。

4. 编写一个 Visual Basic 程序,计算一个字符串的 16 位 CRC。

5. 编写一个 Java 程序,实现 RSA 算法。

6. 我们知道,加密运算很慢,特别是对大数。我们要进行的运算之一是求某个数的指数,然后求结果的模。这是成本很高的,对大数其实是行不通的。一种办法是在某一步中使用上一步的结果,求出最终答案。尽管这不是最优方案,但可以解决问题。

算法如下:

要计算 $a^b \bmod n$,操作如下:

```
Start
     C=1
    For i =1 to b
    计算 C= (c xa)mod n
  Next i
```

End

例如,下面是一个示例:

要计算 7^5 mod 119,操作如下:

$$(1\times7)\bmod 119=7$$
$$(7\times7)\bmod 119=49$$
$$(49\times7)\bmod 119=105$$
$$(105\times7)\bmod 119=21$$
$$(21\times7)\bmod 119=28$$

可见,7^5 mod 119＝28

试用这种技术求 8^9 mod 117。

7. 编写一个 C 语言程序,实现上述逻辑。

8. 编写一个 Java 程序,实现上述逻辑。

9. 假设明文字符为 G,用 RSA 算法,取 E＝3,D＝11 和 N＝15,求出其加密后的密文,并验证解密后能得到 G。

10. 已知两个素数 P＝17 与 Q＝29,求 RSA 加密过程中的 N、E、D。

11. 在 RSA 中,已知 N＝187,E＝17,求相应的私钥 D。

12. 是否可以用常用的最少损失压缩算法作为消息摘要? 为什么?

13. 是否可以使用校验和作为消息摘要算法? 为什么?

14. 假设有一个含有 20 000 个字符的消息。使用 SHA-1 计算其消息摘要后,要修改初始消息的最后 19 个字符。请问在消息摘要中有多少个位会发生变化,为什么?

15. 是否可以有变长而不是固定长度的消息摘要? 为什么?

第5章

公钥基础设施

5.1 概　　述

公钥基础设施(Public Key Infrastructure,PKI)技术引起了极大关注,成为 Internet 上现代安全机制的焦点中心。PKI 不是一个简单的思想,而是需要大量经费、精力和决心才能建立、维护与促进的技术方案。PKI 是几乎所有加密系统的必经之路。

本章将详细介绍 PKI。PKI 与非对称密钥加密密切相关,包括消息摘要、数字签名和加密服务,这些已经在前面介绍。要支持所有这些服务,最主要的要求是数字证书技术。数字证书是 Web 上的护照,将在本章详细介绍。

数字证书带来了许多问题、担心和争议,本章将会详细进行介绍。我们介绍证书机构(CA)、注册机构(RA)的作用,CA 之间的关系和根 CA、自签名证书、交叉证书等概念。

验证数字证书既关键又复杂,可以用 CRL、OCSP 与 SCVP 之类特殊协议进行处理,我们将逐一进行介绍和比较。

CA 的其他要求是维护与建档用户密钥和在必要时提供出来供用户使用,漫游证书之类思想也得到重视,也将在本章介绍。

PKIX 与 PKCS 是两个最常用的数字证书与 PKI 标准,本章将详细介绍 PKIX 与 PKCS 及其关键领域。XML 安全性近来备受重视,因为其特性丰富,加上 XML 已成为全球信息交换标准。本章也会介绍 XML 安全的各个方面。

5.2 数　字　证　书

5.2.1 简介

我们已经详细介绍了密钥协定或密钥交换的问题,介绍了 Diffie-Hellman 密钥交换算法之类的算法如何处理这个问题,存在哪些缺点。非对称密钥加密是很好的解决方案,但也有未能解决的问题,就是双方(消息发送方与接收方)如何相互交换公开密钥? 显然,不能公开交换,否则很容易在公开密钥时受到中间人攻击。

因此,密钥交换的问题是个难题,事实上也是设计任何计算机加密方案时最大的难题。经过大量思考,人们提出了**数字证书**(digital certificates)的革命性思想,详见下面介绍。

在概念上,数字证书相当于护照、驾驶证之类的证件。护照和驾照可以帮助证明身份。例如,笔者的护照至少可以证明以下几个方面:

- 姓名
- 国籍
- 出生日期和地点
- 照片与签名

同样,数字证书也可以证明一些关键信息,详见下面几节介绍。

5.2.2　数字证书的概念

数字证书其实就是一个小的计算机文件。例如,笔者的数字证书就是一个计算机文件,文件名为 atul.cer(其中.cer 是单词 certificate 的前三个字母。当然,这只是一个示例,实际上可以使用不同的文件扩展名)。护照证明笔者与姓名、国籍、出生日期和地点、照片与签名等的关联,而数字证书证明我与公开密钥的关联。图 5.1 显示了数字证书的概念。

我们没有指定用户与数字证书之间的关联由谁批准。显然,这要有某个机构,而且是各方都信任的。假设护照不是政府发的,而是一个小店主发的,你能相信吗? 同样,数字证书也要由信任实体签发,否则很难让人相信。

前面曾介绍过,数字证书建立了用户与公钥的关联。因此,数字证书要包含用户名和用户的公钥,证明特定公钥属于某个用户。除此之外,数字证书还包含什么信息呢? 图 5.2 显示了数字证书的示例。

图 5.1　数字证书的直观概念

图 5.2　数字证书的示例

这里有几个有趣的事实。首先,笔者的姓名显示为主体名(subject name)。事实上,数字证书中任何用户名都称为主体名(因为数字证书可以发给个人、组织或小组)。还有另一个有趣的信息,称为序号(serial number),稍后将介绍其含义。证书还有其他信息,如证书有效期和签发者名(issuer name)。可以把这些信息与护照中的项目做一个比较,如图 5.3

所示。

护 照 项 目	数字证书项目
姓名（Full name）	主体名（Subject name）
护照号（Passport number）	序号（Serial number）
起始日期（Valid from）	相同
终止日期（Valid to）	相同
签发者（Issued by）	签发者名（Issuer name）
照片与签名（Photograph and signature）	公钥（Public key）

图 5.3　数字证书与护照的相似性

从图 5.3 中可以看出，数字证书与护照很相似。每个护照有一个护照号，而数字证书则具有唯一序号。我们知道，同一签发者签发的护照不会有重号，同样，同一签发者签发的数字证书也不会有重号。谁来签发这些数字证书？稍后将回答这个问题。

5.2.3　证书机构

证书机构（Certification Authority，CA）就是可以签发数字证书的信任机构。谁是证书机构？显然不能随便找一个阿狗阿猫作为证书机构，而应该是每个人都信任的机构。因此，各国政府会确定谁有资格成为证书机构（但并不是每个人都信任政府！这是另一个问题）。通常，证书机构是一些著名组织，如邮局、财务机构、软件公司，等等。世界上最著名的证书机构是 VeriSign 与 Entrust。Safescrypt 公司是 Satyam 信息公司的子公司，2002 年 2 月成为印度第一家证书机构。

这样，证书机构有权向个人和组织签发数字证书，使其可以在非对称密钥加密应用程序中使用这些证书。

5.2.4　数字证书技术细节

下面看看数字证书的技术细节。我们已经从概念上做了介绍，下面要从技术角度进行介绍。读者可以跳过本节，而不失连贯性。

数字证书的结构在 Satyam 标准中定义。国际电信联盟（ITU）于 1988 年推出这个标准，当时放在 X.500 标准中。后来，X.509 标准于 1993 年和 1995 年做了两次修订。这个标准的最新版本是 X.509V3。1999 年，Internet 工程任务小组（IETF）发表了 X.509 标准的RFC2459，图 5.4 显示了 X.509V3 数字证书的结构。

图 5.4 不仅显示了 X.509 标准指定的数字证书字段，还指定了字段对应的标准版本。可以看出，X.509 标准第 1 版共 7 个基本字段，第 2 版增加了 2 个字段，第 3 版增加了 1 个字段。增加的字段分别称为第 2 版和第 3 版的扩展或扩展属性。当然，这些版本的末尾还有 1 个共同字段。图 5.5(a)、图 5.5(b) 与图 5.5(c) 列出了这些字段。第 2 版增加了两个字段，处理不小心重复签发者名（即 CA 名）和主体名（证书持有者名）的情形。但是，数字证

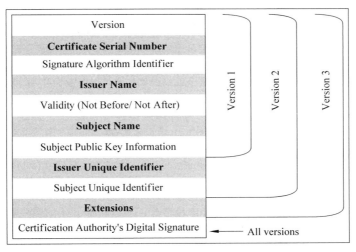

图 5.4　数字证书的结构

书标准(RFC2459)要求签发者名和主体名不能重复,因此尽管第 2 版增加了这些字段,但这些字段是可选的,使用时可以区别不小心重复的签发者名和主体名。

X.509V3 在数字证书结构中增加了许多扩展,如图 5.5(c)所示。

字　段	描　述
版本(Version)	标识本数字证书使用的 X.509 协议版本,目前可取 1、2、3
证书序号(Certificate Serial Number)	包含 CA 产生的唯一整数值
签名算法标识符(Signature Algorithm Identifier)	标识 CA 签名数字证书时使用的算法(见稍后介绍)
签发者名(Issuer Name)	标识生成与签名数字证书的 CA 区别名(DN)
有效期(之前/之后)(Validity (Not Before/Not After))	包含两个日期时间值(之前/之后),指定数字证书有效的时间范围。这些值通常指定日期与时间,精度到秒或毫秒
主体名(Subject Name)	标识数字证书所指实体(即用户或组织)的区别名(DN)除非 V3 扩展中定义了替换名,否则这个字段必须有值
主体公钥信息(Subject Public Key Information)	包含主体的公钥和与密钥相关的算法,这个字段不能为空

(a) X.509 数字证书字段描述——第 1 版

字　段	描　述
签发者唯一标识符(Issuer Unique Identifier)	在两个或多个 CA 使用相同签发者名时标识 CA
主体唯一标识符(Subject Unique Identifier)	在两个或多个主体使用相同签发者名时标识 CA

(b) X.509 数字证书字段描述——第 2 版

图 5.5　X.509 数字证书字段的描述

字　　段	描　　述
机构密钥标识符（Authority Key Identifier）	一个证书机构可能有多个公钥/私钥对,这个字段定义这个证书的签名使用哪个密钥对(用相应密钥验证)
主体密钥标识符（Subject Key Identifier）	主体可能有多个公钥/私钥对(原因见稍后介绍)。这个字段定义这个证书的签名使用哪个密钥对(用相应密钥验证)
密钥用法（Key Usage）	定义这个证书的公钥操作范围。例如,可以指定这个公钥可用于所有密码学操作或只能用于加密,或只能用于 Diffie-Hellman 密钥交换,或只能用于数字签名,等等
扩展密钥用法（Extended Key Usage）	可以补充或取代密钥用法字段,指定这个证书可以采用哪些协议(见稍后介绍),这些协议包括 TLS(传输层安全协议)、客户端认证、服务器认证、时间标志,等等
私钥使用期（Private Key Usage Period）	可以对这个证书对应的公钥/私钥对定义不同的使用期限。如果这个字段是空的,则这个证书对应的公钥/私钥对定义相同的使用期限
证书策略（Certificate Policies）	定义证书机构对某个证书指定的策略和可选限定信息,这里不进行介绍
证书映射（Policy Mappings）	在某个证书的主体也是一个证书机构时使用,即一个证书机构向另一证书机构签发证书,指定认证的证书机构要循环哪些策略
主体替换名（Subject Alternative Name）	对证书的主体定义一个或多个替换名,但如果主证书格式中的主体名字段是空的,则这个字段不能为空
签发者替换名（Issuer Alternative Name）	可选定义证书签发者的一个或多个替换名
主体目录属性（Subject Directory Attributes）	可以提供主体的其他信息,如主体电话/传真、电子邮件地址,等等
基本限制（Basic Constraints）	表示这个证书的主体可否作为证书机构。这个字段还指定主体可否让其他主体作为证书机构。例如,如果证书机构 X 向证书机构 Y 签发这个证书,则 X 不仅能指定 Y 可否作为证书机构,向别的主体签发证书,还可以指定 Y 可否指定别的主体为证书机构
名称限制（Name Constraints）	指定名字空间,这里不进行介绍
策略限制（Policy Constraints）	只用于 CA 证书,这里不进行介绍

(c) X.509 数字证书字段描述——第 3 版

图 5.5　（续）

5.2.5　生成数字证书

1. 涉及的各方

了解数字证书的概念和技术方面后,下面介绍生成数字证书的典型过程。参与各方是谁? 要干些什么? 我们知道,这个过程有两方要参与,即主体(最终用户)和签发者(证书机构)。证书生成与管理还涉及(可选)第三方。

由于证书机构的任务很多,如签发新证书、维护旧证书、吊销因故无效的证书,等等,因此可以将一些任务转交给第三方——注册机构(RA)。从最终用户角度看,证书机构与注册机构差别不大。技术上,注册机构是用户与证书机构之间的中间实体,帮助证书机构完成日常工作,如图 5.6 所示。

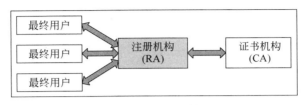

图 5.6　注册机构

注册机构通常提供下列服务:
- 接收与验证最终用户的注册信息;
- 为最终用户生成密钥;
- 接收与授权密钥备份与恢复请求;
- 接收与授权证书吊销请求。

在证书机构与最终用户间加上注册机构的另一重要影响是证书机构成为隔离实体,更不容易受到安全攻击。由于最终用户只能通过注册机构与证书机构通信,因此可以将注册机构与证书机构通信高度保护,使这部分连接很难被攻击。

但是,值得注意的是,注册机构主要是为了帮助证书机构与最终用户间交互,注册机构不能签发数字证书,证书只能由证书机构签发。此外,签发证书后,证书机构要负责所有证书管理工作,如跟踪证书状态,对因故无效的证书发出吊销通知,等等。

2. 证书生成步骤

生成数字证书需要几个步骤,如图 5.7 所示。

下面介绍这些证书生成步骤。

■ 第 1 步:密钥生成

首先是主体(用户/组织)要取得证书,可以使用两种方法。

(1) 主体可以用某个软件生成的公钥/私钥对,这个软件通常是 Web 浏览器或 Web 服务器的一部分,也可以使用特殊软件程序。主体要使生成的私钥保密,然后把公钥和其他信息与身份证明发送给注册机构,如图 5.8 所示。

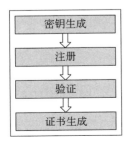

图 5.7　数字证书生成步骤

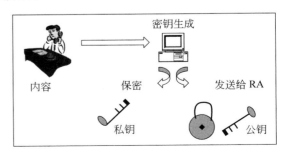

图 5.8　主体生成密钥对

（2）注册机构也可以为主体（用户）生成密钥对,可能用户不知道生成密钥对的技术,或特定情况要求注册机构集中生成和发布所有密钥,便于执行安全策略和密钥管理。当然,这个方法的主要缺点是注册机构知道用户的私钥,发送给用户时也可能中途暴露给别人,如图 5.9 所示。

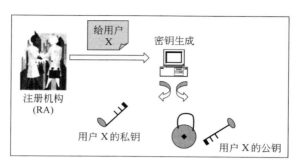

图 5.9　注册机构为主体（用户）生成密钥对

■ **第 2 步：注册**

这一步只在第 1 步由用户生成密钥对时才需要。如果注册机构为主体（用户）生成密钥对,则这一步已经在第 1 步中完成。

假设用户生成密钥对,则要向注册机构发送公钥和相关注册信息（如主体名,要放在数字证书中）以及关于自己的所有证明材料。为此,软件提供了一个向导,可以让用户输入数据,并在所有数据正确时提交数据。然后数据通过网络。

Internet 传递到注册机构。证书请求格式已经标准化,称为**证书签名请求**（Certificate Signing Request,CSR）。这是一个**公钥加密标准**（Public Key Cryptography Standards,PKCS）,见稍后介绍。CSR 也称为 PKCS♯10。

但是,证明材料不一定是计算机数据,有时是纸质文档（如护照、营业执照、收入/税收报表复印件等）,如图 5.10 所示。

图 5.10　主体将公钥与证明材料发给注册机构

注意,用户不能把私钥发给注册机构,而要将其保密。事实上,私钥最好根本不要离开用户的计算机。

图 5.11 显示了实际的数字证书请求页面。

然后,用户通常取得一个请求标识符,用于跟踪证书请求进展,如图 5.12 所示。

■ **第 3 步：验证**

注册过程完成后,注册机构要验证用户的材料,这个验证分为两个方面。

（1）首先,RA 要验证用户材料,如提供的证据,保证它们可以接受。如果用户是一个组

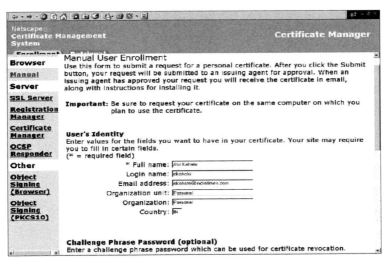

图 5.11　数字证书请求页面

织,则 RA 可能要检查营业记录、历史文件和信用证明。如果是个人用户,则只要简单证明就够了,如验证邮政地址、电子邮件地址、电话号码或者护照与驾照等。

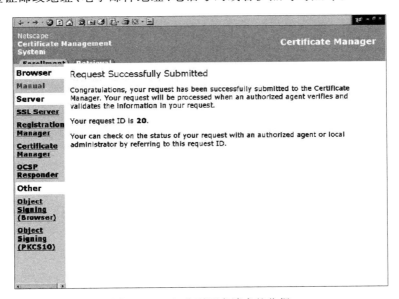

图 5.12　CA 收到证书请求的收据

(2) 第二个检查是保证请求证书的用户持有向 A 的证书请求中发送的公钥所对应的私钥。这一点很重要,因为我们必须证明用户拥有与这个公钥对应的私钥,否则可能造成法律问题(如果用户没有这个私钥,则用他的私钥签名的文档必然造成法律问题)。这个检查称为检查私钥的**拥有证明**(Proof Of Possession,POP)。RA 怎么进行这个检查呢? 可以用许多方法,主要如下:

- RA 可以要求用户用私钥对证书签名请求进行数字签名。如果 RA 能用这个用户的公钥验证签名正确性,则可以相信这个用户拥有该私钥。

- 在这个阶段，RA也可以生成随机数挑战，用这个用户的公钥加密，将加密挑战发给用户。如果用户能用其私钥解密，则也可以相信这个用户拥有该私钥。
- 第三，RA可以对用户生成一个哑证书，用这个用户的公钥加密，将其发给用户。用户要解密这个加密证书才能取得明文证书。

■ 第4步：证书生成

假设上述所有步骤成功，则RA把用户的所有细节传递给证书机构。证书机构进行必要的验证，并对用户生成数字证书。可以用程序生成X.509标准格式的证书。证书机构将证书发给用户，并保留一份证书记录。证书机构的证书记录放在**证书目录**（certificate directory）中，这是证书机构维护的中央存储地址。证书目录的内容与电话目录相似，帮助用一个点访问证书管理与发布。

没有一个描述证书目录结构的标准，但X.500标准已经成为普遍的选项，不仅可以存储数字证书，还可以以可控方式在中央地址存储服务器、打印机、网络资源和用户个人信息，如电话号码/分机号、电子邮件地址，等等。目录客户机可以用目录访问协议从这个中央仓储库请求和访问信息，如**轻量级目录访问协议**（Lightweight Directory Access Protocol, LDAP）。LDAP使用户和应用程序可以根据权限访问X.500目录。

然后证书机构将证书发给用户，可以附在电子邮件中，也可以向用户发一个电子邮件，通知其证书已生成，让用户从CA站点下载。后者如图5.13所示，用户访问一个屏幕，告知证书已生成，让用户从CA站点下载。

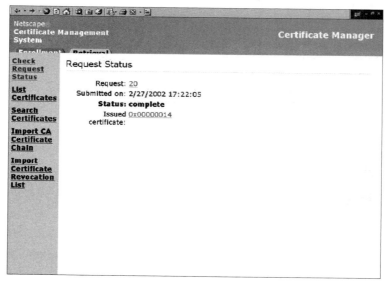

图5.13 CA告知证书已好，可以下载

用户下载证书时，得到图5.14所示屏幕，这个屏幕显示计算消息摘要和签名证书的版本、序号与算法，以及签发者、有效期、主体细节等。

数字证书的格式实际上是不可读的，如图5.15所示，从中看不出任何名堂，但应用程序可以分析或解释数字证书，以可读格式显示证书细节。

打开Internet Explorer浏览器（一种应用程序）浏览证书时，可以看到可读格式的证书

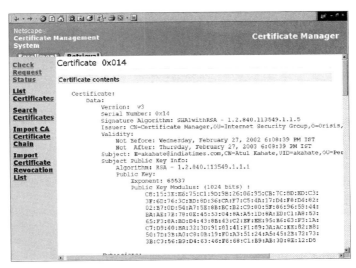

图 5.14 证书内容

图 5.15 数字证书的格式实际上是不可读的

细节,如图 5.16 所示。

5.2.6 为何信任数字证书

1. 简介

我们故意没有回答一个极其重要的问题,就是为何信任数字证书。要回答这个问题,想想为什么要信任护照。我们信任护照,不是因为其中包含关于护照持有者的信息,而是因为它是固定格式的,而且有权威机构的印章与签名。因此,信任数字证书不是因为其中包含用户的某些信息(特别是公钥),数字证书不过是个计算机文件,我们也可以用任何公钥生成数

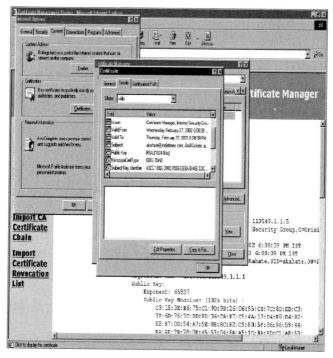

图 5.16   以可读格式显示证书细节

字证书文件，在业务事务中使用这个证书！尽管这样不一定会造成严重的业务损失，但显然是不合理的！

因此，证书机构可以用自己的私钥签名这个数字证书，表示：

我已经对这个证书进行了签名，保证是这个用户持有指定的公钥，请相信我。

2. 证书机构如何签名数字证书

假设要验证一个数字证书，怎么办？由于证书机构用其私钥对证书签名，因此首先要验证证书机构的签名。为此，我们用证书机构的公钥，检查其能否正确设计证书（见稍后介绍）。如果设计工作成功，则可以认为证书是有效的。这是信任数字证书的最主要原因。这个过程如图 5.17 所示。

图 5.17   CA 签名证书

下面看看如何设计证书和检查其可信度，但首先要了解 CA 如何签名证书。前面介绍过 X.509 证书结构，注意数字证书最后一个字段总是证书机构的数字签名，即每个数字证书不仅包含用户信息(如主体名、公钥,等等),而且包含证书机构的数字签名。因此,和护照一样,数字证书总是要认证或签名的,图 5.18 显示了 CA 如何签名证书。

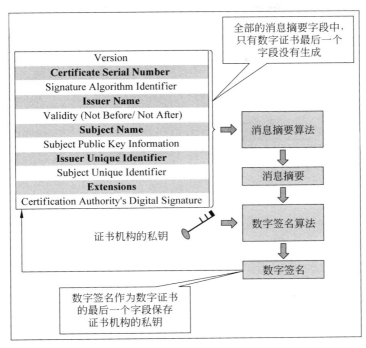

图 5.18 对证书生成 CA 签名

从图中可以看出,在向用户签发数字证书之前,CA 首先要对证书的所有字段计算一个消息摘要(使用 MD5 与 SHA-1 之类消息摘要算法),然后用 CA 的私钥加密消息摘要(使用 RSA 之类算法),构成 CA 的数字签名。然后 CA 将计算的数字签名作为数字证书的最后一个字段插入,相当于护照上的盖章、印章与签名。

当然,这个过程是用计算机加密程序自动完成的。

3. 如何验证数字证书

了解 CA 如何签名数字证书后,下面看看如何验证数字证书。假设收到一个用户的数字证书,要进行验证,怎么办? 显然,我们要验证 CA 的数字签名。这个过程的步骤如图 5.19 所示。

数字证书验证包括下列步骤。

(1) 用户将数字证书中除最后一个字段以外的所有字段传入消息摘要算法。这个算法与 CA 签名证书时使用的算法相同,CA 会在证书中和签名一起指定签名所用算法,使用户知道用哪个算法。

(2) 消息摘要算法计算数字证书中除最后一个字段以外的所有字段的消息摘要(散列),假设这个消息摘要为 MD1。

(3) 用户从证书中取出 CA 的数字签名(是证书中最后一个字段)。

(4) 用户设计 CA 的签名(即用 CA 的公钥解密签名)。

(5) 这样就得到另一个消息摘要,称为 MD2。注意 MD2 与 CA 签名证书时求出的消息

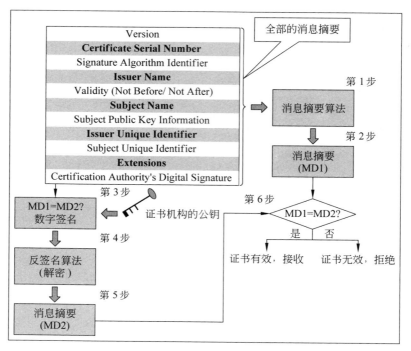

图 5.19   验证 CA 的数字签名

摘要相同（即用私钥加密消息摘要之前，对证书生成数字签名）。

（6）用户比较求出的消息摘要（MD1）与设计 CA 签名得到的消息摘要（MD2）。如果二者相符，即 MD1＝MD2，则可以肯定数字证书是 CA 用其私钥签名的，否则用户不信任这个证书，将其拒绝。

5.2.7   证书层次与自签名数字证书

这个阶段可能提出的另一个问题是，数字证书的验证虽然不错，但有一个潜在威胁。假设 Alice 收到 Bob 的数字证书，要进行验证。我们知道，Alice 要设计证书，使用 CA 的公钥。Alice 怎么知道 CA 的公钥？

一种可能是，Alice 与 Bob 具有相同的证书机构（CA）。这时，不存在问题，Alice 已经知道 CA 的公钥。但情况不会总是这样。假设 Alice 与 Bob 具有不同的证书机构，Alice 怎么知道对方 CA 的公钥？

要解决这个问题，就要生成证书机构层次，称为**信任链**（chain of trust）。简单地说，所有 CA 组成 CA 层次中的多层，如图 5.20 所示。

从图中可以看出，证书机构层次从根 CA 开始，根 CA 下面有一个或多个二级 CA，每个二级 CA 下面有一个或多个三级 CA，等等，就像组织中的报告层次，CEO 或总经理是最高权威，许多高级经理要向 CEO 或总经理报告，而许多经理要向高级经理报告，许多人要向经理报告，等等。

生成 CA 层次有什么用？就像报告层次那样使 CEO 或总经理可以从各个部门的具体

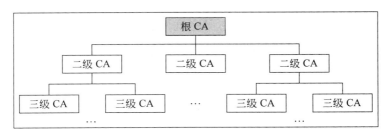

图 5.20　证书机构层次

工作中解脱出来,CA 层次还使得根 CA 不必管理所有数字证书,而可以把这个任务委托给二级机构,这种委托可以是按地区的,如一个二级 CA 负责西部地区,一个二级 CA 负责东部地区,一个二级 CA 负责北部地区,一个二级 CA 负责南部地区,等等。每个二级 CA 又可以在该地区内指定三级 CA,每个三级 CA 又可以指定四级 CA,等等。

本例中,如果 Alice 从三级 CA 取得证书,而 Bob 从另一个三级 CA 取得证书,Alice 怎么验证 Bob 的证书呢? 为了简单起见,我们对 CA 进行命名,如图 5.21 所示。

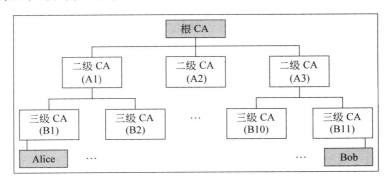

图 5.21　同一根 CA 中不同 CA 所辖的用户

假设 Alice 的 CA 为 B1,Bob 的 CA 为 B11。显然,Alice 不能直接知道 B11 的公钥,因此,除了自己的证书外,Bob 还要向 Alice 发出其 CA(B11)的证书,告诉 Alice B11 的公钥。这样,Alice 就可以用 B11 的公钥设计和验证 Bob 的证书。

这样又引出另一个问题,Alice 怎么相信 B11 的证书可信任? 如果是个伪证书,而不是 B11 的证书呢? 因此 Alice 还要验证 B11 的证书。需要什么? 显然,Alice 要验证 B11 证书的签名。本例中,可以看到 B11 的证书是由 A3 签发和签名的,因此 Alice 还要验证 A3 的证书。所以,Alice 要用 A3 的公钥设计 B11 的证书,验证 B11 的证书。

可以想象,这时又引出了下一个问题。Alice 怎么知道 AS 的公钥? 也许可以问 Bob,但这样就会遇到同一个问题:Alice 怎么保证这个公钥属于 AS,而不是伪造的? 可以看出,Alice 还要有 A3 的证书,Alice 可以用 A3 的公钥证书验证 B11 的证书。

再进一步,这时 Alice 要验证 A3 的证书。为此,Alice 就需要根 CA 的证书,如果得到根 CA 的证书,则可以成功地验证 A3 的证书。

但是,我们仍然没有找出问题的循环! 问题是,怎么验证根 CA(即根 CA 的公钥)? 是不是还要一直继续? 由于根 CA 是验证链中最后一环,怎么验证它的证书,谁给根 CA 发证书? 图 5.22 显示了这个问题。

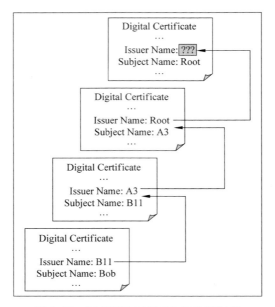

图 5.22 证书层次与根 CA 的验证问题

　　好在这个问题是可以解决的。根 CA（有时甚至是二级和三级 CA）自动作为可信任 CA。这是怎么实现的呢？为此，Alice 的软件（通常是个 Web 浏览器，但也可以是任何能够存储与验证证书的软件）包含预编程、硬编码的根 CA 证书。另外，这个根 CA 证书是**自签名证书**（self-signed certificate），即根 CA 对自己的证书签名。在技术上，这是什么意思呢？很容易理解，如图 5.23 所示，简单地说，这个证书的签发者名和主体名都指向根 CA。

　　由于这个证书放在 Web 浏览器和 Web 服务器之类的基本软件中，因此 Alice 不必担心根证书认证问题，除非她使用的基本软件本身来自非信任站点。只要 Alice 只用行业标准、广泛接受的软件应用程序（通常是 Web 浏览器和 Web 服务器），就可以保证根 CA 证书的有效性。

　　图 5.24 显示了验证证书链的过程。

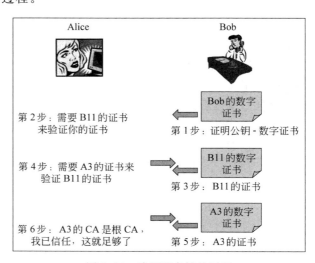

Digital Certificate
...
Issuer Name: Root
Subject Name: Root
...

图 5.23 自签名证书

图 5.24 验证证书链的过程

当然,实际中的操作顺序不必这么复杂。也许 Bob 会把根 CA 以下的所有证书(自己的、B11 的和 A3 的)在第一个消息中同时发给 Alice,称为**推模型**(push model)。但是,我们已经介绍了详细步骤,目的是了解具体细节,这是个**拉模型**(pull model)。

5.2.8　交叉证书

我们还没有解决全部问题。Alice 与 Bob 可能住在不同国家,即根 CA 本身就不一样。这是因为,每个国家通常有自己的根 CA。事实上,一个国家可能有多个根 CA。

例如,美国的根 CA 有 VeriSign、Thawte 和美国邮政局。这时,不是各方都能信任同一个根 CA。本例中,日本的 Alice 能信任 Bob 在美国的根 CA 吗?

这种情形又会回到证书机构层次及其验证的循环中,好在可以使用**交叉证书**(cross-certification)。由于世界上不可能有一个认证每个用户的统一 CA,因此要用分散 CA 认证各个国家、政治组织与公司。这样,CA 不仅要服务的对象少了,而且还可以独立工作。此外,交叉证书使不同 PKI 域的 CA 和最终用户可以互动。

具体地说,交叉证书是 CA 签发的,建立非层次信任路径。图 5.25 是一个示例。

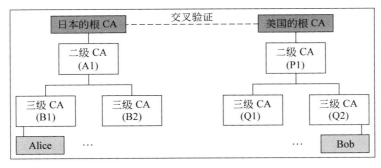

图 5.25　CA 的交叉证书

如图 5.25 所示,Alice 与 Bob 的根 CA 不同,但他们交叉认证,即 Alice 的根 CA 从 Bob 的根 CA 那里取得了自己的证书,同样,Bob 的根 CA 从 Alice 的根 CA 那里取得了自己的证书。这样,尽管 Alice 的软件只信任它自己的根 CA,但没有问题,因为 Bob 的根 CA 得到了 Alice 的根 CA 认证,Alice 可以信任 Bob 的根 CA。同样,Alice 可以用下列路径验证 Bob 的证书:Bob-Q2-P1-Bob 的根 CA-Alice 的根 CA。我们不准备介绍这个过程,因为上节已经详细介绍。

由此可见,利用证书层次、自签名证书和交叉证书技术,几乎任何用户都可以验证任何其他用户的数字证书,确定信任或拒绝。

5.2.9　证书吊销

1. 简介

如果你的信用卡丢失或被盗,则通常会立即向银行报告,银行会吊销你的信用卡。同样,数字证书也可以吊销。为什么要吊销数字证书呢? 常见的原因如下:

- 数字证书持有者报告说该证书中指定的公钥对应的私钥被破解了（被盗了）。
- CA 发现签发数字证书时出错。
- 证书持有者辞职了，而证书是在其在职期间签发的。

这时，数字证书用户与信用卡被盗时一样，要把证书看成无效，为此，要吊销这个证书。这个过程有什么作用？通常，就像信用卡用户在卡丢失或被盗时要报告一样，证书持有者在要吊销证书时也要报告。当然，如果用户因辞职或违法，造成要吊销证书，则要由组织提出报告。最后，如果 CA 发现签发数字证书时出错，则 CA 要启动证书吊销过程。

无论如何，CA 要知道这个证书吊销请求，要先认证证书吊销请求之后再接受证书吊销请求；否则别人可以滥用证书吊销过程吊销属于别人的证书。

假设 Alice 要用 Bob 的证书与 Bob 安全通信，但使用 Bob 的证书前，Alice 要回答下面两个问题：

- 这个证书是否属于 Bob 的？
- 这个证书是否有效，是否被吊销了？

我们知道，Alice 可以用证书链回答第一个问题，假设 Alice 知道这个证书是 Bob 的，然后要回答第二个问题，即这个证书是否有效，怎么检查？CA 提供了如图 5.26 所示的证书吊销状态检查机制。

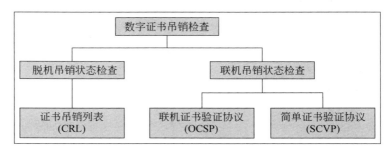

图 5.26　证书吊销状态检查机制

下面介绍这几种吊销状态检查机制。

2. 脱机证书吊销状态检查

证书吊销表（Certificate Revocation List，CRL）是脱机证书吊销状态检查的主要方法。最简单的 CRL 是每个 CA 经常发布的证书表，标识 CA 吊销的所有证书。但是，这个表中不包括过了有效期的证书。CRL 表只列出有效期内因故被吊销的证书。

每个 CA 签发自己的 CRL 表，并由相应 CA 签名。因此，CRL 很容易验证。CRL 就是个顺序文件，随着时间不断加大，包括有效期内因故被吊销的所有证书，因此它是 CA 签发的所有 CRL 的子集。每个 CRL 项目列出证书序号、吊销日期和时间、吊销原因。CRL 顶层还包括 CRL 发布的日期与时间和下一 CRL 的发布时间。图 5.27 显示了 CRL 文件的逻辑视图。

这样，Alice 收到 Bob 的证书，想看是否可信时，要按顺序完成下列操作：

- 证书有效期检查：比较当前日期与证书有效期，保证证书在有效期内；
- 签名检查：检查 Bob 的证书能否用其 CA 的签名验证；

CA: XYZ		
Certificate Revocation List（cRL）		
This CRL: 1 Jan 2002，10: 00 am		
Next CRL: 12 Jan 2002，10: 00 am		
Serial Number	Date	Reason
1234567	30-Dec-01	Private key compromised
2819281	30-Dec-01	Changed job
…	…	…

图 5.27　CRL 文件的逻辑视图

- 证书吊销状态检查：根据 Bob 的 CA 签发的最新 CRL 检查 Bob 的证书是否在证书吊销表中。

只有完成这些检查后，Alice 才能信任 Bob 的证书，如图 5.28 所示。

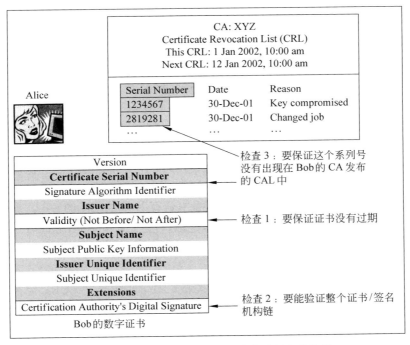

图 5.28　检验证书及 CRL 在检验过程中的作用

随着时间的推移，CRL 可能变得很大。一般假设是，每年吊销的未到期证书达 10％左右。这样，如果 CA 有 100 000 个用户，则两年时间可能在 CRL 中有 20 000 个项目！是相当大的。此外，记住，即使手持设备上执行应用程序的用户，也会在使用证书时进行 CRL 检查。如果移动电话要存储和检查长达 20 000 个用户的 CRL，则要先通过网络接收 CRL 文件，是个很大的瓶颈。这个问题引出了**差异 CRL**（delta CRL）的概念。

最初，CA 可以向使用 CRL 服务的用户发一个一次性的完全更新 CRL，称为基础 URL（base CRL）。下次更新时，CA 不必发送整个 CRL，只要发送上次更新以来改变的 CRL（称为差异 CRL）。这个机制使 CRL 文件长度缩小，从而加快传输，基础 URL 的改变称为差异 CRL。差异 CRL 也是个文件，因此也要由 CA 签名。图 5.29 显示了每次签发完整 CRL 与只签发差异 CRL 的差别。

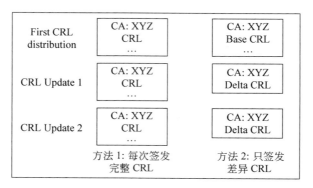

图 5.29　差异 CRL

使用差异 CRL 时，有几点需要注意。第一，差异 CRL 文件包含一个差异 CRL 指示符，告诉用户这不是一个完整 CRL，而只是差异 CRL。因此，用户知道要把这个 CRL 文件和基础 URL 一起使用，得到完整 CRL。第二，每个 CRL 还有一个序号，使用户可以检查是否具有所有差异 CRL 或是否缺了某个中间差异 CRL。第三，基础 CRL 也可能有一个差异信息指示符，告诉用户这个基础 CRL 具有相应的差异 CRL。还可以提供差异 CRL 地址和下一个差异 CRL 的发布时间。

关于差异 CRL，有一点必须记住，它们只是减少网络传输开销，而不能减少证书吊销检查所需的处理时间与工作量，因为用户要检查基础 CRL 和所有差异 CRL 才能判断某个证书是否吊销。

为什么 CRL 称为脱机证书吊销检查呢？因为 CRL 是 CA 定期签发的，这个时间可能是几个小时，也可能是几个星期。这样，Alice 手中具有 Bob 的 CA 的 CRL，是 2002 年 1 月 1 日签发的，而当前时间是 2002 年 1 月 10 日，这样，1 月 1 日与 10 日之间，Bob 的证书有可能被吊销了，而 Alice 不可能知道，因为她无法联机检查 Bob 的证书状态，因此称为脱机 CRL，这个延迟是 CRL 方法的主要缺点。

关于 CRL 的另外一点是 CA 总是定期签发新 CRL，即使与上一 CRL 完全一样（即没有吊销新的证书），使 CRL 用户知道自己使用的是最新 CRL。

下面看看 CRL 的标准格式，图 5.30 显示了 CRL 的不同字段。

Version		
Signature Algorithm Identifier		
Issuer Name		
This Update (Date and Time)		
Next Update (Date and Time)		
User Certificate Serial Number	**Revocation Date**	**CRL Entry Extensions**
…	…	…
…	…	…
CRL Extensions		
Signature		

头字段 / 重复项 / 尾字段

图 5.30　CRL 的标准格式

如下图所示，有几个头字段、几个重复项目和几个尾字段。显然，序号、吊销日期、CRL

项目扩展(见稍后介绍)之类的字段要对 CRL 中的每个吊销证书重复。而其他字段则构成头尾两个部分。下面介绍这些字段,如图 5.31 所示,其中有些已经简单介绍。

字　　段	描　　述
版本(Version)	表示 CRL 版本
签名算法标识符(Signature Algorithm Identifier)	CA 签名 CRL 所用的算法(如 SHA-1 与 RSA),表示 CA 先用 SHA-1 算法计算 CRL 的消息摘要,然后用 RSA 算法签名(即用私钥加密消息摘要)
签发者名(Issuer Name)	标识 CA 的区别名(DN)
本次更新日期与时间(This Update (Date and Time))	签发这个 CRL 的日期与时间值
下次更新日期与时间(Next Update (Date and Time))	签发下一个 CRL 的日期与时间值
用户证书序号(User Certificate Serial Number)	吊销证书的证书号,这个字段对每个吊销证书重复
吊销日期(Revocation Date)	吊销证书的日期与时间,这个字段对每个吊销证书重复
CRL 项目扩展(CRL Entry Extensions)	见稍后介绍,每个吊销证书有一个扩展
CRL 扩展(CRL Extensions)	见稍后介绍,每个 CRL 有一个扩展
签名(Signature)	包含 CA 签名

图 5.31　CRL 的不同字段

我们要明确区别 CRL 项目扩展与 CRL 扩展,CRL 项目扩展对每个吊销证书重复,而整个 CRL 只有一个 CRL 扩展,如图 5.32 所示。

字　　段	描　　述
原因代码(Reason Code)	指定证书吊销原因,可能是 Unspecified(未指定),Key compromise(密钥被破),CA Compromise(CA 被破),Superseded(重叠),Certificate hold(证书暂扣)
扣证指示代码(Hold Instruction Code)	有趣的是,证书可以暂时扣证,即在指定时间内是无效的(可能因为用户休假,要保证休假期间不被滥用),这个字段可以指定扣证原因
证书签发者(Certificate Issuers)	标识证书签发者名和间接 CRL。间接 CRL 是第三方提供的,而不是证书签发者提供的。这样,第三方可以汇总多个 CA 的 CRL,发一个合并的间接 CRL,使 CRL 信息请求更方便
吊销日期(Invalidity Date)	发生私钥攻击或疑似攻击的日期和时间

图 5.32　CRL 项目扩展

下面先介绍 CRL 项目扩展。CRL 格式目前有两个版本:1 和 2。X.509 数字证书可以用第 2、第 3 版中的扩展改进,而 CRL 第 2 版的扩展则可以使 CA 传递各个吊销证书的其他信息,CRL 第 2 版中有 4 个 CRL 项目扩展,如图 5.33 所示。

字　段	描　述
机构密钥标识符（Authority Key Identifier）	区别一个 CA 使用的多个 CRL 签名密钥
签发者别名（Issuer Alternative Name）	将签发者与一个或多个别名相联系
CRL 号（CRL Number）	序号（随每个 CRL 递增），帮助用户知道是否有此前的所有 CRL 差异
CRL 标识符（Delta CRL Indicator）	表示 CRL 为差异 CRL
签发发布点（Issuing Distribution Point）	表示 CRL 发布点或 CRL 分区。CRL 发布点可以在 CRL 很大时使用，不是发布一个大 CRL，而是分解为多个 URL 发布。CRL 请求者请求和处理这些小 CRL。CRL 发布点提供了小 CRL 的地址指针（即 DNS 名、IP 地址或文件名）

图 5.33　CRL 扩展

顺便说一句，和最终用户一样，CA 本身也用证书标识。就像最终用户的证书要吊销一样，CA 的证书也要吊销。机构吊销表（ARL），提供了 CA 证书的吊销信息表，就像 CRL 提供了最终用户证书的吊销信息表。

3. 联机证书吊销状态检查

由于 CRL 可能过期，加上长度问题，不是检查证书吊销的最好方法，因此出现了两个协议，联机检查证书状态，分别是联机证书状态协议和简单证书检验协议。

■ 联机证书状态协议

联机证书状态协议（Online Certificate Status Protocol，OCSP）可以检查特定时刻某个数字证书是否有效，因此是个联机检查。联机证书状态协议使证书检验者可以实时检查证书状态，从而提供了数字证书验证的更简单、更快捷、更有效的机制。与 CRL 不同，这里不需要下载。下面看看联机证书状态协议的工作步骤。

（1）CA 提供一个服务器，称为 OCSP 响应器（OCSP responder），这个服务器包含最新证书吊销信息。请求者（客户机）要发送特定证书的查询（称为 OCSP 请求，OCSP request），检查该证书是否吊销。OCSP 最常用的基础协议是 HTTP，但也可以使用其他应用层协议（如 SMTP），如图 5.34 所示。其实技术上不完全如此。实际上 OCSP 请求 OCSP 协议版本、请求服务和一个或几个证书标识符（其中包含签发者名字的消息摘要、签发者公钥的消息摘要和证书序号），但为了简单起见，我们不考虑这些细节。

图 5.34　OCSP 请求

（2）OCSP 响应器查询服务器的 X.500 目录（CA 不断向其提供最新证书吊销信息），看看特定证书是否有效，如图 5.35 所示。

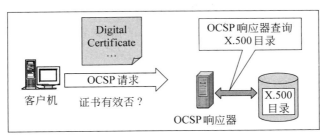

图 5.35　OCSP 证书吊销状态检查

（3）根据 X.500 目录查找的状态检查结果，OCSP 响应器向客户机发送数字签名的 OCSP 响应（OCSP response），原请求中的每个证书有一个 OCSP 响应。OCSP 响应可以取 3 个值，即 Good、Revoked 或 Unknown。OCSP 响应还可以包括吊销日期、时间和原因。客户机要确定相应操作。一般来说，建议只在 OCSP 响应状态为 Good 时才认为证书有效，如图 5.36 所示。

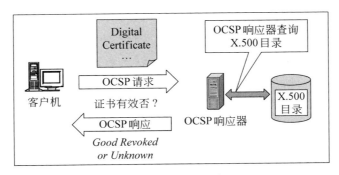

图 5.36　OCSP 响应

但是，OCSP 本身也有一些问题。OCSP 不检查与当前证书相关的证书链有效性。例如，假设 Alice 要用 OCSP 验证 Bob 的证书，则 OCSP 只是告诉 Alice，Bob 的证书是否有效，而不检验签发 Bob 证书的 CA 的证书，或证书链中更高层的证书。这些逻辑（验证证书链有效性）要放在使用 OCSP 的客户机应用程序中。另外，客户机应用程序还要检查证书有效期、密钥使用合法性和其他限制。

有趣的是，OCSP 响应器可以编制成与 CRL 交互，而不是查询 X.500 目录证书库，这时即使使用 OCSP，也会得到过期信息。

■　简单证书检验协议

简单证书检验协议（Simple Certificate Validation Protocol，SCVP）目前还是个草案，是个联机证书状态报告协议，用于克服 OCSP 的缺点。由于 SCVP 概念上与 OSCP 相似，因此这里只是指出两者的差别，如图 5.37 所示。

有趣的是，OCSP 协议本身也在改进，改进的 OCSP Extensions（或 OCSP-X）已经提出草案，OCSP-X 的目标与 SCVP 相似。

特　点	OCSP	SCVP
客户端请求	客户机只向服务器发送证书序号客户机	向服务器发送整个证书，因此服务器可以进行更多检查
信任链	只检查指定证书	客户机可以提供中间证书集合，让服务器检查
检查	只检查证书是否吊销客户机	可以请求其他检查（如检查整个信任链）、考虑的吊销信息类型（如服务器是否用 CRL 或 OCSP 进行吊销检查），等等
返回信息	只返回证书状态客户机	可以指定感兴趣的其他信息（如服务器要返回吊销状态证明或返回信任验证所用的证书链，等等）
其他特性	无	客户机可以请求检查证书的过去事件，如，假设 Bob 向 Alice 发了证书和签名文档，则 Alice 可以用 SCVP 检查 Bob 的证书在签名时是否有效（而不是验证签名时）

图 5.37　OCSP 与 SCVP 的差别

有趣的是，OCSP 协议本身也在改进，改进的 OCSP Extensions（或 OCSP-X）已经提出草案，OCSP-X 的目标与 SCVP 相似。

5.2.10　证书类型

各种证书的状态与成本是不同的，是根据要求而变的。例如，用户的数字证书可能只用于加密消息，而不用于签名消息。相反，商家建立联机购物站点时则可能用高价数字证书，涉及许多功能。

一般来说，证书类型包括：

- 电子邮件证书：电子邮件证书包括用户的电子邮件 ID，用于验证电子邮件消息签名者的电子邮件 ID 与用户证书中相同。
- 服务器方 SSL 证书：服务器方 SSL 证书使商务可以让买家在联机 Web 站点上购买端口或服务，见稍后详细介绍。由于滥用服务器方 SSL 证书可能造成严重损失，因此签发这类证书时要认真调查商家身份。
- 客户端 SSL 证书：客户端 SSL 证书使商家（或任何其他服务器方实体）可以验证客户机（浏览器方实体），这些证书将在稍后详细介绍。
- 代码签名证书：许多人不喜欢下载 Java 小程序和 ActiveX 控件之类的客户端代码，因为这些代码存在安全风险。为了避免这种担心，Java 小程序和 ActiveX 控件之类的代码可以由签发者签名。用户访问的 Web 页面包含这类代码时，浏览器显示一个警告信息，表示页面中包含 Java 小程序和 ActiveX 控件之类的代码，是由相应开发商/组织签名的，询问用户是否信任这个开发商/组织。如果用户信任这个开发商/组织，则下载 Java 小程序和 ActiveX 控件，在浏览器中执行。如果用户不信任，则过程结束。值得注意的是，签名的代码不一定是安全的，仍然可能造成混乱，只是表明代码来源而已。

5.3　私钥管理

5.3.1　保护私钥

前面介绍的主要是数字证书,即用户的公钥,但对私钥则考虑不够。我们知道,用户要让私钥保密,不能让另一个用户访问。如何保护私钥?可以使用几种机制,如图 5.38 所示。

机　制	描　述
口令保护	这是最简单最常用的私钥保护机制,将私钥存放在用户计算机上的硬盘文件中。这个文件只能用口令或 PIN(个人标识号)访问。由于能猜出口令就能访问私钥,因此这是保护私钥的最不安全的方法
PCMCIA 卡	PCMCIA(个人计算机内存卡国际协会)卡实际上是芯片卡,私钥存放在卡中,不必放在用户硬盘上。这样可以减少被盗的风险。但是,对签名和加密之类的加密应用程序,密钥要从 PCMCIA 卡传递到用户计算机内存中。因此,攻击者仍然可以在这个区间进行捕获
令牌	令牌把私钥存放成加密格式。要解密和访问这个令牌,用户要提供一次性口令(即只在特定访问时有效的口令,下次就无效了,要改用另一个口令)。稍后将介绍其工作原理,这是更安全的方法
生物方法	私钥与生物特性相联系(如指纹、瞳孔、声音),与令牌概念相似,但用户不必带任何东西
智能卡	智能卡把私钥存放在防伪卡中,其中也有一个计算机芯片,可以进行签名和加密之类的加密功能。这个方法最大的好处是私钥不离开智能卡,因此大大缩小攻击区间。这个方法的缺点是用户要带智能卡,要有兼容的智能卡阅读器

图 5.38　私钥保护机制

许多情况下,用户的私钥要从一个地点传输到另一地点。例如,假设用户要改变 PC机,则可以使用 PKCS♯12 加密标准,使用户可以通过计算机文件导出数字证书和私钥。显然,数字证书和私钥移到另一地点时要进行保护。为此,PKCS♯12 标准保证其用对称密钥加密,这个对称密钥是从用户的私钥保护口令求出的。

5.3.2　多个密钥对

PKI 方法还推荐在重要业务应用程序中使用多个数字证书,即需要多个密钥对。使用多个数字证书时,一个数字证书只用于签名,一个只用于加密,从而保证失去一个私钥时不会影响用户的整个操作。一般准则如下:

用于数字签名(不可抵赖)的私钥在到期之后不能备份或存档,而要销毁,保证别人不会在今后用其签名(尽管这种情况可以用 CRL/OCSP 检查或证书有效日期检查发现,但不能保证万无一失)。

相反,用于加密/解密的私钥则要在到期之后备份,以便今后恢复加密信息。

5.3.3　密钥更新

好的安全实施要求定期更新密钥对,因为随着时间的推移,密码分析攻击很可能破译这些密钥。可以让数字证书在经过一定时间后到期,这就要求更新密钥对。可以用下列方式处理证书到期问题:

- CA 根据原先的密钥对重新签发新证书(当然,这是不提倡的,除非原先的密钥对确实很强)。
- 生成新的密钥对,CA 根据新的密钥对签发新证书。

密钥更新过程本身可以用两种方法处理:

- 第一种方法是最终用户要检测证书是否到期,请求 CA 签发新证书。
- 另一种方法是在每次使用时自动检查证书有效期,一旦到期就向 CA 发出更新请求,这时需要有特殊系统。

5.3.4　密钥存档

CA 要维护用户的密钥与证书历史。例如,假设有人访问 Alice 的 CA,请求 CA 提供 Alice 三年前的数字证书,签名一个法律文件,用于验证。如果 CA 没有存档这个证书,则无法提供这个信息,从而造成严重的法律问题。因此,密钥存档是任何 PKI 方案的非常重要的方面。

5.4　PKIX 模型

我们知道,X.509 标准定义了数字证书结构、格式与字段,还指定了发布公钥的过程。为了扩展这类标准,使其更通用,Internet 工程任务组(IETF)建立了公钥基础设施 X.509(Public Key Infrastructure X.509,PKIX)工作组,扩展 X.509 标准的基本思想,指定 Internet 世界中如何部署数字证书。此外,还为不同领域的应用程序定义了其他 PKI 模型。例如,财务机构可以使用 ANSI ASC X9F 标准,这里只是简要介绍 PKIX 模型。

5.4.1　PKIX 服务

PKIX 提供的公钥基础设施服务包括如下几个方面。

- 注册:这个过程是最终实体(主体)向 CA 介绍自己的过程,通常通过注册机构进行。
- 初始化:处理基本问题,如最终实体如何保证对方是正确的 CA? 我们已经介绍如何处理这类问题。
- 认证:这一步,CA 对最终实体生成数字证书和将其交给最终实体,维护复制记录,并在必要时将其复制到公共目录中。

- 密钥对恢复：一定时间内可能要恢复加密所用的密钥，以便解密一些旧文档。密钥存档和恢复服务可以由 CA 提供，也可以由独立的密钥恢复系统提供。
- 密钥生成：PKIX 指定最终实体应能生成公钥与私钥对，或由 CA/RA 为最终实体生成（然后安全地将其发布给最终实体）。
- 密钥更新：可以从旧密钥对向新密钥对顺利过渡，进行数字证书自动刷新。但是，也可以提供手工数字证书更新请求与响应。
- 交叉证书：建立信任模型，使不同 CA 认证的最终实体可以相互验证。
- 吊销：PKIX 可以支持两种证书状态检查模型：联机（使用 OCSP）或脱机（使用 CRL）。

前面已经介绍了这些项目。

5.4.2　PKIX 体系结构模型

PKIX 建立了综合性文档，介绍其体系结构模型的 5 个领域。这些分类可以改进基本 X.509 标准描述，包括以下几方面。

- X.509 V3 证书与 V2 证书吊销表配置文件：我们知道，X.509 标准可以用各种选项描述数字证书扩展。PKIX 把适合 Internet 用户使用的所有选项组织起来，称为 Internet 用户的配置文件。这个配置文件，见 RFC2459，指定必须/可以/不能支持的属性，并提供了每个扩展类别所用值的取值范围。例如，基本 X.509 标准没有指定证书暂扣时的指示代码——PKIX 定义了这些代码。
- 操作协议：定义基础协议，向 PKI 用户提供发布证书、CRL 和其他管理与状态信息的传输机制。由于每个要求都有不同的服务方式，因此定义了 HTTP、LDAP、FTP、X.500 等的用法。
- 管理协议：这些协议支持不同 PKI 实体行交换信息（如怎样传递注册请求、吊销状态或交叉证书请求与响应）。管理协议指定实体间浮动的信息结构，还指定处理这些消息所需的细节。管理协议的一个示例是请求证书的**证书管理协议**（Certificate Management Protocol，CMP）。
- 策略大纲：PKIX 在 RFC2527 中定义了**证书策略**（Certificate Policies，CP）和**证书实务报表**（Certificate Practice Statements，CPS）的大纲，其中定义了生成证书策略之类文档的策略，确定对特定应用领域选择证书类型时要考虑的重点。
- 时间标注与数据证书服务：时间标注服务是由所谓时间标注机构的信任第三方提供的，这个服务的目的是签名消息，保证其在特定日期和时间之间存在，帮助处理不可抵赖争端。数据证书服务（DCS）是个信任第三方服务，验证所收到数据的正确性，类似于日常生活中的公证服务，例如用其取得别人的认证产权。

5.5　公钥加密标准

5.5.1　简介

前面提到了**公钥加密标准**（Public Key Cryptography Standards，PKCS），但没有展开介绍。下面简要介绍公钥加密标准的含义及其作用。

PKCS 模型最初是由 RSA 实验室开发的，得到政府、行业和学术代表的帮助。PKCS 的主要目的是把公钥基础设施（PKI）标准化。标准化包括许多方面，如格式、算法与 API。这样可以帮助组织开发与实现相互可操作的 PKI 方案，而不是每个人选择自己的标准。

图 5.39 总结了 PKCS 标准，其中一些已经介绍，有些会在稍后介绍。

标　准	名　　称	细　　节
PKCS♯1	RSA 加密标准（RSA Encryption Standard）	定义 RSA 公钥函数的基本格式规则，特别是数字签名。定义数字签名的计算方法，包括签名的数据结构和签名格式。标准还定义了 RSA 私钥与公钥语法
PKCS♯2	消息摘要的 RSA 加密标准（RSA Encryption Standard for Message Digests）	这个标准概述消息摘要计算，但现已和 PKCS♯1 合并，不再独立存在
PKCS♯3	Diffie-Hellman 密钥协定标准（Diffie-Hellman Key Agreement Standard）	定义实现 Diffie-Hellman Key 密钥交换协议的机制
PKCS♯4	无	和 PKCS♯1 合并
PKCS♯5	基于口令加密（Password Based Encryption（PBE））	描述用对称密钥加密八进制字符串的方法，对称密钥从口令求出
PKCS♯6	扩展证书语法标准（Extended Certificate Syntax Standard）	定义扩展 X.509 数字证书基本属性的语法
PKCS♯7	加密消息语法标准（Cryptographic Message Syntax Standard）	指定加密操作结果的数据格式/语法，例如数字签名与数字信封。这个标准提供许多格式选项，如只签名、只封包、签名与封包的消息，等等
PKCS♯8	私钥信息标准（Private Key Info-rmation Standard）	描述私钥信息语法（即生成私钥的算法与属性）
PKCS♯9	选择属性标准（Selected Attribute Types）	定义 PKCS♯扩展证书使用的所选属性类型（如电子邮件地址、无结构姓名和地址）
PKCS♯10	证书请求语法标准（Certificate Request Syntax Standard）	定义请求数字证书的语法，数字证书请求包含区别名（DN）和公钥

图 5.39　PKCS 标准

下面介绍的几个重要的 PKCS 标准。我们已经介绍 PKCS 标准的许多思想，因此不再重述，这里只是介绍前面没有提到的内容。

标　准	名　　称	细　　节
PKCS#11	加密令牌接口标准(Cryptographic Token Interface Standard)	这个标准也称为 Cryptoki,指定单用户设备的 API,包含加密信息,如私钥与数字证书。这些设备还可以完成加密功能,智能卡就是一个示例
PKCS#12	个人信息交换语法标准(Personal Information Exchange Syntax Standard)	定义个人标识信息语法,如私钥、数字证书,等等,使用户可以用标准机制将证书和其他个人标识信息从一个设备移到另一设备
PKCS#13	椭圆曲线加密标准(Elliptic Curve Cryptography Standard)	正在开发,处理所谓椭圆曲线加密法的新加密机制
PKCS#14	伪随机数生成标准(Pseudo-Random Number Generation Standard)	正在开发,指定随机数产生的要求与过程。由于随机数在加密中大量使用,因此一定要将其生成方法标准化
PKCS#15	加密令牌信息语法标准(Cryptographic Token Information Syntax Standard)	定义加密令牌标准,使其可以相互操作

图 5.39　(续)

5.5.2　PKCS# 5: 基于口令加密标准

基于口令加密标准(Password-Based Encryption,PBE)是保证对称会话密钥安全的方案,这个技术保证保护对称密钥,防止非法访问基于口令加密标准方法用口令加密会话密钥,如图 5.40 所示。

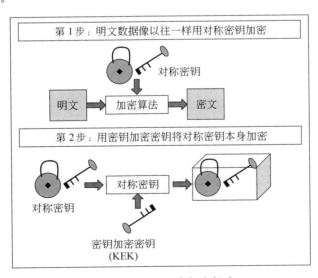

图 5.40　基于口令加密标准

如图所示,我们首先用对称密钥加密明文消息,然后用**密钥加密密钥**(Key Encryption Key,KEK)将对称密钥加密,使对称密钥防止非法访问,这个概念与数字信封相似,任何人要访问对称密钥时,都要访问 KEK。显然,下一个问题是把密钥加密密钥存放在哪里,如何保护。

要保护密钥加密密钥,最好的方法是不把它存放在任何地方,保证谁也无法访问,但这样也就无法在需要时用其解密对称密钥。因此,基于口令加密标准所用的方法是在需要时生成,用其加密/解密对称密钥,然后立即放弃。这样就要能够在需要时生成密钥加密密钥,为此要使用口令。口令是密钥生成过程的输入(通常用消息摘要算法),输出是密钥加密密钥(KEK),如图 5.41 所示。

这种机制的缺点是敌人可以对其进行字典攻击,即预先计算所有英语单词及其置换组合,存放在一个文件中,试把其中的每个单词作为口令。由于口令通常是简单英语单词,因此这个攻击可能成功,使敌人可以访问密钥加密密钥。为了防止这种攻击,除了口令外,密钥生成过程还使用另外两个信息,它们是**盐**(salt)和**迭代计数**(iteration count)。

盐就是位字符串,与口令一起生成密钥加密密钥,迭代计数指定对口令与盐组合生成 KEK 时要执行的操作次数,如图 5.42 所示。

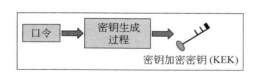

图 5.41　用口令生成密钥

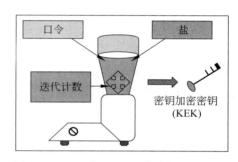

图 5.42　用口令、盐和迭代计数生成 KEK

有趣的是,盐和迭代计数不需要保密,而且不能保密(即不能存放成加密格式)。如果它保密,则无法访问;但如果不保密,则攻击者也能访问。攻击者可以用已知的盐、迭代计数和对口令的字典攻击试验与生成 KEK,这是完全可能的。但是,这个攻击与上一攻击的最大差别在于攻击者无法只根据预先计算的值进行字典攻击,而要先将字典中的每个字与盐组合,将密钥生成过程执行指定次数,使攻击任务困难得多。

例如,假设攻击者字典中的一个口令是 year,如果没有盐,则攻击者只要试验口令 year,而现在,如果有 3 位盐,则攻击者要试验所有可能的口令,如 year000,year001,year002,…,year999,等等。

在 PBE 中,KEK 用于加密对称密钥,不存放在任何地方,而是生成、使用和立即放弃。生成 KEK 时使用三个输入(口令、盐、迭代计数)。口令要保密,而盐和迭代计数不用保密。

5.5.3　PKCS# 8：私钥信息语法标准

这个标准描述安全存放用户私钥的语法,还描述如何存放私钥的另外几个属性,这里不做介绍。标准还描述了私钥加密语法,使其免受攻击。可以用基于口令加密算法(使用 PKCS ♯5)加密私钥信息。

PKCS♯8 可以看成是 PKCS♯12 的前身(见稍后介绍)。

5.5.4　PKCS# 10：证书请求语法标准

前面已经介绍用户如何生成与发送证书请求。PKCS♯10 描述了证书请求语法。证书请求包括区别名、公钥和可选属性组，由请求证书的实体签名。证书请求发送到证书机构，并把请求变成 X.509 公钥证书或 PKCS♯6 扩展证书。

证书请求包括 3 个方面：证书请求信息、签名算法标识符和对证书请求信息的数字签名。证书请求信息包括实体区别名、实体公钥和实体的属性组，由请求证书的实体用签名私钥，然后向 CA 发送证书请求信息、签名请求和使用的签名算法。CA 验证实体签名和其他方面，如果一切顺利，则签发证书。

5.5.5　PKCS# 11：加密令牌接口标准

这个标准指定用智能卡之类硬件令牌进行的操作。智能卡的样子像信用卡或 ATM 卡，但具有智能，即有自己的加密处理器和内存。简单地说，智能卡是在塑料盖内具有内存的微处理器。ISO7816 标准指定了智能卡的形状、厚度、接触位置、电信号和协议。

智能卡中可以直接进行各种加密操作，如密钥生成、加密和数字签名。用户的数字证书和私钥也存放在卡中，私钥不会向外部应用程序暴露，也不能从智能卡复制到其他地方。智能卡很小巧，便于携带，用户不用软盘就可以把私钥与数字证书带在身边。

和 ATM 卡需要 ATM 机一样，智能卡需要智能卡阅读器。智能卡阅读器是个小设备，对智能卡提供电源，使智能卡可以和外部应用程序通信。智能卡阅读器提供了启动通电和使用智能卡的电信号。如今，桌面计算机和手提电脑已经提供了内置智能卡阅读器，不再需要外部智能卡阅读器。许多移动电话也提供了这个设备。

5.5.6　PKCS# 12：个人信息交换语法

PKCS♯12 标准解决证书与私钥的存储和传输问题。具体地说，如何安全地存储和传输证书与私钥而不会被篡改？这在 Web 浏览器用户情形中更为重要。PKCS♯12 可以看成是 PKCS♯8 的改进版。

在 PKCS♯12 出现之前，Microsoft 公司开发了 PEX（个人文件交换）格式，最初没有实现，但 Netscape 实现了 PFX 格式。PFX 格式是存储与交换个人信息（如私钥、证书，等等）的机制。PKCS♯12 出现后，Microsoft Internet Explorer 与 Netscape Navigator 浏览器只允许导入 PFX 文件（与旧文件兼容），而不允许导出 PFX 文件。但是，这两个浏览器都可以导入和导出 PKCS♯12 文件（扩展名为 P12）。更为复杂的是，IE 文件内部为 PKCS♯12，而扩展名为 PEX。

5.5.7　PKCS# 14：伪随机数生成标准

我们知道，随机数在密码学中非常重要，因此这个标准定义了生成随机数的要求。为此，我们首先要了解什么是随机。随机数序列的特点是：给定其中的第 n 个数，我们无法预测第 n+1 个数。

　　随机数生成器（Random Number Generator，RNG）是一种专门用于生成一系列数字或符号的设备，这些数字或符号不会显示出任何特定的规律。换句话说，它们看起来是很随机的。正如下面将要介绍的那样，计算机也可用来生成随机数。然而，计算机生成的随机数往往不是那么完美。从非常远古的时代开始，就已经有了用于生成随机数的方法。例如，掷骰子、掷硬币、洗扑克牌等等。

　　生成随机数的主要技术有如下两种：

- 第一种是度量一些随机的物理特征，然后计算度量过程中出现的偏差。
- 第二种是使用计算能力，生成一长串的随机数，但这些数并不是那么随机的，具体见后文的介绍。

　　纯粹基于某种计算技术的随机数生成器，并不能真正地认为是一种完美的随机数生成器。这是因为它的输出是可以预知的。要区分真正的随机数与看似是真正的随机数并不容易。

　　大多数计算机程序设计语言都以函数库的形式提供对随机数生成器的支持。它们可以生成一个随机字节，或是位于 0～1 之间不规则分布的浮点数。这些库函数往往具有较差的统计特性，在经过一定的周期后，一些库函数会重复出现某种随机数生成模式。它们通常使用计算机的时钟作为随机数的生成种子来进行初始化。这些函数可能可以为某些简单的任务（比如基于计算机的游戏）提供足够的随机性，但在需要高度随机性的情况下，并不推荐使用它们。不推荐使用这些库函数的例子包括加密应用、统计应用或数学应用。因此，在大多数操作系统中，还有专用的随机数生成器。

　　也许你以为计算机能够生成随机数，许多编程语言都提供了生成随机数的功能，其实不是这样。计算机生成的随机数不是真正的随机，而是可以预测的，因为计算机是基于规则的机器，生成随机数的范围有限，因此要用一些外部措施让计算机生成随机数。这个过程称为伪随机数生成。

　　实际上，计算机伪随机数生成有 3 种方法。

- 监视产生随机数据的硬件：这是用计算机生成随机数的最佳方法，但成本很高。生成器通常是个电路，对某个随机物理事件敏感，如二极复杂波或气温改变，这个不可预测事件序列变成随机数。
- 从用户交互收集随机数据：这个方法用键击、鼠标移动之类用户交互作为生成器的随机输入。
- 从计算机内收集数据：这个方法从计算机内收集难以预测的数据，如系统时钟、磁盘上的文件个数、磁盘块数、未用和已用内存空间量，等等。

　　注意，选择适当机制非常重要。Netscape 用系统时钟和其他一些属性生成随机数，成为 SSL 协议的基础。1995 年，一些研究生想对 SSL 算法进行逆向工程，成功地破解了 SSL 算法。这是因为 SSL 中生成随机数的方法具有可预测性。因此，SSL 协议算法经过改进，在随机数生成过程中加进了更多的随机与不可预测输入。

5.5.8　PKCS# 15：加密令牌信息语法标准

稍后将会介绍，可以用智能卡安全地存储用户的个人信息，如证书和私钥，防止对私钥的攻击，因为它们同时受到硬件和软件保护。但是，目前智能卡最大的问题是缺乏相互操作性。智能卡厂家提供自己的接口（API），与其他厂家的接口无法相互操作。因此，不能从一个厂家买智能卡，从另一个厂家买软件。这是个严重问题。前面曾介绍过，PKCS♯11 想用统一的智能卡接口解决这个问题，也许今后几年会得到厂家遵守。

智能卡的另一个问题是信息表示。具体地说，不同厂家用不同方法在智能卡中存储用户证书、私钥等信息。数据结构、文件组织、目录层次等都不相同。PKCS♯15 指定统一（标准化）令牌格式，解决这些不兼容问题。如果厂家能够在智能卡和其他硬件令牌方面遵循这个标准，则智能卡应用程序在数据访问方面也能够相互操作。

5.6　XML、PKI 与安全

尽管 PKI 技术潜力巨大、激动人心，但实现时存在几个障碍，主要障碍是厂家方案之间缺乏相互操作性。例如，一个厂家提供的 PKI 很难与另一个厂家提供的 PKI 集成。

可扩展标记语言（eXtensible Markup Language，XML）是现代技术世界中的核心角色，是未来技术（如 Web 服务）的主干。Internet 编程的几乎每个方面都涉及 XML。读者可以通过其他资料学习 XML，因为本书不可能展开介绍 XML。但是，我们会介绍 XML 安全的关键要素及其与 PKI 的关系。图 5.43 总结了与 XML 和安全相关的总体技术。

图 5.43　XML 和安全相关的总体技术

下面介绍这些 XML 的安全方面。

5.6.1　XML 加密

XML 加密最有趣的方面是可以加密整个文档或某个部分，这在非 XML 世界中是很难达到的。可以加密 XML 文档的下列一个或多个部分。

- 整个 XML 文档
- 一个元素及其所有子元素
- 一个 XML 文档的内容部分
- XML 文档外部资源的引用

XML 加密的步骤很简单，如下所示：

（1）选择要加密的 XML（上述一个项目，即整个文档或某个部分）。

（2）将要加密的数据变成规范形式（可选）。

（3）用公钥加密法加密结果。

（4）将加密 XML 文档发给接收方。

图 5.44 显示了样本 XML 文档，包含用户的信用卡细节。

```
<?xml Version='1.0?'>
<Paymentlnfo xmlns=http: //mybank.org'>
    <Name>John Smith<Name/>
    <CreditCard Limit='10000'Currency='USD'>
      <Number>1617 1718 0181 9910 </Number>
      <Issuer>Master<Issuer>
      <Expires>05/05</Expires>
    </CreditCard>
</Paymentlnfo>
```

图 5.44　样本 XML 文档，包含用户的信用卡细节

这里不准备详细介绍这个 XML 文档的细节，只是说明其中包含用户的信用卡细节，如用户名、信用额度、币种、卡号、签发者和有效期。假设要加密这个信息。进行 XML 加密时，可以使用标准 EncryptedData 标志。前面曾介绍过，可以选择加密 XML 文档某个部分，也可以加密整个文档。作为演示，我们介绍只加密信用卡细节的情形（如卡号、签发者和有效期），结果如图 5.45 所示。可以看出，加密文本嵌入到 CipherData 标志中，这是 XML 加密中的另一个标准标志。

```
<? xml Version='1.0?'>
<Paymentlnfo xmlns=http: //mybank.org'>
    <Name>John Smith<Name/>
    <CreditCard Limit='10000'Currency='USD'>
    <EncryptedData Type=
      http: //www.w3.org/2001/04/xmlenc# Content
      xmlns='http: //www.w3.org/2001/04/xmlenc# '>
      <CipherData>
        <CipherValue>D7T60UB67</CipherValue>
      <CipherData>
    <EncryptedData>
    </CreditCard>
</Paymentlnfo>
```

图 5.45　加密信用卡细节

可以看出，加密信用卡细节是无法阅读/改变的。从 xmlenc♯Content 值可以看出我们加密了 XML 文档内容。如果加密整个 CreditCard 元素，则它变成 xmlenc♯Element。

5.6.2 XML 数字签名

前面曾介绍过,数字签名是对整个消息计算的,而不能对消息的特定部分计算,因为生成数字签名的第一步就是对整个消息生成消息摘要。许多实际情形要求用户只对消息的特定部分计算签名。例如,在购买请求中,购买经理可能只要授权数量部分,而会计经理可能只要签名汇率部分。这样,就可以使用 XML 数字签名。从 XML 数字签名之类新技术角度看,也很有用。这个技术把消息或文档看成由许多元素构成,可以签名一个或多个元素,使签名过程更灵活,更实用。

XML 数字签名规范定义了几个 XML 元素,描述 XML 签名特性,如图 5.46 所示。

元　　素	描　　述
SignedInfo	签名本身(即签名过程输出)
CanonicalizationMethod	指定规范化 SignedInfo 元素的算法,然后再在数字签名生成过程中生成摘要
SignatureMethod	指定将规范化 SignedInfo 元素变成 SignatureValue 元素的算法,是消息摘要算法与密钥相关算法的组合
Reference	计算消息摘要和从原数据得到摘要值的机制
KeyInfo	表示验证数字签名的密钥,可以包括数字证书、密钥名、密钥协定算法,等等
Transforms	指定计算摘要前进行的操作,如压缩,编码,等等
DigestMethod	指定计算消息摘要的算法
DigestValue	原消息的消息摘要

图 5.46　XML 数字签名过程的元素

进行 XML 数字签名的步骤如下:

(1) 生成 SignedInfo 元素,包括 SignatureMethod、CanonicalizationMethod 与 References。

(2) 将 XML 文档规范化。

(3) 根据 SignedInfo 元素中指定的算法计算 SignatureValue。

(4) 生成数字签名(Signature 元素),也包括 SignedInfo、KeyInfo 与 SignatureValue 元素。

XML 数字签名的一个简化示例如图 5.47 所示。我们将解释这个签名的主要方面。

```
<Signature>
  <SignedInfo>
    <SignatureMethod Algorithm="xmldsig# rsa-shal"/>
  </SignedInfo>
  <SignatureValue>
    OWjb5MOswCOYDVQQGEwJJTjEOMAwGAlUEChMFawZsZXgxDDAKBgNV
    WMBOGCgmSJomT8ixkAOETBnNlcnZlcjETMBEGAlUEAxMKZ21yaVNlcnZlcjEf
    GCSqGSIb3DOEJARYOc2VydmVyOGlmbGV4LmNvbTCBnzANBgkqhkiG9wOB
    BjOAwgYkCgYEArisLROwIrIvxu/Mie8q0rUCO5GtqMBWeJtuJM0vn20k5XaWc
    ylnJ/zc90v7qSx33X/sW5aRJphlApOvPArOhk9PAyPhCcCIUEOvUYnxFmu8YE9U
  </Signaturevalue>
</Signature>
```

图 5.47　XML 数字签名示例(已简化)

下面来简要介绍一下该数字签名的内容。

- ＜Signature＞…＜/Signature＞：该块标识 XML 数字签名的开始和结束。
- ＜SignedInfo＞…＜/SignedInfo＞：该块指定所使用的算法，首先是用于计算消息摘要的算法（这里是 SHA-1），然后是准备 XML 数字签名（这里是 RSA）。
- ＜SignatureValue＞…＜/SignatureValue＞该块包含实际的 XML 数字签名。

XML 数字签名可以分为 3 种类型：被封装式签名（enveloped Signatures）、封装式签名（enveloping Signatures）和分离式签名（detached Signatures），如图 5.48 所示。

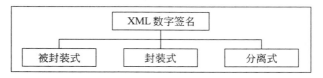

图 5.48　XML 数字签名的类型

在被封装式 XML 数字签名中，签名位于初始文档内（该文档已数字签名）。

在封装式 XML 数字签名中：初始文档位于签名内。

分离式数字签名中根本没有封装的概念，它与初始文档是彼此分离的，其思想如图 5.49 所示。

```
Enveloped Signature
    <Original_document>
      <Signature>...</Signature>
    </Original_document>

Enveloping Signature
    <Signature>
      <Original_document>
      </Original_document>
    </Signature>

Detached Signature
    <Original_document>
    </Original_document>
    <Signature>
    </Signature>
```

图 5.49　XML 数字签名类型演示

5.6.3　XML 密钥管理规范

XML 密钥管理规范（XML Key Management Specification，XKMS）是万维网联盟（W3C）建立的，把 XML 加密/签名过程中的信任相关决策委托给一个或多个指定的信任处理器,使公司更容易管理 XML 加密/签名技术,同时解决了不同 PKI 厂家实现之间的差别。

XKMS 是 Microsoft、VeriSign 与 WebMethods 联合提出的,还得到 Baltimore、Entrust、HP、IBM、Iona、RSA 等的有力支持。

XKMS 指定发布与注册公钥的协议,与 XML 加密和 XML 签名密切配合。XKMS 包括两个部分,如图 5.50 所示。

图 5.50　XKMS 分类

- **XML 密钥信息服务规范**(XML Key Information Service Specification,X-KISS)指定信任服务的协议,解析符合 XML 签名标准的文档中包含的公钥信息。这个协议使这类服务的客户可以委托处理 XML 签名元素所需要的部分或全部任务。基础 PKI 可以使用不同规范,如 X.509 或 PGP,而 X-KISS 使应用程序看不到这些差别。
- **XML 密钥注册服务规范**(XML Key Registration Service Specification,X-KRSS)定义 Web 服务的协议,接受公钥信息注册。注册之后,可以在其他 Web 服务中使用公钥,包括 X-KISS。这个协议也可以在后面用于取得私钥。协议可以认证申请人和证明私钥拥有情况。

5.7　用 Java 创建数字签名

Java 程序设计环境提供了两个名为 keystore 和 keytool 的非常有用的实用工具。

- keytool 是一个命令行实用工具,它允许创建密钥和证书,并以我们所需的方式导入或导出它们。本节将解释如何创建和查看这些证书。这些证书还可以用于我们所编写的要执行加密操作(如加密、消息摘要、认证和数字签名)的任意应用程序中。
- keystore 是使用 keytool 创建的密钥和证书的集合。它可以存储可信证书和密钥。

使用这些实用工具的最简单方法是切换到命令提示符并键入 keytool。我们可以看到 keytool 的所有可选项,如图 5.51 所示。

我们可以提供特定的选项来完成想要的任务。例如,我们可以提供以下命令:

```
keytool -genkey -alias test
```

该命令将创建一个 keystore,其名称(即一个别名)为 test。该命令在命令提示符中的输入情况如图 5.52 所示。

keytool 提示我们输入一个密码,如图 5.53 所示。

当我们输入一个密码(为简单起见,这里我们以 password 作为口令)后,keytool 提示我们一些问题,我们需要回答这些问题,如图 5.54 所示。最后,创建一个 keystore。

图 5.51　keytool 可选项

图 5.52　创建 keystore：第 1 步

图 5.53　创建 keystore：第 2 步

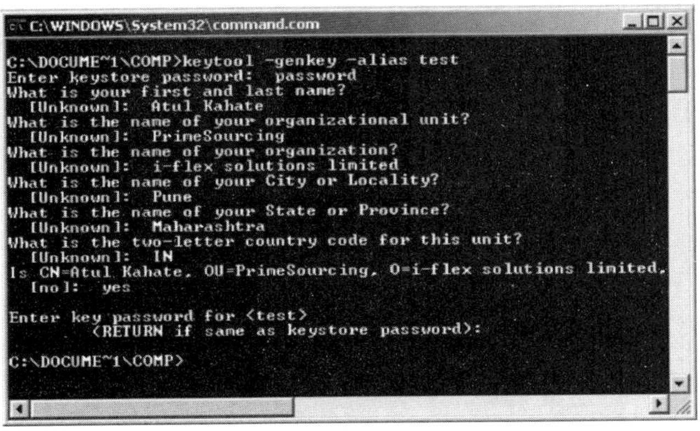

图 5.54 创建 keystore：第 3 步

我们可以列举出 keystore 的内容，如图 5.55 所示。

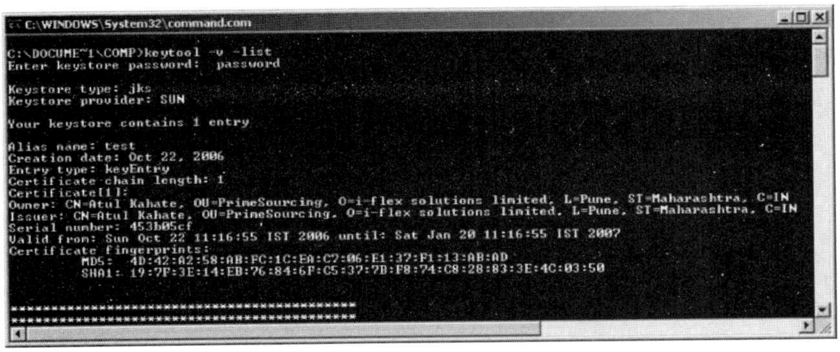

图 5.55 创建 keystore：第 4 步

现在，我们就可以把这个 keystore 导出到一个证书文件（文件扩展名为 .cer）中，如图 5.56 所示。这样，在我们的磁盘中就有了一个名为 test.cer 的文件，它含有 X.509 格式的数字证书。

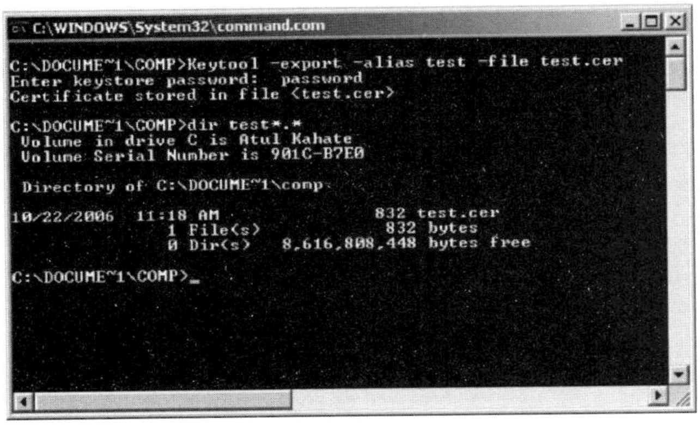

图 5.56 创建 keystore：第 5 步

现在，我们就可以把这个证书文件导入到浏览器的证书列表中去了，这样就可以在应用程序中使用该证书，具体步骤如图 5.57～图 5.64 所示。为此，我们需要打开 Internet Explorer 浏览器的 Internet Options 选项卡。对于其他的浏览器，则需要访问相应的选项。

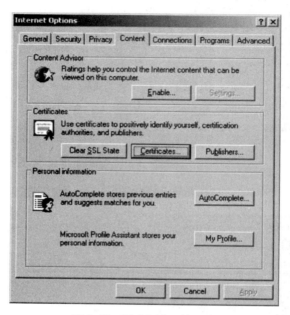

图 5.57　导入证书：第 1 步

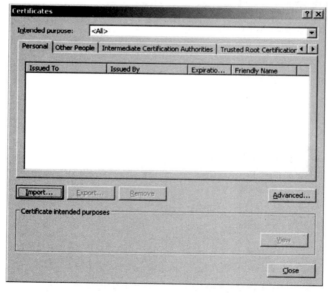

图 5.58　导入证书：第 2 步

图 5.59　导入证书: 第 3 步

图 5.60　导入证书: 第 4 步

图 5.61　导入证书: 第 5 步

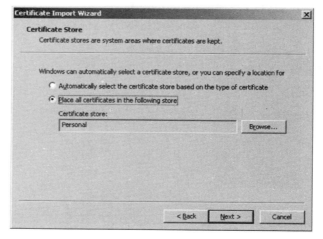

图 5.62　导入证书：第 6 步

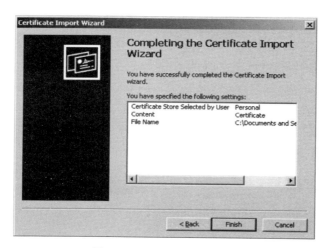

图 5.63　导入证书：第 7 步

图 5.64　导入证书：第 8 步

案例研究：交叉网站脚本攻击

课堂讨论要点

（1）Internet 的脚本技术有什么作用？

（2）任何防止 CSSV 攻击？

（3）Web 网站的创建者可以进行何种类型的测试，以便抵御 CSSV 攻击？

交叉网站脚本攻击（Cross Site Scripting Vulnerability，CSSV）是一种相对较新的攻击形式，它可以暴露服务器端的不恰当验证。交叉网站脚本攻击这一术语实际上并不完全准确。但是，在这种攻击问题还没有被完全理解之时，该术语就已经出现了，因此一直沿用至今。当恶意标签或脚本通过某个网站动态生成的 Web 页面来攻击 Web 浏览器时，就是交叉网站脚本攻击。攻击者的目标不是 Web 网站,而且其用户(即客户端或浏览器)。

CSSV 的思想非常容易理解,它是基于探测某个脚本技术(如 JavaScript、VBScript 或 JScript)的。下面来看看其工作原理。在图 5.65 所示的 Web 页面中含有一个表单,用户在其中输入其邮寄地址。假设发送该页面的网站 URL 是 www.test.com,而且如果用户提交该表单时,将由服务器端名为 address.asp 的程序来处理。

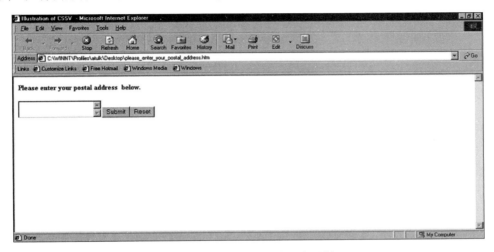

图 5.65　交叉网站脚本攻击示例

通常,用户输入的是房间号、街道名、城市名、邮政编码以及国家名等。但是,设想一下,如果用户输入了如下的恶意字符串会怎么样?

<SCRIPT>Hello World</SCRIPT>

结果,提交的 URL 就是这样的:

www.test.com/address.asp?address=<SCRIPT>Hello World </SCRIPT>

如果服务器端的程序 address.asp 没有验证用户所发送的输入,只是简单地把地址字段值发送给下一个 Web 页面,情况会怎么样? 这意味着下一个 Web 页面接收到的地址字段值是<SCRIPT>Hello World</SCRIPT>。

正如我们知道的那样,这很可能会把地址字段的值看作是一个脚本,在 Web 浏览器上将会运行该脚本,就像是用某种脚本语言编写的那样。因此,用户看到的将是“Hello World”。

显然,这不能有什么严重的破坏。但是,如果用户真的把有害脚本发送给服务器了会怎么样呢? 这将使得客户端接收到一个内容或外观被修改过的 Web 页面。在更糟糕的情况下,用户输入的保密信息也可能被捕获并发送给其他用户。这该怎么办呢?

当通过 CSSV 攻击把一个 JavaScript 程序下载到浏览器上时,该 JavaScript 程序反过来又可以调用 ActiveX 控件的服务。ActiveX 控件是一种较小的程序,它可以从服务器上下载到客户端,并在客户端上运行。ActiveX 可以往磁盘写数据,或从磁盘读取数据,还可以执行很多类似的工作。一旦通过恶意的 JavaScript 调用下载到客户端中,那么,ActiveX 控件就可以进行实际的破坏。

防止这种攻击的主要方法是对可疑标签（如＜、＞、SCRIPT、APPLET、OBJECT）进行输入验证。服务器端程序不应认为基于浏览器的用户输入的数据总是好的。它很可能是恶意的，会给其他客户端带来损害的。

在任何 Web 网站上都可以测试 CSSV 攻击，只需在输入区域（如文本框）中输入脚本或类似于脚本的标签即可。

5.8　本 章 小 结

- 数字证书解决了密钥交换问题。
- 在 Internet 上进行商业处理时需要数字证书。
- 数字证书使得可以在另一端验证用户或系统的身份，它还可以用于加密操作。
- 数字证书相当于人的护照或驾照。
- 数字证书是一个磁盘文件。
- 数字证书将用户与其公钥相关联。
- 用户的私钥由该用户拥有，永远不要离开用户。
- 证书机构（CA）可以签发数字证书。
- 顶层的 CA 称为根 CA。
- CA 的工作责任重大，而且是一项复杂的工作。
- X.509 协议用于指定数字证书结构。
- X.509 标准的最新版本是版本 3。
- 由于 CA 工作量可能很大，可以将部分工作交给注册机构（RA）。
- CA 与 RA 可以是同一个机构，也可以是不同的机构。
- 根 CA 使用自签名证书。
- CA 以分层结构运作。
- CA 分层结构可以减轻单个 CA 的工作量。
- 交叉证书需要使不同 CA 可以相互操作。
- 使用 CRL、OCSP 与 SCVP 之类的协议可以验证证书状态。
- CRL 是脱机检查。
- CRL 是一个文件，可以按预定的频率更新。
- 为了避免下载整个 CRL 文件，也可以使用 δCRL 文件。
- CRL 可以提供实时证书状态，也可以不。CRL 文件中的信息可以是稍微陈旧的。
- OCSP 与 SCVP 是联机检查。
- 联机证书状态协议（OCSP）以一种请求－响应机制工作。
- 想要知道证书状态的一方需要往 OCSP 服务器（称为 OCSP 响应器）发送一个请求。根据证书的状态，OCSP 响应器发送回一个答案。
- 简单证书验证协议（SCVP）不仅提供证书的状态，还提供很多其他详细信息。
- 不能保证 OCSP 或 SCVP 实现为实时证书验证协议，或在 CRL 内部使用。
- 可以取得通用/专用数字证书。

- CA 要支持密钥管理、归档、存储和检索。
- 私钥管理非常重要。
- 丢失私钥的风险很大。
- PKIX 模型处理 PKI 相关的问题。
- PKCS 标准涉及 PKI 技术的各个方面。
- PKCS 最初是由 RSA 开发的。
- 作为一个标准的示例，PKCS 告诉我们如何展示已加密消息，使得其使用是标准化的。
- XML 安全已成为重要概念。
- Java 提供了 keystore 和 keytool 用来创建和使用数字证书。
- 使用 keytool，可以创建、导出和查看证书了。

5.9 实 践 练 习

5.9.1 多项选择题

1. 密钥交换问题的最终方案是使用_____。
   (a) 护照　　　　　(b) 数字信封　　　(c) 数字证书　　　(d) 消息摘要

2. 数字证书将用户与其_____相联系。
   (a) 私钥　　　　　(b) 公钥　　　　　(c) 护照　　　　　(d) 驾照

3. 用户的_____不能出现在证书中。
   (a) 公钥　　　　　(b) 私钥　　　　　(c) 组织名　　　　(d) 人名

4. _____可以签发数字证书。
   (a) CA　　　　　　(b) 政府　　　　　(c) 小店主　　　　(d) 银行

5. _____标准定义了数字证书结构。
   (a) X.500　　　　 (b) TCP/IP　　　　(c) ASN.1　　　　 (d) X.509

6. RA_____签发数字证书。
   (a) 可以　　　　　(b) 可以或不可以　(c) 必须　　　　　(d) 不能

7. CA 使用_____来对数字证书进行签名。
   (a) 用户的公钥　　(b) 用户的私钥　　(c) 自己的公钥　　(d) 自己的私钥

8. 最高权威的 CA 称为_____CA。
   (a) 根　　　　　　(b) 主　　　　　　(c) 总　　　　　　(d) 头

9. 要解决信任问题，使用_____。
   (a) 公钥　　　　　(b) 自签名证书　　(c) 数字证书　　　(d) 数字签名

10. CRL 是_____的。
    (a) 联机　　　　　(b) 联机和脱机　　(c) 脱机　　　　　(d) 未定义

11. OCSP 是_____的。
    (a) 联机　　　　　(b) 联机和脱机　　(c) 脱机　　　　　(d) 未定义

12. 数字证书_____。

    (a) 可以有也可以没有期限   (b) 必须有期限

    (c) 不能有期限   (d) 必须有一年以内的期限

13. 除口令外，基于口令的加密(PBE)的另外两个参数是_____与_____。

    (a) 私钥,公钥   (b) 私钥,盐   (c) 公钥,盐   (d) 盐,迭代计数

14. 我们信任数字证书，是因为它含有_____。

    (a) 证书所有人的公钥   (b) CA 的公钥

    (c) CA 的签名   (d) 证书所有人的签名

15. 请求证书会导致生成一个_____文件。

    (a) PKCS＃7   (b) PKCS＃9   (c) PKCS＃10   (d) PKCS＃12

5.9.2　练习题

1. 数字证书的典型内容是什么？

2. CA 与 RA 的作用是什么？

3. 列出创建数字证书的 4 个关键步骤。

4. 介绍 RA 检查用户是否拥有私钥的任何一种机制。

5. CA 分层后面的思想是什么？

6. 为什么需要自签名证书？

7. 交叉证书有什么用？

8. 吊销数字证书有哪些原因？

9. CRL、OCSP 与 SCVP 的主要区别是什么？

10. 描述保护用户数字证书的机制。

11. 讨论基于口令的加密(PBE)。

12. 简要介绍 XML 安全概念。

13. 我们为何信任一个证书。

14. 请看这样一种情况：攻击者(A)创建了一个证书，放置一个真实的组织名（假设为银行 B)以及攻击者自己的公钥。你在不知道是攻击者在发送的情况下，得到了该证书。你认为该证书是来自银行 B 的。请问如何能防止或解决这个问题？

15. 另一种情况是，攻击者 A 通过在证书中用自己的公钥替换掉银行的公钥，来改变该银行的真实证书。请问如何能防止或解决这个问题？

5.9.3　设计与编程

1. 许多编程语言可以生成随机数，但其实不是随机的，而是可以预测的。编写一个 C 语言程序，生成 10 个随机数构成的序列。让同一程序执行多次，看看随机数如何重复（即，不是随机的）。

2. 编写一个 Java 出现，生成并显示一个位于 1～6 之间的随机数。

3. 编写一个 Java 程序，接收 64 进制编码的数字证书细节（即剪切与粘贴），分析它，并

显示其主要内容,如签发者、序号、主体名、开始日期和终止日期。

4. 探讨一下与数字证书相关的 Java 类(提示:在 JCE 包中)。

5. 请用 Web 服务器提供的软件生成一个数字证书请求。

6. 使用 Java 的 keytool 创建一个你自己的证书。

7. 把这个证书导出到 Web 浏览器中。

8. 请尝试在 Java 应用程序中使用证书进行加密。

9. 请尝试用你自己的公钥来替换掉某个证书的公钥部分。这是否可行?

10. 我们是否可以篡改某个证书中由 CA 签发的数字签名? 为什么?

11. 你是否可以称为一个试验性的中间 CA? 为什么?

12. 假设银行想要使用数字证书与它的所有客户进行通信。请问银行和客户需要什么样的加密基础设施? 请绘制一个图来显示事件流程。

13. 是否可以在 Java 或 .NET 中以编程的方式来创建一个证书? 请尝试一下。

14. 在与证书有关的领域,.NET 提供了哪些重要特性?

15. 如果我们能创建自己的证书,那么攻击者也可以。请问安全性在哪里?

第6章

Internet 安全协议

6.1 概　　述

Internet 安全非常重要,因为这是世界上最大的计算机网络(或网络中的网络)。本章将介绍 Internet 的各种安全协议。由于 Internet 技术非常庞大,涉及许多领域,因此 Internet 安全涉及不同方面。不同 Internet 服务存在不同安全机制,如电子邮件、电子商务与付款、无线 Internet,等等。

本章首先简要介绍 Internet 的工作原理,这些内容是针对不熟悉 Internet 技术和体系结构的读者;然后介绍最著名的安全协议 SSL(安全套接层)现在则是其变体 TSL(传输层安全)协议;另一个类似协议和 SSL 并存了很长时间,但没有取得这么大的成功,就是SHTTP。我们还要介绍新的时间戳协议(TSP)。

电子商务涉及 Internet 上付款,这些付款事务的安全性对电子商务的成功至关重要。本章介绍的 SET(安全电子事务)协议就是为此设计的。3D 安全是 SET 的最新扩展,见下面介绍。本章还介绍电子货币的概念及其类型、模型和安全问题与机制。

电子邮件可能是使用最为广泛的 Internet 应用程序,电子邮件安全有 3 个著名协议:隐私增强型邮件协议(PEM)、PGP 和安全 MIME(S/MIME)协议,我们将会一一介绍。本章最后概要地介绍了无线 Internet 安全。

6.2　基　本　概　念

6.2.1　静态 Web 页面

我们不准备详细介绍 Internet 的工作细节,否则要很长的篇幅,但为了了解 Internet 安全协议,需要对 Internet 的基本概念有个简单了解。如果你已经熟悉 Internet 的基本概念,可以跳过本节。

任何 Internet 通信或事务的主角是 Web 浏览器(客户机)和 Web 服务器(服务器)。浏览器与服务器之间用**超文本传输协议**(Hyper Text Transfer Protocol,HTTP)进行通信,采用请求/响应形式,即浏览器发出 HTTP 请求,服务器发出 HTTP 响应,然后浏览器与服务器之间的通信结束。这类 Web 页面称为静态 Web 页面。原因很简单,应用程序开发员/设计员生成 Web 页面(用**超文本置标语言**(Hyper Text Mark Up Language,HTML)编写),
存放在 Web 服务器中。用户请求页面时,Web 服务器返回这个页面,而不进行任何处理,
只是在硬盘上找到这个页面,加上 HTTP 头,并返回 HTTP 响应。这样,Web 页面内容不
会随请求而改变,总是相同的(除非在服务器硬盘上改变),因此称为静态 Web 页面。静态
Web 页面采用如图 6.1 所示的简单 HTTP 请求/响应流程。

图 6.1　静态 Web 页面

下面看看这个 HTTP 请求/响应模型的示例。本例中,浏览器(即客户机)从 Web 服务
器取得 HTML 文档。

如图 6.2 所示,客户机发出 GET 命令,取得路径为/files/new/image1 的图像,即文件
名为 image1,存放在 Web 服务器的 files/new 目录中。当然,Web 浏览器也可以请求
HTML 页面(扩展名为 html 的文件),Web 服务器返回码为 200,表示请求处理成功,同时
返回请求的图像数据。

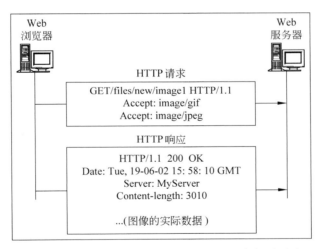

图 6.2　Web 浏览器与服务器之间的 HTTP 请求/响应交互

Web 浏览器发送带 GET 命令的请求,同时用两个 Accept 命令发送另外两个参数。这
些参数指定 Web 浏览器能够处理 GIF 与 JPEG 格式的图像,因此服务器只发送这两件格式
的图像文件。

响应时,Web 服务器返回码为 200,表示请求处理成功,并发送向 Web 浏览器返回响应
的日期和时间令牌。服务器名与域名相同。最后,服务表示其发送 3010 字节数据(即图像
文件由 3010 字节的位构成),然后是实际的图像文件数据(图中没有显示)。

6.2.2　动态 Web 页面

静态 Web 页面不一定总是有用，它只适合不经常改变的内容。例如，静态 Web 页面可以显示组织主页中的公司信息，或国家主页中的国家历史信息。但对于经常改变的信息，静态 Web 页面就不适用了，如股票价格、天气信息、新闻与体育报道。如果维护 Web 站点的人要每 10 秒改变股价信息，非累死不可！显然，这么频繁地改变 HTML 页面是行不通的。

动态 Web 页面提供了解决这类问题的办法。动态 Web 页面是动态的，其内容可以根据几个参数不断改变。例如，可以反映最新股价，或根据提问人的情况改变。显然，动态 Web 页面要比静态 Web 页面更复杂。事实上，动态 Web 页面不仅使用 HTML，还要使用服务器方编程。

理论上，用户请求动态 Web 页面时，Web 服务器不能像静态 Web 页面一样直接返回 HTML 页面，而要调用硬盘中的一个程序，程序可能要访问数据库，进行事务处理，等等。无论如何，程序会输出 HTML，Web 服务器将其用于构造 HTTP 响应。Web 服务器将构造的 HTTP 响应返回 Web 浏览器，如图 6.3 所示。

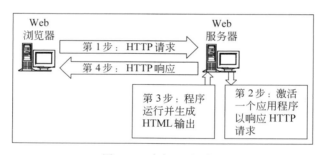

图 6.3　动态 Web 页面

例如，动态 Web 页面可能从数据库中读取最新股价，用其响应页面的 HTTP 请求。用最新股价更新数据库的实际工作不依赖于动态 Web 页面，而可以独立处理。

可以看出，动态 Web 页面与静态 Web 页面的主要差别在于涉及服务器方应用程序，但是，静态和动态 Web 页面都用 HTTP 协议向 Web 浏览器返回 HTML 内容，因此 Web 浏览器能够解释和显示这些内容。

可以用许多工具生成动态 Web 页面，过去最常用的技术为**公用网关接口**（Common Gateway Interface，CGI），近来，出现了许多生成动态 Web 页面的新技术，如 Microsoft 公司的**活动服务器页面**（Active Server Pages，ASP）、Sun 公司的 Java 小服务和 Java 服务器页面（Java Server Pages，JSP）。

6.2.3　活动 Web 页面

随着 Java 编程语言的出现，**活动 Web 页面**（active Web page）变得非常普及。活动 Web 页面的思想实际上很简单。客户机发出活动 Web 页面的 HTTP 请求时，Web 服务器返回的 HTTP 响应包含和平常一样的 HTML 页面。此外，HTML 页面中还有一个小程序,在客户计算机上的 Web 浏览器中执行,如图 6.4 所示。

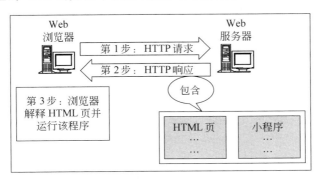

图 6.4 活动 Web 页面

通常,和 HTML 页面一起发给 Web 浏览器的小程序称为 Java 小程序,是用 Java 编程语言写成的客户端程序,因此 Web 浏览器中要有 Java 解释器,解释小程序代码和在客户端执行。

小程序可以完成许多任务,如绘制图形、图表、图和其他图形对象。此外,还可以用于其他用途,如请求 Web 页面在指定间隔后自动刷新(如每 30 秒)。这样就可以构造一个活动 Web 页面,包含 HTML 格式的股价,用一个小程序每 30 秒刷新 HTML 内容。注意,为了达到这个效果,小程序每 30 秒钟要打开与服务器的连接。由于客户机在指定间隔后自动从服务器请求信息(客户机拉信息),因此这个技术称为客户机"拉"技术。

Microsoft 公司还用 ActiveX 控件实现活动 Web 页面技术。ActiveX 控件概念上与 Java 小程序相似,但与 Java 小程序有一个主要差别,就是小程序限制更多,而 ActiveX 控件比较自由,例如,小程序不能写入客户端硬盘,而 ActiveX 控件则没有这个限制。因此,人们通常更信任小程序而不太信任 ActiveX 控件。但是,签名小程序可以更大范围访问客户计算机,使小程序与 ActiveX 控件的区别变得模糊。

小程序与 ActiveX 控件的另一个重要差别是小程序是和活动 Web 页面一起下载的,在浏览器中执行,在用户退出 Web 页面时删除,而 ActiveX 控件一旦下载之后就保留在客户计算机上,直到显式删除。每次下载使小程序比 ActiveX 控件慢得多。

由此可以看出 Web 浏览器与 Web 服务器在 Internet 上通信的典型情况。

6.2.4 协议与 TCP/IP

介绍完 Web 浏览器与 Web 服务器的通信之后,下面看看 Web 浏览器与 Web 服务器怎么知道如何相互通信。这个通信与任何会话相似,如电话会话。要打电话时,需要遵循某种约定。例如,对方拿起电话时,通常会先说一声 Hello,然后发话人要说明自己的身份(如"Hi,this is Atul"),然后描述打电话的意图(如"I have called up to inquire if we could have dinner together tonight"),然后继续会话,双方决定挂机时(Bye),会话结束。

其他通信则更困难。例如,假设一个只知道印度语的人要和一个只知道英语的人通信,则无法直接通信,而要找一个既懂印度语又懂英语的人做翻译,帮助双方通信。

另外,任何会话中一方都可能听不清对方的话,这时可能请求对方再说一遍。有时一方语速太快,对方可能请其说慢一点。

Internet 上计算机之间通信时也会发生类似情形。由于 Internet 是由不同硬件与软件特性的计算机和网络构成的,因此要有一个通用"翻译",帮助所有这些计算机之间相互通信。这就是数据通信中协议软件的作用,包括 Internet 通信中。协议软件定义抽象的通信层次模型,独立于计算机和网络的物理特性。只要所有参与的计算机和网络遵循协议软件指定的标准,就可以相互通信,而不必担心计算机和网络固有的差别。

传输控制协议/网际协议（Transmission Control Protocol/Internet Protocol,TCP/IP）软件是个转换器,使 Internet 上可以进行这种奇妙的工作。

注意：TCP/IP 是许多协议的组合,使 Internet 上的计算机之间可以相互通信。

例如,TCP/IP 指定浏览器如何标识服务器,如何向服务器发送 HTTP 请求,服务器如何响应,遇到错误时怎么办,等等。当然,除了 HTTP 之外,TCP/IP 还支持其他应用程序,如电子邮件、文件传输,等等,但这里不需要介绍。

对于目前的课题,最重要的是要知道 TCP/IP 协议组的样子,因为只有这样,我们才知道用 TCP/IP 安全通信需要什么。TCP/IP 协议组包括五层,如图 6.5 所示。

有时 TCP/IP 层次组织也表示成另一种形式,如图 6.6 所示。

层　　号	层　　名
5（最高层）	应用层（Application）
4	传输层（Transport）
3	网际层（Internet）
2	数据链路层（Data link）
1（最低层）	物理层（Physical）

图 6.5　TCP/IP 层

图 6.6　TCP/IP 层的另一种形式

每一层进行特定的预定任务。例如,所有应用程序（如 HTTP、电子邮件、文件传输,等等）都属于应用层。因此,Web 浏览器用 HTTP 协议与 Web 服务器通信时,应用层起作用。客户端计算机的应用层与同一计算机的传输层交互,传输层又与网际层交互,网际层与数据链路层交互,最后数据链路层与物理层交互。这时位通过传输媒介以电压、电流脉冲形式传输到另一端。

在服务器方,物理层收到电压或电流脉冲形式的位之后,进行相反的过程（从物理层到应用层）,如图 6.7 所示。这里假设 X 是浏览器,Y 是 Web 服务器。

注意中间节点（浏览器与服务器之间的计算机）不进行应用层和传输层交互,因为它们只是把信息（分组）从源（X）转发到目的地（Y）。

注意在主机中（本例中为 X 或 Y）,每一层调用下一层的服务。例如,第 5 层使用第 4 层提供的服务,而第 4 层使用第 3 层提供的服务,等等。在 X 与 Y 之间,通信好像是发生在同一层上,称为 X 与 Y 之间的**虚拟通信**（virtual communication）或**虚拟路径**（virtual path）。例如,主机 X 上的第 5 层以为是和主机 Y 上的第 5 层通信;同样,主机 X 上的第 4 层以为是和主机 Y 上的第 4 层通信。

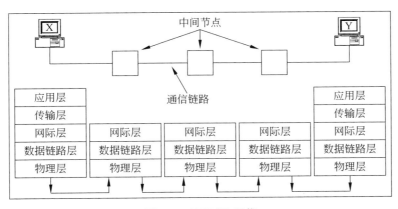

图 6.7　TCP/IP 通信

6.2.5　分层组织

源节点上运行的应用层软件生成数据,要传输到目标节点上运行的应用层软件(记住虚拟路径),在源节点上将其交给传输层。TCP 层将数据分解为小分组,增加一个头。从此以后,每个其余 TCP/IP 层对分组加一个头,将其从传输层移到数据链路层。到达物理层时,数据通过同轴电缆之类通信媒介以电脉冲形式传输。

这样,应用层(第 5 层)把整个数据交给传输层,称为 L5 data。传输层收到数据并处理数据后,在原数据中增加一个头中,并将其发送给下一层(即网际层)。因此,从传输层到网际层发送的数据为 L5 data+H4,其中 H4 是第四层(传输层)增加的头。

现在,在网际层中,L5 data+H4 是输入数据,称为 L4 data。网际层将数据发送到下一层(数据链路层)时,在原数据(L4 data)中加上自己的头 H3,得到 L4 data+H3,等等。最后,原数据(L5)和所有头一起在物理媒介上传输。

图 6.8 显示了使用 TCP/IP 层的数据交换过程。

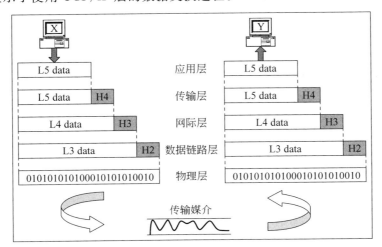

图 6.8　使用 TCP/IP 层的数据交换过程

这样就介绍了 TCP/IP 与 Internet 通信的基本概念。

6.3　安全套接层

6.3.1　简介

安全套接层（Secure Socket Layer, SSL）协议是 Web 浏览器与 Web 服务器之间安全交换信息的 Internet 协议，提供了两个基本安全服务：认证与保密。逻辑上，它提供了 Web 浏览器与 Web 服务器之间的安全管道。SSL 是 Netscape 公司 1994 年开发的，此后，SSL 成为世界上最著名的 Web 安全机制。所有主要 Web 浏览器都支持 SSL 协议。目前，SSL 有 3 个版本：2、3、3.1，最常用的是第 3 版，是 1995 年发布的。

6.3.2　SSL 在 TCP/IP 协议中的位置

SSL 可以看成 TCP/IP 协议组中的另一层，介于应用层和传输层之间，如图 6.9 所示。

应用层
SSL 层
传输层
网际层
数据链路层
物理层

图 6.9　SSL 在 TCP/IP 协议中的位置

这时，不同 TCP/IP 协议层之间的通信如图 6.10 所示。

可以看出，发送方（X）的应用层和平常一样准备要发给接收方（Y）的数据，但与平常不同的是，应用层数据不是直接传递给传输层，而是传递给 SSL 层。这个 SSL 层对从应用层收到的数据进行加密，并增加自己的加密信息头（称为 SSL 头），稍后将介绍这个过程。

然后，SSL 层数据（L5）成为传输层的输入，传输层增加自己的头（H4），并将其传递给网际层，等等。这个过程与正常 TCP/IP 数据传输一样。最后，数据到达物理层时，以电压脉冲形式在传输媒介上传递。

接收方的处理和正常 TCP/IP 连接也差不多，但到达新 SSL 层后，SSL 层删除 SSL 头，解密加密的数据，并将明文数据返回接收方应用层。

这样，SSL 只加密应用层数据，而低层的头没有加密。这是很明显的。如果 SSL 加密所有头信息，则要放在数据链路层下面，这样根本不起作用。事实上，这样会造成问题。如果 SSL 加密所有低层头，则计算机（发送方、接收方、中间节点）的 IP 和物理地址也会加密，无法读取。这样，把分组发到哪里就成了大问题。为了了解这个问题，可以想想，如果把发信人和收信人地址封在信封中，这封信怎么寄？因此，不能加密低层头，因此要把 SSL 放在应用层与传输层之间。

6.3.3　SSL 工作原理

SSL 有 3 个子协议：**握手协议**（Handshake Protocol）、**记录协议**（Record Protocol）和**警报协议**（Alert Protocol），这 3 个子协议构成 SSL 的总体工作。

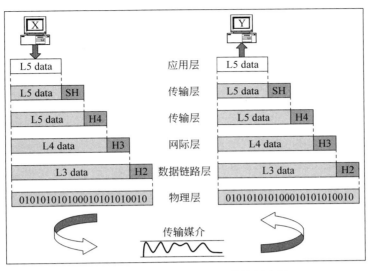

图 6.10　SSL 介于应用层和传输层之间

我们先介绍这三个子协议。

1. 握手协议

SSL 握手协议是客户机与服务器用 SSL 连接通信时使用的第一个子协议,类似于 Alice 与 Bob 要先握手(说声 Hello),然后才开始对话。

握手协议包括客户机与服务器之间的一系列消息,每个消息的格式如图 6.11 所示。

类型	长度	内容
1 字节	3 字节	1 或多个字节

图 6.11　握手协议消息的格式

每个握手消息有 3 个字段如下:
- Type(类型,1 字节): 表示 10 种消息类型之一,见图 6.12 所示。
- Length(长度,3 字节): 表示消息长度(字节数)。
- Content(内容,1 或多个字节): 与消息相关的参数,见图 6.12。

下面看看握手协议中客户机与服务器交换的消息类型及其参数,见图 6.12 所示。

消 息 类 型	参　　　数
Hello request(握手请求)	无
Client hello(客户机握手)	Version, Random number, Session id, Cipher suite, Compression method
Server hello(服务器握手)	Version, Random number, Session id, Cipher suite, Compression method
Certificate(证书)	Chain of X.509V3 certificates

图 6.12　SSL 握手协议消息类型

消 息 类 型	参　　　数
Server key exchange（服务器密钥交换）	Parameters，signature
Certificate request（证书请求）	Type，authorities
Server hello done（服务器握手完成）	无
Certificate verify（证书验证）	Signature
Client key exchange（客户机密钥交换）	Parameters，signature
Finished（完成）	Hash value

图 6.12　（续）

握手协议，实际上分为 4 个阶段，如图 6.13 所示，分别是：

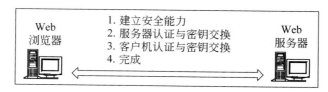

图 6.13　SSL 握手阶段

（1）建立安全能力。

（2）服务器认证与密钥交换。

（3）客户机认证与密钥交换。

（4）完成。

下面介绍每个阶段。

■ 第 1 阶段：建立安全能力

SSL 握手的第一阶段启动逻辑连接，建立这个连接的安全能力，包括两个消息"Client hello"与"Server hello"，如图 6.14 所示。

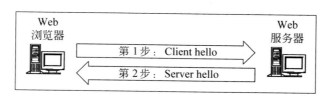

图 6.14　SSL 握手协议——第 1 阶段：建立安全能力

如图 6.14 所示，首先是客户机发给服务器的"Client hello"消息，包括下列参数。

• Version（版本）：表示客户机支持的最高 SSL 版本，到本书编写时可以取 2、3、3.1。

• Random（随机数）：用于客户机与服务器实际通信，包括两个子字段：

　　➢ 32 位日期时间字段，表示客户计算机的当前系统日期时间。

　　➢ 28 位随机数，是由客户计算机上的随机数产生器产生的。

- Session id(会话号)：变长会话标识符，如果包含非 0 值，则表示客户机与服务器已经建立连接，客户机要更新连接参数，而 0 则表示客户机要建立与服务器的新连接。
- Cipher suite(加密套)　客户机支持的加密算法清单(如 RSA、Diffie-Hellman，等等)，优先顺序由高到低。
- Compression method(压缩方法)　列出客户机支持的压缩算法。

客户机向服务器发出"Client hello"消息并等待服务器响应。服务器相应向客户机返回 server hello 消息，这个消息与"Client hello"消息包含相同字段，但作用不同。"Server hello"消息的字段如下：

- Version：表示客户机和服务器支持的最高 SSL 版本中较低的版本。例如，如果客户机支持了，而服务器支持 3.1，则服务器选择 3。
- Random：这个字段与客户机的 Random 字段结构相同，但是服务器产生的 Random 值，独立于客户机的 Random 值。
- Session id：如果客户机发送的会话号是非 0 值，则服务器使用同一值，否则服务器生成新的会话号，放进这个字段中。
- Cipher suite：服务器从客户机发来的加密套中选择一个加密套。
- Compression method：服务器从客户机发来的压缩算法中选择一个压缩算法。

■ **第 2 阶段：服务器认证与密钥交换**

服务器启动 SSL 握手第 2 阶段，是本阶段所有消息的唯一发送方。客户机是本阶段所有消息的唯一接收方。这个阶段分为四步，如图 6.15 所示，分别是证书、服务器密钥交换、证书请求和服务器握手完成。

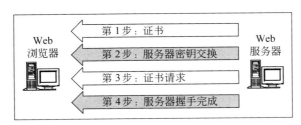

图 6.15　SSL 握手——第 2 阶段：服务器认证与密钥交换

下面介绍 SSL 握手第 2 阶段的每一步。

在第一步(证书)中，服务器将数字证书和到根 CA 的整个链发给客户机，使客户机能用服务器证书中的服务器公钥认证服务器。

第二步(服务器密钥交换)是可选的，只在第一步中服务器没有向客户机发送数字证书时使用，向客户机发送公钥(因为没有数字证书)。

第三步(证书请求)，服务器请求客户机的数字证书，客户机认证在 SSL 中是可选的，服务器不一定要认证客户机，因此这一步是可选的。

最后一步(服务器握手完成)消息表示服务器的"Server hello"消息部分已经完成，表示客户机(可选)可以验证服务器发送的证书，保证服务器发送的所有参数可以接受。这个消息没有任何参数。发送这个消息后,服务器等待客户机响应。

■ **第 3 阶段:客户机认证与密钥交换**

客户机启动 SSL 握手第 3 阶段,是本阶段所有消息的唯一发送方。服务器是本阶段所有消息的唯一接收方。这个阶段分为三步,如图 6.16 所示,分别是证书、客户机密钥交换和证书验证。

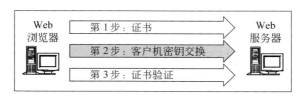

图 6.16　SSL 握手——第 3 阶段:客户机认证与密钥交换

第一步(证书)是可选的,只在服务器请求客户机数字证书时才进行。如果服务器请求客户机数字证书,而客户机没有,则客户机发一个 No certificate 消息,而不是 Certificate 消息,然后由服务器决定是否继续。

和服务器密钥交换一样,第二步(客户机密钥交换)使客户机可以从相反方向把信息发给服务器。这个信息与双方在会话中使用的对称密钥相关。这里,客户机生成 48 字节的预备秘密(pre-master secret),用服务器的公钥加密,然后发送给服务器。

第三步(证书验证)只在服务器要求客户机认证时才需要,这时客户机已经把证书发给服务器,但客户机还要向服务器证明证书中对应的私钥的正确和自己是会话持有者。为此,在这个可选步中,客户机把预备秘密与客户机和服务器前面交换的随机数(在第 1 阶段:建立安全能力中)组合起来,用 MD5 与 SHA-1 算法散列,并用私钥对结果签名。

■ **第 4 阶段:完成**

客户机启动 SSL 握手第四阶段,使服务器结束。这个阶段如图 6.17 所示,共 4 步,前两个消息来自客户机,是改变加密规范(Change cipher specs)、完成(Finished),后两个消息来自服务器,也是改变加密规范(Change cipher specs)、完成(Finished)。

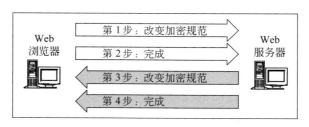

图 6.17　SSL 握手:第 4 阶段:完成

根据客户机在客户机密钥交换消息中生成和发送预备秘密,客户机和服务器生成一个主秘密。在记录进行安全加密或完整性检查之前,客户机和服务器需要生成只有他们自己知道的共享秘密信息,这个值是个 48 字节值,称为主秘密(master secret),主秘密用于生成密钥和秘密,用于加密和 MAC 计算。主秘密在计算预备秘密、客户机随机数与服务器随机数的消息摘要之后计算,如图 6.18 所示。

计算主秘密的技术规范如下:

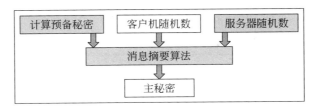

图 6.18　主秘密生成方法

```
Master_secret=MD5(pre_master_secret+SHA('A'+pre_master_secret
    +ClientHello.random+ServerHello.random))+
MD5(pre_master_secret+SHA('BB'+pre_master_secret+
    ClientHello.random+ServerHello.random))+
MD5(pre_master_secret+SHA('CCC'+pre_master_secret+
ClientHello.random+ServerHello.random))
```

最后,生成客户机和服务器使用的对称密钥,对称密钥生成方法如图 6.19 所示。

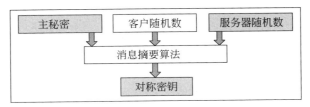

图 6.19　对称密钥生成方法

实际密钥生成公式如下。

```
key_block=MD5(master_secret+SHA('A'+pre_master_secret+
    ServerHello.random+ClientHello.random))+
MD5(master_secret+SHA('BB'+pre_master_secret+
    ServerHello.random+ClientHello.random))+
MD5(master_secret+SHA('CCC'+pre_master_secret+
    ServerHello.random+ClientHello.random))
```

然后第一步(Change cipher specs)从客户端确认一切顺利,并加上 Finished 消息。服务器也向客户机发送相同的消息。

2. 记录协议

记录协议在客户机与服务器握手成功后起作用,即客户机与服务器可选认证对方和确定安全信息交换使用的算法后,进入 SSL 记录协议。记录协议向 SSL 连接提供两个服务如下:

- 保密性:使用握手协议定义的秘密密钥实现。
- 完整性:握手协议还定义了共享秘密密钥(MAC),用于保证消息完整性。

图 6.20 显示了记录协议的操作。

如图所示,SSL 记录协议以应用消息作为输入,首先将其分成小块,可选压缩每个块,

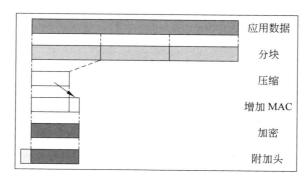

图 6.20　SSL 记录协议

增加 MAC,加密,然后加头和传递给传输层,像任何其他 TCP 块一样经过 TCP 协议处理。作为接收方则删除每个块的头,解密,验证,解压缩,然后汇编成应用消息。下面详细介绍这些步骤。

- 分块:将应用消息分成块,使每块长度小于或等于 16KB。
- 压缩:小块还可以压缩,压缩过程不能造成数据损失,因此要采用无损压缩机制。
- 增加 MAC:用握手协议中建立的共享秘密密钥求出每个块的 MAC(消息认证码),这个操作与 HMAC 算法相似。
- 加密:用握手协议中建立的秘密密钥将上一步的输出加密,这个加密可能增加块的总长,但增量不超过 1024 字节。图 6.21 列举了所允许的加密算法。

流 加 密 法		块 加 密 法	
算法	密钥长度	算法	密钥长度
RC4	40	AES	128、256
RC4	128	IDEA	128
		RC2	40
		DES	40
		DES-3	168
		Fortezza	80

图 6.21　允许的 SSL 加密算法

- 附加头:最后,在加密块中附加头,其中包含下列字段。
  - ➢ 内容类型(8 位):指定上一层处理记录所用的协议(如握手、警报、改变密码)。
  - ➢ 主版本(8 位):指定所用 SSL 协议的主版本,例如 SSL v3.1 的主版本为 3。
  - ➢ 次版本(8 位):指定所用 SSL 协议的次版本,例如 SSL v3.1 的次版本为 1。
  - ➢ 压缩长度(16 位):指定原明文块(或压缩块,如果使用压缩)的字节长度。

最终的 SSL 消息如图 6.22 所示。

3. 警报协议

客户机和服务器发现错误时,向对方发一个警报消息。如果是致命错误,则双方立即关闭 SSL 连接（即双方的传输立即终止）。双方还会先删除相关的会话号、秘密和密钥。如果错误不那么严重，则不会终止连接，而是由双方处理错误和继续。

每个警报消息共两个字节。第一个字节表示错误类型，如果是警报，则值为 1，如果是致命错误，则值为 2。第二个字节指定实际错误，如图 6.23 所示。

图 6.22　经过 SSL 记录协议操作后的最终输出　　　　图 6.23　警报协议消息格式

图 6.24 列出了致命错误警报。

警　　报	描　　述
无关消息(Unexpected message)	收到不适当的消息
坏记录 MAC(Bad record MAC)	收到的消息没有正确 MAC
解压失败(Decompression failure)	解压缩功能收到错误输入
握手失败(Handshake failure)	发送方无法从选项中得到可接受的安全参数集
非法参数(Illegal parameters)	握手消息中的字段超界或与其他字段不一致

图 6.24　致命错误警报

图 6.25 列出了其余非致命警报。

警　　报	描　　述
无证书(No certificate)	在没有适当证书时对证书请求的响应
坏证书(Bad certificate)	证书有问题（数字签名验证失败）
不支持的证书(Unsupported certificate)	不支持收到的证书类型续表
证书吊销(Certificate revoked)	证书签名者已将证书吊销
证书过期(Certificate expired)	收到的证书已过期
证书未知(Certificate unknown)	处理证书时发生未指定的错误
关闭通知(Close notify)	表示发送方在这个连接中不再发送任何消息，双方都要先发这个消息再关闭连接

图 6.25　非致命警报

6.3.4　关闭与恢复 SSL 连接

结束通信之前，客户机与服务器要告诉对方，准备结束连接。前面曾介绍过，双方都要向对方发一个"关闭通知"警报,保证优雅地结束连接。收到这个警报时,立即停止手头工作,并返回一个"关闭通知"警报和结束自己一方的连接。如果 SSL 连接结束时没有某一方的关闭通知,则这个连接无法恢复。

　　SSL 连接中的握手协议相当复杂和费时,使用非对称密钥加密。因此,如果可能,客户机与服务器最好复用或恢复前面的 SSL 连接,而不是用新握手建立新连接。但是,要达到这个结果,双方要协定复用。如果一方认为复用前面的连接有危险或上次连接之后对方的证书已到期,则可以强制对方用新握手建立新连接。根据 SSL 规范,无论什么情况,任何 SSL 连接均不得在 24 小时之后复用。

6.3.5　SSL 的缓冲区溢出攻击

　　当程序或进程试图把往缓冲区(一种临时数据存储区域)中存储的数据比预先设计的要多时,就会发生**缓冲区溢出**(buffer overflow)。因为缓冲区是创建为可存储固定大小的数据的,多余的信息(那些必须存储到其他地方的信息)可能溢出到相邻的缓冲区,从而导致这些缓冲区原先存储的合法数据的破坏或重写。缓冲区溢出偶尔会因为编程错误而发生,但现在已经成为对数据完整性进行安全攻击的一种常见类型。在缓冲区溢出攻击中,多余的数据可能含有设计为导致特定动作的代码,从而往被攻击计算机发送新的指令。这可能会破坏用户的文件、修改数据或危及保密信息。

　　OpenSSL 是 SSL 协议的一种开源实现。OpenSSL 易遭受 4 种远程可利用的缓冲区溢出攻击。缓冲区溢出的脆弱性使得攻击者可以以 OpenSSL 进程的特权在目标(受害)计算机上运行任意的代码,并且有可能发起拒绝服务攻击。这些还只是停留在理论上,实践中发生很少。

　　缓冲区溢出的 4 种脆弱性有 3 种是发生在 SSL 握手过程中。最后一种则涉及 64 位操作系统。

　　(1) 第 1 种缓冲区溢出发生在 SSL 版本 2 实现的密钥交换中。用户可以用来发送一个超大的主密钥给 SSL 版本 2,从而可能使得该服务器发生拒绝服务或在其上运行恶意代码。

　　(2) 第 2 种缓冲区溢出包含在 SSL 版本 3 的握手过程中。通过在握手的第 1 阶段发送一个畸形会话 ID,恶意服务器就可以在 OpenSSL 客户端运行代码。

　　(3) 第 3 种缓冲区溢出发生在运行 SSL 版本 3(可以进行 Kerberos 认证)的 OpenSSL 服务器中。恶意客户可能发送一个超大的主密钥给可进行 Kerberos 认证的 SSL 服务器。

　　(4) 第 4 种缓冲区溢出只存在于 64 位的操作系统中。此时,用于存储整数的 ASCII 表示的几个缓冲区可能比所要求的更小。

6.4　传 输 层 安 全

　　传输层安全(Transport Layer Security,TLS)是一种 IEFT 标准动议,其目的是提出一种 SSL 版本的 Internet 标准。Netscape 公司希望标准化 SSL,因此提交了该协议给 IEFT。SSL 与 TLS 之间的差别很明显,但核心思想和实现非常类似。TLS 定义在 RFC 2246 中。

图 6.26 归纳了 SSL 与 TLS 之间的差别。

属　　性	SSL	TLS
版本	3.0	1.0
加密法	支持 Fortezza 算法	不支持 Fortezza 算法
加密密钥	计算过程见本章前面的介绍	使用一个伪随机函数来生成一个主密钥
警报协议	见本章前面的介绍	删除了无证书的警报
协议握手协议	见本章前面的介绍	某些细节内容被修改
记录协议	使用 MAC	使用 HMAC

图 6.26　SSL 与 TLS 之间的差别

6.5　安全超文本传输协议

安全超文本传输协议(Secure Hyper Text Transfer Protocol,SHTTP)是一组安全机制,用于保护 Internet 通信流,包括数据加密表单和Internet 事务。注意用 SSL 发送的 HTTP 请求标为HTTPS(如 HTTPs://www. yahoo. com),而这里是SHTTP(如 sHTTP://www. yahoo. com)。SHTTP 提供的服务与 SSL 提供的服务很相似,但 SSL 取得了巨大成功,而 SHTTP 则没有。SHTTP 在应用层工作,因此与 HTTP 密切相关,而 SSL 介于应用层和传输层之间。图 6.27 显示了 SHTTP 与 SSL 在 TCP/IP 套中的不同位置。

图 6.27　SHTTP 与 SSL

SHTTP 支持客户机与服务器之间 HTTP 通信流的加密与认证。SHTTP 使用的加密与数字签名格式源于 PEM 协议,见稍后介绍。

SSL 与 SHTTP 的关键差别在于 SHTTP 是对各个消息工作的,可以加密和签名各个消息,而 SSL 并不区别每个消息,而是保护客户机与服务器之间的连接,不管交换什么消息。另外,SSL 不能进行数字签名。

SHTTP 很少使用,因此这里不展开介绍。

6.6　安全电子事务规范

6.6.1　简介

安全电子事务规范(Secure Electronic Transaction,SET)是开放的加密与安全规范,用于保护 Internet 上的信用卡事务。这方面的先期工作是 1996 年由 MasterCard 与 Visa 共同完成的,他们联合了 IBM、Microsoft、Netscape、RSA、Terisa 与 VeriSign 等公司。从此以后,他们进行了许多概念测试,1998 年推出了第一代 SET 兼容产品。

MasterCard 与 Visa 公司认识到需要 SET,是因为它们发现电子商务付款过程中,软件厂家推出了相互矛盾的标准,一边是 Microsoft 的标准,一边是 IBM 的标准。为了在今后避免这种不兼容性,MasterCard 与 Visa 公司决定建立一个标准,忽略所有竞争问题,并邀请各大软件厂家参与。

SET 不是个付款系统,而是一组安全协议和格式,使用户可以安全地在 Internet 上采用现有信用卡付款基础结构。SET 服务可以总结如下。

(1) 在参与电子商务事务的各方之间提供安全的通信信道。

(2) 用数字证书提供认证。

(3) 保证保密性,因为只对参与事务的各方提供信息,只在需要时对其提供信息。

SET 是个非常复杂的规范。事实上,SET 发布时长达 971 页,分三册! 而 SSL V3 只有 63 页。因此,这里不可能详细介绍 SET,但可以总结它的要点。

6.6.2 SET 参与者

介绍 SET 之前,下面先总结一下 SET 系统中的参与者。

- 持卡人:消费者与公司购买者通过 Internet 与商家交互,购买商品和服务。持卡人是 MasterCard 与 Visa 之类付款卡的合法持有者,这些卡是由签发人签发的(见稍后介绍)。
- 商家:商家是向持卡人销售商品和服务的个人或组织。商家与收款人(见稍后介绍)建立关系,从 Internet 上收款。
- 签发人:签发人是银行之类的财务机构,向持卡人提供付款卡。最关键的是签发人要最终负责为持卡人付款。
- 收款人:收款人是个财务机构,与商家建立关系,处理付款卡授权与付款业务。之所以需要收款人,是因为商家接受多个品牌的信用卡,又不想与这么多银行卡组织或签发人打交道,而让收款人为商家提供保险(在签发人帮助下),保证特定持卡人账号有效和赎买量没有超过其信用额度,等等。收款人还向商家账户提供电子转账。后面签发人用某个付款网络与收款人结账。
- 付款网关:这个任务可以由收款人承担,也可以由专门组织承担。付款网关为商家处理付款消息。在 SET 中,付款网关是 SET 与现有卡付款网络之间的付款授权接口。商家通过 Internet 与付款网关交换 SET 消息。而付款网关则通常用专用网络线路连接收款人的关系。
- 证书机构(CA):我们知道,证书机构向持卡人、商家和付款网关提供公钥证书,事实上,CA 对 SET 的成功至关重要。

6.6.3 SET 过程

下面先看看简化的 SET 过程,然后再介绍 SET 过程的技术细节。

1. 客户开设账号

客户在支持电子付款机制与 SET 协议的银行（签发人）开一个信用卡账户（如 Microsoft）。

2. 客户接收证书

验证客户身份（利用护照、营业执照等材料）后，客户接收 CA 发来的证书。这个证书还包括客户的公钥和有效期等细节。

3. 商家接收证书

商家要接收某个品牌的信用卡，就要拥有数字证书。

4. 客户下订单

这是典型的购物推车过程，客户浏览货物清单，搜索特定货物，选择其中一项或几项，并下订单。商家将这些货物的细节（如所选货物、数量、价格、总账，等等）返回客户，以便记录。

5. 验证商家

商家也把数字证书发给客户，向客户保证其为有效商家。

6. 发送订单与付款细节

客户向商家发送订单与付款细节和客户的数字证书。订单利用订单表单中的项目确认购物事务，付款包含信用卡细节。但是，付款信息是加密的，商家无法阅读。客户证书向商家保证客户身份。

7. 商家请求付款授权

商家将客户发来的付款细节转发给付款网关（通过收款人，如果收款人就是付款网关，则直接发给收款人），请求付款网关授权付款（即保证信用卡有效，不超过信用额度）。

8. 付款网关授权付款

付款网关利用从商家收到的信用卡信息，在签发人帮助下验证客户的信用卡细节，授权或拒绝付款。

9. 商家确认订单

如果付款网关授权付款，则商家向客户发送订单确认。

10. 商家提供商品或服务

商家按客户订单要求商家提供商品或服务。

11．商家请求付款

付款网关从商家那里收到付款请求。付款网关与各个财务机构交互（如签发人、收款人、清算中心），执行从客户账号向商家账号付款的工作。

6.6.4　SET 如何达到目的

联机付款机制的主要问题是客户要向商家发送信用卡细节。这里有两个方面：一个是信用卡号以明文形式传递，使侵入者有机会知道信用卡号，可以用于不良用途（例如，用这个信用卡号付款）；第二个问题是商家得到信用卡号后，可能滥用。

第一个问题通常用 SSL 解决。由于 SSL 中的所有信息交换都是以加密形式进行的，因此攻击者无法理解，即使窃听到客户机与服务器在 Internet 上的会话，也无法达到自己的目的。但是，SSL 无法达到第二个目标，即防止商家了解信用卡号。这里 SET 非常重要，因为它可以对商家隐藏信用卡细节。

SET 对商家隐藏信用卡细节的方法非常有趣，为此，SET 利用数字信封的概念，采用下列步骤。

（1）SET 软件在持卡人计算机上准备 PI（付款信息），主要包含持卡人的信用卡细节，和任何 Web 付款系统中一样。

（2）SET 的特别之处是持卡人的计算机生成一次性会话密钥。

（3）持卡人的计算机利用这个一次性会话密钥加密付款信息。

（4）然后持卡人的计算机用付款网关的公钥加密一次性会话密钥，构成数字信封。

（5）然后将第 3 步加密的付款信息和第 5 章的数字信封发送给商家，商家再将其交给付款网关。

注意，下面几点很重要。商家只能访问加密的付款信息，因此无法阅读。如果要能够问候，则要知道加密付款信息所用的一次性会话密钥。但一次性会话密钥是用付款网关的公钥加密的，形成数字信封。

要打开数字信封，只能使用付款网关的私钥，然后才能得到原先的一次性会话密钥。我们知道，私钥的思路就是将其保密，因此，只有付款网关知道其私钥，而商家不知道，不能打开信封和取得一次性会话密钥，因此不能解密原先的付款信息。

这样，SET 可以用数字信封对商家隐藏信用卡细节。

6.6.5　SET 技术内幕

下面看看 SET 支持的主要事务，即购物请求、付款授权和付款捕获。

1．购物请求

开始购物请求事务之前，持卡人要浏览、选择和订购商品，这个阶段结束时，商家通过 Web 向客户发一个填好的订单表单。这些步骤不用 SET。SET 是在购物请求开始时才起作用的。购物请求交换四个消息：启动请求、启动响应、购物请求、购物响应。

■ **第 1 步：启动请求**

要向商家发送 SET 消息，持卡人就要有商家和付款网关的数字证书，这里涉及三个机构：(a) 签发信用卡的机构(签发者，是个财务机构或 FI)；(b) 证书机构(CA)；(c) 付款网关(PG)，付款网关也可以同时是收款人。这些功能可以由一个、两个、三个组织完成，因为一个组织可以同时完成多个功能。但是，为了清晰起见，我们假设它们是三个不同实体，简要介绍如下。

(1) MasterCard 与 Visa 之类财务机构或 FI 对不用现金付款的购物者签发信用卡。

(2) 前面已经介绍过证书机构(CA)，其认证个人和组织，向其签发数字证书，以便进行电子商务事务。CA 保证 Web 上不会有欺诈事务。

(3) 付款网关是第三方付款处理者，与财务机构和银行建立联系，帮助商家处理付款事宜，已经在前面介绍。

有时，财务机构把付款网关功能委托给第三方，因此可以使用不同模型。持卡人用启动请求消息请求商家的证书，并在这个消息中将信用卡公司名和持卡人为这个交互过程生成的 ID 发给商家，如图 6.28 所示。

图 6.28 启动请求

■ **第 2 步：启动响应**

商家产生响应并用其私钥签名，响应包括这个事务的事务 ID(由商家生成)、商家的数字证书和付款网关的数字证书，这个消息称为启动响应，如图 6.29 所示。

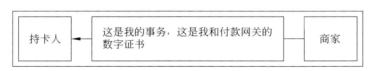

图 6.29 启动响应

■ **第 3 步：购物请求**

持卡人用相应 CA 签名验证商家的数字证书和付款网关的数字证书，然后生成订单信息(OI)和付款信息(PI)，将商家生成的事务 ID 加进 OI 与 PI 中，OI 不包括项目号和价格之类订单细节，而是参照购物请求阶段之前客户与商家间的购物阶段(即使用商家数据库中保存的购物推车)，找出其订单号、事务日期和卡类型等信息。PI 的细节包括信用卡信息、购买量、订单描述等。这时持卡人准备购物请求，为此要生成一次性对称密钥(假设为 K)。购物请求消息包括下列内容。

(1) 购买相关信息：主要供付款网关使用。

(a) 其包含 PI、对 PI 与 OI 求出的数字签名和 OIMD(OI 消息摘要)，是持卡人对 OI 求出的消息摘要。

(b) 所有这些信息用 K 加密。

(c) 最后，用付款网关的公钥加密 K，生成数字信封。数字信封表示要先解密之后才能访问其他 PI 信息。K 的值不提供给商家,因此商家无法阅读任何付款相关信息,而要将其转发给付款网关。

（2）订单相关信息:商家需要这个信息,包括 OI、对 PI 与 OI 求出的数字签名和 PIMD（PI 消息摘要）,是持卡人对 PI 求出的消息摘要。商家需要 PIMD,验证对 PI 与 OI 求出的数字签名。

（3）持卡人证书:包含持卡人的公钥,商家和付款网关需要,如图 6.30 所示。

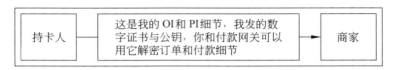

图 6.30　购物请求

这个过程的一个有趣方面是双向签名,保证商家与付款网关收到他们需要的信息,而持卡人也可以对商家隐藏信用卡细节。这个概念如图 6.31 所示。

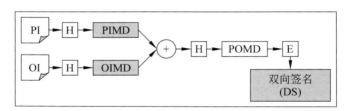

图 6.31　双向签名

下面简要介绍这个过程,不惜做一些重复工作。

- 持卡人对 PI 进行消息摘要或散列（H）得到 PIMD。持卡人还对 OI 散列得到 OIMD。然后持卡人组合 PIMD 与 OIMD,一起散列,得到 POMD。然后用其私钥加密 POMD,生成双向签名。POMD 向商家和付款网关提供。
- 持卡人向商家发送 OI、DS 与 PIMD。注意商家不能取得 PI（稍后将介绍持卡人如何得到）。利用这些信息,商家验证订单是来自该持卡人,而不是某个伪装人。为此,商家进行图 6.32 所示的操作。
- 付款网关得到 PI、DS 与 OIMD。注意付款网关不能取得 OI。付款网关可以用这些信息验证 POMD,验证付款信息是来自该持卡人,而不是某个伪装人。为此,付款网关进行图 6.33 所示的操作。

这里有一个重要的问题,就是持卡人如何对商家保护付款信息? 为此,持卡人要完成下列步骤。

- 持卡人生成 PI、DS 与 OIMD 并用一次性会话密钥 K 一起加密。
- 然后持卡人用付款网关的公钥加密一次性会话密钥 K。
- 两者形成数字信封。
- 持卡人将数字信封发给商家,让其转发给付款网关。由于商家没有付款网关的私钥,因此无法解密信封和取得付款细节。

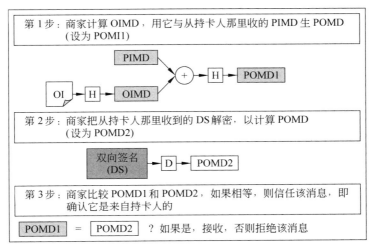

图 6.32　商家验证持卡人身份

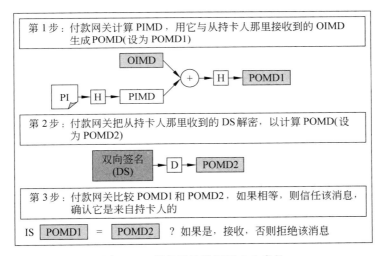

图 6.33　付款网关验证持卡人身份

■ **第 4 步：购物响应**

商家收到购物请求后，完成如下工作。

（1）用 CA 签名验证持卡人的证书。

（2）用持卡人的公钥（在持卡人的证书中）验证对 PI 与 OI 生成的签名，保证订单没有中途被篡改，是用持卡人的私钥签名的。

（3）处理订单和把付款信息（PI）转发给付款网关批准（见稍后介绍）。

（4）将购物响应返回持卡人，如图 6.34 所示。

购物响应消息包括确认订单和引用相应事务号的消息。商家用私钥签名消息，消息及其签名随商家的数字证书一起发给持卡人。持卡人软件收到购物响应消息时，验证商家的证书，然后采取某些动作，如向用户显示消息。

图 6.34 购物响应

2. 付款授权

这个过程保证信用卡签发人批准事务。付款授权发生在商家将付款细节发给付款网关时，付款网关验证这些细节并批准付款，保证商家收到付款。因此，商家可以按订单内容向持卡人提供商品或服务。付款授权交换两个消息：授权请求与授权响应。

■ **第 1 步：授权请求**

商家向付款网关发一个授权请求，包括下列步骤：

（1）购物相关信息：这个信息是商家从持卡人那里取得的，包括 PI、对 PI 与 OI 求出的签名（用持卡人的私钥签名）、OI 消息摘要（OIMD）和数字信封，见前面介绍。

（2）授权相关信息：这个信息是商家生成的，包括事务 ID，用商家的私钥签名，用商家和数字信封生成的一次性会话密钥加密。

（3）证书：商家还发送持卡人的数字证书，用于验证持卡人的数字签名；发送商家的数字证书，用于验证商家的数字签名。

授权请求如图 6.35 所示。

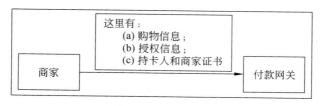

图 6.35 授权请求

结果，付款网关完成下列任务。

（1）验证所有证书。

（2）解密数字信封，取得一次性会话密钥，并用其解密授权块。

（3）验证商家在授权信息上的签名。

（4）对从持卡人收到的付款信息（PI）执行第 2 步和第 3 步。

（5）匹配从商家收到的事务 ID 与从持卡人的 PI 收到的事务 ID（间接）。

（6）请求和接收信用卡签发人的授权（即持卡人银行），以便从持卡人向商家付款。

■ **第 2 步：授权响应**

取得签发人的授权后，付款网关向商家返回授权响应消息。这个消息包括如下内容。

（1）授权相关信息：包括授权块，用付款网关的私钥签名，用网关产生的一次性会话密钥加密，还包括一个数字信封，它包括用商家公钥加密的一次性对称密钥。

（2）捕获令牌信息：这个信息使后面可以执行付款事务。这个信息的基本结构与授权相关信息相同,这个令牌不由商家处理,而是直接返回客户。

（3）证书：消息中还包括付款网关的数字证书。

授权响应如图 6.36 所示。

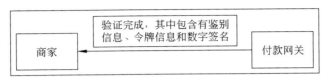

图 6.36　授权响应

有了付款网关的授权后,商家就可以向持卡人提供商品与服务。

3. 付款捕获

为了取得付款,商家要与付款网关进行付款捕获事务,其中也有两个消息：捕获请求与捕获响应。

■ **第 1 步：捕获请求**

商家产生、签名和加密一个捕获请求块,包括付款金额和事务 ID。这个消息还包括前面收到的加密捕获令牌（在授权响应事务中）、商家的数字签名和数字证书。

付款网关收到捕获请求消息时,解密和验证捕获请求块,并解密和验证捕获令牌,然后检查捕获令牌与捕获请求之间的一致性,然后生成清算请求,通过专用付款网络发送给签发人。这个请求使钱转到商家账户上。

图 6.37 显示了捕获请求。

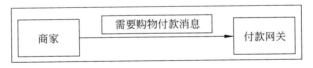

图 6.37　捕获请求

■ **第 2 步：捕获响应**

在这个消息中,付款网关通知商家付款,消息包括捕获响应块,是由付款网关签名和加密的。消息还包括付款网关的数字证书。商家软件处理这个消息并存放信息,以便与从银行收到的款对照,如图 6.38 所示。

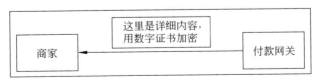

图 6.38　捕获响应

6.6.6　SET 结论

从上述介绍可以看出,尽管 SSL 与 SET 都用于安全交换信息,但作用大不相同。SSL

主要用于只涉及的双方时安全交换信息（客户机与服务器），而 SET 则专门用于进行电子商务事务。SET 涉及的第三方称为付款网关，负责信用卡授权、向商家付款，等等。SSL 则不是这样，主要涉及双方加密与解密信息，而不指定如何进行付款，这是靠 SET 体系结构来保证的。

6.6.7　SET 模型

介绍 SET 涉及的详细过程后，下面总结前面介绍的概念，看看 SET 模型的总体过程。前面曾介绍过，SET 提供的认证能力很强。为了保证标识与验证客户（持卡人）、商家和付款网关，SET 协议要求参与的各方具有有效数字证书和使用数字签名，即三方都要有批准的证书机构签发的有效数字证书。

下面介绍实现 SET 的简单模型，注意也可以用其他方法实现，但这里只是想介绍 SET 的典型设置是什么样子。首先，看看图 6.39。

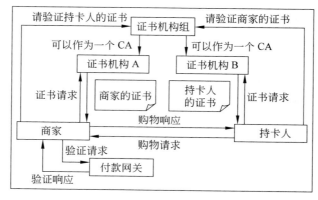

图 6.39　SET 模型

图 6.39 显示了典型购物事务的简化 SET 模型，当然，实际事务中涉及的主要三方是客户、商家和付款网关。商家和客户请求相应的证书。有趣的是，我们显示了两个不同的证书机构。当然，商家和客户的证书也可以来自同一个 CA。

一般来说，客户的证书由银行或信用卡公司签发，它们向客户发卡，也可以由代表信用卡公司的第三方机构签发。

另一方面，财务机构（也称为收款人）向商家签发证书，收款人通常是 MasterCard 与 Visa 之类财务机构，可以授权对其信用卡的付款。因此，商家要有不同品牌信用卡的多个证书（如 MasterCard、Visa、Amex，等等）。这样，客户收到商家证书时，可以保证商家有权接收这种信用卡付款。这相当于商店和餐厅中显示的标牌，显示其可以接受某种信用卡。

前面曾介绍过，客户与商家的事务是购物，而商家与付款机构的事务是授权付款，已经在前面详细介绍。

6.7　SSL 与 SET

介绍 SSL 与 SET 后,下面看看两者的差别,见图 6.40 所示。

问　题	SSL	SET
主要目的	以加密形式交换数据	电子商务相关付款机制
证书	双方交换证书	参与各方由信任第三方认证
认证	有认证机制,但不够强大	具有强大的认证机制
商家欺诈风险	有可能,因为客户要向商家提供财务数据	不可能,因为客户向付款网关提供财务数据
客户欺诈风险	有可能,因为客户可能在后面拒绝付款,没有防止机制	客户对付款指令作了数字签名
客户欺诈时的措施	商家负责	付款网关负责
实际使用	多	目前还不多,希望会增加

图 6.40　SSL 与 SET

从表中可以看出,SET 标准描述了非常复杂的认证机制,使双方很难进行欺诈。但是,SSL 则没有这种机制。SSL 可以安全交换数据,但客户要向商家提供信用卡细节之类关键数据,商家有可能滥用这个数据,而这在 SET 中是不可能的。另外,SSL 中,商家认为信用卡是客户的,而不是偷来的卡。而 SET 中则不会这样,即使这样,商家也是安全的,因为付款网关要保证客户没有欺诈。由此可见,SSL 可以在 Internet 上交换安全信息,而 SET 则专门用于涉及联机购物的电子商务相关事务,因此自动会有差别。

6.8　3D 安全协议

SET 虽好,却也有一个局限:不能防止用户提供别人的信用卡号。信用卡号对商家隐藏,但怎么防止客户使用别人的信用卡号?这是无法用 SET 实现的,因此 Visa 开发了新的协议,称为 3D 安全协议(3D Secure)。

SET 与 3D 安全协议的主要差别在于,持卡人参与使用 3D 安全协议的付款事务时,要向签发银行的注册服务器(Enrollment Server)注册,即持卡人用卡付款前,要先向签发银行的注册服务器注册,这个过程如图 6.41 所示。

在实际 3D 安全协议事务中,商家收到持卡人的付款指令时,将这个请求通过 Visa 网络转发到签发银行。签发银行要求持卡人提供用户注册过程中生成的用户 ID 和口令。持卡人提供这些细节后,签发银行用 3D 安全协议注册用户数据库验证。只有用户认证成功之后,签发银行才告诉商家可以接受卡付款。

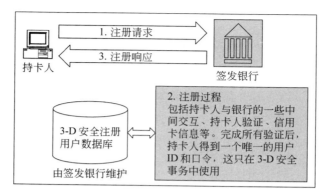

图 6.41　用户注册

6.8.1　概述

下面看看 3D 安全协议工作的具体步骤。

第 1 步：用户在商家站点用购物推车购物，决定付款、用户输入信用卡信息并单击 OK 按钮，如图 6.42 所示。

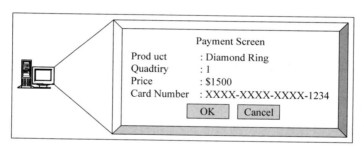

图 6.42　3D 安全的第 1 步

第 2 步：用户单击 OK 按钮时，改向到签发银行站点。银行站点弹出一个屏幕，让用户输入签发银行提供的口令，如图 6.43 所示。签发银行按用户前面选择的机制认证用户。这里使用基于用户名和口令的简单机制。新的趋势是向用户移动电话发一个数字，让用户在屏幕上输入这个数，但这不在 3D 安全协议范围内。

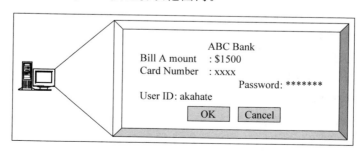

图 6.43　3D 安全的第 2 步

这时，签发银行验证用户口令，将其与数据库中的项目比较，根据验证结果向商家发一个消息。商家据此作出相应决策,并向用户显示相应屏幕。

6.8.2　幕后情形

图 6.44 描述了 3D 安全内部操作流程,用 SSL 达到保密性和服务器认证。

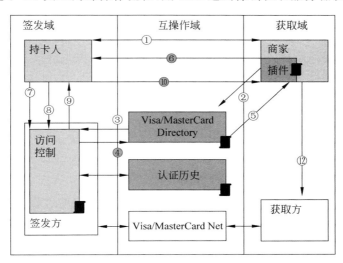

图 6.44　3D 安全内部操作流程

3D 安全内部操作流程如下。

(1) 客户在商家站点完成付款手续(商家得到这个客户的所有数据)。

(2) 商家插件程序位于商家 Web 服务器上,将用户信息发送到 Visa/MasterCard 目录(基于 LDAP)。

(3) Visa/MasterCard 目录查询签发银行(即客户银行)的访问控制服务器,检查客户的认证状态。

(4) 访问控制服务器建立 Visa 目录的响应,将其发回 Visa/MasterCard 目录。

(5) Visa/MasterCard 目录将付款人认证状态发送给商家插件程序。

(6) 得到响应后,如果用户当前没有认证,则插件将用户改向到银行站点,请求银行或签发站点执行认证过程。

(7) 银行站点运行的访问控制服务器收到用户认证请求。

(8) 认证服务器根据用户选择的认证机制认证用户(如口令、动态口令、移动,等等)。

(9) 访问控制服务器向收款人域中的商家插件程序返回用户认证信息,将用户改向到商家站点,并将这个信息发送到仓储库中,存放用户认证历史,以便今后使用。

(10) 插件通过用户浏览器收到访问控制服务器的响应,包含访问控制服务器的数字签名。

(11) 插件验证响应中的数字签名和访问控制服务器的响应。

(12) 如果认证成功且访问控制服务器的数字签名有效,则商家向银行(收款人银行)发送授权信息。

6.9　电子邮件安全性

6.9.1　简介

电子邮件是 Internet 中使用的最广的应用程序。利用电子邮件，Internet 用户可以向其他 Internet 用户发送消息、图形、声音、视频，等等。因此，电子邮件安全也成为相当重要的问题。介绍电子邮件安全之前，先要简单介绍电子邮件技术。

RFC 822 定义了文本电子邮件消息格式。电子邮件消息分为两个部分：内容（体）和头，相当于手工邮政系统一样，也有信（电子邮件内容）和信封（电子邮件地址）。因此，电子邮件消息包括几个头行和实际消息内容。头行通常包括关键字、冒号和关键字的变元。头关键字的示例有 From、To、Subject 与 Date。

图 6.45 显示了电子邮件消息，分为头和内容。

图 6.45　电子邮件头和内容

电子邮件通信使用简单邮件传输协议（Simple Mail Transfer Protocol，SMTP）。发送方的电子邮件客户机软件将电子邮件传递给本地 SMTP 服务器。这个 SMTP 服务器实际将电子邮件消息传输到接收方的 SMTP 服务器，其主要任务是在发送方与接收方之间传递电子邮件消息，如图 6.46 所示。当然，它的基础协议是 TCP/IP，即 SMTP 在 TCP/IP 之上（应用层）运行。

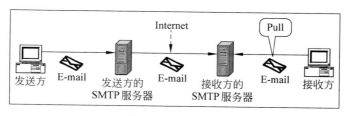

图 6.46　使用 SMTP 协议的电子邮件

电子邮件通信涉及下列基本步骤。

（1）发送方，SMTP 服务器取得用户计算机发送的消息。

（2）然后发送方的 SMTP 服务器将消息传递到接收方的 SMTP 服务器。

（3）然后接收方计算机从接收方 SMTP 服务器取电子邮件消息，即使用**邮局协议**（Post Office Protocol，POP）或**互联网邮件访问协议**（Internet Mail Access Protocol，IMAP），这里不准备介绍。

SMTP 实际上很简单。客户机与服务器使用 SMTP 协议通信是通过可读的 ASCII 文本。我们首先介绍步骤，然后列出实际交互步骤。注意，尽管我们介绍两个 SMTP 服务器之间的通信，但发送方 SMTP 服务器承担客户机的角色，而接收方 SMTP 服务器承担服务器的角色。

（1）根据客户机的电子邮件消息传输请求，服务器返回一个 READY FOR MAIL 答复，表示可以从客户机接收电子邮件消息。

（2）然后客户机发给服务器一个 HELO 命令（HELLO 的缩写），并标识自己。

（3）然后服务器用自己的 DNS 名称确认。

（4）客户机可以向服务器发一个或多个电子邮件消息。邮件传输开始时，用一个 MAIL 命令标识服务器。

（5）接收方分配存储输入电子邮件消息的缓冲区，并返回 OK，响应客户机。服务器还返回一个返回码 250，表示 OK。同时发送 OK 和返回码 250 是为了帮助人和应用程序了解服务器意图（人喜欢 OK，而应用程序喜欢返回码 250）。

（6）现在客户机发送电子邮件消息的收信人名单，使用一个或多个 RCPT 命令（每个收信人一个）。服务器要对每个收信人向客户机返回"250 OK"或"550 No such user here"答复。

（7）发出所有 RCPT 命令之后，客户机发一个 DATA 命令，告诉服务器，客户机准备开始传输了。

（8）服务器响应"354 Start mail input"消息，表示准备接收电子邮件消息，并告诉客户机用什么标识符表示消息结束。

（9）客户机发送电子邮件消息，并在完成后发送服务器提供的标识符，表示传输结束。

（10）服务器返回 250 OK 响应。

（11）客户机向服务器发一个 QUIT 命令。

（12）服务器返回"221 Service closing transmission channel"消息，表示关闭连接。

图 6.46 显示了客户机与服务器之间的实际交互。这里，主机 yahoo.com 上的用户 Atul 向主机 hotmail.com 上的用户 Ana 与 Jui 发一个电子邮件消息。主机 yahoo.com 上的 SMTP 客户机软件与主机 hotmail.com 上的 SMTP 服务器软件（图中没有显示）建立 TCP 连接。此后，消息交换如下（S 表示服务器发给客户机的消息，C 表示客户机发给服务器的消息）。另外，服务器告诉客户机，传输结束时最好用标识符<CR><LF><LF>，客户机在传输结束时发送这个标识符。

```
S: 220 hotmail.com Simple Mail Transfer Service Ready
C: HELO yahoo.com
S: 250 hotmail.com
```

图 6.47　使用 SMTP 协议的电子邮件传输的示例

```
C: MAIL FROM: <Atul@yahoo.com>
S: 250 OK


C: RCPT TO: <Aua@hotmail.com>
S: 250 OK


C: RCPT TO: <Jui@hotmail.com>
S: 250 OK


C: DATA
S: 354 Start mailinput; end with <CR><LF><LF>
C:…actual contents of the message…
C:……
C:……
C: <CR><LF><LF>
S: 250 OK


C: QUIT
S: 221 hotmail.com Service closing transmission channel
```

图 6.47　（续）

介绍电子邮件通信的基本概念后，下面介绍三个主要的电子邮件安全协议：隐私增强型邮件协议（PEM）、极棒隐私协议（PGP）和安全 MIME（S/MIME）协议。

6.9.2　隐私增强型邮件协议

1. 简介

隐私增强型邮件协议（Privacy Enhanced Mail，PEM）是 Internet 体系结构委员会（IAB）采用的电子邮件安全标准，在 Internet 上提供安全电子邮件通信。PEM 最初是 Internet 研究任务组（IRTF）和隐私安全研究组（PSRG）开发的，然后交给 Internet 工程任务组（IETF）PEM 工作小组。PEM 放在四个规范文件中描述，编号为 RFC 1421～1424。PEM 支持加密、不可抵赖、消息完整性三大密码学功能，如图 6.48 所示。

图 6.48　PEM 的安全特性

2．PEM 工作原理

图 6.49 显示了 PEM 操作的大致步骤,可以看出,PEM 首先进行规范转换,其次是数字签名,然后是加密,最后是 64 进制编码。

发送电子邮件消息时,PEM 提供了 3 个安全选项:

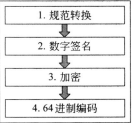

* 只签名(第 1 步和第 2 步)。
* 签名加 64 进制编码(第 1、2、4 步)。
* 签名、加密和 64 进制编码(第 1、2、3、4 步)。

下面介绍图 6.49 的这 4 个步骤,注意接收方要按相反顺序执行这 4 个步骤,取得原先的明文电子邮件消息。

图 6.49　PEM 操作

■ **第 1 步:规范转换**

电子邮件消息发送方与接收方使用的计算机可能具有不同体系结构和操作系统。这是因为,Internet 支持只有 TCP/IP 堆栈的任何计算机,不管其体系结构和操作系统如何。因此,同一个东西在不同计算机上可能有不同表示。例如,在 MS-DOS 操作系统中,新行符(即按 Enter 键的结果)表示为两个字符,而 UNIX 之类操作系统中则表示为一个字符。这在生成消息摘要时可能遇到问题,因此无法生成正确的数字签名。例如,MS-DOS 计算机上构造的电子邮件消息的消息摘要与 UNIX 计算机上构造的电子邮件消息的消息摘要可能不同,因为两者生成消息摘要时的输入是不同的。

因此,PEM 把每个电子邮件消息变成抽象的规范表示,即不管发送方与接收方体系结构和操作系统如何,电子邮件消息总是按统一、独立格式传输。

■ **第 2 步:数字签名**

这是个典型数字签名过程,已经在前面多次介绍。曾先用 MD2 与 MD5 之类算法生成电子邮件消息的消息摘要,如图 6.50 所示。

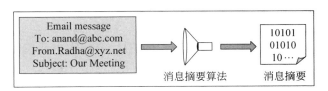

图 6.50　生成电子邮件消息的消息摘要

然后将生成的消息摘要用发送方的私钥加密,形成发送方的数字签名,如图 6.51 所示。

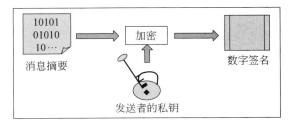

图 6.51　从电子邮件消息形成发送方的数字签名

■ **第 3 步:加密**

这一步用对称密钥将电子邮件消息和数字签名加密,为此使用 DES 或 DES-3 算法和

CBC 模式，如图 6.52 所示。

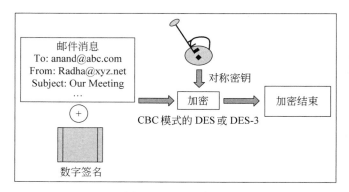

图 6.52　PEM 加密

■ **第 4 步：64 进制编码**

64 进制编码也称为 ASCII 编码，将任意二进制输入变成可打印字符输出。这个方法用 3 个 8 位块（共 24 位）处理二进制输入，构成 4 组，各 6 位，每个 6 位组对应于一个 8 位输出字符。图 6.53 显示了这个概念。注意图中的值没有正确使用，只是演示概念而已。

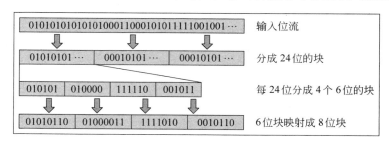

图 6.53　64 进制编码

这个过程好像很简单。但是，一个关键问题是用什么逻辑将 6 位输入块映射 8 位输出块？为此要使用映射表，见下例介绍。

在我们的 64 进制编码示例中，24 位原始流为 001000110101110010010001，图 6.54 显示了这个流的 64 进制编码过程，见后面解释。

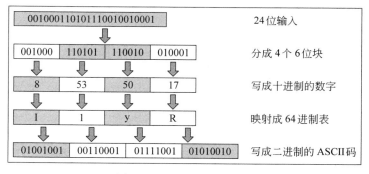

图 6.54　64 进制编码示例

图中显示的过程很简单,因此不必描述,唯一要说明的是映射 64 进制表。这里使用标准预定义表,如图 6.55 所示,从表中查找生成的十进制值。输出中使用表中十进制值指定位置对应的字符。例如,第一个十进制数为 8,而映射表中第 8 位的字符是 I。同样,第二位指定数字 53,表中第 53 位为字符 1,等等。最后,写出字符 8 位 ASCII 的等价二进制值。

6 位值	字符	6 位值	字符	6 位值	字符	6 位值	字符
0	A	16	Q	32	g	48	w
1	B	17	R	33	h	49	x
2	C	18	S	34	i	50	y
3	D	19	T	35	j	51	z
4	E	20	U	36	k	52	0
5	F	21	V	37	l	53	1
6	G	22	W	38	m	54	2
7	H	23	X	39	n	55	3
8	I	24	Y	40	o	56	4
9	J	25	Z	41	p	57	5
10	K	26	a	42	q	58	6
11	L	27	b	43	r	59	7
12	M	28	c	44	s	60	8
13	N	29	d	45	t	61	9
14	O	30	e	46	u	62	+
15	P	31	f	47	v	63	/
						(填充)	=

图 6.55　64 进制编码映射表

6.9.3　PGP

Phil Zimmerman 是 PGP(Pretty Good Privacy)之父,他创建了 PGP 协议。PGP 最有意义的方面是支持加密的基本要求,即简单易用、安全免费,包括文档和源代码。此外,需要支持的组织还可以得到便宜的商业版 PGP,可以从 Viacrypt（现为 Network Associates）公司取得、PGP 支持的算法是用 RSA、DSS 与 Diffie-Hellman 进行非对称密钥加密,用GAST-128、IDEA 和 DES-3 进行对称密钥加密,用 SHA-1 求消息摘要。PGP 相当普及,使用很广,比 PEM 普及得多。图 6.56 显示了 PGP 提供的电子邮件加密支持。

1. PGP 工作原理

图 6.57 显示了 PGP 的主要步骤,首先是数字签名,其次是压缩,然后是加密,数字封

包,最后是64进制编码。

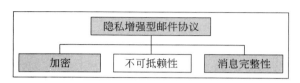

图 6.56 PGP 的安全特性

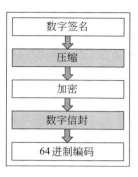

图 6.57 PGP 操作

发送电子邮件消息时,PGP 提供了 4 个安全选项:

- 只签名(第1步和第2步)。
- 签名加64进制编码(第1、2、5步)。
- 签名、加密、封包与64进制编码(第1~5步)。

下面介绍这 5 个步骤。注意接收方要按相反顺序执行这 5 个步骤,取得原先的明文电子邮件消息。

■ **第1步:数字签名**

这是个典型数字签名过程,已经在前面多次介绍。PGP 中要用 SHA-1 算法生成电子邮件信息的消息摘要,然后将生成的消息摘要用发送方的私钥加密,形成发送方的数字签名,得到发送方的数字签名,这里不再重复。

■ **第2步:压缩**

这是 PGP 中增加的步骤,压缩输入消息和数字签名,减少要传输的最终消息长度,为此要使用著名的 ZIP 程序。ZIP 基于 Lempel-Ziv 算法。

Lempel-Ziv 算法寻找重复单词和字符串,将其存放在变量中,然后把重复单词和字符串的实例换成相应变量的指针。由于指针只要几位内存,因此这个方法可以压缩数据。

例如,对于下列字符串:"What is your name? My name is Atul."利用 Lempel-Ziv 算法,可以生成两个变量 A 和 B,将单词 is 和 name 分别换成 A 与 B,如图 6.58 所示。

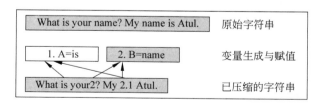

图 6.58 ZIP 程序使用的 Lempel-Ziv 算法

可以看到,压缩后的字符串为"What 1your 2? My 2 1 Atul",比原字符串"What is your name? My name is Atul"小。当然,原字符串越大,压缩效果越好。PGP 过程也一样。

■ **第3步:加密**

这一步用对称密钥将第 2 步的压缩输出(即压缩的电子邮件和数字签名)加密。为此,通常用 IDEA 算法和 CFB 模式。我们不准备介绍这个过程,因为 PEM 中已经详细介绍。

■ **第 4 步:数字信封**

这里用接收方的公钥加密第 3 步加密所用的对称密钥。第 3 步与第 4 步的输出形成数字信封,已经在前面介绍过,如图 6.59 所示。

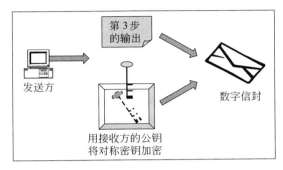

图 6.59 形成数字信封

■ **第 5 步:64 进制编码**

现在对第 4 步的输出进行 64 进制编码,前面已经介绍,这里不再重复。

2. PGP 的算法

PGP 支持很多种算法,图 6.60 列举了其中最常用的一些。

算 法 类 型	描 述
非对称密钥	RSA(加密和签名,只用于加密,只用于签名)
	DSS(只用于签名)
消息摘要	MD5、SHA-1、RIPE-MD
加密	IDEA、DES-3、AES

图 6.60 PGP 的算法

有关这些算法的使用见如下介绍。

3. 密钥环

当发送方要发送一个邮件消息给单个接收方时,没有太多的问题。当要把一个消息发送给多个接收方时,就会出现复杂性。如果 Alice 需要与 10 个人通信,她就需要所有这 10 个人的公钥。因此,Alice 需要 10 公钥的**密钥环**(key ring)。另外,PGP 指定了一个公钥-私钥环。这是因为 Alice 需要改变她的公钥-私钥对,或者对不同的用户组需要使用不同的密钥对(即,一个密钥对用于与家人通信,另一个密钥对用于与朋友通信,第 3 个密钥对用于业务每个通信,等等)。换句话说,每个 PGP 用户需要两组密钥环:(a)自己的公钥-私钥对环以及(b)其他用户的公钥环密钥。

密钥环的概念如图 6.61 所示。注意,在一个密钥环中,Alice 维护着一个密钥对组,而在另一个中,则只是维护其他用户的公钥(不是密钥对)。显然,她不可能有其他用户的私钥。同样,PGP系统中的其他用户也有他们自己的两个密钥环。

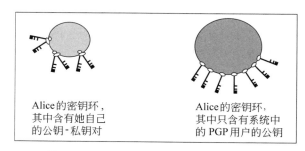

图6.61　PGP的一个用户所维护的密钥环

这些密钥环的使用应该很容易理解,下面来简要介绍一下。

这里有两种情况。

(1) Alice要发送一个消息给系统中的另一个用户。

(a) Alice创建初始消息的消息摘要(使用SHA-1),并用图6.63所示的一个密钥对中的自己的私钥将它加密(使用RSA或DSA算法),生成一个数字签名。

(b) Alice创建一个一次性对称密钥。

(c) Alice使用要接收该消息的接收方的公钥来加密前面创建的一次性对称密钥。这里使用的是RSA算法。

(d) Alice使用这个一次性对称密钥将初始消息加密(使用IDEA或DES-3算法)。

(e) Alice使用这个一次性对称密钥将数字前面加密(使用IDEA或DES-3算法)。

(f) Alice把上面(d)和(e)的输出发送给接收方。

接收方需要做些什么呢? 具体解释如下。

(2) 假设Alice接收了一个来自系统中另一用户的消息。

(a) Alice使用其私钥来获得由发送方创建的一次性对称密钥。

(b) Alice使用这个一次性对称密钥将消息解密。

(c) Alice计算初始消息的消息摘要(假设为MD1)。

(d) Alice使用这个一次性对称密钥来获得初始数字签名。

(e) Alice从密钥环得到该发送方的公钥,并用该公钥解密数字签名,得到初始消息摘要(假设为MD2)。

(f) Alice把消息摘要MD1和MD2进行比较。如果两者匹配,Alice就可以确定消息的完整性以及该消息发送方的身份认证。

4. PGP证书

为了信任用户的公钥,需要具有该用户的数字证书。PGP可以使用由CA签发的证书,或使用它自己的证书系统。

正如在数字证书中介绍的那样,在X.509中,有一个根CA,它负责签发给第2级CA的证书,第2级CA又负责签发给第3级CA的证书,等等,一直到所需的级数。最低层的CA负责签发给终端用户的证书。

在PGP中,情况有所不同。这里没有CA。每个用户可以为密钥环中的用户签发一个数字证书。Amit 可以为 Amit、Jui、Harsh 等人签发证书。这里没有分层或树状的可信结构。这就导致这样一种情况:一个用户具有由其他用户签发的多个证书。例如,Jui 可能具有一个由 Atul 签发的证书,还有一个由 Amit 签发的证书,如图 6.62 所示。于是,如果 Harsh 要验证 Jui 的证书,他就有两条途径:Jui->Atul 以及 Jui->Amit。Harsh 可能完全信任 Atul,但不信任 Amit! 因此,可以有多条信任路径。

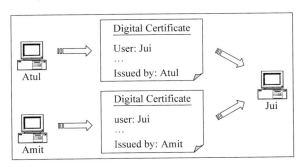

图 6.62 任何人都可以向 PGP 中的其他人签发证书

在 PGP 中,CA 的等价者(即签发证书的用户)称为倡导者(introducer)。

利用如下 3 个概念可以更好地理解这个概念。

- 倡导者信任。
- 证书信任。
- 密钥合法性。

下面来讨论这 3 个概念。

■ **倡导者信任**

我们已经说过,在 PGP 中没有分层 CA 的概念。因此,如果每个用户都必须信任系统中的其他用户,PGP 的可信环自然不会太大。在现实生活中,我们不可能完全信任认识的所有人。那怎么办呢?

为了解决这个问题,PGP 提供了多级信任。其级数取决于 PGP 的实现。但为了简单起见,这里假设实现 3 级可信,分别称为不信任、部分信任和完全信任。倡导者信任(introducer trust)指定了倡导者为系统中的其他用户分配给什么级别的信任。例如,Atul 可能完全信任 Jui,而 Amit 在部分信任 Jui。Jui 则可能不信任 Harsh。Harsh 部分信任 Amit,等等,如图 6.63 所示。

■ **证书信任**

当用户 A 接收另一个用户 B 的证书(由第 3 方 C 签发的)时,根据 A 在 C 中具有的信任级别,A 在存储该证书时,赋给它一个证书信任(certificate trust)级别。通常,这与签发该证书的倡导者信任级别相同,如图 6.64 所示。

为了弄清楚这个概念,我们来看另一个示例。假设系统中有一个用户集,其中 Mahesh 完全信任 Naren,部分信任 Ravi 和 Amol,不信任 Amit。

(1) Naren 签发两个证书:一个给 Amrita(公钥为 K1),另一个给 Pallavi(公钥为 K2)。Mahesh 在他的公钥环中存储了 Amrita 和 Pallavi 的公钥和证书,其证书信任级别为完全信任。

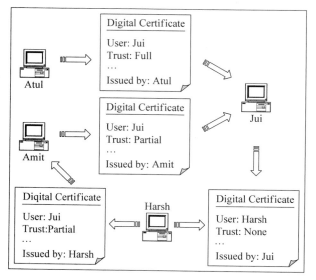

图 6.63　倡导者信任

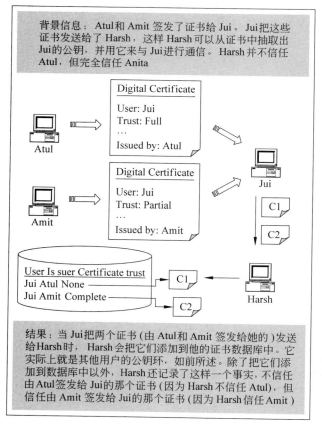

图 6.64　证书信任

（2）Ravi 签发一个证书给 Uday（公钥为 K3）。Mahesh 在他的公钥环中存储了 Uday

的公钥和证书,其证书信任级别为部分信任。

（3）Amol 签发两个证书,一个给 Uday(公钥为 K3),另一个给 Parag(公钥为 K4)。Mahesh 在他的公钥环中存储了 Uday 和 Parag 的公钥和证书,其证书信任级别为部分信任。注意,Mahesh 此时有 Uday 的两个证书了,一个是 Ravi 签发的,另一个是 Amol 签发的,证书信任级别都是部分信任。

（4）Amit 签发一个证书给 Pramod(公钥为 K4)。Mahesh 在他的公钥环中存储了 Pramod 的公钥和证书,其证书信任级别为不信任。Mahesh 也可以丢弃这个证书。

■ **密钥合法性**

倡导者信任和证书信任的目的是确定是否信任某个用户的公钥。在 PGP 术语中,称之为**密钥合法性**(key legitimacy)。Mahesh 需要知道 Amrita、Pallavi、Uday、Parag、Pramod 等用户的公钥是否合法。

PGP 定义了如下的简单规则来确定密钥的合法性:某个用户的密钥合法性级别就是该用户的加权信任级别。例如,假设我们把一定的权重赋给了证书信任级别,如图 6.65 所示。

权重	含义
0	不信任
1/2	部分信任
1	完全信任

图 6.65 为证书信任级别

在这种情况下,为了信任任意其他用户的公钥(即证书),Mahesh 就需要一个完全信任证书或两个部分信任证书。这样,根据 Amirta 和 Pallavi 从 Naren 接收的证书,Mahesh 可以完全信任 Amirta 和 Pallavi。由于 Uday 从 Ravi 和 Amol 接收了两个部分信任证书,Mahesh 也可以信任 Uday。

有趣的是,属于某个人的公钥的合法性,与该人的信任级别没有关系。例如,Naren 可能信任 Amit。因此,Naren 可以用产自 Amit 的证书的公钥来加密消息,并把这个已加密消息发送给 Amit。但是,Mahesh 仍会拒绝由 Amit 签发的证书,因为他不信任 Amit。

5. 信任网

前面的介绍有一个潜在的问题。如果没有人创建完全信任或部分信任的证书,会怎么样? 在上面的示例中,如果没有人为 Naren 创建证书,我们根据什么来信任 Naren 的公钥呢? 要解决这个问题,PGP 中有几个方案,简要介绍如下。

（1）Mahesh 可以通过与 Naren 见面,在纸上或通过磁盘文件实际获得 Naren 的公钥。

（2）也可以通过电话来完成。

（3）Naren 可以把他的公钥用电子邮件发给 Mahesh。Naren 和 Mahesh 计算该密钥的消息摘要。如果使用的是 MD5,那么结果是一个 16 字节的摘要。如果使用的是 SHA-1,那么结果是一个 20 字节的摘要。以十六进制表示,在 MD5 中该摘要是一个 32 位的数值,在 SHA-1 中则是一个 40 位的数值。在 MD5 中显示为 8 组 4 个数字的值,在 SHA-1 中则显示为 10 组 4 个数字的值,称为指纹(fingerprint)。在 Mahesh 把 Naren 的公钥添加到他的密钥环中之前,他可以打电话给 Naren,告诉他所获得的指纹值,以便交叉核实与 Naren 分别获得的指纹值。这就可以确保公钥值在邮件传输过程中没有被修改。为了更加保险,PGP 为含 4 个数字的每个十六进制数字组赋给一个唯一英语单词,这样使用的就不是数字的十六进制字符串,而是由 PGP 定义的正常的英语单词。例如,PGP 可能把单词 India 赋给十六进制字符串 4A0B 等等。

不管是什么方式，获得其他用户的密钥以及把自己的密钥发送给其他人的过程，最终在用户组之间形成了一个信任网（web of trust）。这使得密钥环越来越大，有助于安全的邮件通信。

当某个用户需要吊销其公钥时（例如，因为私钥丢失等），需要她发送一个密钥吊销证书给其他用户。该证书是用户用自己的私钥进行自签名的。

6.9.4　安全多用途 Internet 邮件扩展

1. 简介

传统电子邮件系统基于文本，即可以用编辑器编写文本消息，然后通过 Internet 发给另一个人。但是，在现代社会中，只交换文本消息显然不够。人们要交换各种不同格式的文档、多媒体文件，等等。为了满足这种需求，**多用途 Internet 邮件扩展**（Multipurpose Internet Mail Extensions，MIME）系统扩展基本电子邮件系统，允许用户用基本电子邮件系统发送二进制文件。MIME 电子邮件消息包含正常的 Internet 文本消息和一些特殊的头与格式化文本段。每个段中可以放 ASCII 编码数据。每个段开头说明如何在接收方解释/译码后面的数据，接收方电子邮件系统根据这个解释译码数据。

下面考虑一个包含 MIME 头的简单示例。图 6.66 显示的电子邮件消息是发送方编写电子邮件后附上 GIF 图形文件的情形。图中显示实际传递到接收方的电子邮件信息。Content-Type（内容类型）MIME 头显示发送方在消息中附上 GIF 图形文件。实际图形在此后的消息中发送，在文本形式中像一堆乱码（因为它们是图形的二进制表示）。但接收方的电子邮件系统能够识别这是个 GIF 图形文件，调用相应应用程序，读取、解释和显示 GIF 图形文件内容。

```
From: Atul Kahate <akahate@indiatimes.com>
To: Anita Kahate<akahate@yahoo.com>
Subject: Cover image for the book
MIME-Version: 1.0
Content-Type: image/gif

<Actual image data in the binary form such as R019a0asdjas0…>
```

图 6.66　电子邮件消息的 MIME 扩展

为了改进基本 MIME 系统，提供安全特性，我们**采用安全多用途 Internet 邮件扩展**（Secure Multipurpose Internet Mail Extensions，S/MIME）。

2. MIME 概述

我们看到，电子邮件系统提供 Fro m、To、Date、Subject 之类的电子邮件头。MIME 规范在电子邮件系统中增加 5 个新头，描述消息体的信息（前面的示例中已经看到两个 MIME 头）。这样，当使用 MIME 时，电子邮件的消息如图 6.67 所示。

这些 MIME 头的描述如下。

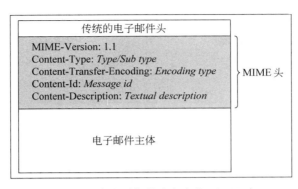

图 6.67　在电子邮件消息中的 MIME 头

- MIME 版本(MIME-Version)：它包含 MIME 的版本号，当前值为 1.0。该字段留作将来使用，表示更新的 MIME 版本。这个字段表示该消息符合 RFC 2045 与 2046 规范。
- 内容类型(Content-Type)：描述消息体中包含的数据。这些内容足以使接收方的电子邮件系统能够按相应方式处理收到的电子邮件消息。其内容指定如下：Type/Sub-type MIME 指定了 7 种内容类型和 15 种子类型，如图 6.68 所示。

类　　型	子　类　型	描　　述
Text	Plain	无格式文本
	Enriched	含格式的文本
Multipart	Mixed	包含多个部分的电子邮件，各个部分要依次一起发送
	Parallel	包含多个部分的电子邮件，各个部分要按不同顺序分别发送
	Alternative	包含多个部分的电子邮件，各个部分要表示同一信息的不同版本，使接收方电子邮件系统能够选择其中最合适的版本
	Digest	类似于 Mixed，这里不准备详细介绍
Message	RFC822	消息体为包装消息，符合 RFC 822
	Partial	将大电子邮件消息分块
	External-body	包含对象指针，对象放在其他位置
Image	jpeg	JPEG 格式图形
	gif	GIF 格式图形
Video	Mpeg	MPEG 格式视频
Audio	Basic	声音格式
Application	PostScript	Adobe PostScript
	octet-stream	一般二进制数据

图 6.68　MIME 内容类型

- 内容传输编码（Content-Transfer-Encoding）：指定表示消息体时使用的交换类型。有 5 种内容编码方法，如图 6.69 所示。

类　　型	描　　述
7 位	NVT ASCII 字符和短线
8 位	非 ASCII 字符和短线
二进制	非 ASCII 和无限长线
64 进制	6 位的数据块加密为 8 位的 ASCII 字符
可打印	非 ASCII 字符，编码为一个等号，后面跟一个 ASCII 码

图 6.69　内容传输编码的值

- 内容 ID（Content-ID）：唯一标识 MIME 实体，引用多个上下文。
- 内容描述（Content-Description）：在消息体不可读时使用（如视频）。

3. S/MIME 功能

S/MIME 的一般功能与 PGP 相似。和 PGP 一样，S/MIME 提供电子邮件消息的数字签名和加密功能，具体地说，S/MIME 提供的功能如图 6.70 所示。

功　　能	描　　述
封包数据	任何类型的加密内容，加密密钥用接收方的公钥加密
签名数据	包括用发送方私钥加密的消息摘要。内容与数字签名采用 64 进制编码
明文签名数据	类似于签名数据，但只有数字签名采用 64 进制编码
签名且封包数据	可以组合签名与封包数据，对封包数据签名或封包签名/明文签名数据

图 6.70　S/MIME 功能

4. S/MIME 使用的加密算法

从加密算法看，S/MIME 使用下列加密算法。
- 用 DSS（数字签名标准）进行数字签名；
- 用 Diffie-Hellman 算法加密对称会话密钥；
- 用 RSA 算法进行数字签名或加密对称会话密钥；
- 用 DES-3 加密对称会话密钥。

有趣的是，S/MIME 定义了两个术语：必须和应该，描述加密算法的用法，什么意思呢？下面看看。
- 必须：表示这个加密算法是绝对必要的，MIME 的用户系统必须支持这些算法。
- 应该：有时可以不支持这个算法，但应尽量支持。

根据这些术语，S/MIME 支持图 6.71 所示不同加密算法。

功能	对 S/MIME 建议的算法支持
消息摘要	必须支持 MD5 与 SHA-1 应该支持 SHA-1
数字签名	发送方与接收方必须支持 DSS 发送方与接收方应该支持 RSA
封包	发送方与接收方必须支持 Diffie-Hellman 发送方与接收方应该支持 RSA
对称密钥加密	发送方应该支持 DES-3 与 RC4 接收方必须支持 DES-3,应该支持 RC2

图 6.71　S/MIME 的加密算法准则

5. S/MIME 消息

我们来看看生成一个 S/MIME 消息的常见过程。

S/MIME 要保护的是含签名、已加密或两者的 MIME 实体。这里我们所说的 MIME 实体指的是整个消息,或整个消息的一部分。MIME 实体按照常见的 MIME 规则生成。它和与安全相关的数据(如算法标识符和数字证书)一起由 S/MIME 进行处理。该处理的输出称为公钥加密标准(Public Key Cryptography Standard,PKCS)对象。这个 PKCS 对象本身被看作是一个消息的内容,与相应的 MIME 头一起封装在 MIME 中。

前面曾介绍过,对于电子邮件消息,S/MIME 支持数字签名、加密或两者。S/MIME 处理电子邮件消息和其他与安全相关数据,如所使用的算法和数字证书,生成一个 PKCS 对象。前面说过,然后像对待消息一样处理 PKCS 对象,即增加相应的 MIME 头。为此,S/MIME 定义 2 个新的内容类型和 6 个子类,如图 6.72 所示。

类　型	子　类	描　述
Multipart	Signed	明文签名清单,包括消息与数字签名
Application	PKCS♯7 MIME Signed Data	签名 MIME 实体
	PKCS♯7 MIME Enveloped Data	封包 MIME 实体
	PKCS ♯ 7 MIME Degenerate Signed Data	只包含数字证书的实体
	PKCS♯7 Signature	多部分签名消息的签名部分内容类型
	PKCS♯10 MIME	证书注册请求

图 6.72　S/MIME 内容类型

6. S/MIME 证书处理

S/MIME 使用的是 X.509V3 证书。与 PGP 一样,S/MIME 需要配置可信密钥与 CRL 列表。证书也是由 CA 签发的。

S/MIME 用户执行 3 种密钥管理功能,如图 6.73 所示。

功　　能	描　　述
密钥生成	具有某些管理权限的用户必须能创建 Diffie-Hellman 和 DSS 密钥对,以及能创建 RSA 密钥对
注册	用户的公钥密钥在 CA 注册,以接收一个 X.509 数字证书
证书存储与检索	一个用户需要其他用户的数字证书来解密输入的消息,并验证输入消息的签名。这些必须由一个本地的管理实体来维护

图 6.73　密钥管理功能

7. S/MIME 的其他安全特性

在 S/MIME 协议中,还提议了 3 种其他的安全特性,具体归纳如下。

- 已签名接收:该消息可以用作初始消息的确认。这可以向初始发送方提供消息传送的证据。接收方给实体消息(包括发送方发送的初始消息、发送方的签名以及确认)签名,从中创建一个 S/MIME 消息类型。
- 安全标签:可以把一个安全标签添加到消息中,以标识其保密性、访问控制和优先级别。
- 安全邮件列表:当发送方需要把一个消息发送给多个用户时,可以创建一个 S/MIME 邮件列表代理(Mailing Listing Agent,MLA),由 MLA 来接管剩下的工作。例如,如果要把一个消息发送给 10 接收方,需要用接收方的 10 个不同公钥来加密。MLA 可以只使用单个输入消息,按不同的接收方进行加密,并转发该消息。这意味着,初始发送方只需加密消息一次(用 MLA 的公钥),并且只需发送一次(发送给 MLA),然后由 MLA 来完成剩下的工作。

6.9.5　域密钥身份识别邮件

域密钥身份识别邮件(Domain Keys Identified Mail,DKIM)是一种建议的 Internet 标准。DKIM 已经被很多 E-mail 提供商(比如 GMail、Yahoo! 和很多其他公司)和 Internet 服务提高商(Internet Service Providers,ISP)支持,在创建与 E-mail 相关的身份识别中很有用。简单地说,用户的 E-mail 消息用私钥进行了数字签名,该私钥属于发出该 E-mail 的管理域(例如 Gmail 或 Yahoo!)。这种数字签名是在整个 E-mail 内容上添加一些首部。接收方的 E-mail 系统使用发送方管理域的公钥对消息的数字签名进行验证。这可以确保接收方接收到的 E-mail 的确是来自发送方的管理域,且可以确保在传输过程中消息是保持完整的。

这里需要区分一下传统 E-mail 安全协议(如 PGP 或 S/MIME)与 DKIM。在传统 E-mail 安全协议中,发送方自己对消息进行签名,但在 DKIM 中,则是由发送方的管理域对消息进行签名。换句话说,如果笔者的 E-mail 账号是 akahate@gmail.com,那么在使用 PGP 或 S/MIME 发送 E-mail 时,由我自己对 E-mail 进行签名,但如果使用 DKIM,那么将由 GMail 来代替我对 E-mail 进行签名。

在已经有了 E-mail 安全协议的情况下,之所以还建议使用 DKIM,有几个原因。与 S/MIME 不同,在 DKIM 中,发送方和接收方都不需要进行特殊的处理,即不需要进行消息的数字签名和验证。而且,DKIM 是对 E-mail 的内容和首部进行签名,这与 S/MIME 也不同。由于 DKIM 是在域级上实现的,因此用户无须担心它。他们甚至都没有意思到 DKIM 的存在和使用。

像传统的 E-mail 安全协议一样,也可以使用消息摘要算法(如 SHA-256)来计算原始 E-mail 消息和首部的消息摘要,然后应用 RSA 数字签名算法来计算 E-mail 消息的数字签名。

6.10　无线应用程序协议安全性

6.10.1　简介

20 世纪 90 年代末期,无线计算技术给 Internet 世界带来了一场风暴,在此之前,Internet 只能通过 PC 机访问。但是,1997 年新的无线 Internet 标准改变了这一切,可以通过无线手持设备和个人数字助理(PDA)访问 Internet,出现了**无线应用程序协议**(Wireless Application Protocol,WAP)。简单地说,无线应用程序协议是让无线移动设备访问 Internet 的通信协议。

WAP 体系结构的开发既考虑了基本 Internet 体系结构,同时又考虑 WAP 要面对移动设备的局限。这样,WAP 借用了 Internet 体系结构,同时保证考虑无线与有线世界的差别。这样,基本原则是使最终用户得到 Internet 访问,同时又使内容提供者与最终用户之间的通信量减到最小。因此,TCP/IP 与 HTTP 等 Internet 体系结构无法直接运用到移动设备中。这些 Internet 协议太复杂,不适合弱小的移动设备和移动通信信道。例如,客户机与服务器之间建立与关闭 TCP 连接要占用大量时间和带宽,适合有线世界,而移动世界中必须考虑处理能力与带宽,再增加建立与关闭连接的要求会使速度更慢。移动设备不可能进行大量信息处理,用大量数据建立连接(与 TCP 一样)。简而言之,TCP/IP 与 HTTP 不适合移动设备。

在 WAP 体系结构中,我们在客户机与服务器之间增加了一层 WAP 网关。简单地说,WAP 网关的作用就是把客户机对服务器的请求从 WAP 变成 HTTP,把服务器对客户机的响应从 HTTP 变成 WAP,如图 6.74 所示。移动设备产生 WAP 请求(通常是移动电话),通过网络运营商的基站传递(显示为塔形),然后中转到 WAP 网关,WAP 变成 HTTP。然后 WAP 网关与 Web 服务器交互(也称为源服务器),就像是个 Web 服务器一样,即使用 HTTP 协议与 Web 服务器交互。返回时,Web 服务器将 HTTP 响应发送给 WAP 网关,由其 HTTP 变成 WAP,先到基站,然后到移动设备。

6.10.2　WAP 堆栈

现在要介绍 WAP 堆栈及 WAP 安全。具体地说,我们要把 WAP 堆栈映射到 Internet

的 TCP/IP 堆栈，以便了解它们的相同和相异之处。但是，WAP 堆栈基于 OSI 模型，而不是基于 TCP/IP 模型。图 6.75 显示了 WAP 堆栈。

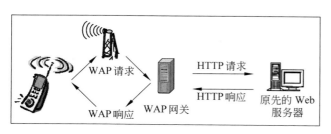

图 6.74　移动电话与 Internet 交互

图 6.75　WAP 堆栈

如图 6.74 所示，WAP 堆栈共六层协议层，我们只对如下的其中一层感兴趣。

安全层

WAP 堆栈中的**安全层**（security layer）也称为**无线传输层安全**（Wireless Transport Layer Security，WTLS）协议，是可选层，提供认证、隐私和安全连接等特性，是许多现代电子商务和移动商务应用程序所需要的。

6.10.3　安全层：无线传输层安全

无线世界比有线世界存在更大的安全问题，因为参与的各方增加，移动中更可能没有采取适当的安全措施。因此，WAP 协议堆栈包括了另外一层，即**无线传输层安全**（Wireless Transport Layer Security，WTLS）协议，这是其他类似协议堆栈中没有的。WTLS 是可选的，基于传输层安全（TLS）协议，而 TLS 又基于安全套接层（SSL）协议。WTLS 在 WAP 的传输层（WDP）之上运行。

我们知道，SSL 对传统 Internet 世界中进行电子商务事务的方式产生了巨大影响。SSL 使参与事务的双方可以保证安全可靠。WTLS 在无线世界中实现相似的效果，保证 4 个方面：隐私、服务器认证、客户机认证和数据完整性。

- 隐私保证客户机与服务器之间传递的消息不会被别人访问，为此要将消息加密，见前面介绍。
- 服务器认证使客户机可以肯定服务器的身份，而不是别人有意或无意伪造的。
- 客户机认证使服务器可以肯定客户机的身份，而不是别人有意或无意伪造的。
- 数据完整性保证别人无法篡改客户机与服务器之间，修改其内容。

图 6.76 显示了 WAP 客户机与原服务器之间的通信如何保护。WAP 客户机与 WAP 网关之间用 WTLS 保证安全方式事务，WAP 网关与原服务器之间用 SSL 保证安全性，因此 WAP 网关在 WTLS 与 SSL 之间进行双向翻译。

WTLS 与 SSL 之间的转换是个争论的焦点，这是因为，WAP 网关首先要将 WTLS 文本变成明文，然后采用 SSL；或将 SSL 文本变成明文，然后采用 WTLS。因此，它要访问未加密的原消息。WAP 网关在内存中进行这个转换，不把它存放在磁盘中任何部分。显然，

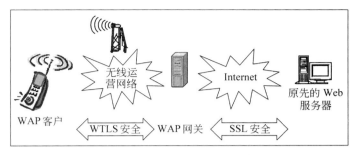

图 6.76　WTLS 与 SSL 安全

如果把它存放在磁盘中任何部分,则会造成极大担心。即使只是在内存中进行这个转换,也使人们对其安全性非常担忧。他们认为,这里的瞬时延迟都可能造成极大的混乱。因此,许多银行、商家和财务机构支持 WAP 事务时希望用自己的 WAP 网关,保证自己能够控制 WTLS 与 SSL 之间的转换。

SSL 与 WTLS 的最主要差别是 SSL 需要可靠传输层(即 TCP)保证客户机与服务器之间事务的安全模式,相反,WAP 则由 WTLS 之上的协议(WTP 和 WSP)确定事务可靠与否。换句话说,它也适用于不可靠的传输方式,而这是 SSL 做不到的,SSL 要利用 TCP 进行顺序与错误检查。

6.11　GSM 安全性

在移动电话早期,使用**高级移动电话系统**(advanced Mobile Phone System,AMPS)之类模拟技术,这类技术没有什么安全性。这类系统中的每个移动电话在 PROM 中有一个 32 位序号和 10 位电话号码。电话号码包括 3 位区号(用 10 位表示)和 7 位用户号(用 24 位表示)。打开移动电话时,其发出 32 位序号和 34 位数字。这些信息是以明文形式发送的。因此,任何人都可以窃听传递的无线通信,可以访问序号和电话号码,加以利用。

AMPS 的一个改进是数字化,使用数字化 AMPS(D-AMPS)技术。D-AMPS 在美国和日本广泛使用(稍作修改)。另一个类似技术是**全球移动通信系统**(Global System for Mobile Communications,GSM),在欧洲广为使用,现在已经波及美国。

下面简要介绍 GSM 的安全特性,看看低层的无线安全性。

GSM 安全有 3 个关键方面:

- 用户标识认证;
- 信号数据保密;
- 用户数据保密。

每个用户有一个唯一的国际移动用户标识(IMSI),还有一个唯一的用户认证密钥(Ki)。GSM 认证和加密保证移动网络上不会传输这个敏感信息,而是用挑战/响应机制进行认证。实际传输内容用临时的随机生成加密密钥(Kc)加密。

安全性分布在 GSM 基础结构的三个不同元素中:用户标识模块(SIM)是移动电话中心塑料卡、GSM 手机和 GSM 网络。

- SIM 包含 IMSI、Ki、加密密钥生成算法（A8）、认证算法（A3）和 PIN（个人标识号）。
- GSM 手机包含加密算法（A5）。
- GSM 网络中的认证中心（AUC）包含加密算法（A3、A5、A8）和用户标识与认证信息数据库。

有了这些信息后，下面考虑 GSM 如何达到安全性。

1. 认证

GSM 网络认证用户的过程如图 6.77 所示。

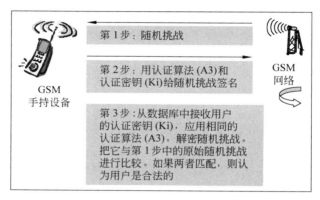

图 6.77　GSM 认证

该过程使用挑战/响应机制。网络在认证开始时向用户发一个 128 位随机数，然后手机准备使用认证算法（A3）的 32 位签名响应和用户认证密钥（Ki），将其发回网络。网络从数据库中检查 Ki 值，用 A3 算法对原先的 128 位随机数进行相同运算，并将这个结果与从手机收到的结果比较。如果两者相符，则用户认证成功。由于计算签名响应发生在 SIM 中，因此 IMSI 和 Ki 不必离开 SIM，使认证很安全。

2. 信令与数据保密

前面曾介绍过，SIM 包含加密密钥生成算法（A8），用于生成 64 位加密密钥（Kc）。要取得 Kc 值，对各个用户认证密钥（Ki）采用认证时对 A8 算法所用的同一随机数。这个密钥在后面用于保护用户与移动电话基站之间的通信。该过程如图 6.78 所示。

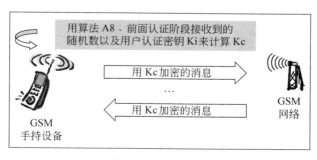

图 6.78　GSM 加密

3. 声音与数据安全

用 A5 算法加密用户手机与 GSM 网络之间的声音与数据通信流。为此,用户手机向 GSM 网络发送一个加密方式请求,网络用加密算法(A5)和加密密钥(Kc)加密与解密通信流。

算法(A3、A5、A8)是保密的,不公开的,但已经被发现和公布到 Internet 上,并在许多图书/资料中提供了 C 语言和其他语言的实现方法。

6.12　3G 安全性

GPRS 逐步演变成**统一移动电话系统**(Universal Mobile Telephone System,UMTS)。UMTS 是 GPRS 的扩展。前面曾介绍过,GPRS 技术介于第二代和第三代无线技术之间(2.5G),而 UMTS 是**第三代无线/移动技术**(the third generation of wireless/mobile technology,3G)。UMTS 扩展 GPRS 网络的无线系统性能,提供扩充数据服务和改进数据速度。

UMTS 可以提供各种高科技应用,如实时视频、声频/视频流、高速多媒体、视频会议、多人游戏和改进的移动 Internet 访问。主要好处是具有高端服务功能,包括大大改进能力、质量与数据速率。UMTS 还可以并发使用多个服务。

下面介绍 UMTS 的认证过程。

UMTS 认证过程涉及三方:用户移动手机、家庭地址和当前地址(注意移动电话用户是移动的,因此家庭地址和当前地址可能不同)。用户认证过程共四步:

(1) 用户移动手机将国际移动用户号(IMSI)发送到家庭地址。IMSI 号是每个手机唯一的,可以先加密之后再发到家庭地址。

(2) 家庭地址进行下列步骤。

(a) 生成随机数(RAND)。

(b) 从数据库中取得与这个用户的手机共享的秘密密钥。

(c) 用随机数和密钥生成下列项目:

> Response(RES,响应);

> Confidentiality Key(CK,保密密钥);

> Integrity Key(IK,完整性密钥);

> Authentication Key(AK,认证密钥)。

(d) 家庭地址和用户的手机共享的秘密密钥称为 SEQ(序号)。家庭地址计算随机数(RAND)与序号(SEQ)组合的 MAC,即 MAC(RAND,SEQ)。

(e) 将序号(SEQ)与认证密钥(AK)进行算或运算,即(SEQ XOR AK)。

(f) 最后,将下列项目发送到用户的当前地址:

`RAND,RES,CK,IK,MAC,(SEQ XOR AK)`。

(3) 当前地址从家庭地址收到这些值,并向用户手机发送下列项目。

（a）随机数（RAND）。

（b）序号（SEQ）与认证密钥（AK）的算或运算，即（SEQ XOR AK）。

（c）MAC。

（4）用户手机取得这些值，并进行下列任务。

（a）用从当前地址收到的随机数（RAND）和与家庭地址共享的秘密密钥求出响应（RES）。

（b）和第１步家庭地址中一样生成 CK、IK、AK 等密钥。

（c）用 AK 对（SEQ XOR AK）值进行异或运算，即（SEQ XOR AK）XOR AK，显然又得到序号（SEQ）。

（d）用随机数（RAND）和序号（SEQ）进行 MAC 运算，即 MAC（RAND，SEQ）。

（e）比较第４步求出的 MAC 与从当前地址收到的 MAC（见第３步）。

（f）如果所有分步成功，则用户手机将响应（RES）发送到当前地址。如果这个响应与当前地址拥有的响应（RES）相符（第（1）步从家庭地址取得的），则当前地址认为这个用户合法，因此在数据库中建立相应项目。

认证过程结束，图 6.79 显示了认证过程的概念图。

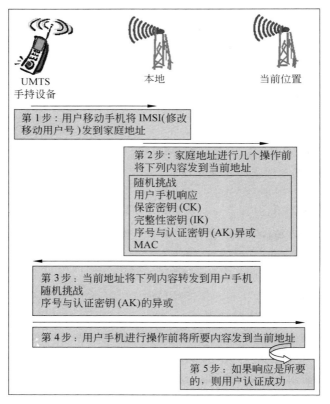

图 6.79　UMTS 认证过程

可以看出，认证过程中生成的密钥（如 CK 与 IK）可以在后面加密/安全操作中使用，如消息保密与消息完整性。

6.13　IEEE 802.11 安全性

6.13.1　有线等效保密协议

正如其名所示,**有线等效保密**(Wired Equivalent Privacy,WEP)的目的是在无线网络中提供与有线网络中类似的安全性。Andrew Tanenbaum 对此给出了很漂亮的归纳:"WEP 的目标是使得无线 LAN 的安全性像有线 LAN 的一样好。由于有线 LAN 的缺点是根本没有安全性,因此这一目标很容易实现,WEP 就能实现它!"

事实上,WEP 非常脆弱,曾经被攻破,不再是可信赖的了。但是,为了内容的完整性,这里必须介绍一下它。

(1) 无线网络中的每个主机都与 AP 共享的一个密钥。在 802.11 规范说明中并没有描述这些密钥是如何发布或达成一致的。因此,这项工作留给了在 802.11 无线网络中实现 WEP 的人来完成。

(2) 真正的加密是基于 RC4 算法,使用流加密法(即对单个字节进行加密)。该算法使用一个 40 位的密钥,这很难被今天的标准接受。RC4 算法是由 Ron Rivest(著名的 RSA 算法创建者之一)开发的,且仍然处于保密状态! 但在 1994 年 9 月被攻破,相关描述被公布在 Internet 上。更糟糕的是,WEP 的实现方式使得它非常脆弱。

(3) WEP 的工作原理如下,示意图如图 6.80 所示。

(a) 如前所述,RC4 是基于一个 40 位对称密钥的。把一个 24 位的随机值(称为**初始向量**(Initial Vector,IV)与这个 40 位的密钥相加得到一个 64 位的密钥。

(b) 从这个 64 位密钥生成一个密钥流,其长度等于明文块长度加上完整性校验值(Integrity Check Value,ICV)长度。ICV 的长度为 4 位。

(c) 该密钥流与明文块和 ICV 进行 XOR 逻辑操作。这就是所得的密文。

(d) 最后的密文数据帧结构包含如下内容:

 ➢ 明文形式的数据帧首部和 IV。
 ➢ 已加密格式的密文和一个 4 位的 ICV。
 ➢ 明文形式的数据帧校验序列(Frame Check Sequence,FCS),作为一个校验和的等价物。

整个事情的麻烦在于,在很多 WEP 实现中,密钥本应是某一主机与 AP 之间的保密密钥,但实际上是在多个主机之间共享的! 在另一种情况下,即使密钥不是共享的且互相之间是不同的,但这些密钥的生命周期太长,会被不断尝试的攻击猜测出。为克服这点,802.11 标准建议至少每次使用的 IV 应该不同。但是,有些无线网络的实现把 IV 简单地设置为 0 了! 最糟糕的情况是,即使使用非空的 IV,它也只有 24 位长。

6.13.2　IEEE 802.11 认证

802.11 标准支持两种主要的认证机制,如图 6.81 所示。

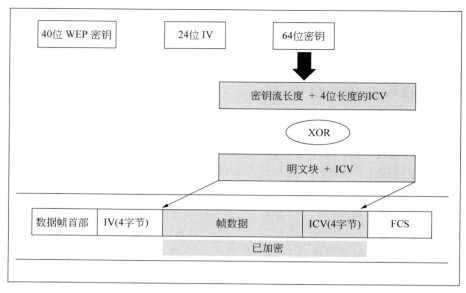

图 6.80 WEP

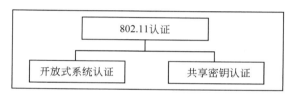

图 6.81 802.11 认证机制

1. 开放式系统认证

开放式系统认证又称为空认证算法。这是因为其中并没有进行真正的认证！这种机制是基于一个含有两条消息的序列。在第一条消息中，如果一方（主机）需要得到另一方（AP）的认证，那么它就发送一条含有认证信息的消息。AP 将验证该消息，并以成功、失败或不支持的消息形式返回一个应答。这一概念如图 6.82 所示。

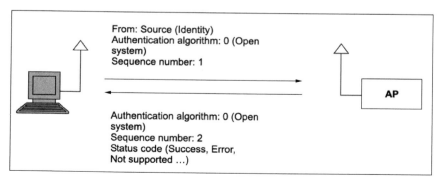

图 6.82 开放式系统认证

2. 共享密钥认证

共享密钥认证是一个四步骤的处理过程。

(1) 试图认证自己的主机发送一条请求消息给 AP,表示它想开始认证过程。

(2) AP 发送回一个应答,其中包含有认证挑战(也就是使用 WEP 协议随机生成的一个字符串,关于 WEP 协议另行介绍)。

(3) 主机把 AP 发送来的认证挑战加密,然后把它发送回 AP。

(4) AP 把在第(3)步中从主机那里接收来的已加密认证挑战解密。然后将它与在第(2)步中创建的原始随机挑战进行对比。如果两者能匹配,那么 AP 就通过对该主机的认证,并给主机发送回一条成功消息,否则,发送回一条失败消息。

这个过程如图 6.83 所示。

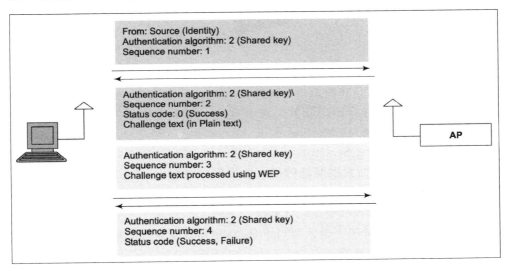

图 6.83　共享密钥认证

为了克服 WEP 的缺陷,在 2002 年 10 月实现了一个新标准,详见下文的介绍。

6.13.3　Wi-Fi 受保护接入

Wi-Fi 受保护接入(Wi-Fi Protected Access,WPA)克服了 WEP 的缺陷。它提供了如下服务:

(1) **认证**。为此,WPA 使用了一台单独的专用**认证服务器**(Authentication Server,AS)。由该服务器进行相互认证,处理密钥管理。该服务器负责生成用于主机与 AP 之间的临时密钥。

(2) **加密**。它利用 AES 协议,提供了更强大的加密功能。

(3) **消息完整性**。AES 协议还能进行消息完整性校验。

我们先来看看 WPA 中的认证,具体如图 6.84 所示。

下面来一步一步介绍。

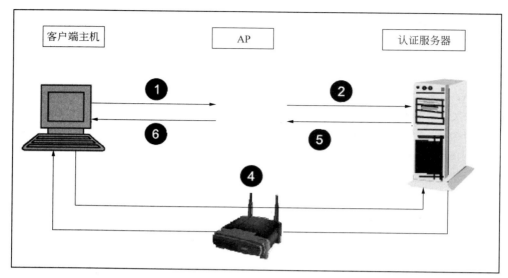

图 6.84　WPA 中的认证

（1）客户端主机（也就是终端用户的计算机）通过一个请求与 AP 建立联系，以便使自己得到认证。为此，它使用了 EAP 协议。关于 EAP 协议将单独介绍。

（2）AP 把该请求发送给认证服务器（AS）。AS 是一台 RADIUS（Remote Authentication Dial In User Service，远程认证拨号用户服务）服务器。RADIUS 是一种网络协议，使用接入服务器，为大型网络的接入提供集中式管理。RADIUS 通常由 ISP 和公司使用，管理对 Internet 或内部网络的接入。

（3）AS 发送一个随机挑战给主机计算机。

（4）当用户在主机计算机上输入其口令后，将用该口令对接收来的随机挑战加密。然后，把加密后的随机挑战发送回 AS。

（5）AS 利用用户的口令（AS 知晓该口令）把从用户主机那里发送来的随机挑战解密。然后，AS 把解密后的随机挑战与在第（3）步中创建的随机挑战进行比较。如果相互匹配，则认为用户已成功通过认证，并发送相应的消息给 AP。

于是，AP 为客户端主机上的用户开放了一个端口，这样，用户现在就可以接入 AP 了。

6.14　链路安全与网络安全

人们很多时候会对链路安全与网络安全进行混淆。因此，这里有必要进行澄清一下。

链路安全是针对感兴趣的某个区域，使其安全。SSL/TLS 协议就是这样一个例子。正如前面所述，在该协议中，其目标是保证链路与 Web 浏览器（客户端）和 Web 服务器之间的安全。换句话说，它不关心底层网络机制和软硬件的差异，在这里，客户端与服务器相互交换的每条消息都认为是安全。当然，SSL 不只是保证机密性，它还提供认证和消息完整性服务。

网络安全则是涵盖整个网络甚至是更大范围。防火墙的使用就是这样一个例子，它防止未授权的接入,并对每个数据包进行扫描。因此,网络安全不是保证两个端点之间的安全通信。其目标是保护整个网络,包括链路。

案例研究 1：内部分支支付交易的安全防护

课堂讨论要点

(1) 使用什么技术来实现不可抵赖？是如何保证的？

(2) 在 PKI 中如何解决密钥发布问题？

(3) 为什么需要加密工具？

(4) 在加密中如何使用智能卡？

印度的 GBI 银行(General Bank Of India)实现了一个电子支付系统(Electronic Payment System,EPS),在印度有 1200 个分行。该系统在两个计算机化的 GBI 分行之间传送支付指令。在孟买的 EPS 总部有一台中心服务器。通过拨号连接,每个分行与专用网络的当地 VSAT 连接。当地的 VSAT 又与 EPS 总部创建了一条连接。GBI 使用名为 GBI-Transfer 的专用消息服务来交换支付指令。

目前,EPS 没有实现多少数据安全。因为该系统是运行在一个封闭的网络中,当前的安全基础设施能够满足需求。在网络中传输的数据是已加密的格式。

当前 EPS 的体系结构

EPS 用于通过位于孟买的中心服务器,从支款支行向收款支行传输支付细节。图 6.85 描述了分步流程。

一个典型的支付传输有如下步骤。

(1) 支款支行的数据输入人员,通过 EPS 界面,输入交易细节。

(2) 银行主管通过 EPS 界面核查交易的有效性。

(3) 验证交易后,银行主管批准该交易。经过批准的交易存储在本地的支款主数据库(PM)中。

(4) 交易存储在 PM 之后,相同的一个副本经加密后存储在一个文件中。该交易文件存储在 OUT 目录中。

(5) GBI-Transfer 应用程序利用一种轮询机制,查找所有待处理的交易(即出现在 OUT 目录中的任何文件),如果找到待处理的交易,就通过拨号连接本地 VSAT,把所有文件逐个发送给位于孟买的 EPS 总部。

(6) 本地 VSAT 与 EPS 总部建立连接,交易被传输并存储在 EPS 总部的 IN 目录中。

(7) EPS 总部的接口程序收集位于 IN 目录中的文件,并把文件发送给总部的 PM 应用程序。

(8) 为了把信用请求发送给 PM,需要修改交易首部。首部修改后的交易,以加密的格式,放置在 EPS 总部的 OUT 目录中。

(9) EPS 总部的 GBI-Transfer 应用程序收集 OUT 目录中待处理的交易,并通过 VSAT 把它们发送给支款分行。

(10) 这些交易被传输并存储在支款分行的 IN 目录中。

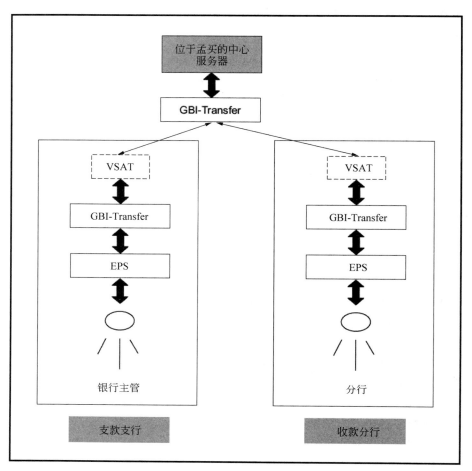

图 6.85　EPS 交易流程

（11）支款分行的接口程序收集这些交易并把它们存储在 PM 中。

（12）PM 标记信用项，返回一个确认相同的信息。这个确认信息放置在收款分行的 OUT 目录中。

（13）确认消息经收款分行的 GBI-Transfer 应用程序收集，并通过 VSAT 发送给 EPS 总部。

（14）EPS 总部接收到这个信用确认后，把它转发给支款分行。

（15）支款分行接收信用确认凭证。交易完成。

提高 EPS 安全的需求

随着 GBI 要求实现完全自动化，以及要求能够在 Internet 或专用网络上创建连接，需要确保有严格的安全措施，这就需要使用到公共密钥基础设施（PKI）架构。

作为实现安全的一部分，GBI 需要保证实现以下一些方面：

- 不可抵赖（数字签名）。
- 加密：128 位（升级当前的 56 位加密）。
- 对敏感数据的存储支持智能卡或卡上数字签名。

- 闭环公共密钥基础设施。

建议的解决方案

由于提供加密功能需要使用加密工具,这里假设 GBI 将实现适当的认证机构(Certification Authority,CA)基础设施和 PKI 基础设施。

交易将在支款银行和收款银行以及 EPS 总部进行数字签名和加密与解密。签名操作可以在系统中或在外部硬件(如智能卡)上进行。在服务器端,将提供一种无人工干预的自动化签名。

这样,前面描述的交易流程可以划分成两条线:

- 支款线(从支款分行到 EPS 总部)。
- 收款线(从 EPS 总部到收款分行)。

支款线的体系结构如图 6.86 所示。如该图所示,在验证交易后,EPS 主管批准支款分行的交易。该应用程序对此交易进行数字签名。这个签名和交易数据一起存储在本地 PM 数据库中,然后加密并存储在 IN 目录中。为了签名和加密,需要在支款分行使用一个加密工具。经签名和加密的交易以与前面相同的方式发送给 EPS 总部。

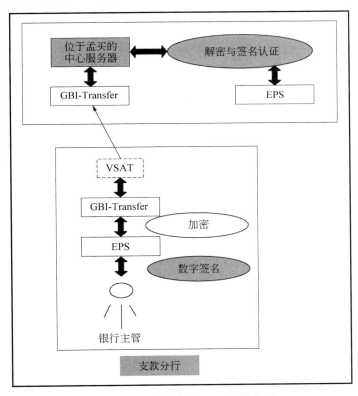

图 6.86　支款分行的 EPS 交易流程

在 EPS 总部,对已加密文件进行解密。在把交易存储到数据库中之前,将使用恰当的加密工具对数字签名。验证过程可能还要检测用户数字证书的状态。如果证书状态为失效,将会拒绝此交易,否则将把它存储在本地 PM 数据库中。

针对收款线,EPS 总部像之前那样创建一个信用请求,并用银行主管的数字证书对它进行数字签名和加密。这个经签名且加密后的请求将转发给收款支行。该流程如图 6.87 所示。

在收款线，EPS 总部的 PM 软件为收款支行生成一个信用请求。该请求将进行数字签名。该签名和信用请求经加密后发送给收款支行。

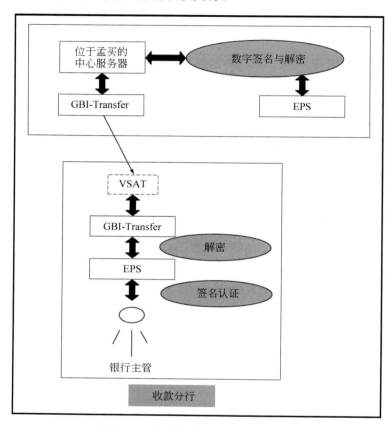

图 6.87　收款支行的 EPS 交易流程

收款支行将信用请求解密并验证数字签名。如果数字签名验证成功，那么该交易存储到数据库中。否则，拒绝该请求，并把相应的状态发送到 EPS 总部。发送给 EPS 总部的信用响应也可以以同样的方式进行数字签名和加密。

案例研究 2：Cookie 与隐私保护

课堂讨论要点

（1）讨论一下 Cookie 的概念。

（2）如何实际使用 Cookie？

（3）何种技术能创建和读取 Cookie？

（4）Cookie 是如何危及隐私保护的？

Cookie 是存储在客户端计算机上的简单文本文件。当用户浏览 Internet 时，服务器端的代码可以在用户的计算机上创建一个小的文本文件,这就是 Cookie。这是为了当用户下次再访问同一网站时(在相同或不同的会话期间),服务器可以根据 Cookie 来标识客户端。这样就可以克服 HTTP 协议为无状态的缺点。这意味着来自客户端的每个请求,即使是在同一会话中访问同一服务器,都看作是一个新的请求。

　　Cookie 可以是暂时性的(与一个会话的生命周期相同)或永久性的(长久地保留在用户的计算机中,而不只是一个会话的生命周期)。Cookie 本身不会对用户的计算机带来危害,因为它们并没有包含可运行的代码。然而,Cookie 可用来给用户发送广告。其工作原理如下:

　　(1) 广告代理商(假设为 XYZ 广告有限公司)与 Web 网站洽谈,在其网页上放置公司客户的产品广告条。它向该网站的所有者支付一定的费用。

　　(2) 广告代理商提供的不是图片(GIF/JPEG),而是为每个网页添加一个网址。

　　(3) 每个网址在其文件部分含有一个唯一码,例如 http://www.XYZAdverts.com / 07041973.gif。

　　(4) 当用户第一次访问页面 P 时,浏览器从所访问的网址获得主 HTML 页面以及来自 XYZ 的广告图片。

　　(5) XYZ 往浏览器发送一个含有唯一用户 ID 的 Cookie,并记录下该用户 ID 与文件名的关系。

　　(6) 随后,当同一用户访问另一页面时,浏览器会看到指向 XYZ 的另一个引用。

　　(7) 浏览器把之前的 Cookie 发送给网址,并且还像之前那样从 XYZ 那里获得当前页面。

　　(8) 此时,XYZ 就知道同一用户访问了另一个 Web 页面。

　　(9) 它把该引用添加到它的数据库中。

　　(10) 经过一段时间后,XYZ 就有了大量关于用户访问了哪些页面、做了哪些操作等信息。

　　(11) XYZ 的广告可以是与背景相同颜色的一个像素,使得用户很难知道已经出现广告了!

6.15　本 章 小 结

- Internet 用 HTTP 协议进行请求/响应,用 TCP/IP 进行实际通信。
- 安全套接层(SSL)是 Internet 安全通信中使用最广泛协议。
- SSL 加密客户机与服务器之间的连接。
- SSL 提供加密和消息完整性服务。
- SSL 不关心数字签名。
- SSL 在应用层与传输层之间工作。
- SSL 首先进行客户机与服务器之间握手。
- SSL 握手在客户机与服务器之间建立必要的信任。
- SSL 中握手协议之后是记录协议。

- 如果一方发现错误，SSL 使用警报协议。
- TLS 与 SSL 相似。
- SHTTP 加密单个消息，在应用层工作。
- 时间戳协议（TSP）用于证明文档在特定时刻存在。
- 安全电子事务（SET）协议是 MasterCard 与 Visa 组合建立的，用于 Internet 上的安全信用卡付款。
- SET 涉及多方，如持卡人、商家、签发人、收款人、付款网关和认证机构。
- 在 SET 中，商家不知道客户信用卡号。
- SET 使用双签名来实现其目的。
- 要实现 SET 非常复杂。
- SET 没有流行开来，但研究它的规范说明，以理解如何在 Internet 上设计支付协议是很有用处的。
- 3D 安全是改进的 SET。
- 3D 安全要求在进行事务时进行用户认证。这就在一定程度上解决了某人使用其他人的信用卡的问题。
- 电子货币是计算机表示的钱。
- 电子货币可以联机或脱机、有标识或匿名。
- 匿名脱机电子货币可能造成重复使用问题。
- 电子邮件安全性可以用 PEM、PGP 与 S/MIME 协议来实现。
- PEM 是一种使用不再广泛的协议。但是，它很值得研究，因为其他协议是基本 PEM 的变体。
- PEM 提供了诸如加密、消息摘要和数字签名等服务。
- S/MIME 为称为多用途 Internet 邮件扩展（MIME）的邮件协议添加安全性。
- MIME 允许非文本数据通过邮件发送。
- S/MIME 确保 MIME 的内容是以已加密、消息摘要和数字签名的。
- S/MIME 的输出是 PKCS。
- S/MIME 非常有用，因为它很适合使用电子邮件来发送多媒体和二进制数据。
- PGP 大概是最受欢迎的电子邮件安全协议了。
- PGP 提供的服务类似于 PEM 和 S/MIME。
- PGP 非常容易理解和实现。
- PGP 支持数字签名或密钥环来构建用户之间的信任。
- PGP 具有有趣的机制来创建可信关系，即倡导者可信、证书可信以及密钥合法性。
- 无线传输层安全（WTLS）在 WAP 中提供安全性。
- GSM 安全位于低层。
- GSM 安全性是 WTLS 安全性的补充。
- 3G 移动系统也有它们自己的安全机制。

6.16　实　践　练　习

6.16.1　多项选择题

1. SSL 工作于_____与_____之间。

    （a）Web 浏览器，Web 服务器　　　　（b）Web 浏览器，应用程序服务器

    （c）Web 服务器，应用程序服务器　　（d）应用程序服务器，数据库服务器

2. SSL 层位于_____与_____之间。

    （a）传输层，网络层　　　　　　　　（b）应用层，传输层

    （c）数据链路层，物理层　　　　　　（d）网络层，数据链路层

3. 在_____中，SSL 是可选的。

    （a）服务器认证　　　　　　　　　　（b）数据库认证

    （c）应用程序认证　　　　　　　　　（d）客户机认证

4. 记录协议是 SSL 中的_____消息。

    （a）第一个　　　（b）第二个　　　　（c）最后一个　　　（d）都不是

5. _____协议与 SSL 相似。

    （a）HTTP　　　（b）HTTPS　　　（c）TLS　　　（d）SHTTP

6. SET 的主要目的与_____有关。

    （a）浏览器与服务器之间的安全通信　（b）数字签名

    （c）消息摘要　　　　　　　　　　　（d）Internet 上的安全信用卡付款

7. SET 使用的是_____概念。

    （a）两个签名　　（b）双重签名　　　（c）多个签名　　　（d）单个签名

8. 在 SSL 中的_____不知道信用卡细节。

    （a）商家　　　　（b）客户　　　　　（c）付款网关　　　（d）签发人

9. 很多基于 Web 的 E-mail 服务标准实现了_____。

    （a）DKIM　　　（b）PGP　　　　（c）PEM　　　（d）SET

10. _____协议克服了 WEP 的不足。

    （a）WiFi　　　（b）WiMax　　　（c）WPA　　　（d）802.11

11. PEM 支持_____个安全选项。

    （a）2　　　　　（b）3　　　　　　（c）4　　　　　（d）5

12. _____协议需要在传输电子邮件之前，标识内容的类型。

    （a）PEM　　　（b）PGP　　　　（c）SMTP　　　（d）MIME

13. 在_____中使用了密钥环的概念。

    （a）PEM　　　（b）PGP　　　　（c）SMTP　　　（d）MIME

14. 在_____中，用户在电子事务中使用信用卡之前，需要进行认证。

    （a）SET　　　（b）SSL　　　　（c）3-D 安全　　　（d）WTLS

15. WAP 安全层在_____与_____之间。

(a) 事务层,传输层　　　　　　(b) 应用层,传输层

(c) 传输层,物理层　　　　　　(d) 会话层,传输层

6.16.2　练 习 题

1. 为什么 SSL 层位于应用层和传输层之间？

2. SSL 警报协议有什么用？

3. 请解释一下 SSL 的握手协议。

4. SHTTP 与 SSL 有什么不同？

5. 时间戳协议(TSP)有什么意义？

6. SET 中的关键参与者是谁？

7. SET 如何对商家隐藏付款信息？

8. 简述 SET 步骤。

9. 3D 安全与 SET 有什么不同？

10. 什么是电子货币？

11. 为什么匿名脱机电子货币很危险？试说明重复使用问题。

12. 列出 PEM 与 PGP 的大致步骤。

13. 请解释一下 PGP 的密钥环概念。

14. WAP 中有什么安全问题？

15. GSM 安全的工作原理是什么？

6.16.3　设 计 与 编 程

1. 许多实际算法(包括 RSA 和 SSL)使用 GCD 原理,试说明为什么两个连续整数 n 与 n+1 的 GCD 总是 1(提示：见附录 A)。

2. 求出两个数 42120 与 46510 的 GCD。

3. 编写附录 A 中 GCD 方法的 Java 实现方法(其中提供了 C 语言实现方法)。

4. 编写一个 C 语言程序,测试输入的数是否素数。

5. 编写一个 Java 语言程序,测试输入的数是否素数。

6. 假设有 24 位的输入 101010111100000101100110,用本章介绍的算法将其转换为 64 进制编码。

7. 编写一个 C 语言程序,对 24 位输入进行 64 进制编码。

8. 请想象一下,如果没有 64 进制的编码机制会是咋样？

9. 是否可以在 Internet 上(即当我们通过 Internet 购买东西时)实现密钥环的概念？为什么？

10. 考虑下列文本：

Welcome to the world of Security. The world of Security is full of interesting problems and solutions.

Lempel-Ziv 算法如何压缩这个文本？可以替换 to、the、of 与 security。

11. 从安全的角度来看看 GSM 和 3G 技术之间的更多区别。

12. 如果同时实现了 WTLS 和 GSM/3G 安全,能提供些什么样的额外安全? 这些是冗余的吗? 为什么?

13. SSL 在传输层实现安全。如果要在更低的层来增进安全,应做些什么?

14. 看看在 Java 和 .NET 中是如何使用 SSL 的。用这些技术编写一个 SSL 客户端和 SSL 服务器。

15. Apache 实现了 SSL 组件的一个开源库。请详细了解一下,并使用它来实现 SSL。

第7章

用户认证机制

7.1 概　　述

加密与网络/Internet 安全的一个关键方面是认证。认证就是通过标识特定用户/系统的身份而建立信任。认证保证对方的真实身份。本章介绍认证机制的各个方面。

可以用许多方法来进行用户认证。传统上,使用用户名和口令,但这种机制存在许多安全问题。口令可以以明文形式传递,以明文存放在服务器中,这是很危险的。现在的基于口令认证技术要加密口令,或用口令派生出的数据保护口令。

认证令牌在基于口令认证技术中增加了随机性,使其更加安全。这个机制要求用户拥有令牌。认证令牌在需要高度安全的应用中非常普及。

基于证书的认证是一种现代认证机制,这归功于 PKI 技术。只要实现得当,这种机制也很强大。可以将智能卡与这个技术结合起来。智能卡在卡中进行加密运算,使整个过程更安全更可靠。

生物方法也引起了很大注意,它利用人的生物特征进行用户认证,但还不太成熟。

本章介绍所有这些认证机制的细节,介绍每种认证机制的优缺点,然后介绍 Kerberos,这是许多实际系统中实现的单次登录机制。

7.2　认证基础

你是谁? 这是我们经常要问和被问的问题,在加密世界中具有重要意义。前面曾介绍过,认证是在让用户用系统进行实际业务事务之前,确定各个用户的身份。

注意:认证就是确定身份,达到所要的保险程度。

认证是任何加密方案的第一步,因为只有知道对方是谁,通信加密才有意义。我们知道,加密的目的是保护双方或多方之间的通信。如果不知道对方是谁,则保护这个通信毫无意义,否则非法用户有可能访问这个信息。在密码学中,可以换一句说法:没有认证,加密毫无用处。

我们每天都要多次遇到认证检查,上班时,我们要佩带身份卡。使用 ATM 卡时,要使用卡和 PIN。还有许多这样的示例。

认证的基础是秘密。通常,被认证者与认证者共享同一个秘密(如 ATM 中的 PIN)。这个技术的另一个变形是被认证者知道一个值,而认证者知道从这个值推出的值。本章稍后将介绍这个问题。

7.3 口　　令

7.3.1 简介

口令是最常用的认证形式。口令是由字母、数字、特殊字符构成的字符串,只有被认证者知道。口令是个巨大的神话,许多人以为口令是最简单最廉价的认证机制,因为它不需要任何特殊硬件和软件支持,但稍后将介绍,这是个极大的误解。

7.3.2 明文口令

1. 工作原理

这是最简单的基于口令认证机制。通常,系统中每个用户指定一个用户名和初始口令。用户定期改变口令,以保证安全性。口令以明文形式在服务器中存放,与用户名一起放在用户数据库中。这个认证机制工作如下。

■ **第 1 步:提示用户输入用户名和口令**

认证时,应用程序向用户发送一个屏幕,提示用户输入用户名和口令,如图 7.1 所示。

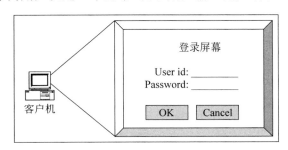

图 7.1　提示用户输入用户名和口令

■ **第 2 步:用户输入用户名和口令**

用户输入用户名和口令,并按 OK 之类的按钮,使用户名和口令以明文形式传递到服务器上,如图 7.2 所示。

图 7.2　用户名和口令以明文形式传递到服务器

■ **第3步：验证用户名和口令**

服务器通过用户数据库检查这个用户名和口令组合是否存在。通常，这是由用户认证程序完成的，如图7.3所示。这个程序取得用户名和口令，通过用户数据库检查，然后返回认证结果（成功或失败）。当然，这可以用许多方法完成。

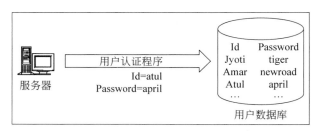

图7.3 用户认证程序通过用户数据库检查用户名和口令组合

■ **第4步：认证结果**

根据用户名和口令检查成功是否，用户认证程序向服务器返回相应结果，如图7.4所示。这里假设用户认证成功。

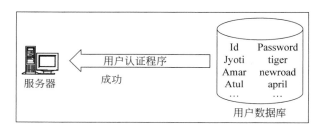

图7.4 用户认证程序向服务器返回认证结果

■ **第5步：相应地通知用户**

根据检查成功是否，服务器向用户返回相应屏幕。如果用户认证成功，则服务器通常发给用户一个选项菜单，列出用户可以进行的操作；如果用户认证不成功，服务器向用户发送一个错误屏幕，如图7.5所示。这里假设用户认证成功。

图7.5 服务器向用户返回认证结果

2. 该方案存在的问题

可以看出，这个方法根本不安全，存在如下两大问题。

■ **问题1：数据库中包含明文口令**

首先，用户数据库中以明文形式存放用户名和口令。因此，如果攻击者成功访问数据库,则可以得到整个用户名和口令表。因此,最好不要以明文形式把口令存放在**数据库中**,而要先加密,然后才存放在数据库中。用户登录时,服务器方要先加密用户口令,然后与数据库中的加密口令比较,根据比较结果确定认证结果,如图 7.6 所示。

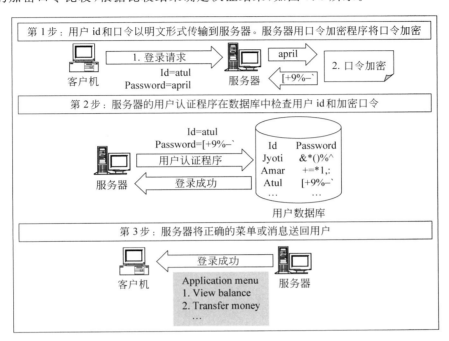

图 7.6　先加密用户口令再存储和验证

■ **问题 2：口令以明文形式传递到服务器**

即使存放在数据库中的是加密口令,但口令还是以明文形式传递到服务器。因此,如果攻击者破解用户计算机与服务器之间的通信链路,则很容易取得明文口令。下节介绍如何处理这个问题。

7.3.3　口令推导形式

1. 简介

基于口令认证机制的变形是不用口令本身,而使用口令推出的值,即不是存储口令或其加密形式,而是对口令执行某种算法,在数据库中,存储这个算法的结果,作为口令推导形式。用户认证时,输入口令,用户计算机在本地执行这个算法,并将口令推导形式发送到服务器中,在服务器上进行验证。

要使这个机制正确工作,需要满足下面几个要求。

- 每次对同一口令执行算法时,应得到相同输出;
- 算法输出(即口令推导形式)不能让人看出原口令;
- 攻击者不可能提供错误口令而得到正确的口令推导形式。

可以看出,这些要求与消息摘要非常相似,因此可以使用 MD5 与 SHA-1 之类算法。因此,可以使用口令的消息摘要,下面介绍这些选项。

2. 口令消息摘要

避免存储与传输明文口令的简单技术是使用消息摘要，下面介绍其工作方法。

■ **第 1 步：在用户数据库中存放由口令导出的消息摘要**

不是存储口令，而是在用户数据库中存放由口令导出的消息摘要，如图 7.7 所示。

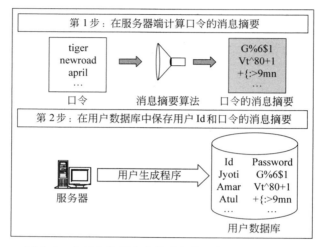

图 7.7　在用户数据库中将消息摘要存放成派生口令

■ **第 2 步：用户认证**

要认证用户时，用户和平常一样输入用户名和口令。接着，用户计算机计算口令的消息摘要，并将用户名和口令的消息摘要发送到服务器中认证，如图 7.8 所示。

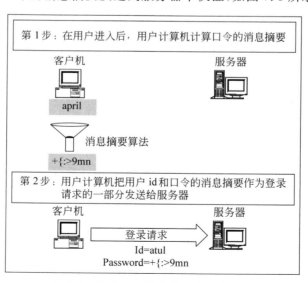

图 7.8　涉及口令消息摘要的用户认证

■ **第 3 步：服务器方验证**

用户名和口令的消息摘要通过通信链路传递到服务器上。服务器将这些值传递给用户认证程序,其按照数据库验证用户名和口令的消息摘要,并向服务器返回适当响应。服务器用这个操作的结果向用户返回适当消息,如图 7.9 所示。

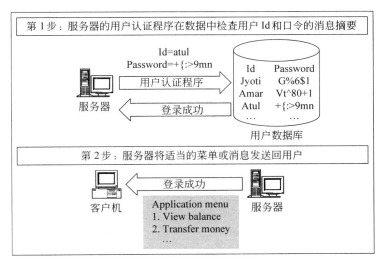

第 1 步: 服务器的用户认证程序在数据中检查用户 Id 和口令的消息摘要

Id=atul
Password=+{:>9mn

用户认证程序

服务器

登录成功

Id	Password
Jyoti	G%6$1
Amar	Vt^80+1
Atul	+{:>9mn
…	

用户数据库

第 2 步: 服务器将适当的菜单或消息发送回用户

客户机

登录成功

服务器

Application menu
1. View balance
2. Transfer money
…

图 7.9　用户认证程序验证用户名和口令的消息摘要

这样使用口令的消息摘要是否完全安全呢? 下面看看我们原先的要求。
- 每次对同一口令执行算法时,应得到相同输出;
- 算法输出(即口令推导形式)不能让人看出原口令;
- 攻击者不可能提供错误口令而得到正确的口令推导形式。

利用消息摘要能够满足上述所有要求,因此是否就是个安全机制? 根本不安全! 攻击者无法使用消息摘要取得原口令,但他根本不用这样! 攻击者只要监听用户计算机与服务器之间涉及登录请求/响应对的通信。我们知道,他要从用户计算机向服务器传输用户名和口令的消息摘要。攻击者只要复制用户名和口令的消息摘要,过一段时候在新的登录请求中将其提交,到同一服务器。服务器不知道这个登录请求不是来自合法用户,而是来自攻击者。因此,服务器会使攻击者认证成功! 这就是**重放攻击**(replay attack),因为攻击者只要重放正常用户的操作序列。

因此,我们需要更好的机制。

3. 增加随机性

为了改进这个方案的安全性,我们要在前面的机制中增加一些随机性或不可预测性,保证虽然口令的消息摘要相同,但用户计算机与服务器之间交换的信息不同,使重放攻击无法成功。为此可以使用下面介绍的简单方法。

■ **第 1 步:在用户数据库中存放由口令导出的消息摘要**

这一步与上述情形一样,这里不再重复。我们只是在用户数据库中存储用户口令的消息摘要,而不存储口令本身。

■ **第 2 步:用户发送登录请求**

这是个中间步骤,与上述登录过程不同,用户发送的登录请求只有用户名(没有口令或其消息摘要),如图 7.10 所示。我们在许多情形中使用这个概念。随着过程的继续,我们会注意,这使用户对服务器产生两种不同的登录请求：一种只有用户名,一种还有其他消息。

图 7.10 登录请求只包含用户名

■ **第 3 步：服务器生成随机挑战**

服务器收到只有用户名的用户登录请求时,首先检查用户是否有效(只检查用户名)。如果无效,则向用户返回相应的错误消息;如果用户名有效,则服务器生成一个随机挑战(随机数,用伪随机数生成方法生成),将其返回用户。随机挑战可以以明文形式传递到用户计算机,如图 7.11 所示。

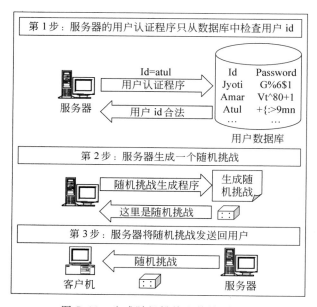

图 7.11 生成随机挑战和传输到用户

■ **第 4 步：用户用口令的消息摘要签名随机挑战**

这时应用程序向用户显示口令输入屏幕。用户在屏上输入口令。应用程序在用户计算机上执行相应的消息摘要算法,对用户输入的口令生成消息摘要,并用这个消息摘要加密从服务器收到的随机挑战。当然,这个加密使用对称密钥加密,如图 7.12 所示。

■ **第 5 步：服务器验证从用户收到的加密随机挑战**

服务器收到随机挑战,其用用户口令的消息摘要加密。要验证随机挑战是用用户口令消息摘要加密,服务器就要进行相同的操作。可以用两种方法进行：

服务器可以用用户口令的消息摘要加密解密从用户收到的加密随机挑战。我们知道,服务器可以通过用户数据库得到用户口令的消息摘要。如果这个加密与服务器上原先的随机挑战匹配,则服务器可以肯定随机挑战是用用户口令消息摘要加密。

服务器也可以用用户口令消息摘要加密自己的随机挑战(即前面发给用户的版本)。如

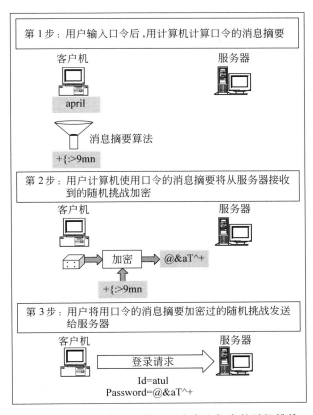

图 7.12　用户向服务器发送用户名和加密的随机挑战

果这个加密得到的加密随机挑战与从用户收到的加密随机挑战相符,则服务器可以肯定随机挑战是用用户口令消息摘要加密。

不管操作方式如何,服务器都可以确定用户是否真是其人,第二种方法如图 7.13 所示。也可以使用第一种方法。

■ **第 6 步：服务器向用户返回相应消息**

最后,根据上述操作成功与否,服务器向用户返回相应消息,如图 7.14 所示。

注意每次的随机挑战是不同的,因此,用用户口令消息摘要加密的随机挑战也不同,敌人想用重放攻击很难取得成功。这是许多实际认证机制的基础,包括 Microsoft Windows NT 4.0。Windows NT 4.0 用 MD4 消息摘要算法产生口令的消息摘要,用 16 位随机数作为随机挑战。

这个机制的一个变形是用口令(而不是口令的消息摘要)加密随机挑战(在用户计算机上和服务器上),但这个方法有一个缺点,即用户数据库中要存储用户的口令,因此不提倡使用。

4. 口令加密

要解决明文口令传输问题,可以先在用户计算机上加密口令,然后将其发送到服务器上认证,即要在用户计算机上提供某种加密功能。事实上,这个功能在用用户口令的消息摘要

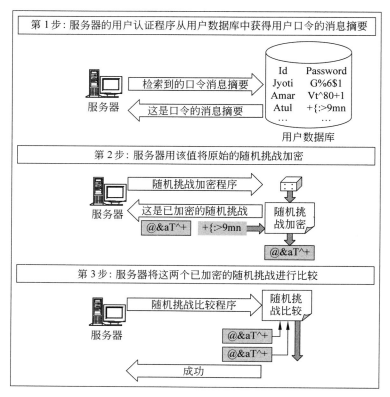

图 7.13　服务器比较两个加密随机挑战

图 7.14　服务器向用户返回相应消息

加密随机数时也需要。对于客户机/服务器应用程序，这是不成问题的，客户机能够进行计算。但对于 Internet 应用程序，客户机是 Web 浏览器，没有任何特殊编程功能，这很成问题。因此，我们要利用安全套接层（SSL）之类技术，即客户机和服务器之间要建立安全 SSL 连接，客户机要根据服务器的数字证书验证服务器身份。然后要用 SSL 加密客户机和服务器之间的所有通信，因此口令不需要任何应用层保护机制。SSL 会进行必要的加密操作，如图 7.15 所示。

当然，这个图不是 100% 正确，我们有两个加密过程：

- 第一个加密发生在口令存放到用户数据库之前。
- 第二个加密是在用户计算机上进行的，先加密口令，再将其传输到服务器。

这两个加密操作没有任何直接关系，甚至可以用完全不同的方法加密（例如，用户计算机先用在用户与服务器之间共享的对称密钥加密，然后用 SSL 安全密钥实现安全传输，而

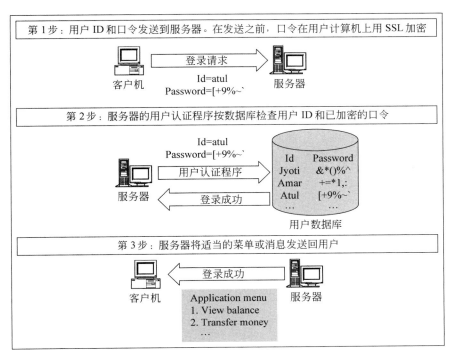

图 7.15 在客户计算机和数据库中加密口令

服务器只用共享对称密钥,因为它不要进行任何传输)。因此,数据库中加密的口令不必与来自用户计算机的加密口令相同。但是,这里的主要思想是两者都是加密口令,而不是明文形式的。这就是这个演示的目的。这两个口令的加密版本可能不同,服务器方应用程序逻辑会进行两者的必要转换,从而进行验证。这只是个技术细节,可以忽略不计。

7.3.4 安全问题

前面曾介绍过,一个很大的误解是口令是最简单最便宜的认证机制。最终用户也许会有这种感觉,但从应用程序和系统管理角度看,这是完全错误的。

通常,组织有许多应用程序、网络、共享资源和内部网。更糟的是,这些应用程序对安全措施有不同需求,提出的时间也不同。因此,每个资源都需要用户名和口令。这样,最终用户要记住和正确使用许多用户名和口令。为了克服这方面的麻烦,大多数用户对所有资源使用相同口令,或把口令记在某个地方,这些地方真是五花八门。例如,许多用户把口令放在电子日记、纸质日记或茶杯托上、键盘下面,甚至贴在显示器旁! 这样会大大增加口令的安全问题,使资源很容易被非法访问。

口令维护是系统管理员的一大问题。研究表明,系统管理员大约 40% 的时间用在生成、复位和修改用户口令! 这是系统管理员的噩梦。

组织要指定口令策略,规定口令结构。例如,组织的口令策略可以如下:

- 口令长度至少应为 8 个字符;
- 不能包含任何空格;

- 至少要有一个小写字母、一个大写字母、一个数字和一个特殊字符；
- 口令以字母开头。

可以看出，同 PBE 中的盐一样，这种口令策略可以大大提高字典攻击的难度，攻击者无法从字典中通过普通单词攻击口令。但是，这样会使最终用户难以记住口令。因此，最终用户只好把口令记在某个地方，从而使口令策略的作用被完全抵消。

简而言之，这个问题很难解决。

7.4　认　证　令　牌

7.4.1　简介

认证令牌是代替口令的好办法。认证令牌是个小设备，在每次使用时生成一个新的随机数。这个随机数是认证的基础。小设备的尺寸通常像钥匙扣、计算器或信用卡那么大。认证令牌通常具有如下特性：

- 处理器；
- LCD，显示输出；
- 电池；
- （可选）小键盘，用于输入信息；
- （可选）实时时钟。

每个认证令牌（即每个设备）预编程了一个唯一数字，称为**随机种子**（random seed）或**种子**（seed）。种子是保证认证令牌产生唯一输出的基础。这是怎么工作的呢？步骤如下。

■ **第 1 步：生成令牌**

生成认证令牌时，认证服务器（配置成处理认证令牌的特殊服务器）生成令牌的相应随机种子。这个种子在令牌中存储或预编程，并在用户客户机的用户记录中建立其项目。因此，可以把这个种子看成用户口令（但技术上与口令完全不同）。另外，用户不知道种子值（不像口令）。这是因为，认证令牌自动使用种子（见稍后介绍），如图 7.16 所示。

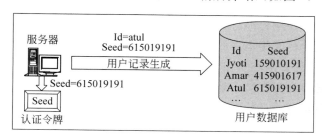

图 7.16　数据库中的随机种子和认证令牌

■ **第 2 步：使用令牌**

认证令牌自动生成伪随机数，称为一次性口令或一次性密码。一次性口令是认证令牌根据预编程的种子值随机产生的。生成之后，使用一次就放弃，因此是一次性的。用户要认证时,出现一个屏幕,要输入用户名和最新的一次性口令。因此,用户输入用户名和从认证令牌取得的一次性口令。用户名与口令在登录请求中传递到服务器。服务器取得用户数据库中与用户名相应的种子(使用种子检索程序),然后调用口令验证程序,服务器向其提供种子和一次性口令。这个程序知道如何在种子与一次性口令之间建立关系,但本文不准备介绍其细节。这个程序使用同步技术像认证令牌一样生成一次性口令。这里要注意的要点是认证服务器可以用这个程序确定特定种子值是否与特定一次性口令相关,如图 7.17 所示。

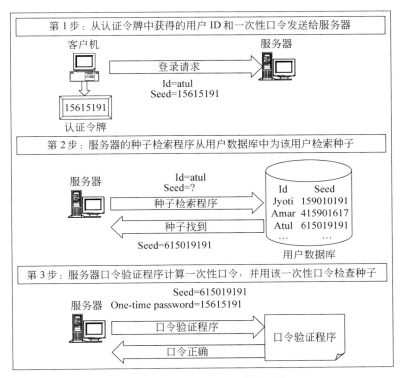

图 7.17　服务器验证一次性口令

这里有一个问题,如果用户丢失认证令牌呢? 另一个用户能否换来就用? 要处理这种情形,通常要用口令或四位 PIN 保护认证令牌。只有输入这个 PIN 之后,才能生成一次性口令。这也是**多因子认证**(multi-factor authentication)的基础。这些因子是什么呢? 三个最常见的因子如下。

- 知道什么,如口令与 PIN;
- 拥有什么,如信用卡或标识卡;
- 是什么,如声音与指纹。

根据这些原则,可以看到口令是**单因子认证**(1-factor authentication),因为它只是知道什么的问题。相反,认证令牌是个双因子认证,因为既要知道什么(保护 PIN),又要拥有什么(认证令牌),只知道 PIN 或只拥有令牌是不够的,要使用认证令牌,同时要有这两个因子。稍后将介绍第二种类型(是什么)。

■ **第 3 步:服务器向用户返回相应消息**

最后,根据上述操作成功与否,服务器向用户返回相应消息,如图 7.18 所示。

图 7.18　服务器向用户返回相应消息

7.4.2　认证令牌类型

认证令牌可以分为两大类，如图 7.19 所示。

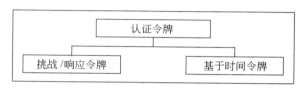

图 7.19　认证令牌类型

下面介绍这两种一次性口令。

1. 挑战/响应令牌

挑战/响应令牌组合了前面介绍的技术。我们知道，认证令牌中的预编程种子是秘密，是唯一的。这个事实是挑战/响应令牌的基础。事实上，可以看出，这个技术把种子当做加密密钥。

■ **第 1 步：用户发送登录请求**

用户发送登录请求时，只发送用户名（而不发送一次性口令），如图 7.20 所示。

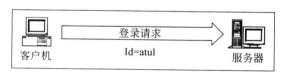

图 7.20　登录请求只发送用户名

■ **第 2 步：服务器生成随机挑战**

服务器采用前面介绍的技术，但由于这里的实现方法稍有不同，因此我们准备详细介绍。服务器收到只有用户名的用户登录请求时，首先检查用户是否有效（只检查用户名）。如果无效，则向用户返回相应的错误消息；如果用户名有效，则服务器生成一个随机挑战（随机数，用伪随机数生成方法生成），将其返回用户。随机挑战可以以明文形式传递到用户计算机，如图 7.21 所示。

■ **第 3 步：用户用口令的消息摘要签名随机挑战**

用户得到一个屏幕，显示用户名、从服务器收到的随机挑战和一个数据输入字段 Password。假设用户发送的随机挑战为 8102811291012，如图 7.22 所示。

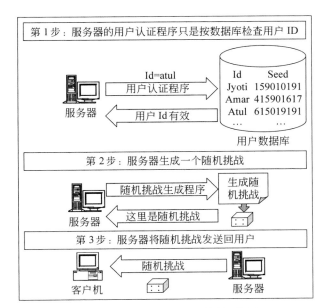

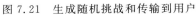

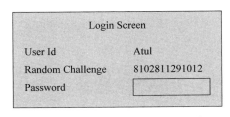

图 7.21　生成随机挑战和传输到用户　　图 7.22　挑战/响应令牌登录屏幕

在这个阶段,用户读取屏幕上显示的随机挑战,首先用他的 PIN 打开令牌,然后向令牌中输入从服务器收到的随机挑战。为此,令牌上有个小键盘。令牌接受随机挑战,用种子值加密,这是只有它自己知道的,结果就是用种子加密的随机挑战,在令牌的 LCD 上显示。用户阅读这个值并将其输入屏幕上 Password 字段,然后将这个请求作为登录请求发送给服务器。整个过程如图 7.23 所示。

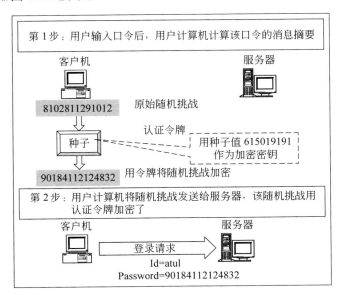

图 7.23　用户向服务器发送用户名和加密的随机挑战

■ **第 4 步:服务器验证从用户收到的加密随机挑战**

服务器收到的随机挑战是用户认证令牌用种子加密的。要验证随机挑战是用正确种子

加密的,服务器就要进行相同的操作。可以使用两种方法:

- 服务器可以用用户的种子值解密从用户那里收到的加密随机挑战。我们知道,用户的种子可以通过用户数据库取得。如果解密结果与服务器上原先的随机挑战相符,则服务器可以保证随机挑战是由用户认证令牌的正确种子加密的。

- 服务器也可以用用户的种子加密自己的随机挑战(即前面发给用户的随机挑战)。如果加密得到的随机挑战与从用户收到的加密随机挑战相符,则服务器可以保证随机挑战是由用户认证令牌的正确种子加密的。

不管操作方式如何,服务器都可以确定用户的身份。同前面一样,图 7.24 显示第二种方法,但也可以使用第一种方法。

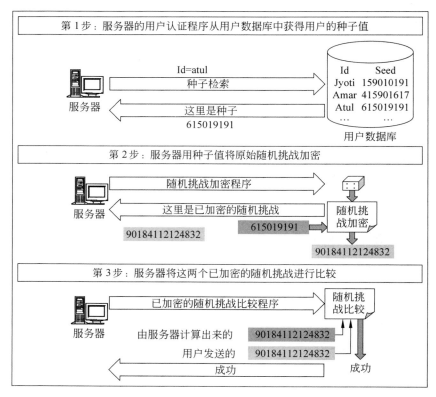

图 7.24　服务器比较两个加密随机挑战

■ **第 5 步:服务器向用户返回相应消息**

最后,根据上述操作成功与否,服务器向用户返回相应消息,如图 7.25 所示。

这个机制唯一的问题是可能生成很长的字符串。例如,如果使用 128 位种子和 128 位密钥,则加密种子也是 128 位(即 16 个字符),即用户要从认证令牌的 LCD 读取 16 个字符,在屏幕上作为口令输入,这对大多数用户是相当麻烦的。因此,另一种方法是使用消息摘要技术。这时,认证令牌组合种子与随机挑战,产生一个消息摘要,将其截尾到预定位数,变成用户可读格式,在 LCD 上显示。用户阅读这个小块文本,作为口令输入。服务器也进行类似处理。

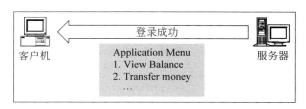

图 7.25　服务器向用户返回相应消息

2. 基于时间令牌

尽管挑战/响应机制做了上述改进(用消息摘要而不用加密),但仍然存在实际问题。注意用户要进行三次输入:首先要输入 PIN 以访问令牌,其次要从屏幕上阅读随机挑战,并在令牌中输入随机数挑战,最后要从令牌 LCD 上阅读加密的随机挑战,输入到 Password 字段。用户在这个过程中很容易出错,从而在用户计算机、服务器与认证令牌之间出现大量浪费的信息流。

在基于时间令牌中,可以克服这些缺点。服务器不必向用户发送任何随机挑战,令牌上不需要输入键盘,只要用时间作为认证过程的输入变量,代替随机挑战。具体过程如下。

■ **第 1 步:口令生成与登录请求**

令牌和平常一样预编了种子,并向认证服务器提供这个种子的副本。我们知道,挑战/响应令牌只是根据用户输入进行加密和生成消息摘要之类操作。但在基于时间令牌中,则用不同方法处理。这些令牌不需要任何用户输入,而是每 60 秒自动生成一个口令,在 LCD 输出上显示最新口令,让用户阅读与使用。

生成口令时,基于时间令牌使用两个参数:种子和当前系统时间。令牌对这两个参数进行某种加密处理,自动产生口令,然后令牌在 LCD 上显示口令。用户要登录时,只要看看 LCD 显示,阅读其中的口令,然后用其用户名与口令登录,如图 7.26 所示。

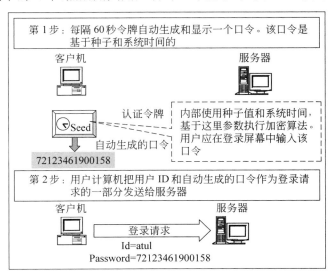

图 7.26　用户向服务器发送登录请求

■ **第 2 步：服务器方验证**

服务器接收口令，并对用户种子值和当前系统时间独立执行加密功能，生成自己的口令。如果两个口令相符，则认为用户是有效用户，如图 7.27 所示。

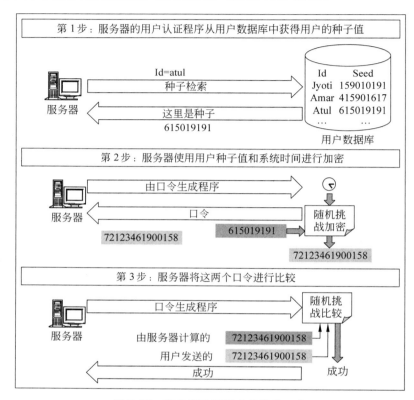

图 7.27　服务器验证用户发送的口令

■ **第 3 步：服务器向用户返回相应消息**

最后，根据上述操作成功与否，服务器向用户返回相应消息，如图 7.28 所示。

图 7.28　服务器向用户返回相应消息

基于时间令牌具有自动性质（与挑战/响应令牌相比），因此在实际中更常用。但是，仔细考虑一下这个机制，就会发现有问题。如果用户登录请求到达服务器和认证完成之间经过 60 秒的时间窗口，会出现什么情形？假设用户端的时间在发送登录请求时为 17 时 47 分 57 秒；请求到达服务器和开始认证时，服务器时间为 17 时 48 分 1 秒，则服务器认为用户无效，因为其 60 秒时间窗口与用户的时间窗口不符。为了解决这类问题，可以采用重试方法。时间窗口过期时，用户计算机发一个新的登录请求，将时间提前 1 分钟。如果还是失败，则用户计算机发一个新的登录请求,将时间提前 2 分钟,等等。

另一个问题是,既然基于时间令牌没有键盘,用户如何输入 PIN? 要解决这个问题,用户实际上在登录屏幕上输入 PIN。软件是具有足够智能的,可以用其访问令牌。此外,对于关键应用程序,已经出现有键盘的基于时间令牌。

7.5　基于证书认证

7.5.1　简介

另一个新兴的认证机制是**基于证书认证**(certificate-based authentication),基于用户的数字证书。FIPS-196 标准指定了这个机制的操作。我们知道,在 PKI 中,服务器和(可选)客户机要拥有数字证书,以便进行数字事务。然后,也可以在用户认证中复用这个数字证书。事实上,如果使用 SSL,则服务器要有数字证书,而客户机可以有数字证书。这是因为在 SSL 中客户机认证是可选的,而服务器认证是必需的。

基于证书认证是比基于口令认证更强大的认证机制,因为用户要拥有什么(证书)而不是知道什么(口令)。登录时,用户要通过网络向服务器发送证书(和登录请求一起发送)。服务器中具有证书的副本,可以用于验证证书是否有效。但其实没这么简单,怎么处理下列情形?

假设用户 A 去喝一杯茶,用户 B 利用这个机会从用户 A 的计算机登录,使用 A 的证书,伪装成 A 进行某种高价值事务。

在 A 不知道的情况下,B 把 A 的证书(只是计算机文件)复制到软盘上,然后复制到自己的计算机上,然后以 A 的身份登录。

可以看出,这里的主要问题是滥用别人的证书。怎么防止? 要解决这个问题,就要把基于证书认证变成双因素过程(具有什么加上知道什么)。

7.5.2　基于证书认证工作原理

■ **第 1 步:生成、存储与发布数字证书**

基于证书认证的第一步是个前提条件。CA 对每个用户生成数字证书并将其发给相应用户。此外,服务器数据库中以二进制格式存储证书的副本,以便在用户进行基于证书认证时验证证书,如图 7.29 所示。

■ **第 2 步:登录请求**

登录请求期间,用户只向服务器发送用户名,如图 7.30 所示。

■ **第 3 步:服务器生成随机挑战**

服务器采用前面介绍的技术,服务器收到只有用户名的用户登录请求时,首先检查用户是否有效(只检查用户名)。如果无效,则向用户返回相应的错误消息;如果用户名有效,则服务器生成一个随机挑战(随机数,用伪随机数生成方法生成),将其返回用户。随机挑战可以以明文形式传递到用户计算机,如图 7.31 所示。为了简单起见,我们特意没有显示初期

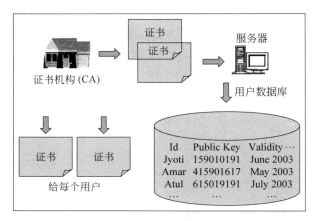

图 7.29　生成、存储与发布数字证书

图 7.30　登录请求只发送用户名

的用户数据库（只显示用户名和公钥）。

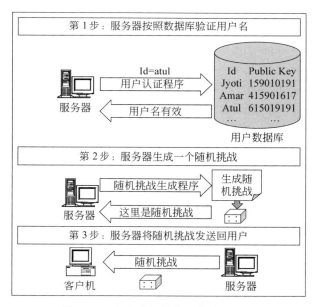

图 7.31　生成随机挑战和传输到用户

■ **第 4 步：用户签名随机挑战才能打开私钥文件**

现在用户要用私钥签名随机挑战。我们知道，这个私钥对应于用户的公钥，后面要在用户证书中提到。为此，用户要访问其私钥，存放在计算机磁盘文件中。但是，私钥不是任何人可以随便访问的。为了保护私钥，可以使用口令。只有正确的口令才能打开私钥文件。

因此,用户要输入秘密密钥才能打开私钥文件,如图 7.32 所示。

用户输入正确的口令后,应用程序打开用户的私钥文件,从文件中取得私钥,用其加密从服务器收到的随机挑战,生成用户的数字签名。技术上,这是个两步过程:第一步生成随机挑战的消息摘要,第二步用用户的私钥加密消息摘要。但是,为了简单起见,我们把它看成单一逻辑操作。这个过程如图 7.33 所示。

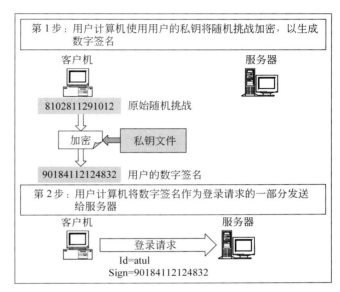

图 7.33　用户计算机签名

图 7.32　输入秘密密钥

现在服务器要验证用户的签名。为此,服务器从用户数据库取得用户的公钥(用其验证用户的签名),然后用这个公钥解密(也称为设计)从用户收到的签名随机挑战。最后比较解密的随机挑战与原先的随机挑战,如图 7.34 所示。

■ 第 5 步:服务器向用户返回相应消息

最后,根据上述操作成功与否,服务器向用户返回相应消息,如图 7.35 所示。

7.5.3　使用智能卡

使用智能卡实际上可以和基于证书认证相联系,因为智能卡可以在卡中生成公钥/私钥对,还可以在卡中存储数字证书。私钥总是放在卡中,安全,不会被篡改。公钥和证书可以导出到外部。另外,智能卡还可以在卡中执行加密功能,如加密、解密、生成消息摘要和签名。

这样,基于证书认证期间,可以在卡中签名服务器发来的随机挑战,即可以把随机挑战作为智能卡的输入,在卡中用智能卡持卡人的私钥加密,从而在卡中生成数字签名,输出到应用程序中。

但是,使用智能卡时有一点需要注意,它们只能谨慎地用于选择性的加密操作。例如,如果要用智能卡签名 1MB 文档,则让智能卡生成文档消息摘要之后再签名是非常麻烦的,因为通过半双工的 9600bps 智能卡接口将 1MB 数据移到智能卡中就要花上 15 分钟! 显

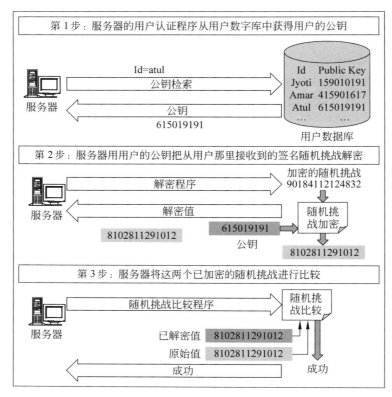

图 7.34　服务器比较两个加密随机挑战

图 7.35　服务器向用户返回相应消息

然，应该先在智能卡外（即计算机中）生成消息摘要，然后将其输入智能卡中，让其加密，产生数字签名。

　　由于智能卡是可移植的，因此可以带着私钥和数字证书到处走。传统上，智能卡有它的问题，图 7.36 列出了这些问题及其解决办法。

问　　题	解　决　办　法
桌面计算机中还没有智能卡阅读器，而不像软驱和硬驱一样方便	新的计算机与移动设备可能带上智能卡阅读器
还没有智能卡阅读器驱动软件	Microsoft 在 Windows 2000 操作系统中集成了 PC/SC 智能卡框架。大多数智能卡阅读器厂家都带有 PC/SC 兼容的阅读器驱动软件，使计算机中增加智能卡阅读器成为即插即用过程

图 7.36　智能卡的问题及其解决办法

问　　题	解　决　办　法
还没有支持智能卡的加密服务软件	Microsoft Windows 免费提供 Microsoft Crypto API（MS-CAPI）之类支持智能卡的软件
智能卡和智能卡阅读器的成本很高	正在下降，智能卡只要 5 美元，而阅读器只要 20 美元

图 7.36　（续）

智能卡厂家之间还缺乏标准化和相互操作性。随着行业的成熟，这种情形必将改变，使 PKI 方案的安全性变得更强大。

7.6　生　物　认　证

7.6.1　简介

生物认证（Biometric authentication）机制引起了广泛注意。生物设备最终证明一个人的身份。生物设备利用人的生物特征，如指纹、声音或瞳孔模式。用户数据库中包含用户生理特征数据。认证时，用户要提供用户生物特征的另一个样本，与数据库中的样本匹配，如果两者相同，则证明其为有效用户。

生物认证的重要思想是每次认证产生的样本可能稍有不同。这是因为用户的物理特征可能因为几个原因而改变。例如，假设获取用户的指纹，每次用于认证，则每次所取的样本可能不同，因为手指可能变脏，可能割破，出现其他标记，或手指放在阅读器上的位置不同，等等。因此，不能要求样本准确匹配，而只要近似匹配即可。

因此，用户注册过程中，生成用户生物数据的多个样本。它们的组合和平均存放在用户数据库中，使实际认证期间的各种用户样本能够映射这个平均样本。利用这个基本思路，任何生物认证系统都要定义两个可配置参数：假接收率（false Accept Ratio，FAR）和假拒绝率（false Reject Ratio，FRR）。FAR 的测量系统接收了该拒绝的用户的机会，而 FRR 测量系统拒绝了该接收的用户的机会。因此，FAR 与 FRR 正好相反。

也许最好的安全方案组合口令/PIN、智能卡和生物认证，涉及认证的三个关键方面：是谁、拥有什么和知道什么。但是，这样的系统建起来和用起来太复杂。

7.6.2　生物认证的工作原理

典型的生物认证过程首先生成用户样本并将其存放在用户数据库中。实际认证时，要求用户向服务器提供同一性质的样本（如瞳孔或指纹），通常通过加密会话（如 SSL）发送到服务器。在服务器上，解密用户的当前样本，并将其与数据库中存储的样本进行比较。如果两个样本在特定 FAR 与 FRR 条件下足够匹配，则认为用户认证成功，否则认为用户无效。

7.7   Kerberos

7.7.1   简介

许多实际系统使用 Kerberos 认证协议。Kerberos 的基础是 Needham-Shroeder 协议。Kerberos 是在麻省理工学院设计的，使工作站可以安全地利用网络资源。这个名称来源于希腊神话中的多头狗（用于拒绝外人）。大多数实用实现使用 Kerberos 第 4 版，但第 5 版也已经推出。

7.7.2   Kerberos 工作原理

Kerberos 协议涉及四方。
- Alice：客户工作站。
- Authentication Server(AS,认证服务器)：在登录时认证（验证）用户。
- Ticket Granting Server(TGS,票据授权服务器)：分发票据认证身份证明。
- Bob：提供旧的服务器，如网络打印、文件共享和应用程序。

AS 的作用是在登录时认证每个用户。AS 与每个用户共享唯一的秘密口令。TGS 的作用是向网络上的服务器证明用户真实身份，为此要使用票据机制（允许进入服务器的票据，就像车票、电影票）。

Kerberos 协议涉及三个主要步骤，将在下面一一介绍。

■ 第 1 步：登录

首先，用户 Alice 坐在任意公开工作站前，输入姓名，工作站将他的姓名以明文形式发到 AS，如图 7.37 所示。

图 7.37   Alice 向 AS 发送登录请求

AS 进行几个响应操作。首先，它生成用户名（Alice）包，并随机生成会话密钥（KS），用 AS 与 TGS 共享的对称密钥加密这个包。这一步的输出是授权票据的票据（Ticket Granting Ticket,TGT）。注意 TGT 只能由 TGS 打开，因为只有 TGS 拥有相应的对称密钥。然后 AS 组合 TGT 与会话密钥（KS），用 Alice 的口令推出的对称密钥（KA）加密这两者。注意，最后输出只能由 Alice 打开，如图 7.38 所示。

收到这个消息后，Alice 的工作站要求其输入口令。Alice 输入口令时，工作站从口令生成对称密钥（KA）（就像 AS 前面生成时一样），并用这个密钥取出会话密钥（KS）和 TGT。工作站立即从内存中删除 Alice 的口令，防止被攻击者窃取。注意 Alice 不能打开 TGT，因为它是用 TGS 的密钥加密的。

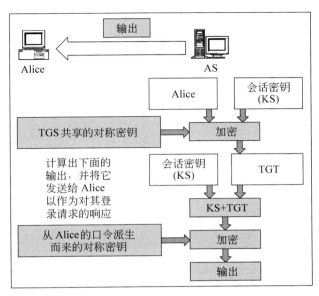

图 7.38　AS 向 Alice 发送加密会话密钥(KS)和 TGT

■ **第 2 步：取得服务提供票据(SGT)**

假设登录成功后，Alice 要利用 Bob——电子邮件服务器进行电子邮件通信。为此，Alice 要告诉工作站，与 Bob 联系。因此，Alice 要有与 Bob 通信的票据。这时，Alice 工作站生成给 TGS 的消息，包含下列项目：

- 第 1 步的 TGT；
- Alice 需要其服务的服务器(Bob)ID；
- 当前时间戳，用同一会话密钥(KS)加密，如图 7.39 所示。

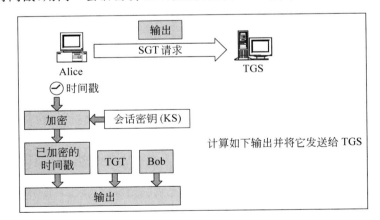

图 7.39　Alice 向 TGS 发送 SGT 请求

我们知道，TGT 用 TGS 的秘密密钥加密，因此只有 TGS 能打开。这样也可以向 TGS 证明消息的确来自 Alice。为什么？这是因为，前面曾介绍过，TGT 是由 AS 生成的(只有 AS 和 TGS 知道 TGS 的秘密密钥)。此外，TGT 与 KS 由 AS 用从 Alice 口令派生的秘密密钥加密，因此只有 Alice 能打开这个包，取得 TGT。

TGS 验证 Alice 的身份后，生成会话密钥 KAB，使 Alice 与 Bob 可以安全通信。TGS 将其两次发给 Alice：一次与 Bob 的 ID(Bob)组合，用会话密钥(KS)加密，一次与 Alice 的 ID(alice)组合，用 Bob 的秘密密钥(KB)加密，如图 7.40 所示。

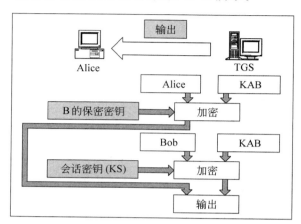

图 7.40　TGS 向 Alice 返回响应

注意攻击者 Tom 可能取得 Alice 发出的第一个消息，想进行重放攻击，但这样不会成功，因为 Alice 的消息包含加密的时间戳，Tom 无法替换时间戳，因为他没有会话密钥 (KS)。即使 Tom 想立即进行重放攻击，也只能得到 TGS 的消息，无法打开，因为他不能访问 Bob 的秘密密钥和会话密钥(KS)。

■ **第 3 步：用户联系 Bob，访问服务器**

Alice 现在向 Bob 发出 KAB，以便和 Bob 进行会话。由于这个交换也需要安全，因此 Alice 可以向 Bob 转发用 Bob 的秘密密钥加密的 KAB(上一步从 TGS 取得)，保证只有 Bob 能访问这个 KAB。此外，为了防止重放攻击，Alice 还发送时间标注给 Bob，用 KAB 加密，如图 7.41 所示。

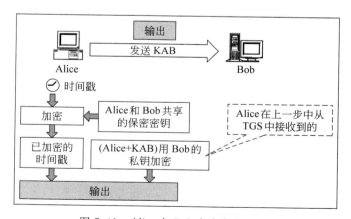

图 7.41　Alice 向 Bob 安全发送 KAB

由于只有 Bob 有其秘密密钥，因此首先用其取得信息(Alice＋KAB)，然后取得密钥 KAB，用其解密加密的时间戳值。

Alice 能否知道 Bob 是否正确收到 KAB？为了查询这个问题，Bob 在 Alice 发送的时间戳中加 1,用 KAB 加密结果,然后返回 Alice,如图 7.42 所示。由于只有 Alice 和 Bob 知道 KAB,因此 Alice 可以打开这个分组,验证 Bob 递增的时间戳是她发给 Bob 的。

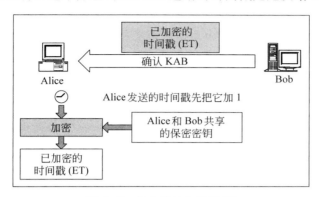

图 7.42　Bob 确认收到 KAB

现在,Alice 与 Bob 可以安全通信了,可以用共享秘密密钥 KAB 加密要发的消息,用其解密对方发来的加密消息。

这里一个有趣的问题是,如果 Alice 要与另一个服务器 Carol 通信,则只要从 TGS 取得另一个共享密钥,但这时在消息中指定 Carol 而不是 Bob。TGS 会进行前面所述的工作,使 Alice 可以用类似方式从网络上访问所有资源,每次从 TGS 取一个唯一的票据(秘密密钥),与不同资源通信。当然,如果 Alice 只要与 Bob 继续通信,则不必每次取新票据,只在第一次与某个服务器通信时才要通过 TGS 取得票据。另外,Alice 与口令不会离开她的工作站,从而增加了安全性。

由于 Alice 只要认证或登录一次,因此这个机制称为单次登录(SSO)。Alice 不必向每个网络资源证明自己的身份,而只要向中央 AS 认证自己。这样很好,所有其他服务器/网络资源都可以相信 Alice 的身份。SSO 是公司网络中的重要概念,因为公司网络已经有较长的历史,出现了多种认证机制和不同实现方法,可以用 SSO 合并为单个统一的认证机制。事实上,Microsoft 公司在 Internet 上的护照(passport)技术也采用这种思想。Microsoft Windows NT 也大量使用 Kerberos 机制。因此,一旦登录 Microsoft Windows NT 工作站之后,就可以访问电子邮件和其他资源,而不必显式登录,只要系统管理员进行正确映射。

显然,不是世界上每台服务器都信任单个 AS 和 TGS,因此,Kerberos 设计师还支持多个域(realm),各有自己的 AS 和 TGS。

7.7.3　Kerberos 版本 5

Kerberos 版本 5 克服了版本 4 一些缺点。版本 4 要求用 DES,而版本 5 则比较灵活,可以选择其他算法。版本 4 用 IP 地址作为标识符,而版本 5 可以用其他类型(为此,它要标出网址类型和长度)。Kerberos 版本 5 与版本 4 的主要区别如下。

- 密钥盐算法改为了使用整个基本名。
  - ➤ 这意味着,相同的口令在不同的领域中不会得出相同的加密密钥,或在相同的领域中基本名不同。

- 网络协议已完全重写,现在到处使用的都是 ASN.1。
- 现在支持可转发(forwardable)、可更新(renewable)和可填迟日期(postdatable)的票据。
  - ➢ 可转发票据:用户使用这个票据来请求一个含不同 IP 地址的新票据。这样,用户可以使用当前的信用来获得在另一台机器上的信任。
  - ➢ 可更新的票据:通过向 KDC 请求一个扩展生存期的新票据,就可以更新一个可更新的票据。但是,该票据本身必须是有效的(换句话说,我们不能恢复一个已过期的票据,必须在票据过期之前更新)。可更新的票据可以更新为最大的票据生存期。
  - ➢ 可填迟日期的票据:这些票据本来是无效的,其开始有效时间是在将来的某个时间。要使用一个可填迟日期的票据,用户必须把它发送回 KDC,使其在该票据生存期内是有效的。
- Kerberos 票据可以包含多个 IP 地址,以及不同网络协议类型的地址。
- 可以使用普通的加密接口模块,这样就可以使用除 DES 之外的其他加密算法。
- 支持重放缓冲区,于是认证就不容易被重放攻击。
- 支持瞬时交叉领域认证。

7.8　密钥分发中心

密钥分发中心(Key Distribution Center,KDC)是一个中心机构,负责计算机网络中单个计算机(结点)的密钥。它类似于 Kerberos 中的认证服务器(AS)和票据授权服务器(TGS)。其基本思想是,每个结点与 KDC 共享唯一一个密钥。一旦用户 A 需要与用户 B 进行安全通信,就需要执行如下步骤。

(1) 假设用户 A 与 KDC 具有一个共享密钥 KA。同样,用户 B 与 KDC 具有一个共享密钥 KB。

(2) A 往 KDC 发送一个用 KA 加密的请求,包括:

(a) A 和 B 的标识符。

(b) 一个随机数 R,称之为一次性数(nonce)。

(3) KDC 以一个用 KA 加密的消息来响应,该消息包括:

(a) 一次性对称密钥 KS。

(b) 由 A 发送的初始请求,用于验证。

(c) 用 KB 加密的 KS,以及用 KB 加密的 A 的 ID。

(4) 通过使用 KS 加密,A 和 B 就可以进行通信了。

如图 7.43 所示。

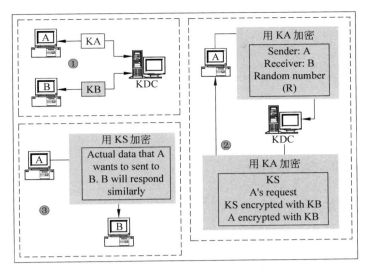

图 7.43　密钥分发中心(KDC)的概念

7.9　安全握手的陷阱

在讨论了几种用户认证的机制之后,我们来看看各种方法中可能的**安全握手的陷阱** (security handshake pitfall)。这些发生在**握手**(handshake)阶段。

完成握手有两种方案,即**单向认证**(one-way authentication)和**双向认证**(mutual authentication),如图 7.44 所示。

图 7.44　安全的握手机制

下面我们来讨论这些方法。

7.9.1　单向认证

单向认证的思想很简单。如果有两个用户 A 和 B,其中 B 要对 A 进行身份认证,但 A 不需要认证 B,我们称之为单向认证。实现这种类型的认证的方法有多种。比较知名的有: 只登录(login only)、共享秘密(shared secret)和单向公钥(one-way public key),如图 7.45 所示。

下面来讨论这些方法。

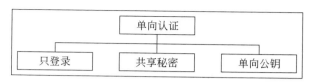

图 7.45　单向认证的方法

1．只登录方法

在这种简单的方法中：

（1）用户 A 以明文的形式把她的用户名和密码发送给另一个用户 B。

（2）B 验证该用户名和密码。如果该用户名和密码正确，就可以在 A 和 B 之间进行通信。不需要再进行其他的加密或完整性检验，如图 7.46 所示。

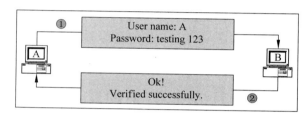

图 7.46　只登录的认证方法

显然，这种方法实现起来很简单，也很好理解。但是，它不是很有效。我们需要更好的认证机制。我们已经见过一些示例，其中 A 把口令的消息摘要，而不是初始口令发送给 B。口令加密是另一种方法。

2．共享秘密的方法

这里假定用户 A 和 B 在实际的通信开始之前，已经协商好了一个共享对称密钥 KAB。因此，对这种方法我们取名为共享秘密。该方法的工作如下所示。

（1）A 发送其用户名和口令给 B。

（2）B 创建一个随机挑战 R，并把它发送给 A。

（3）A 用 A 与 B 之间的共享对称密钥 KAB 加密该随机挑战 R，并把已加密的 R 发送给 B。B 也用相同的共享对称密钥 KAB 加密初始随机挑战 R。如果这个已加密的随机挑战与 A 发送的匹配，那么 B 就认为 A 是合法的，即 A 就通过了 B 的认证，如图 7.47 所示。

这是一种更好的方案，因为每次的随机挑战 R 都是不同的。因此，攻击者不可能使用以前的 R。但是，这里同样也有一个问题：这是单向认证，即 B 认证 A，但 A 不能认证 B。因此，攻击者 C 可以发送一个旧的随机挑战 R 给 A。在 A 用 KAB 加密 R，并把它发送回 C 后，C 只需忽略它即可。于是，A 错误地认为 C 是 B。也就是说，C 可以装扮成 B，并与 A 进行通信。

这种协议的一个变体如图 7.48 所示。这里，B 不是把随机挑战 R 发送给 A，而是用共

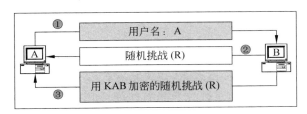

图 7.47　共享秘密的认证方法

享对称密钥 KAB 将它加密后,把这个已加密的随机挑战发送给 A。A 把已加密的随机挑战解密,从而获得初始的未加密的随机挑战 R,并把它发送回 B,以认证自己。

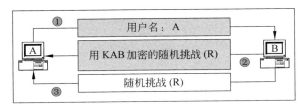

图 7.48　修改后的共享秘密的认证方法

　　基本的共享密钥认证方案还有另一种变体,它只要求一个从 A 到 B 的消息,不需要随机挑战。A 只需用共享对称密钥 KAB 加密当前的时间戳,并把这个已加密的时间戳发送给 B。B 将它解密,如果是所期望的,则 B 通过 A 的认证。为此,A 和 B 需要预先同步化它们的时间戳。该方法如图 7.49 所示。

图 7.49　用共享对称密钥加密当前的时间戳

　　这种协议有一定的优点。该协议很容易实现,以替代发送明文口令。A 往 B 发送的不是用户名和明文口令了,而是用户名和已加密的当前时间戳。该协议也是只需一个消息就可以了,这样节约了另两个消息的成本开销。

　　但是,这里也有缺点。如果攻击者非常迅速,它就可以尝试发送一个类似于 A 所发送的消息给 B。B 会认为这是来自 A 的另一个独立的消息。同样,如果 A 对多个服务器(不只是B)使用相同的认证机制,攻击者就有很好的机会。当 A 发送一个初始消息给 B 时,攻击者 C 只需复制该初始消息,并伪装为 A 把它发送给另一个服务器(不是B)。为防止这些,A 应该在用共享对称密钥 KAB 加密之前,往消息的当前时间戳中添加服务器(即 B)的名称。

3. 单向公钥的方法

　　前面的协议是基于共享秘密(即共享对称密钥 KAB)的。如果攻击者能够读取 B 的数据库,那么它就可以访问该密钥 KAB。那么它就非常容易地伪装为 A 来与 B 进行通信。如果用公钥来替换共享秘密,那么就可以避免这些。

这里的思想也很简单。

（1）A 发送其用户名给 B。

（2）B 发送随机挑战 R 给 A。

（3）A 用她的私钥加密该随机挑战 R，并把它发送给 B。B 使用 A 的公钥解密这个已加密的随机挑战，并把它与初始随机挑战 R 进行匹配，如图 7.50 所示。

图 7.50　单向公钥的方法 1

像前面的一样，也可以稍做修改成如下所示。

（1）A 发送其用户名给 B。

（2）B 生成一个随机挑战 R，用 A 的公钥加密该随机挑战。B 把已加密的随机挑战发送给 A。

（3）A 用她的私钥将已加密的随机挑战解密，并把它发送给 B。B 将它与初始的随机挑战 R 匹配，如图 7.51 所示。

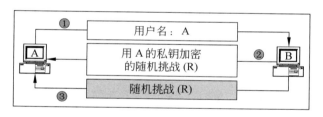

图 7.51　单向公钥的方法 2

尽管这些方法比前面的共享秘密机制更好，但它们也有不少问题。

在方法 1 中，攻击者想要 A 签一个上百万的电子支票。攻击者伪装成 B，在第 2 步中把电子支票作为一个随机挑战发送给 A。在第 3 步中，A 很高兴地签了该支票并发送给攻击者！因此，该方法可以用来迷惑某人在不知情时签名。

在方法 2 中，攻击者的目标是不同的。攻击者有了一个针对 A 的旧消息。因此，该消息已用 A 的公钥进行了加密（这样只有 A 才能用她的私钥将它解密）。现在，攻击者有了这个已加密消息，并在第 2 步中把它作为一个随机挑战发送。而在第 3 步中，A 以为是要用她的私钥给随机挑战签名。的确，她会把这个用她的公钥加密的消息解密！因此，在第 3 步中，她解密这个针对她的消息，并以明文的形式发送给攻击者。

要防止这些，需要强行规定签名密钥必须与加密密钥不同。即，每个用户必须有两个公钥-私钥对。一对用于签名和验证，另一对用于加密和解密。

7.9.2　双向认证

在双向认证中,A 和 B 相互认证对方。因此,这里为双向认证。该方法也可以以不同方式来实现:共享秘密(shared secret)、公钥(public key)和基于时间戳(timestamp-based)的方法,如图 7.52 所示。

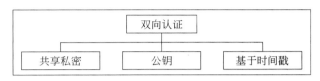

图 7.52　双向认证的方法

1. 共享秘密的方法

该方法假设 A 和 B 具有一个共享对称密钥 KAB。其工作步骤如下:
(1) A 发送其用户名给 B。
(2) B 发送随机挑战 R1 给 A。
(3) A 用 R1 加密随机挑战,并把它发送给 B。
(4) A 发送另一个不同的随机挑战 R2 给 B。
(5) B 用 KAB 加密 R2,并把它发送给 A。

此时,B 像以前那样认证 A(在第(2)步和第(3)步中)。但是,这些新增的内容是,A 也要认证 B(在第(4)步和第(5)步中),因此这是双向认证,如图 7.53 所示。

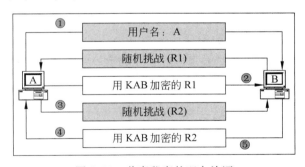

图 7.53　共享秘密的双向认证

我们可以看到,这里要交换很多消息,使得其方法效率低。我们可以减少到只用 3 条消息,把更多的消息放置在这 3 条消息中。修改后的方法如下所述。
(1) A 发送用户名和随机挑战 R2 给 B。
(2) B 用共享对称密钥 KAB 加密 R2,生成一个新的随机挑战 R1,并把这两个随机挑战发送给 A。
(3) A 验证 R2,用共享对称密钥 KAB 加密 R1,并把它发送给 B。B 验证 R1。
该过程如图 7.54 所示。
这种方法把消息数量减少为 3 了。但是,它容易受**反射攻击法**(reflection attack)攻击。

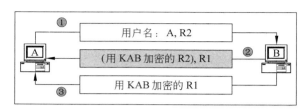

图 7.54　优化后的共享秘密的双向认证

假设 C 想伪装为 A 与 B 通信。首先,攻击者 C 开始如下步骤。

（1）C 往 B 发送一个含有 A 的用户名和随机挑战 R2 的消息。

（2）B 用共享对称密钥 KAB 加密 R2,生成一个新的随机挑战 R1,并把这两个随机挑战发送给 C。此时 B 以为是在发送给 A,如图 7.55 所示。

图 7.55　反射攻击：第 1 部分

攻击者不能用 KAB 加密 R1。但是,她让 B 加密了 R2。

现在,攻击者打开与 B 的另一个会话,该会话与第 1 个不同,第 1 个会话仍是活动的。此时,执行以下步骤。

（1）C 发送一个含有 A 的用户名和随机挑战 R1 的消息给 B。

（2）B 用共享对称密钥 KAB 加密 R1,生成一个新的随机挑战 R3,并把这两个随机挑战发送给 C。B 以为他是发送给 A 了,如图 7.56 所示。

图 7.56　反射攻击：第 2 部分

攻击者 C 不能继续第 2 个会话,因为她不能加密新的随机挑战 R3。但是,她不再需要这个会话了。她可以回到前面的第 1 个会话。记住,在这个会话中,她无法用 KAB 加密 R1,那么就这样等待吗？此时,由于有了第 2 个会话,C 有了用 KAB 加密的 R1。她把 R1 发送给 B,就完成了认证,如图 7.57 所示。

这样 C 就可以说服 B 认为她是 A!

如何解决这种反射攻击呢？一种思想是使用不同的密钥(假如 KAB 和 KBA)。当 A

图 7.57 反射攻击：第 3 部分

要加密发送给 B 的内容时使用 KAB，当 B 要加密发送给 A 的内容时使用 KBA。这样，B 就不能用 KAB 来加密 R1。这就意味着 C 不能像反射攻击那样在随后误用它了。

2. 公钥的方法

双向认证也可以使用公钥技术来完成。如果 A 和 B 知道了对方的公钥，要完成双向认证过程需要 3 个消息，如下所示。

（1）A 把她的用户名和用 B 的公钥加密的随机挑战 R2 发送给 B。

（2）B 用他的私钥把随机挑战 R2 解密。B 创建一个新的随机挑战 R1，并用 A 的公钥加密它。B 把这两个随机挑战（已解密的 R2 和已加密的 R1）发送给 A。

（3）A 用她的私钥把随机挑战 R1 解密，并把它发送给 B。B 验证 R1。

该过程如图 7.58 所示。

图 7.58 使用公钥的双向认证

同样，这种方法也有一个变体。

（1）A 发送她的用户名和 R2 给 B。

（2）B 用他的私钥加密 R2，并把它和 R1 发送给 A。

（3）A 为 R1 签名后把它返回给 B。

该过程如图 7.59 所示。

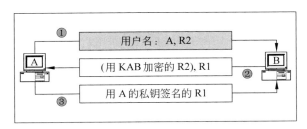

图 7.59 使用公钥的双向认证的变体

3. 基于时间戳的方法

通过使用时间戳（而不是像随机挑战之类的随机数），可以把双向认证的过程减少为只有两步。其工作过程如下。

（1）A 把她的用户名和用共享对称密钥 KAB 加密后的当前时间戳发送给 B。

（2）B 通过用 KAB 把上面的数据解密来获得时间戳，并把该时间戳加 1。B 用 KBA（而不是 KAB）将这个结果加密，并把它与他的用户名发送给 A。

该方法如图 7.60 所示。

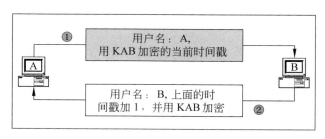

图 7.60　使用时间戳的双向认证

7.10　单次登录方法

前面曾介绍过，Kerberos 有助于实现**单次登录**（Single Sign On，SSO）。有两种方法可实现 SSO，如图 7.61 所示。

图 7.61　实现单次登录

下面介绍这些方法。

7.10.1　脚本

使用基于脚本方法时，SSO 软件模拟用户操作。为此，它解释脚本程序，其模拟用户键击，响应各个最终系统登录提示。SSO 产品本身保存和管理最终系统所要的不同认证信息，然后从数据库中取得这个信息，将其插入模拟用户数据流的相应位置。如果需要，还可以将脚本编制成在脚本相应位置提示用户输入信息。

使用这个方法时，生成的批处理文件和脚本包含每个应用程序/平台的认证信息（通常是用户名与口令，必要时加上登录命令）。用户请求访问时，脚本在后台运行，进行用户要执行的任务/命令。脚本可以包含宏,在 Shell 中重放用户键击/命令。这对用户很容易,但对系统管理员很麻烦,因为他们要先生成脚本,安全地维护这些脚本(因为其中包含用户名与口令),还要保证用户改变口令时协调改变。

7.10.2　代理

基于代理方法中,每个运行应用程序的 Web 服务器要有一个代理软件。此外,还有一个 SSO 服务器,与用户数据库交互,验证用户身份。代理与 SSO 服务器交互,实现单次登录(SSO)。

用户要访问参与 SSO 的应用程序/站点时,特定 Web 服务器上的代理截获用户的 HTTP 请求,检查其中的 Cookie。这时有两种可能:

(1) 如果没有这个 Cookie,则代理向用户发送登录页面,用户要输入 SSO 用户名与口令。这个登录请求进入 SSO 服务器,其验证用户身份,如果成功,则对用户生成 Cookie。

(2) 如果有 Cookie,则代理打开 Cookie,验证其内容,如果 OK,则进一步处理用户请求。

7.11　对认证机制的攻击

对认证机制最常见的攻击是**会话劫持**(session hijacking)或**中间人攻击**(person-in-the-middle attack)。其思想是攻击者设法扮演成一个合法用户。为此,攻击者将窃听两个合法用户、服务器之间的电子(即基于计算机的)会话。然后,攻击者假装成其中一个用户,试图欺骗另一方。这种攻击可以是主动的,也可以是被动的。被动攻击只是察看两个合法用户之间的会话,不会有主动危害。主动攻击则不仅会察看数据流量,而且还会实施某种行动,比如偷窃资源、修改内容、运行不合法的处理、使用网络资源等。

对认证机制最常见的攻击形式是重放攻击。正如其名所示,攻击者捕获从一个用户传送给服务器或另一个用户的信息。然后,攻击者试图重放相同的数据包。换句话说,攻击者试图实施合法用户之前执行的动作。有趣的是,尽管原始信息已经加密了,攻击者仍然可以进行重放。例如,假设一个合法用户输入口令来作为对认证请求的响应。出于安全考虑,该口令先在用户的计算机上进行加密,然后再发送给服务器。攻击者在已加密口令传输时将它捕获。由于口令是已加密形式,攻击者并不知道其含义。然后,这并不要紧! 攻击者只需在合法用户退出登录后的某个时候,重放含有已加密口令的数据包,以响应认证请求。换句话说,通过重放合法用户的已加密口令,攻击者可以像合法用户那样试图登录到服务器。因此,无须知道原始口令,攻击者就可以危及认证系统的安全。

为了防止这类攻击,通常是往消息添加时间戳或递增的序列号。这可以确保重放的较旧消息能理解被识别为重复消息,并把它丢弃掉。这就可以使重放攻击失败。

7.12　案例研究：单次登录

1．课堂讨论要点

（1）何谓单次登录（Single Sign On，SSO）？

（2）为什么需要 SSO？

（3）实现 SSO 的主要方式是什么？

（4）讨论一下作为一种 SSO 协议的 Kerberos 的工作原理。

NBI（National Bank of India，印度国家银行）是印度多年来非常成功的一家银行。为了跟上现代世界的发展，该银行已经开始实行计算机化多年了。现在，该银行已经进入网络银行领域。该银行涉足个人、企业和投资业务。所有这些服务都转移到网络上了。这样，银行的客户可以通过网络访问所有需要的银行服务了。在每种服务类别中，银行提供了很多单独的应用程序。例如，在个人银行业务中，提供了网络账户访问、电子账单支付、网上借贷等服务。

本案例研究只关注个人银行业务。其中的每个应用程序都运行良好。客户对网络账户访问、在线账单支付和网上借贷服务非常满意。他们使用这些服务的频率非常高。这使得更多的客户愿意使用该银行的网络银行服务。然后，后面出现了一个主要问题，具体介绍如下。

该业务中的每个应用程序都运行良好。但是，由于这些应用程序是单独开发的，每个程序都有其自己的用户认证模式。也就是说，网络账户访问、电子账单支付和网上借贷都维护有自己的用户数据库，当用户需要访问某个应用时，必须登录到该应用。例如，假设用户登录到电子账单支付应用程序，支付其电子账单。为了核实该支付在其银行账户的情况，要求用户单独登录到网络账户访问模块！这对用户来说非常麻烦，因为银行存储了所有应用程序，终端用户认为他们不应该去管银行的应用程序内部设计问题。他们面对的应该是单一的认证模块。换句话说，一旦他们用 ID 和口令登录到了任意一个应用程序（比如网络账户访问），他们就应该也同时自动登录到了其他应用程序（比如电子账单支付和网上借贷）。对用户来说，让他们记住三个不同的用户 ID 和口令，并在应用程序登录是使用它们，是一件非常麻烦的事情。

因此，需要把所有用户登录归为单一登录，为银行用户提供单一的用户 ID 和口令。用户使用该 ID 和口令就可以登录到银行网址，并且一旦登录后，在访问每个应用程序时，就无须再分别登录了。应用程序应该能自动检测出用户已经通过某个应用程序的认证了，因此只需重复使用该认证资格即可。

显然，这种需求适合使用单次登录（Single Sign On，SSO）解决方案。SSO 为终端用户提供单一的认证界面。一旦用户成功登录到一组应用程序的某一个中，他就无须再单独登录其他应用程序了。其他应用程序只需重复使用用户第一次登录进来的认证资格即可。

2．建议解决方案

SSO 解决方案是基于这样两种方法中的一种的：脚本法和代理法。我们可以选择其中一种。但是,由于代理法更适合基于 Web 的应用程序,因此这里选择它。我们知道,代理是一个小程序,它运行在每台 Web 服务器上,这些服务器把应用程序驻留在应用程序框架内。代理有助于根据用户认证和会话处理来调整 SSO 工作流。

银行的应用程序运行在基于 Intel 的服务器上,操作系统是 Windows NT 4.0。这些应用程序是使用 ASP 2.0 和 SQL Server 6.0 在 Windows 系统上开发的。Web 服务器是 Microsoft 的 Internet Information Server (IIS) 4.0。它包含有用于事务处理的 Microsoft Translation Server (MTS)。但是,SSO 需求与之无关。

开发代理程序,不需要特别的硬件和软件。代理是驻留在 IIS Web 服务器上的简单程序,可以以 ISAPI 应用程序(即为 IIS Web 服务器上的过滤器)的形式来编写。

SSO 的体系结构如图 7.62 所示。

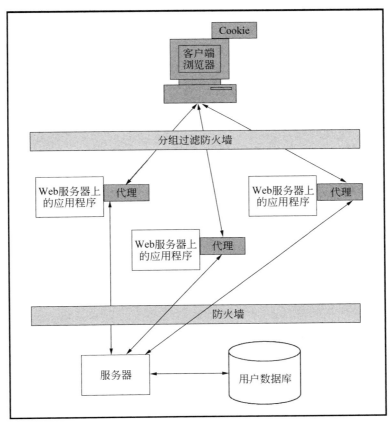

图 7.62　SSO 体系结构

如图 7.62 所示,SSO 体系结构含有两大部分:驻留在 Web 服务器上的代理,以及一台专用的 SSO 服务器。这两部分的作用如下:

- 代理:代理用于获取到达 Web 服务器的每个 HTTP 请求。每台 Web 服务器有一个代理,用于对接一个应用程序。代理用于在用户端与客户端浏览器之间交互作用,以及在应用程序端与 SSO 服务器之间交互作用。
- SSO 服务器:SSO 服务器使用暂时性的 Cookie 来提供会话管理功能。Cookie 含有诸如用户 ID、会话 ID、会话创建时间、会话过期时间等信息。

3. 应用程序流程

应用程序流程如下：

（1）对获取的每个 HTTP 请求，代理都将查找是否有合法的 Cookie 存在。这有两种可能性：

（a）如果没有找到 Cookie，那么它将启动一个界面，让用户输入其认证资格。按照所选择的用户认证机制不同，这种认证资格可能是一个简单的用户 ID 和口令，或者是用户 ID 和数字证书。代理将接收由用户输入的这些信息，并把它们转发给 SSO 服务器，该服务器将根据用户数据库来验证这些信息。

如果用户认证成功，SSO 服务器将以一个资格令牌进行响应。代理将把该令牌的一部分以一个 Cookie 的形式转发给客户端浏览器。该 Cookie 可含有基本信息，如会话标识符、会话过期时间等。

（b）如果代理找到一个与所获取的 HTTP 请求相关的 Cookie，那么它将请求 SSO 服务器来对该请求解密，并判断：

- 用户是否已通过认证。
- 认证是否仍然有效。
- 用户是否能访问与该代理相关的应用程序。

如果认证已经过期，那么它将要求用户再次提供认证信息。

（2）SSO 服务器从代理那里接收认证请求，然后发起一个对认证 ASP 的调用。该 ASP 将根据用户数据库对用户进行认证，并返回认证成功或失败。

如果认证成功，SSO 服务器将创建一个含有某些信息的资格令牌，并把令牌的全部或部分信息返回给代理。

如果用户已经通过认证，代理将请求进行验证，SSO 服务器将决定是否允许用户访问系统。它将相应地发起一个认证过程，或者如果会话仍然有效，将通知代理，允许用户访问应用程序。

7.13　本　章　小　结

- 认证与用户或系统的身份确认有关。
- 明文口令是最常用的认证机制。
- 明文口令存在安全问题。
- 口令的消息摘要可用于避免口令在网络上传输。
- 口令加密是更好的机制。
- 从口令派生出的内容也可用于认证。
- 随机挑战可以在口令机制中增加安全性。
- 口令策略可以使基于口令认证机制更安全。
- 认证令牌更加安全。

- 认证令牌的每个登录请求生成一个新口令。
- 认证令牌是个双因子认证机制。
- 认证令牌可以是挑战、响应或基于时间的。
- 基于时间的令牌更常用，更加自动化。
- 智能卡是相当安全的设备，因为它是在卡中进行加密功能。
- 智能卡目前存在许多不兼容性问题。
- 基于证书的认证是一种有效的认证机制。
- 在基于证书的认证中，用户的私钥用来给一个随机挑战签名。
- 在基于证书的认证中，用户的证书内容对服务器应该是可用的。
- 生物设备是基于人的特征的。
- Kerberos 是广泛使用的认证协议。
- Kerberos 把认证用户的工作给了中心服务器，把允许用户访问不同系统或服务器的工作给了另一个不同的服务器。
- Kerberos 使用了票据的概念。
- Kerberos 的版本 4 和版本 5 之间有一定的变化。
- 安全握手陷阱是一个需要解决的有趣问题。
- 认证可以用另一种方式来分类：单向认证和双向认证。
- 在单向认证中，只有第 1 方给第 2 方认证，而第 2 方则不能给第 1 方认证。
- 单向认证导致出现了多种问题。
- 单向认证可以大致分为只登录、共享秘密和单向公钥。
- 双向认证包括双方的相互认证。
- 双向认证更可靠。
- 双向认证可分为共享秘密、公钥和基于时间戳的方法。
- 在反射攻击中，攻击者伪装为某个用户，打开两个会话。
- 单次登录（SSO）使用户可以在多个服务/应用程序中使用一个用户名和口令。
- SSO 可以用脚本或代理实现。

7.14　实　践　练　习

7.14.1　多项选择题

1. 确定用户身份的过程称为_____。
   （a）认证　　　　　（b）授权　　　　　（c）保密　　　　　（d）访问控制
2. _____是最常用的认证机制。
   （a）智能卡　　　　（b）PIN　　　　　（c）生物　　　　　（d）口令
3. 许多组织以_____作为确定口令规则。
   （a）认证法律　　　（b）口令法律　　　（c）口令策略　　　（d）用户名规则
4. _____是认证令牌随机性的基础。

(a) 口令　　　　　(b) 种子　　　　　(c) 用户名　　　　(d) 消息摘要

5. 基于口令认证是一种_____认证。

(a) 单因子　　　　(b) 双因子　　　　(c) 三因子　　　　(d) 四因子

6. 基于时间令牌中的可变因子是_____。

(a) 种子　　　　　(b) 随机挑战　　　(c) 时间　　　　　(d) 口令

7. 在基于证书的认证中，用户要输入访问_____的口令。

(a) 公钥文件　　　(b) 私钥文件　　　(c) 种子　　　　　(d) 随机挑战

8. _____可以执行加密操作。

(a) 信用卡　　　　(b) ATM 卡　　　　(c) 借记卡　　　　(d) 智能卡

9. 生物认证基于_____。

(a) 人的特性　　　(b) 口令　　　　　(c) 智能卡　　　　(d) PIN

10. Kerberos 提供_____。

(a) 加密　　　　　(b) SSO　　　　　(c) 远程登录　　　(d) 本地登录

11. 要发起一个反射攻击，攻击者需要打开_____个会话。

(a) 2　　　　　　(b) 3　　　　　　(c) 4　　　　　　(d) 0 或 1

12. 在_____认证中，只有一方认证另一方。

(a) 单向　　　　　(b) 双向　　　　　(c) 基于时间戳的　(d) 带公钥的双向

13. 在 Kerberos 中，允许用户访问不同应用程序或服务器的服务器称为_____。

(a) AS　　　　　(b) TGT　　　　　(c) TGS　　　　　(d) 文件服务器

14. 在基于公钥的单向认证机制中，理想情况下，通信方之间总共需要交换_____个消息。

(a) 0　　　　　　(b) 2　　　　　　(c) 0～2　　　　　(d) 3

15. 在 Kerberos，_____与系统中的每个用户共享唯一一个口令。

(a) AS　　　　　(b) TGT　　　　　(c) TGS　　　　　(d) 文件服务器

7.14.2　练习题

1. 明文口令会有什么问题？

2. 明文口令如何改进？有什么缺点？

3. 从口令派生出来的内容是如何工作的，有什么主要缺点？

4. 如何在从口令派生出的机制中增加不可预测性？

5. 非法用户能否使用认证令牌？

6. 三因子认证的三个方面是什么？

7. 挑战/响应令牌与基于时间的令牌有什么差别？

8. 在基于证书的认证中，如何防止滥用别人的证书？

9. 如果要处理大量数据时，智能卡会有什么问题？

10. 在用户注册过程中，为何需要多个样本？

11. 请解释一下安全握手的陷阱。

12. 何谓反射攻击？如何防止它？

13. 请解释一下单向认证机制的优缺点。

14. 请解释一下双向认证机制的优缺点。

15. 什么是 SSO?

7.14.3　设计与编程

1. Unix 口令与 2 字节盐组合,以防止字典攻击。如果把盐增加到 4 字节,能否增加口令安全性,为什么?

2. 在许多内部应用程序(特别是银行应用程序)中,要访问系统资源,需要两人或多人输入口令以生成组合口令。为什么要这样?

3. 上述机制可否在 PKI 实现中存储用户私钥? 怎么做?

4. Yahoo 与 Indiatimes 之类站点通常如何接收口令? 是否是明文? 这些站点除了这样传输口令外,还怎样提供安全性?

5. SSL 也可以涉及客户端认证(用客户的数字证书),这是一种基于证书的认证,但不是完全可靠的,为什么?

6. 在任何 SSO 方案中,人们总是询问跨域 SSO 的可能性,什么意思? 如何实现?

7. 请用 Java 语言来实现基于证书的认证机制。

8. 请查看市场上更多不同的安全令牌,并分析它们的特性。

9. 据说双因子认证未必更好。为什么?

10. 某些站点(如 Yahoo)让用户查看含有文字的图像,并让用户输入在屏幕上所看见的字符,以作为验证码。其原因是什么? 是如何工作的? 它叫什么?

11. 何谓网络钓鱼攻击? 它是如何与认证相关的? 如何防止网络钓鱼攻击?

12. 你认为移动电话是否可以成为用户认证的一部分? 如何实现?

13. 请编写一个 Java 程序,用来在把用户口令存储到数据库表中之前,将它们加密,并在要进行验证时检索它们。

14. 在基于 Web 的应用程序中,用户的用户名是否可以看作为会话的 ID? 为什么?

15. 把用户的用户名存储在 Cookie 中是否安全? 为什么?

第8章

加密与安全实现

8.1 概　　述

现实中的加密涉及许多基础结构问题，很难让每个人都去实现自己加密算法（如在 Java 中实现 RSA）。因为这样不仅会造成大量的不兼容，而且会造成许多安全问题、测试不充分问题，等等。因此，最好使用行业标准的现成加密方案。

实际的加密实现分为三大类：（a）Java 加密；（b）Microsoft 加密；（c）第三方方案。Java 与 Microsoft 加密法都是免费的，不需要任何许可证，但第三方加密工具箱则可能很贵，不过它提供了更多特性。

美国政府曾经对强加密法提出限制，以防止恐怖组织用于不良意图，但这些限制现已取消。

本章介绍加密法的所有实用技术、实现与问题，介绍 Java 与 Microsoft 方案的工作方法，并介绍第三方加密方案，重点介绍基本概念，而不是具体细节。

然后本章介绍操作系统的安全问题，主要介绍 Unix 与 Windows 2000 操作系统中的关键安全概念。

最后，本章还将介绍数据库安全问题。

8.2 Java 加密方案

8.2.1 简介

Java 程序设计语言创造了现代计算机世界中最成功的故事。Java 无处不在，包括 Web 浏览器中（小程序）、Web 服务器中（小服务或 JSP，如 Java 服务器页面）、应用程序服务器中（企业级 Java Beans，如 EJB）以及把这些技术结合起来，形成了远程方法调用（Remote Method Invocation，RMI）、Java 消息服务（Java Messaging Service，JMS）、Java 数据库连接（Java Database Connectivity，JDBC）等技术，使 Java 自然成为安全语言（例如，小程序不能在 Web 浏览器客户机中误操作）和可能提供加密功能（如用于加密、消息摘要、数字签名等的工具）。

有几个机制保证 Java 成为安全语言,这里不介绍这些机制及其意义,而只是介绍 Java 提供的加密服务。

广义上说,可以把 Java 加密框架看成两大技术,如图 8.1 所示。这是一种旧的观点。

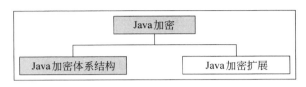

图 8.1　Java 加密框架

下面逐一进行介绍。

- Java 加密体系结构(Java Cryptography Architecture,JCA)是一组类,向 Java 程序提供加密功能。更重要的是,JCA 放在默认 Java 应用程序开发环境 JDK(Java 开发工具库)中,即使用 JDK 时,自然可以使用 JCA。JCA 最初是在 JDK 1.1 中引入的,在 JDK 1.2 中得到大大改进(也称为 Java 2)。
- Java 加密扩展(Java Cryptography Extension,JCE)不在核心 Java 开发工具库中,而是一个附加软件,需要特殊许可证。分开 JCA 与 JCE 的原因是美国政府规定的出口限制,见稍后介绍。

下面从概念上介绍 JCA 和 JCE。

8.2.2　Java 加密体系结构

1. 简介

前面曾介绍过,JCA 在核心 Java 框架中,由 JDK 软件自动提供,不需要特殊许可证。JCA 向使用 Java 语言的编程人员提供基本加密功能。访问控制、权限、密钥对、消息摘要与数字证书等加密功能通过 Java 包 security 中的一组抽象类提供。Sun 公司在 JDK 中提供了这些类的实际实现。下面详细介绍这些类。

JCA 也称为提供者体系结构,设计 JCA 的主要目的是分开加密概念(即接口,interfaces)与实际算法实现(即实现,implementations)。

为了实现编程语言无关性,使用了接口面向对象原则。接口是一组函数的方法,表示接口能做什么(即接口的行为),但不包含实现细节(即怎么做)。下面举一个简单示例。

购买音频系统时,我们不关心其电子文件、工作电压与电流之类的内部细节,因为厂家提供了一组接口。我们可以按一个按钮弹出 CD,改变变量或找一首歌,内部要将各种操作变成电子文件层的操作,这组内部操作称为实现。这样,不管操作的内部细节可以省却不少事,我们只要知道如何使用(接口)即可,如图 8.2 所示。

这个方法的主要目的是提供可插式体系结构,使内部细节改变时(如用不同方法实现变量控制机制)不必改变外部接口(即音控按钮)。这就是 JCA 之类提供者体系结构的妙处。在 JCA 中,我们提供概念性的加密功能,让其用不同方法实现,使不同厂家可以提供加密工具的不同实现方法,使 JCA 体系结构独立于厂家,具有可扩展性。

为了达到这个目的,JCA 包中有几个类,称为引擎类。引擎类是加密功能的逻辑表示

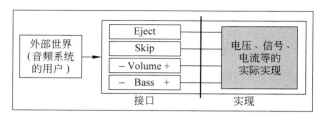

图 8.2　接口与实现

（如消息摘要与数字签名）。例如，可以用多种算法进行数字签名，其实现方法大不相同，但提供相同的抽象数字签名功能。因此，JCA 中只有一个 java. security. Signature 类，表示数字签名算法的所有变形。另一个类 Provider（提供者）提供这些算法的实际实现。Provider 类可以由多个厂家提供，如图 8.3 所示。

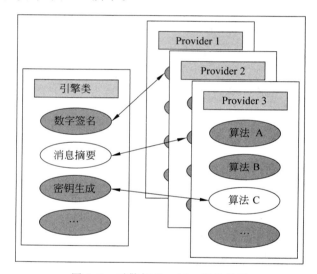

图 8.3　引擎与 Provider 类的关系

　　可以看出，应用程序开发人员不必考虑 Provider 类。应用程序编程人员要调用引擎类。引擎与 Provider 类的关系通过参数文件建立，用 JCA 开发应用程序时不必考虑。具体地说，我们在具有预定名称和地址的属性文件中指定 Provider 类。JVM(Java 虚拟机) 开始执行时，会查找这个属性文件，在内存中装入相应的 Provider 类。图 8.4 显示了这个概念。

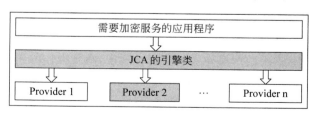

图 8.4　JCA 引擎与 Provider 类的关系

2. JCA 密钥管理

任何加密系统中的一个重要问题是如何生成与管理加密操作中使用的密钥。Java 1.1 提供了 JavaKey 实用程序。但这个实用程序不够成熟,存在几个问题。主要的问题是在同一个未保护的数据库中存储用户的公钥与私钥。因此,Java 设计人员决定使用改进的实用程序生成、存储和管理密钥。

Java 2 提供了新的实用程序 Keytool。Keytool 分别存储公钥与私钥,并用口令保护。Keytool 存储密钥的数据库称为密钥库(keystore)。通常,密钥库是扩展名为 .keystore 的简单计算机文件,放在用户主目录中。下面列出 Keytool 提供的几个重要服务:

- 生成密钥对和自签名证书。
- 导出证书。
- 签发 CSR(证书签名请求),发到证书机构(CA),请求证书。
- 导入别人的证书,用于验证签名。

例如,可以输入命令 keytool-genkey,生成密钥对。有趣的是,也可以通过程序访问密钥库数据库。为此,可以把密钥库看成是一个类,在应用程序中使用,但这里不准备展开介绍。

3. JCA 特性

了解 JCA 体系结构的基本概念后,下面要介绍 JCA 的一些加密特性。

可以看出,应用程序开发人员只关心用引擎类进行所需要的加密操作。每个引擎类有一个公开接口(即一组方法),指定引擎类可以进行的操作。大多数现代面向对象(OO)系统都是如此。但是,引擎类没有公开构造函数,每个引擎类提供一个 getInstance()方法,它接收所要算法名变元,返回相应类的实例。

下面举个示例,用 JCA 和 SHA-1 算法生成消息摘要。代码中通过详细注释解释 Java 语法,如图 8.5 所示。

```
public class CreateDigest{
  public static void main(String args\){
    try{
      //Create an output file for storing the meassage diguest
      // when it is created.
      FileOutputStream fos=new FileOutputStream("sample");
      //Create an object of the class MessageDigest.The getInstance method
      //creates this instance and stores it in the object。We use the SHA-1
      //algorithm. It is ok to write it as SHA.
      MessageDigest md=MessageDigest.getInstance("SHA");

      //Create an output object of the standard Java type output stream。
      //This will be used later in out program。Associate it
      //with the output file.
```

图 8.5　Java 中用 JCA 生成消息摘要示例

```
    ObjectOutputStream oos=new ObjectOutputStream(fos);

    //Specify the input string over which the message
    //digest is to be created.
    String data="This is an input string for digesting";

    //Transform the string format into byte(binary)format.
    byte buffer\=data.getBytes();

    //Call the update method of the message digest object.
    // This method adds the specified input data to the digest,
    // over which finally the digest will be calculated.
    md.update(buffer);

    //Write the original data to the output file.
    oos.writeObject(data);

    //Calculate and write the message digest to the output file.
    oos.writeObject(md.digest());
  }catch(Exception e){
    System.out.printIn(e);
  }
}
```

图 8.5 （续）

图中显示了生成消息摘要的步骤。getInstance()方法寻找和装入实现 SHA-1 算法的消息摘要。生成摘要的输入字符串后，将这个数据传入消息摘要对象的 update()方法，然后将其写入输出文件。最后，我们用 digest()方法生成消息摘要，将其加进同一文件中。

JCA 中的数字名和其他加密功能也差不多。每种情况下都分开引擎类与提供者类，便于维护和管理。

8.2.3 Java 加密扩展

1. 加密策略

加密数据的密码学功能属于 Java 加密扩展（JCE），听起来很奇怪，为什么要把消息摘要和数字签名放在 JCA 包中，而把加密功能放到 JCE 包？这是有历史原因的。

设计 JCA 和 JCE 时，美国政府对加密软件存在严格限制。由于 Sun 系统公司位于美国，因此其开发的 JCE 软件受到限制。限制的目的是美国想防止恐怖分子和敌对国家将 128 位以上的强加密用于非法用途。

因此,早期 JCE 只能在美国和加拿大地区使用。但是现在,美国政府改变了立场,其他国家也想自由地使用这个技术。另一方面,有人甚至在美国国内也要求禁止使用强加密。根据当前形势,美国政府允许美加以外地区使用强加密法,但过去的情况并非如此,因此 JCE 最初与 JCA 分开。

即使在限制很严的时代,情况也没有那么简单。公司发现了漏洞,生成自己的 JCE 类,作为第三方实现方法。当然,为了完整起见,必须指出,JCE 不是受到美国政府限制的唯一加密软件,还有另外几个加密软件应用程序也受到限制。此外,许多算法也受专利保护,使算法使用者要向专利持有人付许可证费。例如,RSA 数据安全公司在美国持有许多基于 RSA 加密与数字签名算法的专利。同样,瑞士的 Ascom System AG 公司持有 IDEA 算法的专利,如果某个国家采用了这些专利规则,则应用程序开发人员和最终用户要根据专利条款对专利持有人付许可证费。

回到 JCE 的历史性限制,Java 应用程序开发人员使用 JCE 时要注意下面几点。

要独立于 JDK 购买 JCE。Sun 公司开发的正式 JCE 只能由美加地区公民购买,其他国家的人只能买 JCE 的第三方实现。

JCE 的电子文档也要遵循上述准则(但实际并非如此,这个条款被大大违反)。

JCE API 和使用 JCE 的任何应用程序都不能在美加以外使用。一个有趣的情形是,如果开发人员把应用程序放在美国或加拿大,但把小程序下载到美加以外的浏览器客户机上呢(其使用加密)? 这在 Internet 时代是完全可能的,因此,这也要受到限制。

2. JCE 体系结构

JCE 体系结构与 JCA 采用相同的模式,也是利用引擎类和提供者类的概念。唯一的差别在于 JCE 带有一个引擎类实现,这是 Sun 系统公司提供的默认实现。由于 JCE 体系结构与 JCA 非常相似,这里不准备进一步介绍。

最后,举一个示例演示使用 JCE 的加密过程,如图 8.6 所示。同前面一样,示例用大量注释说明代码的作用。

代码中的注释说明了加密过程每个阶段的工作,这里不再介绍。

8.2.4　结论

JCA 与 JCE 都是强大的加密体系结构,经过精心规划与设计,可以进一步扩展和具有厂家独立性。但是,用 Java 加密最大的问题是许可证问题。由于美国出口法的限制,JCE 没有放进核心 JDK 中,核心 JDK 在美国和加拿大以外地区很容易取得。同样的原因,JCE 没有放进 Web 浏览器软件中。

现在,这个限制已经放开,应用程序开发人员可以自由地使用 JCE。使用 JCE 的最大好处是免费,缺点是不如其他加密产品那么完善,见本章稍后介绍。另外,Java 本身很慢,加上加密算法很慢,可能在需要快速响应的应用程序中造成瓶颈。此外,Microsoft 从 Internet Explorer 6.0 开始不再支持 Java,因此使用 Java 加密法变得更加困难。

```
public class EncyptionDemo{
  public static void main(String args\){
      try{
      //The keyGenerator class provided by JCE can be used to generate
      //symmetric(secret)keys。We specify which algorithm we will use with
      //this symmetric key for actual encryption。Here,
      // we specify it as DES.
      keyGenerator kg=KeyGenerator.getInstance("GES");

      //The Cipher class is used to instantiate an object of the specified
      //encryption algorithm class. We can also specify the mode and padding
      //scheme to be used during the encryption process。In this case,
      // we indicate that we want to use the DES encryption algorithm in
      // the Cipher Block Chaining(CBC)mode with padding as
      // specified in PKCS# 5 standard.
      Cipher c=Cipher.getInstance("DES/CBC/PKCS5Padding");

      //The generateKey function generates a symmetric key,using the
      //parameters discussed above. The key is stored in a
      //variable called as key.
      Key key=kg.generateKey();

      //JCE demands that once the key is generated,we must execute an init()
      //method against the Cipher object created earlier. This method takes
      //two parameters. The first parameter specifies if we want to perform
      //encryption or decryption。The second parameter specifies which key
      //to use in that operation.
      c.Init(cipher.ENCRYPT_MODE,key);

      //Now we specify the plain text,which we want to encrypt。We also
      //transform it into a byte array.
      byte plaintex\="I am plain text。Please encrypt me.".getBytes();

      //Execute the do Final() method,which performs the actual
      //encryption or decryption(in this case,it is encryption).
      //It accepts the plain text as the input parameter,
      //and returns cipher text. Also,this method is a part of the
      //Cipher object(note the prefix c.)
      byte ciphertext=c.doFinal(plaintext);
  }catch(Exception e){
      e.printStackTrace();
  }
}
```

图 8.6　使用 JCE 的加密过程示例

8.3 使用 Microsoft .NET 的加密方案

8.3.1 类模型

下面我们来看看 Microsoft 公司在其 .NET 框架中提供的加密特性。

与 JCA 和 JCE 一样，.NET 框架的加密对象模型也被设计为允许添加新的算法和实现。在该模型中，对称算法之类的加密算法构建成单个抽象的基类。每个算法分别用抽象算法类来展示。最后，每个抽象类有一个具体的实现类，如图 8.7 所示。

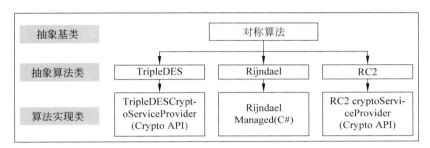

图 8.7 .NET 中的对称密钥加密对象模型

我们知道，对称算法是抽象的基类。它被其他抽象算法类所继承。我们已经见过其中的 3 个。每个类代表了某个特定算法的抽象，如 DES。最后，每个算法实现类又是抽象算法类的子类。于是，每个类的实现是潜在不同的。

- 抽象基类定义了该类中所有算法共有的方法和属性。例如，SymmetricAlgorithm 类定义了一个名为 LegalKeySize 的属性，它告诉我们一个加密法的合法密钥的长度（以位为单位）。

- 抽象算法类有两个函数：(a)通过实现定义在抽象基类的属性，它们展示了特定算法的细节（如密钥大小和块大小）。例如，对 Rijndael 算法，LegalKeySize 属性可以有如下一个值：128、192 和 256。(b)另外，它们还定义了属性和方法，这些属性和方法专属于它们所代表的算法的每个实现。例如，对 TripleDES，有一个名为 WeakKey 的方法，它是这个算法特有的。DES 的抽象算法类将定义该方法，但用于其他算法的抽象算法类没有定义这个方法。

- 算法实现类实现了该算法要执行的特定动作。例如，.NET 中的三重 DES 算法被实现为一个名为 TripleDESCryptoServiceProvider 的类。在 .NET 中，类的命名规则是把服务提供者名称添加到实现类中去。在这种情况下，该实现的提供者是 Microsoft 加密服务提供者（Microsoft Cryptographic Service Provider，CSP），它是由 Microsoft Windows 操作系统携带的。

对对称密钥加密算法有 SymmetricAlgorithm 类，对消息摘要有 HashAlgorithm 抽象基类，对非对称密钥加密和数字签名有 AsymmetricAlgorithm 抽象基类。在图 8.8 和图 8.9 中显示了这两个抽象基类的示例。

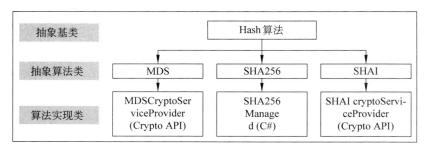

图 8.8 .NET 中的消息摘要加密对象模型

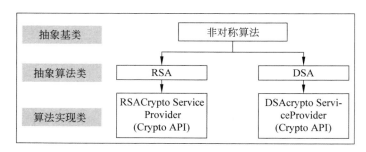

图 8.9 .NET 中的非对称密钥加密对象模型

8.3.2 程序员的角度

程序员如何使用 .NET 中加密对象模型呢？为此，.NET 框架为各种加密类提供了一个配置系统。它为每个抽象基类和每个抽象算法类定义了一个默认实现类型。在类模型中的每个抽象类都定义了一个静态的 Create 方法。该方法为每个抽象类创建一个默认实现的实例。利用这个特性，程序员只需如下调用 SHA-1 算法的默认实现：

```
SHA1 sha1=SHA.Create();
```

这样，程序员无须了解 SHA 算法的实现细节。当然，一旦需要，也可以直接调用算法的某个特定实现。我们这里不介绍具体的细节。

一旦得到所需类的对象（在上面的示例中，SHA1 类的对象名是 sha1），就可以调用相应的方法来进行加密操作。例如，要计算某个消息的消息摘要，可以如下调用名为 ComputeHash 的方法：

```
byte \ hashValue=sha1. ComputeHash(ourMessage);
```

上面代码将计算存储在变量 ourMessage 中的消息摘要，并把消息摘要存储在名为 hashValue 的字节数组中。我们也可以如下计算存储在磁盘上的某个文件的摘要：

```
FileStream inputFile=new FileStream("C:\\atul\\myFile.txt",
                    FileMode.Open);
SHA1 sha1=SHA.Create();
byte \ hashValue=sha1. ComputeHash(inputFile);
```

```
inputFile.Close();
```

8.4　加密工具库

除了 SUN 与 Microsoft 等公司提供的加密方案之外,还有几个公司提供加密工具库,
可以用于开发加密方案。理论上,加密工具库与 JCA/JCE 或
MS-CAPI 的功能差不多,也是以 API 形式提供加密、解密、数
字签名等机制。但是,由于这些公司只考虑加密,因此其产品
更可靠、更强大。例如,RSA 数据安全公司、Entrust 和
Baltimore 就是这种公司。印度的 Odyssey 公司也提供加密工
具库。图 8.10 显示了用这种加密工具库建立的典型加密应用
程序。

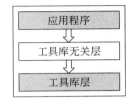

图 8.10　使用加密工具库

在概念上,它与 JCA/JCE 或 MS-CAPI 的工作原理相似。需要加密功能的应用程序调
用工具库无关层(类似于引擎类),其调用工具库层。中间层的作用是保证应用程序的工具
库无关性。这样,需要加密功能的应用程序要调用中间层的一般性方法(如加密)。这个方
法发现所用的工具库,调用工具库的特定加密方法。由于不同工具库用不同外部接口和内
部实现提供加密功能,因此要用中间层保证相互操作性。如果工具库全部遵循相同的标准,
则中间层是多余的。

但是,情况并没有这么简单,工具库虽然提供了坚实的加密基础结构,但不是没有问
题的。

- 使用工具库要求客户机和服务器方许可证,可能非常昂贵(几千美元)。
- 怎么向基于浏览器的客户机提供许可证? 理论上,世界上每个人都可能是基于浏览
  器的客户,怎么向这些客户提供许可证?
- 工具库相互操作性也是个大问题,因此中间层几乎是必不可少的。开发这个中间层
  也很难,因为涉及相互操作性问题。

附录 G 的案例分析中将介绍如何处理这些问题。

8.5　Web 服务安全

在 Web 服务通信中涉及两个实体,即 Web 服务提供者(服务器)与用户(客户端)。客
户端使用可用的 Web 服务信息(以 WSDL 文件的形式)来调用不同的 Web 服务。这意味
着,未授权用户也可以使用 Web 服务。

还不止这些,未授权用户可能非法访问资源。为了防止这些,需要 Web 服务安全。

(1) **消息完整性**:确保消息不被篡改。

(2) **不可抵赖**:确保参与通信的各方不会否认其签名的真实性,不会否认他们所发送
过的消息。

(3) **认证/身份管理**:判断客户的身份,以防止非法访问。

（4）**授权**：身份确定后，决定是否给予访问权限。

（5）**保密**：传输过程中保护信息。

何谓 WS-Security

WS-Security 是一种安全标准，解决数据作为 Web 服务的一部分时的安全问题。WS-Security 是一系列的规范说明，由 IBM、Microsoft、VeriSign 等公司发起的。WS-Security 规范说明是 Web 服务协同组织（Web Services Interoperability Organization，WS-I Organization)的工作成果，它是业界致力于 Web 服务安全标准化的一种组织。

WS-Security 描述了如下两个方面：

（1）加强 SOAP(Standard Object Access Protocol)以保护传输中的消息。

（2）把安全令牌与 SOAP 消息关联，用于认证和授权。

WS-Security 是关于数字签名、加密、XML 签名、XML 加密、安全令牌以及其他各种标准基础的规范说明。图 8.11 是安全标准的概览，其中清楚地显示了传输层安全与消息层安全的差别。

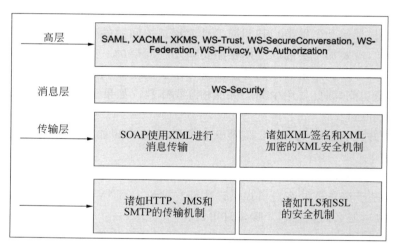

图 8.11　安全标准概览

其中一些主要的安全规范说明如下：

（1）XML 签名：确保 XML 消息的完整性。它描述了如何计算、存储和验证整个 XML 文档或部分 XML 文档的数字签名。

（2）XML 加密：确保一个 XML 消息的机密性。对整个或部分 XML 消息加密，维护 XML 语法。加密使得要阅读 XML 文档很困难。XML 签名和 XML 加密可以同时用于 XML(也就是 SOAP 消息)上。

（3）SAML：Security Assertion Markup Language 的首字母缩写。它定义了交换身份的格式与协议。用于可相互操作和松耦合身份管理。

（4）XACML：eXtensible Access Control Markup Language 的首字母缩写。它定义了用于授权和访问管理的格式。

WS-Security 规范说明使用不同的安全解决方案（如安全令牌），为多方签名技术、多种加密技术以及身份鉴别与访问管理提供支持。

下面是 WS-Security 所支持的、用于授权和认证的一些安全令牌。

(1) 简单令牌：用户名与口令，或用户名与口令摘要。

(2) 二进制令牌：比如 X.509 证书和 Kerberos。

(3) XML 令牌：SAML 断言、XrML(eXtensible Rights Markup Language)和 XCBF (XML Common Biometric Format)。

当把这些标准应用于一条 SOAP 消息之上时，应为如图 8.12 所示。

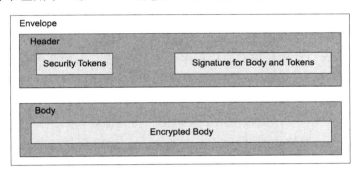

图 8.12　安全的 SOAP 消息

下面来简要介绍一下 WS-Security 规范说明。

(1) WS-SecureConversation：是在使用会话密钥的 Web 服务之间提供安全通信的规范说明。WS-SecureConversation 定义并实现一个会话密钥(加密密钥)，在通信会话的所有各方之间共享该密钥。会话密钥用于防止外来者进入正在进行中的通信。

(2) WS-Trust：为诸如安全令牌创建、令牌管理与交换、在不同信任域内发布认证资格等任务定义标准接口。

(3) WS-Federation：有助于使不同的身份认证与身份认证机制的标准化。该规范说明有助于身份共享、授权和认证等。即使在身份管理中使用了不同的机制，这也是可以的。

(4) WS-Authorization：定义了有关授权的规范说明，可以与 WS-SecureConversation 和 WS-Federation 一起使用。

(5) WS-Privacy：该规范说明描述了一种模型，用于定义保护 Web 服务的隐私策略，它可以嵌入到 WS-Policy 中。WS-Trust 可用于估计用户的喜好和 Web 服务的隐私声明，以便获得对恰当用户与系统的访问。

8.6　云　安　全

术语**云计算**(cloud computing)表示的是在 Internet 上可用的虚拟服务器。也就是说，可以使用不是应用程序所有者所拥有的计算资源(包括硬件、软件或两者皆可)，这些计算资源由第三方提供商所拥有，位于数据中心，以一种非常安全的方式来提供。这使得要使用这些计算资源的应用程序所有者，无须担心这些计算资源的底层技术和实现细节。他们可以按需申请所需资源，由第三方提供商负责动态调整这些需求。因此，应用程序所有者只需把精力集中在应用程序的逻辑设计上，无须担心硬件基础设施、人员或软件许可等问题。他们只需向第三方提供商支付每次的使用费用。

云计算用于表示一种平台和一种类型的应用。云计算使得对服务器（物理的或虚拟的）的使用是动态进行的。云计算平台使得可以按需预备、配置、重配置和减少预备服务器。

云安全（cloud security）仍然是一个发展中的主题，因为云计算本身仍处于发展中。总的来说，云安全领域涉及的是保护数据、应用程序和云基础设施所需的策略、技术和方法。在高层，云安全涉及两方：云提供商（或主机）与云客户端（或用户）。云提供商（或主机）可以提供云平台，作为一种基础设施、一种服务或一个应用程序。在这每种情况下都需要安全防护。在云计算中，客户端的数据和应用程序必须是安全的，因为客户端依赖云提供商甚于非云计算应用程序。因此，云安全必须应对数据访问、存储、应用程序的驻留与存储、用户信息、认证等安全防护的各个方面。

云计算的一个重要特征是大量使用了虚拟化。换句话说，就是在真正的硬件或网络与用户所感觉到的硬件或网络之间，创建了一个抽象层。因此，保护这种抽象的虚拟层就更加重要了。

通常，云安全负责处理身份管理、物理与个人安全、数据与应用程序的可用性、应用程序安全以及保密性。此外，一些国家或国际规章制度，出于各种复杂的原因，强制应用了一些特殊的安全措施。

8.7　本 章 小 结

- Java 加密方案基于 Java 加密体系结构（JCA）和 Java 加密扩展（JCE）。
- JCA 的接口与实现是分开的。
- JCA 提供可插式体系结构。
- JCA 包括引擎类与提供者类。
- JCE 与 JCA 分开，以遵守美国对加密软件的出口规则。
- JCE 原先要求许可证，现已不需要。
- .NET 也提供类似于 Java 的安全特性。
- .NET 也具有类似于 JCE 的体系结构。
- .NET 安全使用了一个三层的类模型，以方便修改和扩展。
- 加密工具库也可以用于加密。
- 加密工具库非常可靠，但很贵。
- 操作系统可以是结构单一的、分层的或是基于微核的。基于微核的是最安全的。
- 数据库控制可以分为两类：自主访问控制和强制访问控制。
- 在自主访问控制中，数据库系统的用户具有访问权限，又称为特权。
- 在强制访问控制中，每个数据库对象（即表）具有一个安全等级（即高度保密、保密、机密、敏感、无等级），每个数据库用户也有一个可见等级（即高度保密、保密、机密、敏感、无等级）。

- 数据库特权可以分为系统特权和对象特权。
- 系统特权与数据库的访问有关。它们负责诸如数据库连接许可、创建表的权限以及其他对象和数据库管理的许可等事情。
- 对象特权关注的是特定数据库对象,如表或视图。
- 可以向数据库用户授给特权,也可以取消数据库用户的特权。
- 特权可以应用于表、列、索引、引用等。
- 统计数据库可以在一定程度上保护数据库信息。它们只包含一些汇总信息。

8.8 实 践 练 习

8.8.1 多项选择题

1. Java 加密机制采用_____与_____形式。
   - (a) JCP,JCA
   - (b) JCA,JCB
   - (c) JCA,JCE
   - (d) JCE,JCF
2. 在 JCA 与 JCE 中,_____需要许可证。
   - (a) 只有 JCA
   - (b) 只有 JCE
   - (c) JCA 与 JCE 都
   - (d) JCA 与 JCE 都不
3. JCA 体系结构是_____。
   - (a) 静态的
   - (b) 实现相关的
   - (c) 不灵活的
   - (d) 可插的
4. 数字签名属于_____。
   - (a) 只有 JCA
   - (b) 只有 JCE
   - (c) JCA 与 JCE 都
   - (d) 不属于 JCA 与 JCE
5. .NET 体系结构与 JCE _____。
   - (a) 不同
   - (b) 相近
   - (c) 相连
   - (d) 都不是
6. 在 .NET 安全框架中,_____类是最高等级。
   - (a) 具体
   - (b) 抽象基类
   - (c) 抽象算法
   - (d) 算法实现
7. 在_____攻击中,攻击者持续发送连接请求到另一端。
   - (a) SYN 泛洪
   - (b) 伪装
   - (c) 缓冲区溢出
   - (d) 会话劫持
8. 总体上说,Web 服务可以认为是_____。
   - (a) Sec
   - (b) WS-Sec
   - (c) WS-Security
   - (d) Web-Security
9. 在 Web 服务中,消息完整性是由_____来保证的。
   - (a) 数字签名
   - (b) 消息摘要
   - (c) 消息签名
   - (d) XML 签名
10. I 在 Web 服务中,保密性是由_____来保证的。
    - (a) 加密
    - (b) 解密
    - (c) XML 加密
    - (d) XML 加密
11. _____协议用于交换身份。
    - (a) XML
    - (b) SAML
    - (c) WSDL
    - (d) SOAP
12. 安全令牌的创建是在_____中描述的。

　　　　(a) WS-Federation　　　　　　　　(b) WS-Authentication

　　　　(c) WS-Privacy　　　　　　　　　　(d) WS-Trust

　13. Web 服务的隐私是由_____来保证的。

　　　　(a) WS-Federation　　　　　　　　(b) WS-Authentication

　　　　(c) WS-Privacy　　　　　　　　　　(d) WS-Trust

　14. 现代的应用程序需要_____。

　　　　(a) 客户端安全　　　(b) 服务器安全　　　(c) 通信安全　　　　(d) 云安全

8.8.2　练习题

　1. 简要介绍 JCE 与 JCA。

　2. 在 JCA 中，"提供者体系结构"是什么意思？

　3. JCA 中的引擎类是什么？

　4. 为什么分开 JCA 与 JCE？

　5. 为什么 MS-CAPI 可能普及？

　6. 使用加密工具库要考虑的关键因素是什么？

　7. 何谓 Web 服务？

　8. 何谓 Web 服务安全？

　9. 何谓 XML 签名？

　10. 何谓 XML 加密？

　11. 在 Web 服务调用中，消息传输是怎样保护安全的？

　12. Web 服务本身是如何保护安全的？

　13. 何谓 WS-Authentication？

　14. 何谓云安全？

　15. 为什么说云安全是重要的？

8.8.3　设计与编程

　1. 密钥生成（公钥与私钥对）可以用 Java 进行。请编写一个程序来完成这个工作。

　2. 请编写一个 Java 程序，对给定文本进行数字签名。

　3. 请编写一个 C♯ 程序来执行诸如数字签名等的加密操作。

　4. 请使用 Java 加密来实现基于口令的加密（PBE）的 PKCS♯5 标准。

　5. 请用 Java 语言来实现某些文本的签名，先使用 RSA 算法，再使用 DSA 算法。当验证签名时，你是否注意到有何不同之处。

　6. 在 Java 和 .NET 中，使用 AES 算法来加密某些文本。

　7. 在 Java 和 .NET 中，使用 AES 算法来加密一个文件，并验证它可以被解密。

　8. 与一般的 Java 相比，J2EE 增加了哪些安全特性？

　9. 使用 Java 语言创建一个 Web 服务。

10．在一个 Java Web 服务上实现 SSL。

11．在 Web 服务调用中，把安全参数传递到哪里了？请认真调研一下。

12．进一步研究一下 SAML。看看它用在何处。

13．请用 Java 编写一个实用工具，它可以携带一个给定私钥、相应的公钥证书以及一条消息，并对该消息进行签名和验证。

14．请用 Java 编写一个实用工具，它可以携带一个给定私钥、相应的公钥证书以及一条消息，并使用 RSA 算法对该消息进行加密和解密。

15．在云安全中，有关用户数据加密的发展趋势是什么？请研究一下。

第9章

网络安全、防火墙与 VPN

9.1 概　　述

网络层安全是 Internet 安全机制的关键内容。人们最初只注意应用层安全,但新的安全需求需要我们保护低层数据。因此,出现了网络安全机制,并在实际生活中广泛使用。

本章简要介绍 TCP/IP 协议族,特别介绍 IP 和 TCP 协议,这对了解网络安全概念非常重要。我们然后介绍防火墙支持。防火墙在企业中广泛用于防止从外部攻击内部网络。本章介绍防火墙的不同组织结构与体系结构的类型,并介绍其中涉及的各种问题。

然后,我们将介绍网络层安全,详细介绍 IPSec 协议。IPSec 协议有许多子协议,将会逐一详细介绍。最后,我们介绍虚拟专用网(Virtual Private Network,VPN)及其工作原理。

9.2　TCP/IP 简介

9.2.1　基本概念

众所周知,Internet 是基于**传输控制协议/网际协议**(Transmission Control Protocol/Internet protocol,TCP/IP)协议族的。在介绍如何在网络层提供安全性之前,一定需要先了解 TCP/IP 基础。前面已经简要介绍了 TCP/IP,但在网络安全上下文中,必须对 IP 和 TCP 协议有个全面的了解。

下面看看 TCP/IP 协议族的不同层。前面已介绍过,TCP/IP 协议族分为 5 层:应用层、传输层、网际层、数据链路层和物理层。与 OSI 协议族不同的是,TCP/IP 协议族中没有表示层和会话层。图 9.1 显示了 TCP/IP 协议族的不同层及其协议。注意,TCP/IP 协议族中没有表示层和会话层,但为了与 OSI 模型进行比较,我们显示了这些层。

下面看看这些层的意义。如图 9.2 所示,应用层最初生成的数据单元(由电子邮件、Web 浏览器之类应用程序生成)称为**消息**(message)。传输层将消息分成**数据段**(segment)。注意,TCP/IP 的传输层包含两个协议:TCP(传输控制协议)和 UDP(用户数据报文协议)。TCP 更常用,因此这里作重点介绍,但这里介绍的内容也适用于 UDP。传输层在数据段中增加自己的头,并将其交给网络层。网络层在数据段中增加 IP 头,并将结果交给数据链路层。数据链路层增加数据帧头,并将其交给物理层传输。在物理层,用电压

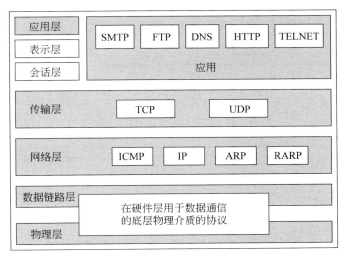

图 9.1 TCP/IP 协议族的不同层

脉冲传输实际数据位。在目标端则发生相反的过程,每个层删除上一层的头,最终由应用层接收原消息。

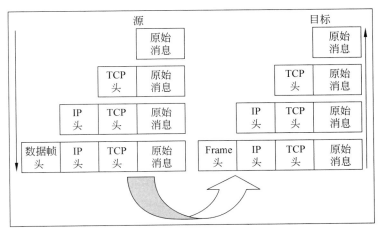

图 9.2 不同 TCP/IP 层从源向目标传输的信息

9.2.2 TCP 数据段格式

下面看看传输层(TCP)、网络层(IP)和数据链路层(帧)如何在数据块中增加头。例如,传输层在数据段中增加自己的头时,不仅在原消息中添加头字段,而且进行一些处理,如计算校验和,用于错误检测。增加头之后,TCP 数据段如图 9.3 所示,可以看出 TCP 数据段的头为 20～60 字节,其后是实际数据。如果 TCP 数据段不包含任何选项,则头为 20 字节,否则头为 60 字节,也就是说,选项最多使用 40 字节,可以用选项向目的地传达其他信息,但我们将其忽略,因为这些选项用得很少。

下面简要介绍 TCP 段头的各个字段:

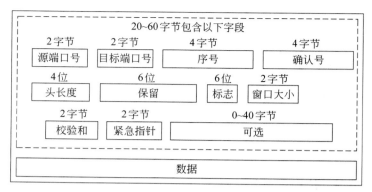

图 9.3　TCP 段格式

- 源端口号（Source port number）：2 字节数字，表示源计算机的端口号，对应于发送这个 TCP 段的应用程序。

- 目标端口号（Destination port number）：2 字节数字，表示目标计算机的端口号，对应于接收这个 TCP 段的应用程序。

- 序号（Sequence number）：4 字节字段，定义这个 TCP 段中数据部分第一个字节的编号。TCP 是面向连接的协议。为了保证正确送达，从源向目标传输的每个字节按递增顺序编号。序号字段告诉目标主机，这个序列中的哪个字节是这个 TCP 段中数据部分第一个字节。在 TCP 连接建立阶段，源和目标生成不同的唯一随机数。例如，如果这个随机数为 3130，第一个 TCP 分组共 2000 字节数据，则这个分组的序号字段为 3132（字节 3130 和 3131 用于建立连接），第二段的序号为 5132（3132＋2000），等等。

- 确认号（Acknowledgement number）：如果目标主机正确收到序号为 X 的段，则它向源返回确认号 X＋1。因此，这 4 个字节定义源是在正确发送后从目的地接收的序号。

- 头长度（Header length）：4 位字段，指定 TCP 头中的四字节字段，众所周知，头长度为 20～60 字节。因此，这个字段的值可以在 5（5×4＝20）～15（15×4＝60）之间。

- 保留（Reserved）：6 字节字段，保留将来使用，目前未用。

- 标志（Flag）：6 位字段，定义 6 种不同的控制标志，各占一位。这 6 个标志中有两个特别重要。SYN 标志表示源要建立与目标的连接，因此这个标志在两台主机之间建立 TCP 连接时使用。同样，FIN 标志也很重要。如果设置对应 FIN 标志的位，则表示发送方要终止当前 TCP 连接。

- 窗口大小（Window size）：这个字段确定对方要维护的滑动窗口大小。

- 校验和（Checksum）：16 位字段，包含校验和，用于错误检测和纠错。

- 紧急指针（Urgent pointer）：这个字段在 TCP 段中的数据比同一 TCP 连接中的其他数据更重要或更紧急时使用，但本文不准备介绍这个问题。

9.2.3　IP 数据报文格式

　　TCP 头加进原消息，传递到 IP 层。IP 层把 TCP 头加上原消息看成是自己的原始消息，在其前面增加自己的头，从而生成 IP 数据报文。图 9.4 显示了 IP 数据报文的格式。

版本 (4 位)	HLEN (4 位)	服务类型 (8 位)	总长度(16 位)	
标识 (16 位)			标志 (3 位)	分块偏移量 (13 位)
生存时间 (8 位)	协议 (8 位)		头校验和 (16 位)	
源 IP 地址 (32 位)				
目标 IP 地址 (32 位)				
数据				
可选项				

图 9.4　IP 数据报文

　　IP 数据报文是长度可变的数据报文。消息可以分解为多个数据报文，数据报文又可以分解为不同块。一个数据报文最多可以包含 65 536 字节。数据报文包括两大部分：头和数据。头包括 20～60 字节，包含路由与发送信息。数据部分包含要向接收方发送的实际数据。头类似于一个信封：其中包含关于数据的信息。数据相当于信封中的信。下面简要介绍数据报文中的各个字段。

- 版本(Version)：这个字段目前的值为 4，表示 IP version 4(IPv4)，今后的字段值将在 IP version 6(IPv6)成为标准时变成 6。
- 头长度(Header Length，HLEN)：表示多个四字节字长度。图中的头长度为 20 字节，因此这个字段的值为 5(5×4＝20)。如果选项字段占用最大长度，则其值为 15(15×4＝60)。
- 服务类型(Service type)：这个字段定义服务参数，如数据报文优先级和所要求的可靠性水平。
- 总长度(Total length)：这个字段包含 IP 数据报文的总长度，由于它用的是 2 个字节，因此 IP 数据报文不能超过 65 536 字节(2^{16}＝65 536)。
- 标识(Identification)：这个字段在数据报文分块时使用。数据报文经过不同网络时，可能根据基础网络的物理数据报文长度要求分解为更小的小数据报文，这些小数据报文用标识字段编列顺序，以便由此构造原先的数据报文。
- 标志(Flag)：这个字段对应于标识字段，表示数据报文可否分段，如果可以分段，指定它是第一、最后或中间段，等等。
- 分段偏移量(Fragmentation offset)：如果数据报文分段，则这个字段有用。它是一个指针，表示分段之前在原数据报文中数据的偏移量，以便由这些字段构造原先的数据报文。

- 生存时间(Time to live)：我们知道，数据报文要经过一个或多个路由器之后才能到达最终目的地。在网络故障的情况下，由于硬件故障、链路故障或拥塞等诸多原因，有些通往最终目的地的路由不可用了。在这种情况下，可以通过不同的路由路径来发送数据报文。如果不能迅速解决网络问题，则这个时间可能拖得很长。不久，许多数据报文都会在不同的方向上通过更长的路径进行传输，以图到达目的地。这就可能造成拥塞，使路由器太忙，从而使部分网络处于停滞状态。有时，数据报文可能没有到达目的地，而是形成回路，返回了发送方。为了避免这种情形，数据报文要将这个字段(即生存时间)初始化为某个值。当数据报文通过路由器时，将这个字段的值递减。当该值变成 0 或负数时，立即丢弃这个数据报文，不再将其转发到下一跳。这样就可以避免数据报文在不同路由器之间无穷传输，从而避免网络拥塞。当其他所有数据报文都到达目的地之后，目的地的 TCP 协议将会发现这个缺失的数据报文，并请求重传。这样，IP 并不负责无错、及时和有序的消息传递，这个工作是由 TCP 完成的。
- 协议(Protocol)：这个字段标识 IP 之上运行的传输协议。从数据段构成数据报文后，要把它传递给上一层软件。这个协议可能是 TCP 或 UDP。这个字段指定数据报文要传递给目的地结点的哪个软件。
- 源地址(Source address)：这个字段包含发送方的 32 位 IP 地址。
- 目的地地址(Destination address)：这个字段包含最终目的地的 32 位 IP 地址。
- 可选项(Options)：这个字段包含一些可选信息，如路由细节、计时信息、管理信息以及对齐方式。例如，它可以存储该数据报文采用的具体路由信息。当数据报文经过某个路由器时，该路由器可以把自己的 ID 以及经过该路由器的时间等信息放置在这个字段中。这样有助于跟踪数据报文和进行故障探测。但是，这个字段通常放不下这么多信息，因此用得不多。

在本书中，只要知道这些 TCP/IP 知识就够用了。

9.3　防　火　墙

9.3.1　简介

Internet 的迅速发展开发了许多人们意想不到的情形。计算机可以连接到世界上任何其他计算机，不管相距多么遥远。这无疑对个人和公司带来了巨大的好处。但是，这也给网络支持人员带来了难题，防止公司网络免受各种攻击是一项非常艰巨的工作。广义上看，这些攻击有如下两大类：

- 大多数公司的网络中有大量宝贵和机密的数据。如果这些重要信息被泄漏给竞争对手，就会造成不利。
- 除内部信息泄漏外，病毒和蠕虫之类的东西也可能进入公司网络，从而造成危害。

图 9.5 描述了来自公司网络内外的各种威胁。

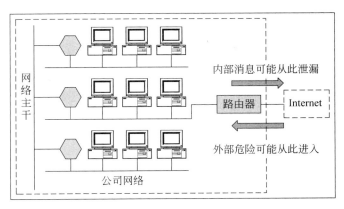

图 9.5　来自公司网络内外的各种威胁

为此,我们必须用某种机制来确保内部信息不会泄漏,防止外部攻击者进入公司网络。众所周知,信息加密(如果实施得当)可以防止内部信息泄漏。只要信息经过加密,即使泄漏到公司外部,其他人也看不懂。但是,加密不能防止外部危险的进入,外部攻击者仍然可能攻击公司网络。因此,需要用更好的机制防止外部攻击,这就是防火墙(firewall)。

防火墙相当于重要场所的门卫。这些门卫监视来访的人,检查其身份。如果发现来访的人手持刀具,则门卫不让他进入。同样,即使来人没有带任何危险品,但只要形迹可疑,门卫也可以不让他进入。

防火墙就像门卫,一经启用,就可以站在公司网与外部世界之间,保护公司网络。公司网络与 Internet 之间的任何通信流都要经过防火墙。防火墙确定让通信流通过与否,如图 9.6 所示。

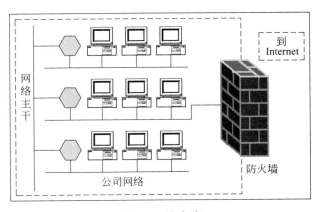

图 9.6　防火墙

当然,从技术上来说,防火墙是路由器的特殊版本。除了基本路由功能与规则之外,路由器还可以配置防火墙功能,但这要借助其他软件资源。

好的防火墙实现应具有下列特征:

- 从内到外和从外到内的所有通信流都要经过防火墙。为此,首先要防止对本地网的所有访问,任何访问都必须经过防火墙允许。
- 只允许本地安全策略授权的通信流经过。

- 防火墙本身要足够强大，使得不会被攻破。

9.3.2 防火墙的类型

根据过滤通信流所用的准则，可以将防火墙分成两大类，如图 9.7 所示。

1. 分组过滤

顾名思义，分组过滤（packet filter）对每个分组采用一组过滤规则，然后根据结果确定是转发还是丢弃该分组。分组过滤也称为扫描路由器（screening router）或扫描过滤（screening filter）。这种防火墙将一个路由器

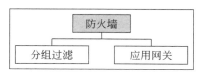

图 9.7 防火墙的类型

配置成过滤两个方向的分组（从本地网到外部网和从外部网到本地网）。其过滤规则是基于 IP 与 TCP/UDP 头中的几个字段，如源地址和目标地址、IP 协议字段（指定传输层的协议是 TCP 或 UDP）、TCP/UDP 端口号（指定使用这个分组的应用程序，例如，是电子邮件、文件传输还是万维网）。

图 9.8 显示了分组过滤的思想。

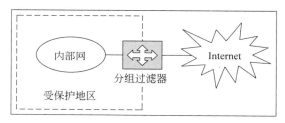

图 9.8 分组过滤

概念上，分组过滤可以看成是路由器完成 3 个主要动作，如图 9.9 所示。

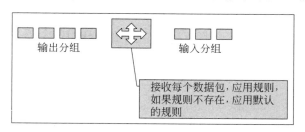

图 9.9 分组过滤的操作

分组过滤完成下列功能：

（1）接收每个到达的分组。

（2）对分组采用规则，根据 IP 和传输头字段内容进行处理。如果匹配一组规则，则根据该规则确定是转发还是丢弃该分组。例如，某个规则可以指定：禁止来自 IP 地址 157.29.19.10 的所有输入通信流，或禁止用 UDP 作为传输层协议的所有通信流。

（3）如果没有匹配的规则，则采用默认动作。默认动作可以丢弃所有分组或接收所有分组。前一个策略更保守，而后一个策略则更开放些。通常，防火墙首先默认为丢弃所有分

组。然后再逐个执行规则,以加强分组过滤。

分组过滤的主要优点是简单性。用户根本不必意识到分组过滤的存在。分组过滤的操作速度非常快。但分组过滤也有两个缺点,一个缺点是很难正确设置分组过滤规则,另一个是缺乏认证支持。

图 9.10 显示了一个分组过滤的示例,其中,通过往一个路由器添加一个过滤规则表,把该路由器转换成了一个分组过滤器。该过滤表决定是允许(转发)还是丢弃分组。

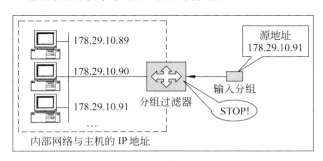

图 9.10　分组过滤表的示例

在分组过滤器中指定的规则工作如下:

(1) 拒绝来自 130.33.0.0 的分组。这是一种保守策略。

(2) 拒绝来自外部网络的 TELNET 服务器端口(端口号为 23)上的分组。

(3) 拒绝试图访问内部主机 193.77.21.9 的分组。

(4) 禁止端口号 80(HTTP)的输出分组。这就是说,该公司不允许其员工发送用于浏览 Internet 的请求。

攻击者可以用下列技术来破解分组过滤安全性。

(1) IP 地址伪装:来自公司网络外部的入侵者可以向公司网络发送一个分组,将源 IP 地址设置为等于内部用户的一个 IP 地址,如图 9.11 所示。要对付这种攻击,可以丢弃防火墙输入端收到的源 IP 地址设置为内部地址的所有分组。

图 9.11　分组过滤对付 IP 地址伪装攻击

(2) 源路由攻击:攻击者可以指定分组在 Internet 上移动时要经过的路由。攻击者希望,通过指定这个选项,可以绕过分组过滤器的正常检查。要对付这种攻击,可以丢弃使用了这个选项的所有分组。

(3) 微小数据段攻击:IP 分组要经过各种物理网络,如以太网、令牌环、X.25、帧中继、

ATM 等等。所有这些网络都预定了最大的帧长度，称为最大传输单元（Maximum Transmission Unit，MTU）。很多时候，IP 分组长度大于底层网络所允许的最大长度。这时，IP 分组要进行分段，以便物理帧可以容纳和进一步传递。攻击者可以利用 TCP/IP 协议族的这个特性，故意生成原 IP 分组的数据段进行发送，目的是想蒙骗分组过滤器，使其只检查第一块，而不检查后面的块。要对付这种攻击，可以丢弃传输层协议为 TCP 且已分段的分组（见前面介绍的 IP 分组的标志与协议字段）。

　　一种高级的分组过滤是**动态分组过滤**（dynamic packet filter）或**有状态分组过滤**（stateful packet filter）。动态分组过滤可以根据网络当前状态检查分组，即根据当前信息交换进行调整，而正常分组过滤的路由规则是固定的。例如，可以用动态分组过滤指定下列规则：如果输入 TCP 分组能响应经过本地网的输出 TCP 分组，则允许这些输入 TCP 分组。

　　注意，动态分组过滤需要维护当前打开的连接和输出分组列表，以使用这个规则。因此，它是动态的和有状态的。执行这种规则时，分组过滤的逻辑视图如图 9.12 所示。

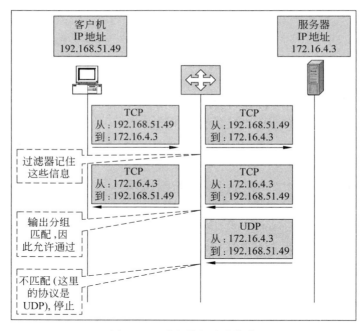

图 9.12　动态分组过滤技术

　　如图 9.12 所示，内部客户机首先向外部服务器发送一个 TCP 分组，这是动态分组过滤允许的。作为响应，服务器返回一个 TCP 分组，分组过滤检查后发现是对内部客户机请求的响应，因此允许其通过。但是，外部服务器发送一个新 UDP 分组，这是分组过滤不允许的，因为客户机与服务器原先的交换是用 TCP 协议进行的，而这个分组用 UDP 协议，不符合前面建立的规则，因此过滤器丢弃这个分组。

2. 应用网关

　　应用网关（application gateway）也称为**代理服务器**（proxy server），这是因为它像代理

一样,决定应用层通信流的流向,如图 9.13 所示。

应用网关通常工作如下:

（1）内部用户用 HTTP 与 TELNET 之类 TCP/IP 应用程序访问应用网关。

（2）应用网关向用户查询,用户要建立连接进行实际通信的是哪台远程主机（域名、IP 地址等）。应用网关还询问访问应用网关所需要的用户名和口令。

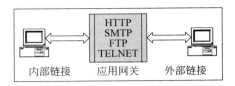

图 9.13　应用网关

（3）用户向应用网关提供这些信息。

（4）然后,应用网关以用户身份访问远程主机,将用户的分组传递到远程主机。注意,应用网关有个变体称为**电路网关**（circuit gateway）,它可以执行与应用网关不同的其他一些功能。事实上,电路网关在自己与远程主机之间建立一个新连接,而用户并没有意识到这些,以为是自己与远程主机之间有直接连接。而且,电路网关将分组的源 IP 地址从用户 IP 地址改变成自己的 IP 地址。这样,外部世界不知道内部用户计算机的 IP 地址,如图 9.14 所示。当然,两个连接都用单个箭头来强调这个概念,实际上,这两个连接都是双向的。

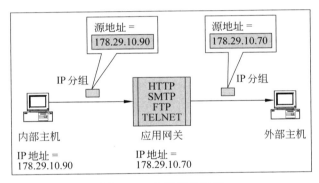

图 9.14　电路网关操作

SOCKS 服务器是实际上实现电路网关的一个示例。它是一个客户机/服务器应用程序。SOCKS 客户机在内部主机上运行,而 SOCKS 服务器在防火墙上运行。

（5）此后,应用网关成为实际终端用户的代理,在用户与远程主机之间传递分组。

应用网关通常比分组过滤更安全,因为它不是用一组规则检查每个分组,而是检查用户是否可以使用某个 TCP/IP 应用程序。应用网关的缺点是连接开销。可以看出,这里实际上有两组连接:一组在终端用户与应用网关之间,另一组在应用网关与远程主机之间。应用网关要管理这两组连接及它们之间的通信流。这意味着,实际内部主机通信只是用户的一种错觉,如图 9.15 所示。

应用网关也称为**堡垒主机**（bastion host）。通常,堡垒主机是网络安全的关键点。有关它的功能将在下节详细介绍。

3. 网络地址转换

防火墙或代理服务器要完成的一个有趣工作是进行**网络地址转换**（Network Address

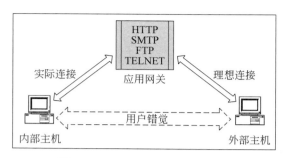

图 9.15 应用网关产生一种错觉

Translation，NAT）。从家里、办公室或其他地方使用 Internet 的人数正在高速增长。早期，用户通过网络提供商（ISP）短时间地访问 Internet，然后断开连接。这样，ISP 只需一个 IP 地址集，动态地分配给正在连接到 Internet 的用户。一旦用户断开连接，ISP 就可以把这些地址重新分配给其他正要连接到 Internet 的用户。

但是，随着连接到 Internet 的用户数量的巨大增长，这种情况发生了剧烈的变化。而且，人们开始使用 ADSL 或电缆连接到 Internet，这被称为宽带技术。更糟糕的是，人们自己也需要多个 IP 地址，因为他们开始创建小型的个人网络。这就导致一个严重问题：IP 地址短缺。

NAT 试图解决 IP 地址短缺问题。NAT 允许用户在自己内部拥有大量 IP 地址，但外部只有一个 IP 地址。只有外部流量才需要外部地址，内部流量可以用内部地址工作。

为了使 NAT 成为可能，Internet 机构规定，某些 IP 地址必须只能用作内部 IP 地址。其他的则必须用作外部 IP 地址。这样，只需查询一个 IP 地址，就可以确定它是内部还是外部地址。同样，由于有了这种分类，路由器和主机也不会发生混淆。内部（或专用）IP 地址如图 9.16 所示。

IP 地址范围	总共
10.0.0.0～10.255.255.255	2^{24}
172.16.0.0～172.31.255.255	2^{20}
192.68.0.0～192.168.255.255	2^{16}

图 9.16 内部或专用 IP 地址

任何个人或组织可以使用这些范围之内的任意地址作为内部 IP 地址，无须获得任何人的许可。在一个组织的网络中，该地址范围内的任何地址都是唯一的，但在组织的网络外部则不必是唯一的。这不会有问题，因为地址只用于特定上下文（如某个组织的网络）中。因此，如果路由器接收一个分组的目的地地址位于以上地址范围之内，那么它就不会把这个分组转发到外部网络去，因为它知道这个地址是内部的。

在现实实际中，NAT 的配置类似于图 9.17 所示。我们可以看到，路由器有两个地址：一个是外部 IP 地址，另一个是内部 IP 地址。外部世界（即 Internet 的其余部分）通过外部地址 201.26.7.9 来引用路由器，而内部主机则通过内部地址 192.168.100.10 来引用该路由器。注意，内部主机具有内部 IP 地址（192.168.x.x）。

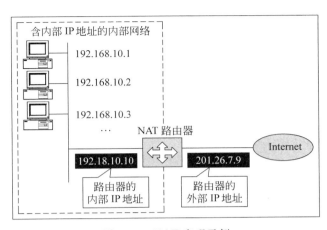

图 9.17　NAT 实现示例

这意味着,外部世界永远只看到一个 IP 地址:NAT 路由器的外部 IP 地址。这样:

- 对于所有的输入分组,不管最终的目的地是内部网络中的哪一个,当分组进入网络中时,目的地地址字段总是包含有 NAT 路由器的外部地址。
- 对于所有的输出分组,不管原始发送方是内部网络中的哪一个,当分组离开网络时,源地址字段总是包含有 NAT 路由器的外部地址。
- 这样,NAT 路由器就必须进行地址转换工作。为此,NAT 路由器要进行如下工作。
- 对所有的输入分组,NAT 路由器用最终接收分组的主机的内部地址替换分组的目的地地址(该地址被设置为 NAT 路由器的外部地址)。
- 对所有的输出分组,NAT 路由器用 NAT 的外部地址替换分组的源地址(该地址被设置为源发送方主机的内部地址)。

这一概念如图 9.18 所示。

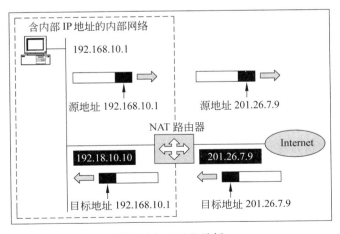

图 9.18　NAT 示例

如果仔细研究,我们就可以知道,用于输出分组的 NAT 很简单。该 NAT 路由器只需用 NAT 路由器的外部地址来替换分组中的源地址(该地址是内部主机地址)。但是,对于输入分组,NAT 路由器如何知道实际的内部主机地址是什么呢? 毕竟,一个网络中可能含有多达几百个主机，分组可能要发送给其中的任一主机。

要解决这个问题，NAT 路由器维护有一个转换表，该表把主机的内部地址映射到外部主机地址（内部主机要往该地址发送分组）。这样，一旦某个内部主机要发送一个分组给外部主机，NAT 输入一个条目到转换表。该条目含有内部主机的地址以及分组要发给的外部主机的地址。一旦从外部主机返回了一个响应，NAT 路由器查询转换表，看看分组应发送给哪个内部主机。

我们来看一个示例，以增进理解。

（1）假设一个内部主机（地址为 192.168.10.1）要往外部主机（地址为 210.10.20.20）发送一个分组。该内部主机把分组发送给内部网络，该分组将到达 NAT 路由器。此时，该分组包含的源地址＝192.168.10.1，而目的地地址＝210.10.20.20。

（2）NAT 路由器往转换表添加如下一个条目：

转　换　表	
内　部　地　址	外　部　地　址
192.168.10.1	210.10.20.20
...	...

（3）NAT 路由器用自己的地址（即 201.26.7.9）替换分组中的源地址，并利用路由机制，通过 Internet 把该分组发送给相应的外部主机。此时，该分组含有的源地址＝201.26.7.9，目的地地址＝210.10.20.20。

（4）外部路由器处理该分组，并发送回一个响应。此时，该分组包含的源地址＝210.10.20.20，而目的地地址＝201.26.7.9。

（5）该分组到达 NAT 路由器，因为分组中的目的地地址与 NAT 路由器的地址匹配。NAT 路由器需要查看该分组是发往自己的还是另一个内部主机的。因此，NAT 路由器需要查询转换表，看看是否有外部地址为 210.10.20.20 的条目。换句话说，NAT 路由器试图找出是哪个主机发送了分组并且正在等待来自地址为 210.10.20.20 的外部主机的响应。它找到了一个匹配，并知道对应这个条目的内部主机的地址为 192.168.10.1。

（6）NAT 路由器用内部主机的地址（即 192.168.10.1）替换分组的目的地地址，并把该分组转发给该主机。

该过程如图 9.19 所示。

所有这些都工作得很好，但我们有另外一个问题。在这种方案中，在某个时间里，只能有一个内部主机与给定的外部主机进行通信。因此，NAT 路由器不能确定要把分组转发给哪个内部主机。在一些情况下，NAT 路由器有多个外部地址。例如，如果 NAT 有 4 个外部地址，此时可以有 4 个内部主机访问同一个外部主机，每个内部主机通过单独一个外部主机路由器地址。但是，这种方法有两个局限。

（1）内部用户要同时访问同一个外部主机，仍有一个数量的限制。

（2）单个内部用户不能同时访问同一外部主机上的两个不同应用程序。这是因为没有区分两个应用程序的方法。对单个的内部—外部主机对，转换表只有一个条目。

要解决这些问题，需要修改转换表，添加几个新列。修改后的转换表如表 9.1 所示。

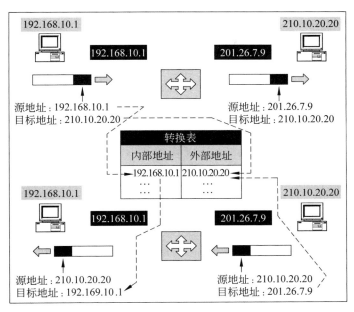

图 9.19　NAT 的转换表

表 9.1　修改后的 NAT 转换表

内部地址	内部端口	外部地址	外部端口	NAT 端口	传输协议
192.168.10.1	300	210.10.20.20	80	14000	TCP
192.168.10.1	301	210.10.20.20	21	14001	TCP
192.168.10.2	26601	210.10.20.20	80	14002	TCP
192.168.10.3	1275	207.21.1.5	80	14003	TCP

我们来看看这些新加的列是如何解决上述问题的。

- 内部端口列标识内部主机上的应用程序所使用的端口号。对每个 TCP/IP,该端口号是随机选取的。但该端口号很重要,因为,当对应于用户请求的响应从另一端返回时,用户的计算机需要知道要把该响应递交给哪个应用程序。这得由这个端口号来确定。

- 外部端口号列标识服务器上的应用程序所使用的端口号。对给定的应用程序,该端口号总是固定的,并称之为**已知端口**(well-known port)。例如,HTTP 服务器总是运行在端口 80 上,而 FTP 服务器总是运行在端口 21 上,等等。这也就是为什么我们在该列中看到了这些数字。

- NAT 端口是一个依次递增的数字,由 NAT 路由器生成。该列绝对与源或目的地端口号无任何关系。只是在从外部主机返回一个响应时,才把它作为转换表的一个主键列。

这里介绍的内容与传输端口列无关。

我们来看看这样两种情况:(a)同一内部主机上的多个应用程序要访问同一外部主机;(b)多个内部主机要访问同一外部主机。

修改后的转换表的前两列显示了情况(a)。地址为 192.168.10.1 的内部主机要访问地址为 210.10.20.20 的外部主机上的 HTTP 和 FTP 服务器。内部主机动态地创建两个端口号 300 和 301,用来打开两个连接,这两个连接分别与外部主机上端口号 80 和 21 相连。当分组从内部主机传输到 NAT 路由器时,NAT 路由器把源地址字段的内容从内部主机的地址替换为 NAT 路由器的地址。而且,它还要把分组的端口号字段分别替换为 14000 和 14001,并把这些内容添加到转换表中。然后把分组发送到地址为 210.10.20.20 的外部主机。当外部主机的 HTTP 服务器发送回一个响应给 NAT 路由器时,NAT 路由器就知道输入分组的目的地端口号为 14000。这样,从转换表中可以知道,需要把该分组发送到地址为 192.168.10.1 的内部主机的端口 300 上。同样,当从外部主机的 FTP 服务器上返回一个响应时,通过查询转换表,NAT 路由器就知道该分组的目的地端口为 14001,并把该分组发送到地址为 192.168.10.1 的内部主机的端口 301 上。

根据以上讨论,应该很容易想象出如何处理情况(b)。转换表的第 3 行有一个条目,该条目含有地址为 192.168.10.2 的内部主机,需要在端口 26 601 和 80 上往地址为 210.10.20.20 的同一外部主机发送一个分组。像前面一样,NAT 路由器要修改分组的源端口号字段,往转换表中添加一个条目,并把该分组发送给外部主机。当外部主机做出响应时,利用转换表,NAT 路由器把输入分组中的目的地端口号映射到相应的内部主机和端口号(即 192.168.10.2 和 26601),并把它发送给该主机。

出于完整性的考虑,我们在上面转换表的第 4 行中给出了另外一个内部主机发送一个分组到另一个外部主机的情况。

9.3.3　防火墙配置

在实际实现时,防火墙通常是分组过滤与应用网关组合,因此,可以有 3 种可能的防火墙配置,如图 9.20 所示。

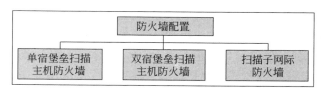

图 9.20　防火墙配置

下面介绍这几种防火墙配置。

1. 单宿堡垒的扫描主机防火墙

在单宿堡垒的扫描主机防火墙配置中,防火墙设置由两个部分组成:一个分组过滤路由器和一个应用网关,他们的作用如下:

- 分组过滤保证只允许要发送到应用网关的输入通信流(即从 Internet 到公司网络)才能通过,这可以通过检查每个输入 IP 分组的目的地地址字段来实现。同样,它还保证只有来自应用网关的输出通信流(从公司网络到 Internet)才能通过,这可以通过检查每个输出 IP 分组的源地址字段来实现。

- 应用网关完成前面介绍的认证与代理功能。

图 9.21 显示了这个配置。

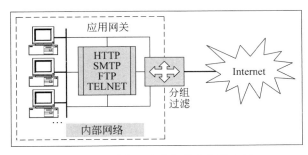

图 9.21　单宿堡垒的扫描主机防火墙

这个配置要同时检查分组和应用层,从而提高了网络安全性。网络管理员可以定义更详细的安全策略,因此更加灵活。

但是可以看出,这里的一个重大缺点是内部用户需要与应用网关和分组过滤连接。因此,如果分组过滤被破解,则攻击者就可以访问整个内部网络。

2. 双宿堡垒的扫描主机防火墙

为了克服单宿堡垒的扫描主机防火墙配置的缺点,出现了另一种配置,称为双宿堡垒的扫描主机防火墙。这个配置在原先的模式基础上做了改进,避免了内部主机与分组过滤的直接连接,分组过滤只是连接应用网关,应用网关再连接内部主机。因此,即使分组过滤被破解,攻击者也只能访问应用网关,从而保护内部主机,如图 9.22 所示。

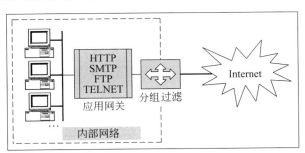

图 9.22　双宿堡垒的扫描主机防火墙

能否找到比这些更好的模式呢?

3. 扫描子网防火墙

扫描子网防火墙是最安全的防火墙配置。它在双宿堡垒的扫描主机防火墙基础上进一步改进。这里使用两个分组过滤,一个在 Internet 与应用网关之间,另一个在应用网关与内部网络之间,如图 9.23 所示。

这样,攻击者入侵需要破解三道防线,因此难度大增。攻击者要进入内部网络,首先要破解分组过滤和应用网关。

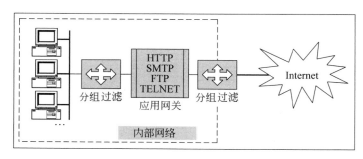

图 9.23　扫描子网防火墙配置

9.3.4　非军事区网络

非军事区（Demilitarized Zone，DMZ）网络与防火墙体系结构非常相似。防火墙可以布置成非军事区。只要某个组织需要提供能让外部访问的服务器（如 Web 服务器或 FTP 服务器）时才需要用到非军事区。为此，防火墙至少有 3 个网络接口。一个接口连接内部专用网，第二个连接外部公用网（即 Internet），第三个连接公用服务器（构成非军事区网络），如图 9.24 所示。

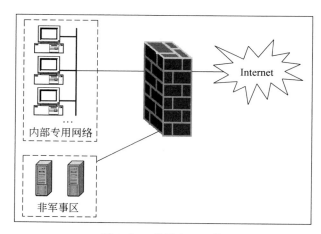

图 9.24　非军事区网络

这种模式的主要优点是可以限制非军事区中任何服务的访问。例如，如果唯一需要的服务是 Web 服务器，则可以将进出非军事区网络的通信流限制为 HTTP 与 HTTPS 协议（分别为端口 80 和 443），从而过滤掉所有其他通信流。更重要的是，内部专用网并不直接连接非军事区，因此，即使攻击者能攻进非军事区，内部专用网也是安全的，攻击者也无法访问它。

9.3.5　防火墙的局限性

必须知道，尽管防火墙是企业的重要安全措施，但它并不能解决所有实际安全问题。防火墙的局限性如下。

（1）内部攻击：我们知道，防火墙系统能够抵制外部攻击，但如果内部用户攻击内部网络，则无法用防火墙来防止。

（2）直接 Internet 通信流：防火墙的配置要格外小心，必须是企业网络的唯一出入口时才有效。但如果防火墙只是多个出入口中的一个，则用户可以越过防火墙，通过其他出入口与 Internet 进行信息交换，从而可以通过这些出入口攻击内部网络。这种情形显然无法用防火墙来解决。

（3）病毒攻击：防火墙无法防止病毒攻击内部网络。这是因为，防火墙无法扫描每个文件或分组中的病毒内容。因此，必须用单独的病毒探测装置与删除机制来防止病毒攻击。有些提供商把防火墙产品与反病毒软件捆在一起，同时提供这两个防御设施。

9.4　IP 安全性

9.4.1　简介

IP 分组包含明文形式的数据。这就是说，任何人只要监视经过的 IP 分组，就可以访问这些分组，阅读分组内容，甚至可以修改分组。前面介绍过使用 SSL、SHTTP、PGP、PEM、S/MIME 与 SET 之类的高级安全机制可防止这类攻击。尽管这些高级协议可以提高保护机制，但从长期看，不如直接用 IP 分组保护自身。如果能够用 IP 分组保护自身，则不必依赖于高级安全机制，而把高级安全机制作为额外的安全措施。这样，这个模式具有两级安全性。

- 首先在 IP 分组层自身中提供安全性。
- 根据需求，进一步实现高级安全机制。

具体如图 9.25 所示。

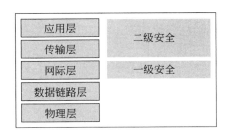

图 9.25　网际层及其以上层的安全性

我们已经介绍过高级安全协议，本章主要介绍网际层的第一级安全性。

1994 年，Internet 体系结构委员会(IAB)提供了一份报告，称为是 Internet 体系结构中的安全性(Security in the Internet Architecture)（见 RFC 1636）。这个报告指出，Internet 是个非常开放的网络，没有阻止敌意攻击，因此，Internet 需要有更好的安全措施，保证认证、完整性与保密性。1997 年，大约有 15 万个 Web 站点受到不同方式的攻击，因为当时 Internet 还很不安全。因此，IAB 要求把认证、完整性与保密性功能加进下一版 IP 协议中，称为 IPv6(IP version 6)或 IPng(IP new generation)。但是，由于新版 IP 的发布和实现需要多年时间，因此设计人员把这些安全措施放进当前 IPv4(IP version 4)中。

IAB 报告和研究的结果，出现了在 IP 层提供安全性的 IPSec(IP Security)协议。1995年，Internet 工程任务小组(IETF)发表了 5 个与 IPSec 相关的安全标准，见表 9.2 所示。

表 9.2 与 IPSec 相关的 RFC 文档

RFC 号	描　　述	RFC 号	描　　述
1825	概述安全体系结构	1829	特定加密机制
1828	特定认证机制	1827	描述 IP 的分组加密扩展
1826	描述 IP 的分组认证扩展		

IPv4 可能支持这些特性，而 IPv6 必须支持这些特性。IPSec 的总体思想是在传输过程中加密和封装传输层与应用层数据，并对网际层提供完整性保护。但是，Internet 头本身并不加密，因此，中间路由器可以将加密 IPSec 消息发送到所要的接收方。经过 IPSec 处理后的消息逻辑格式如图 9.26 所示。

这样，发送方与接收方把 IPSec 看成 TCP/IP 协议堆栈的另一层，如图 9.27 所示。这个层介于传统 TCP/IP 协议堆栈的传输层与网际层之间。

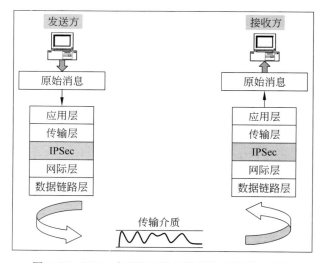

图 9.26　IPSec 处理的结果

图 9.27　IPSec 在 TCP/IP 协议堆栈中的概念位置

9.4.2　IPSec 概述

1. 应用与优点

我们首先来看看 IPSec 的应用。

(1) 安全的远程 Internet 访问：使用 IPSec，可以对 Internet 服务提供商(ISP)进行本地调用，这样就可以在家里或宾馆里以一种安全的方式连接到公司网络中。从而可以访问公司网络或访问远程桌面/服务器。

（2）安全的分支办公连接：为了连接到跨城市或跨国家的分支部门，不再是申请一条昂贵的租用专线，而是创建一个 IPSec 网络，可以安全地通过 Internet 连接到所有分支部门。

（3）创建与其他企业的通信：就像是允许企业内不同分支部门的相互连接一样，也可以以一种安全且便宜的方式来连接不同企业之间的网络。

下面是 IPSec 的主要优点。

- IPSec 对终端用户是透明的。这里无须用户培训，也没有密钥发布与取消问题。
- 当 IPSec 配置与防火墙一起工作时，它就成了只是所有网络流的进出点，这使得它非常安全。
- IPSec 工作在网络层。因此，无须对其上的各个层（即应用层和传输层）做任何修改。
- 当 IPSec 在防火墙或路由器中实现时，所有输入和输出网络流都得到保护。但是，内部的网络流无须使用 IPSec。这样，它不会给内部的网络流增加任何负担。
- IPSec 允许在外旅行的员工安全地访问企业网络。
- IPSec 使得可以以一种非常便宜的方式来实现分支部门之间的相互连接。

2．基本概念

要了解 IPSec 协议，首先必须学习几个术语和概念。这些术语和概念是相关的，但我们不是直接介绍各个概念，而是从大局着眼，首先看看 IPSec 中的基本概念，然后详细介绍每个概念。本节只介绍 IPSec 基本概念的概貌。

3．IPSec 协议

众所周知，IP 分组包括两个部分：IP 头和实际数据。IPSec 特性在标准默认 IP 头之上用增加 IP 头（称为扩展头，extension header）实现。这些扩展 IP 头放在标准 IP 头后面。IPSec 提供两大服务：认证与保密。每个服务要求不同的扩展头。因此，要支持这两大服务，IPSec 就要定义两个 IP 扩展头：一个用于认证，另一个用于保密。

IPSec 实际上包括两大协议，如图 9.28 所示。

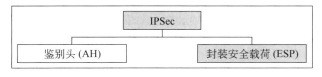

图 9.28　IPSec 协议

这两大协议的作用如下。

- 认证头（Authentication Header，AH）协议提供认证、完整性和可选的抗重放攻击服务。IPSec 认证头是 IP 分组中的头，包含分组内容的加密校验和（类似于散列和消息摘要）。认证头直接插入 IP 头和任何后续分组内容之间，不需要改变分组内容。因此，安全性完全处于认证头内容中。
- 封装安全荷载（Encapsulating Security Payload，ESP）协议提供数据保密性。ESP

协议还定义新的头,要插入 IP 分组中。ESP 处理还包括把保护的数据变换成不可读的加密形式。正常条件下,ESP 在认证头中,即先发生加密,后发生认证。

收到经过 IPSec 处理的 IP 分组时,接收方先处理认证头(如有),从结果判断分组内容是否正确,是否在中途被篡改了。如果接收方发现内容正确,则取得与 ESP 相关联的密钥与算法,将内容解密。

我们还要知道更多细节,认证头和 ESP 都可以使用两种模式,如图 9.29 所示。

我们后面将详细介绍这些模式,但这里先作一个简单介绍。

信道模式(tunnel mode)建立两台主机之间的加密信道。假设 X 和 Y 是两台主机,要用 IPSec 信道模式相互通信。这时它们能标识相应代理(如 P1 与 P2),并在 P1 与 P2 之间建立逻辑加密信道。X 将传输内容发送到 P1,信道将传输内容传递到 P2,P2 将传输内容转发到 Y,如图 9.30 所示。

图 9.29　认证头和 ESP 的操作模式

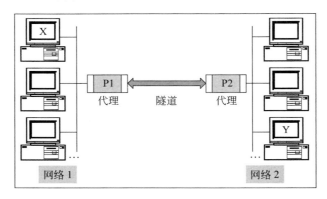

图 9.30　信道模式的概念

信道模式在技术上如何实现? 可以看到,我们有两组 IP 头:内部和外部。内部 IP 头(加密)包含 X 与 Y 的 IP 地址(作为源和目标),而外部 IP 头包含 P1 与 P2 的 IP 地址。这样,X 与 Y 就可以防止潜在攻击,如图 9.31 所示。

P1<--->P2...	A<--->B
外部 IP 头 (未加密)	内部 IP 头和数据(已加密)

图 9.31　实现认证头和 ESP 的操作模式

在信道模式中,IPSec 保护整个 IP 数据报文。它含有一个 IP 数据报文(包括 IP 头),添加了 IPSec 头和尾,并将整个进行加密。然后把新的 IP 头添加到已加密的数据报文中。

具体的 IPSec 信道模式如图 9.32 所示。

相反,传输模式并不会隐藏实际的源地址和目的地地址。在传输期间以明文形式显示。在传输模式中,IPSec 含有传输层载荷,添加了 IPSec 头和尾,将整个加密,然后再添加 IP头。这样,IP 头没有加密。

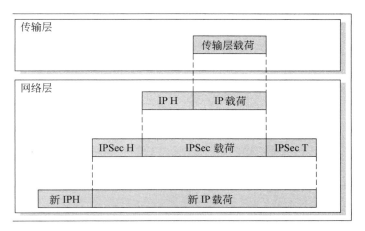

图 9.32　IPSec 信道模式

具体的 IPSec 传输模式如图 9.33 所示。

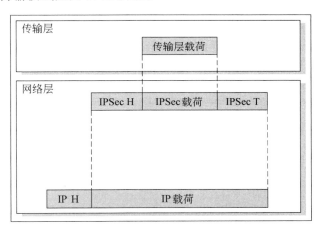

图 9.33　IPSec 传输模式

那么,如何决定使用哪种模式呢?

- 我们将注意到,在信道模式中,新 IP 头的信息与初始 IP 头的信息不同。通常,信道模式使用在两个路由器之间、主机与路由器之间或路由器与主机之间。换句话说,通常不在两个主机之间使用,因为信道模式的思想是保护包括 IP 头在内的初始分组。这就像是整个分组在一个假想的信道中进行传输。
- 当我们需要主机到主机(即端到端)加密时,传输模式就有用了。发送方主机使用 IPSec 来认证和(或)加密传输层载荷,接收方只需验证它即可。

4. Internet 密钥交换协议

IPSec 中还使用另一个支持协议。这个协议在密钥管理过程中使用,称为 Internet 密钥交换协议(Internet Key Exchange,IKE)。Internet 密钥交换协议确定实际加密操作中由认证头和 ESP 使用的加密算法。IPSec 协议独立于实际加密算法,因此,Internet 密钥交换协议是 IPSec 的初始阶段,用于确定算法与密钥。在 IKE 阶段后,由认证头和 ESP 协议负责。这个过程如图9.34所示。

图9.34　IPSec操作的步骤

5. 安全关联

IKE阶段的结果是个**安全关联**（Security Association,SA）。安全关联是通信各方的协定,确定使用的IPSec协议版本、操作方式（信道模式或传输模式）、加密算法、加密密钥、密钥寿命,等等。由此可见,Internet密钥交换协议的主要目标是建立通信各方之间的安全关联。建立安全关联后,IPSec的两大协议（认证头和ESP）都用安全关联进行实际操作。

注意,如果同时使用认证头和ESP,则每个通信方需要两组安全关联:一组用于AH,一组用于ESP。此外,安全关联是单工的（即单向的）。因此,第二层需要每个通信方两组安全关联:一组用于输入传输,一组用于输出传输。这样,如果两个通信方都使用认证头和ESP,则各要4组安全关联,如图9.35所示。

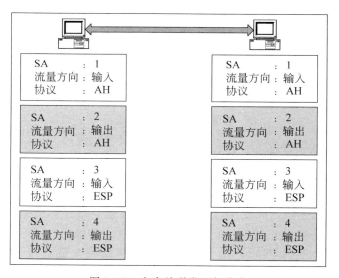

图9.35　安全关联类型与分类

显然,通信双方都要分配一些存储空间,用于存储安全关联信息。为此,IPSec预定义并使用标准存储区,称为**安全关联数据库**（Security Association Database,SAD）。这样,每个通信方要维护自己的SAD,SAD中包含活动安全关联项目。表9.3显示了SAD的内容。

表 9.3　SAD 字段

字　　段	描　　述
序号计数器	32 位字段,生成认证头和 ESP 头中使用的序号字段
序号计数器溢流	这个标志指定序号计数器溢流时是否产生一个声音事件,防止在这个安全关联中进一步传输分组
反重放攻击窗口	32 位计数器字段和位映射,探测输入 AH 与 ESP 分组是否重放
AH 认证	AH 认证加密算法与所需密钥
ESP 认证	ESP 认证加密算法与所需密钥 ESP 加密 ESP 加密算法、密钥、IV(初始向量)和 IV 模式
IPSec 协议模式	表示 AH 与 ESP 通信流采用的 IPSec 协议模式(如传输模式或信道模式)
路径最大传输单元(PMTU)	在指定网络路径上不用分块而可以传递的最大 IP 数据报文长度
生存期	指定安全关联寿命,经过指定时间间隔后,安全关联要换成新的安全关联

介绍 IPSec 背景之后,下面介绍 IPSec 中的两大协议:认证头和 ESP。

9.4.3　认证头

1. AH 格式

认证头(Authentication Header,AH)支持 IP 分组的数据完整性与认证。数据完整性服务保证 IP 分组中的数据在中途不会被改变。认证服务保证最终用户或计算机系统可以认证另一端的用户或应用程序,决定接受或拒绝分组,同时防止 IP 伪装攻击。AH 内部利用 MAC 协议,因此,要使用 AH,通信双方要使用相同的秘密密钥。图 9.36 显示了 AH 的结构。

图 9.36　AH 的结构

表 9.4 列出了 AH 结构中的字段。

表 9.4　AH 的字段描述

字　　段	描　　述
下一个头	8 位字段,标识 AH 后面的头类型。例如,如果 AH 后面是 ESP 头,则这个字段包含值 50;如果 AH 后面是另一 AH 头,则这个字段包含值 51
荷载长度	8 位字段,包含 AH 长度,是 32 位字长减 2。假设认证数据字段长度为 96 位(3 个 32 位字),由于头固定为三个字长,因此头中共有 6 个字,因此这个字段的值为 4

续表

字　段	描　述
保留	16 位字段,保留今后使用
安全参数索引（Security Parameter Index,SPI）	32 位字段,组合源/目标地址和使用的 IPSec 协议（AH 或 ESP）,唯一标识数据报文所在通信流的安全关联序号 32 位字段,防止重放攻击,见稍后介绍
认证数据	变长字段,包含数据报文的认证数据,称为完整性校验值（ICV）。这个值是 MAC,用于认证和完整性。对 IPv4 数据报文,这个字段的值应为 32 的倍数;对 IPv6 数据报文,这个字段的值应为 64 的倍数。因此,可能要增加填充位。计算 ICV 是用 HMAC 摘要算法产生 MAC

2. 处理重放攻击

下面看看 AH 如何处理和防止重放攻击。重放攻击就是攻击者取得认证分组的副本,后面再将其发送到所要目的地。由于同一分组接收两次,因此目的地可能遇到一些问题。为了防止这类问题,AH 中提供了一个序号字段。

最初,序号字段值设置为 0。每次在同一 SA 上向同一发送方发一个分组时,序号字段的值加 1。发送方不能让这个值从 $2^{32}-1$ 回零。如果同一 SA 上的分组数到达这个值,则发送方要建立与接收方的新安全关联。

在接收方,还要进行一些处理。接收方维护长度为 W 的滑动窗口,默认值为 W＝64。窗口右边表示迄今为止接收的最大序号 N（对有效分组）。为了简单起见,假设滑动窗口 W＝8,如图 9.37 所示。

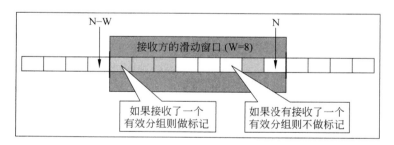

图 9.37　接收方的滑动窗口

下面看看接收方滑动窗口的意义及接收方如何对其进行操作。

可以看到,我们使用下列值:

- W：指定窗口大小,示例中为 8。
- N：指定迄今为止接收的最大序号 N（对有效分组）。N 总是在窗口右边。

对序号为（N－W＋1）到 N 且正确接收（认证成功）的分组,标记窗口中的相应槽（如图所示）。另一方面,这个范围中没有正确接收（认证不成功）的分组,则对窗口中的相应槽清除标记（如图所示）。

接收方收到分组时,根据分组序号,执行下列操作,如图 9.38 所示。

注意第三个操作可以防止重放攻击。这是因为,如果接收方收到的分组序号小于（N－

W),则发送方是在重发前面发过的分组。

---

(1) 如果接收分组的序号在窗口内,且分组是新的,则检查 MAC。如果 MAC 检验成功,则标记窗口中的相应槽,窗口本身不移到右边。

(2) 如果接收分组在窗口右边(即分组序号大于 N),且分组是新的,则检查 MAC。如果 MAC 检验成功,则把窗口移到右边,使窗口右边与这个分组的序号对齐,即这个序号成为新的 N 值。

(3) 如果接收分组在窗口右边(即分组序号小于(N−W)或 MAC 检查失败,则拒绝这个分组,发出声音事件。

图 9.38　接收方对收到的每个分组使用的滑动窗口逻辑

还要注意,极端情况下,可以用这种方法使接收方认为传递出错,即使实际不是这样。例如,假设 W 为 64,N 为 100。假设发送方发送编号为 101～500 的分组。由于网络拥塞和其他问题,假设接收方先收到序号为 300 的分组,则立即把窗口右边移到 300(使 N 变成 300)。假设接下来接收方收到序号为 102 的分组,则 N−W＝300−64＝236,因此,接收方收到的分组序号小于 236,从而触发上面的第三个事件,接收方拒绝这个有效分组,并发出警报。

但是,这种情形很少出现,只要 W 取值合理,可以避免发生这种情形。

3. 操作模式

我们知道,AH 和 ESP 的操作模式有两种:传输模式和信道模式。下面看看 AH 的操作模式。

(1) AH 传输模式:在传输模式中,AH 头位于原 IP 头和原 TCP 头之间,如图 9.39 所示。

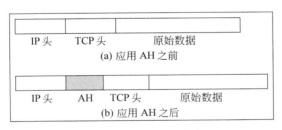

图 9.39　AH 传输模式

(2) AH 信道模式:在信道模式中,认证整个 IP 分组,并在原 IP 头和新的外部 IP 头之间插入 AH。内部 IP 头包含最终源和目标 IP 地址,而外部 IP 头可能包含不同 IP 地址(如防火墙或其他安全网关的 IP 地址),如图 9.40 所示。

9.4.4　封装安全荷载

1. ESP 格式

封装安全荷载(Encapsulating Security Payload,ESP)协议提供、消息保密性和完整性。ESP 基于对称密钥加密法。ESP 可以独立使用,也可以和 AH 一起使用。

ESP 分组包含 4 个定长字段和 3 个变长字段,图 9.41 显示了 ESP 格式。

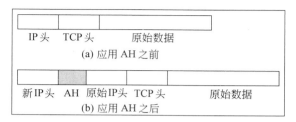

图 9.40　AH 信道模式

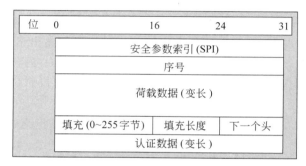

图 9.41　ESP 的格式

下面介绍 ESP 格式中的字段，见表 9.5 所示。

表 9.5　ESP 的字段描述

字　　段	描　　述
安全参数索引（SPI）	32 位字段，组合源/目标地址和使用的 IPSec 协议（AH 或 ESP），唯一标识数据报文所在通信流的安全关联
序号	32 位字段，防止重放攻击，见稍后介绍
荷载数据	这个变长字段包含传输层段（传输模式）或 IP 分组（信道模式），用加密保护
填充	这个字段包含填充位（如有），用于加密算法或对齐填充长度字段，使其在 4 字节字中从第三个字节开始
填充长度	8 位字段，指定上一字段后面的填充字节数
下一个头	8 位字段，标识荷载中的封装数据类型。例如，这个字段为 6 表示荷载包含 TCP 数据
认证数据	变长字段，包含数据报文的认证数据，称为完整性校验值（ICV），是 ESP 分组长度减去认证数据字段求出的

2. 操作模式

和 AH 一样，ESP 也有传输模式和信道模式，见下面介绍。

（1）ESP 传输模式：传输模式用于加密，可选认证 IP 所带的数据（如 TCP 段）。这里，在 ESP 插入 IP 分组的传输层头（即 TCP 或 UDP）之前，IP 分组后面加一个 ESP 尾部（包含填充、填充长度和下一个头字段）。如果使用认证，则 ESP 尾部后面加上 ESP 认证数据字段。整个传输层段和 ESP 尾部都进行加密。整个密文和 ESP 头一起认证，如图 9.42 所示。

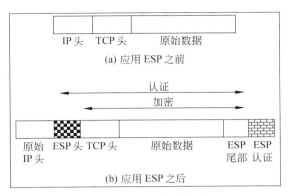

图 9.42　ESP 传输模式

现将 ESP 传输模式操作总结如下。

- 在发送方,加密包含 ESP 尾部和整个传输层段的数据块并将这个块的明文换成相应密文,构成 IP 分组。还可选添加认证。这个分组即可传输了。
- 分组路由到目的地。中间路由器要检查 IP 头和任何 IP 扩展头,但不检查密文。
- 接收方,检查 IP 头和任何明文 IP 扩展头,然后解密分组其余部分,得到原先的明文传输层段。

（2）ESP 信道模式:信道模式加密整个 IP 分组。这里,ESP 头放在分组前面,然后加密分组和 ESP 尾部。我们知道,IP 头包含目标地址和中间路由信息,因此这个分组无法直接传输,否则无法传递分组。因此,要增加新 IP 头,其中要有足够的路由信息,如图 9.43所示。

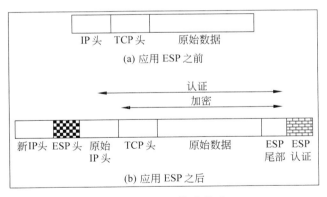

图 9.43　ESP 信道模式

现将 ESP 信道模式操作总结如下。

- 发送方信道模式准备一个内部 IP 分组,用目标地址作为内部地址。这个分组前面加上 ESP 头,然后将分组与 ESP 尾巴加密,可选增加认证数据。新的 IP 头加到这个块开头,形成外部 IP 分组。
- 外部分组路由到目标防火墙。每个中间路由器要检查和处理外部 IP 头和任何其他外部 IP 扩展头,但不必知道密文。
- 接收方,目标防火墙处理外部 IP 头和任何其他外部 IP 扩展头,并从密文恢复明文,然后将分组发送到实际目标主机。

9.4.5　IPSec 密钥管理

1. 简介

除了两个核心协议（AH 与 ESP）之外，IPSec 的另一个重要应用方面是密钥管理。如果没有建立正确的密钥管理机制，则 IPSec 不可能存在。IPSec 密钥管理包括两个方面：密钥执行与分发。众所周知，同时使用 AH 与 ESP 时需要 4 个密钥：AH 用两个密钥（一个用于消息发送，一个用于消息接收），ESP 用两个密钥（一个用于消息发送，一个用于消息接收）。

IPSec 密钥管理所用的协议称为 ISAKMP/Oakley。Internet 安全关联与密钥管理协议（Internet Security Association and Key Management Protocol，ISAKMP）是密钥管理的平台，定义协商、建立、修改和删除安全关联（SA）的过程和分组格式。ISAKMP 消息可以通过 TCP 或 UDP 传输协议传输。TCP 与 UDP 端口 500 是为 ISAKMP 保留的。

ISAKMP 的最初版本强制使用 Oakley 协议。Oakley 基于 Diffie-Hellman 密钥交换协议，做了几处变动。下面先介绍 Oakley，然后介绍 ISAKMP。

2. Oakley 密钥确定协议

Oakley 协议是在 Diffie-Hellman 密钥交换协议基础上做了几处变动。前面已经详细介绍过 Diffie-Hellman 协议，这里不再重述。但注意，Diffie-Hellman 具有两个很好的特性。

- 在需要时生成秘密密钥。
- 不要求现有基础结构。

但是，Diffie-Hellman 密钥交换协议也有几个问题：

- 没有对方认证机制。
- 易受中间人攻击。
- 涉及大量数学处理。攻击者可以向主机发出多个复杂的 Diffie-Hellman 请求，使主机花大量时间计算密钥，而不能进行任何实际工作，称为拥塞攻击（congestion attack 或 clogging attack）。

Oakley 协议对 Diffie-Hellman 进行了扬长避短的工作。Oakley 的特性如下：

- 可以防止重放攻击。
- 实现了 Cookie 机制，防止拥塞攻击。
- 可以交换 Diffie-Hellman 公钥值。
- 可以用认证机制防止中间人攻击。

我们已经详细介绍 Diffie-Hellman 密钥交换协议，这里只是介绍 Oakley 如何克服 Diffie-Hellman 的问题：

（1）认证：Oakley 支持 3 种认证机制：数字签名（生成消息摘要，用发送方的私钥加密）、公钥加密（用接收方的公钥加密信息，如发送方用户 ID）和秘密密钥加密（用某种带外机制派生密钥）。

（2）处理拥塞攻击：Oakley 用 Cookie 防止拥塞攻击。众所周知，在拥塞攻击中，攻击者伪装合法用户的源地址,向另一合法用户发送 Diffie-Hellman 公钥。接收方通过模指数运算计算秘密密钥,多次连续执行运算很容易造成计算机拥塞。为了解决这个问题,Oakley 的每一方要在初始消息中发一个伪随机数(称为 Cookie),对方要确认这个数。这种确认要在第一个 Diffie-Hellman 密钥交换消息中重复进行。如果攻击者伪装源地址,则不能得到对方的确认 Cookie,因此攻击失败。注意,攻击者至多只能使受害者生成和发送一个 Cookie,而无法使其实际进行 Diffie-Hellman 计算。

Oakley 协议提供几种消息类型。为了简单起见,我们只考虑其中一种,称为攻击性密钥交换(aggressive key exchange),在双方(假设为 X 与 Y)之间进行 3 个消息交换。下面检查这 3 个消息。

- 消息 1:首先,X 发送一个 Cookie 和 X 的 Diffie-Hellman 公钥以及其他一些信息。X 用私钥签名这个块。
- 消息 2:Y 收到消息 1 时,用 X 的公钥验证 X 的签名。如果验证通过,则表明消息来自 X,因此它为准备 X 确认消息,包含 X 发送的 Cookie。Y 还准备自己的 Cookie 和 Diffie-Hellman 公钥,以及一些其他信息,用自己的私钥为整个包签名。
- 消息 3:收到消息之后,X 用 Y 的公钥验证。如果验证通过,则 X 将消息发回 Y,表示收到了 Y 的公钥。

ISAKMP:ISAKMP 协议定义建立、维护与删除 SA 信息的过程和格式。ISAKMP 消息包含 ISAKMP 头加一个或多个荷载。整个块包装在传输段中(如 TCP 或 UDP 段)。图 9.44 显示了 ISAKMP 消息头格式。

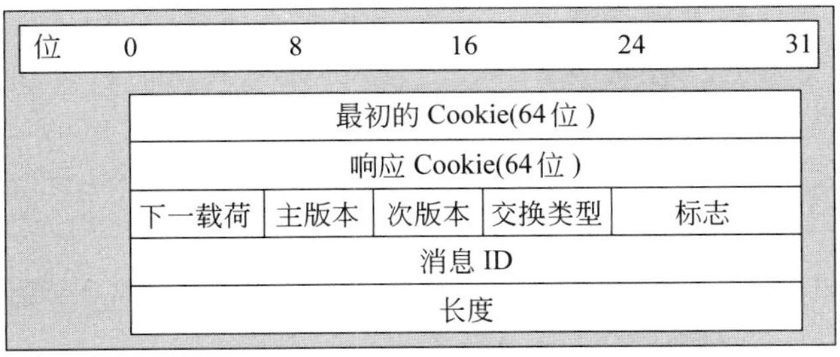

图 9.44 ISAKMP 消息头格式

表 9.6 列出了 ISAKMP 消息头字段。

表 9.6 ISAKMP 消息头字段描述

字 段	描 述
最初的 Cookie	64 位字段,包含启动 SA 建立或删除的实体 Cookie
响应 Cookie	64 位字段,包含响应实体 Cookie。启动实体向响应实体发送第一个 ISAKMP 消息时,这个字段包含 Null
下一荷载	8 位字段,表示消息第一个荷载的类型(见稍后介绍)
主版本	4 位字段,表示当前交换使用的主 ISAKMP 协议版本
次版本	4 位字段,表示当前交换使用的次 ISAKMP 协议版本
交换类型	8 位字段,表示交换类型(见稍后介绍)

字　段	描　　述
标志	8 位字段，表示这个 ISAKMP 交换的特定选项集
消息 ID	32 位字段，表示这个消息的唯一 ID
长度	32 位字段，表示这个消息的总长度，包括头和所有荷载（八进制）

下面简单介绍新出现的几个字段。

- 荷载类型：ISAKMP 定义了不同荷载类型。例如，SA 荷载启动建立 SA，议案荷载包含 SA 建立时使用的信息，密钥交换荷载表示用 Oakley、Diffie-Hellman、RSA 之类机制交换密钥。还有许多其他荷载类型。
- 交换类型：ISAKMP 中定义了 5 种交换类型。基本交换可以传输密钥和认证材料。标识保护交换扩展基本交换，可以保护用户标识。纯认证交换用于双向认证。攻击性交换减少交换次数，但会隐藏用户标识。信息交换用于 SA 管理中的单向信息传输。

9.5　虚拟专用网

9.5.1　简介

过去，公用网与专用网具有明确分界。公用网（如公共电话系统和 Internet）是通常互不相关的通信者构成的大集合。相反，专用网是一个组织的计算机构成的，相互共享信息。局域网（LAN）、城域网（MAN）和广域网（WAN）都是专用网。公用网与专用网通常用防火墙分开。

假设公司要把两个分支网络相互连接，但这些分支相距很远，一个分支在德里，一个分支在孟买。这时可以用两种办法：

- 用个人网络连接两个分支，即在两个办公室之间布置光缆或租用别人的线路。
- 利用 Internet 之类公用网连接两个分支。

第一种情形可以更好地控制和提供安全性，但比第二种情形复杂得多。在两个城市之间布线非常复杂，通常是行不通的。第二种方法看起来更容易实现，不需要建立特殊的基础结构，但是，似乎也更容易受到攻击。最好能把两者的好处结合起来。

虚拟专用网（Virtual Private Networks，VPN）提供了这种方案。虚拟专用网机制采用加密、认证和完整性保护，使我们可以用 Internet 之类公用网，就像专用网一样（自己生成和控制的物理网络）。虚拟专用网提供了高度安全性，同时不需要组织进行特殊布线。因此，虚拟专用网结合了公用网的优点（便宜和易用）与专用网的优点（安全和可靠）。

虚拟专用网可以连接组织的远程网络，也可以让移动用户通过 Internet 安全地访问专用网（如公司 Intranet）。

因此，虚拟专用网机制在 Internet 之类公用网上模拟专用网。这里的虚拟指使用虚拟连接，这些连接是临时的，没有任何物理存在，是由分组构成的。

9.5.2　虚拟专用网的体系结构

虚拟专用网的思想很容易理解。假设公司有两个网络：Network 1 和 Network 2,相距很远,要用 VPN 方法连接。这时,可以建立两个防火墙 Firewall 1 与 Firewall 2,由防火墙进行加密与解密,图 9.45 显示了这个虚拟专用网的体系结构。

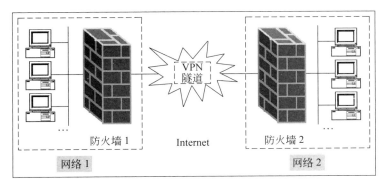

图 9.45　虚拟专用网的体系结构

我们显示了两个网络 Network 1 和 Network 2,分别通过 Internet 连接 Firewall 1 与 Firewall 2。这里不考虑防火墙的配置,并假设公司选择了最佳配置。但是,这里的关键是两个防火墙通过 Internet 虚拟连接,我们在两个防火墙之间显示了一个 VPN 信道。

有了这个配置,就可以看看 VPN 如何保护两个不同网络上任意两台主机之间的通信流。为此,假设 Network 1 上的主机 X 要向 Network 2 上的主机 Y 发送一个数据分组。这个传输过程如下。

(1) 主机 X 建立分组,将其 IP 地址作为源地址,将主机 Y 的 IP 地址作为目标地址,如图 9.46 所示。它用相应机制发送分组。

(2) 分组到达 Firewall 1。我们知道,Firewall 1 在分组中增加新头。在这些新头中,它把分组源 IP 地址从主机 X 的地址变成自己的地址(即 Firewall 1 的 IP 地址,假设为 F1),并把分组目标 IP 地址从主机 Y 的地址变成 Firewall 2 的 IP 地址,假设为 F2,如图 9.47 所示。它还根据设置进行分组加密与认证,在 Internet 上发送修改的分组。

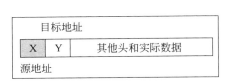

图 9.46　初始分组

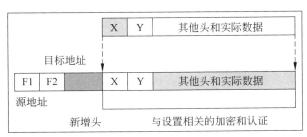

图 9.47　Firewall 1 修改分组内容

(3) 分组通过 Internet 到达 Firewall 2,经过一个或多个路由器。Firewall 2 丢弃外层头并根据设置进行分组解密和其他操作,从而得到第 1 步由主机 X 生成的初始分组,如

图 9.48 所示。然后检查分组的明文内容,发现分组要发到主机 Y(因为分组中的目标地址指定主机 Y)。因此,它将分组发到主机 Y。

图 9.48　Firewall 2 取得初始分组内容

VPN 协议有三个,这里不准备详细介绍,但为了完整起见,我们简单介绍一下。

- 点对点信道协议(Point to Point Tunneling Protocol,PPTP)用于 Windows NT 系统,主要支持单用户与局域网间的 VPN 连接,而不是两个局域网间的 VPN 连接。
- IETF 开发的第二层信道协议(Layer 2 Tunneling Protocol,L2TP)是在 PPTP 基础上的改进,是 VPN 连接的安全开放标准,同时适用于单用户与局域网间的 VPN 连接和两个局域网间的 VPN 连接,还可以包括 IPSec 功能。
- 最后,可以单独使用 IPSec,前面已经详细介绍过 IPSec。

9.6　入　　侵

9.6.1　入侵者

不管系统构建得如何安全,总会有攻击者,不断地尝试攻击它。我们称它们为入侵者(intruder),因为他们试图入侵网络。这里要紧的不是网络是专用(如局域网)的还是公用的(如 Internet),而是入侵者的意图。通常,两种最为人们熟知的安全威胁是入侵者和病毒。这里主要介绍的是入侵者。

入侵者有 3 种类型,具体介绍如下。

(1) 伪装者:某个用户没有使用某台计算机的权限,但渗透到系统中去访问一个合法用户的账号,则称之为伪装者(masquerader)。它往往是一个外部用户。

(2) 违法行为者:内部用户在下面两种情况下被称为违法行为者(misfeasor)。

- 它是一个合法用户,但访问了它无权访问的一些应用程序、数据或资源。
- 它是一个合法用户,它有权访问的某些应用程序、数据或资源,但错误地使用了这些权限。

(3) 秘密的用户:内部用户或外部用户,它试图使用超级用户的权限,以避免审计信息被捕获或记录,则称之为秘密的用户(clandestine user)。

那么,入侵者如何进行攻击呢? 我们来看一个简单的示例,攻击者试图获得合法用户的口令,以便假冒他们。下面是一些猜测口令的常见方法。

(1) 尝试所有可能的短口令组合(2~3 个字符)。

(2) 收集用户的信息,如他们的全名、家庭成员的名字、他们的爱好等。

（3）尝试由软件产品提供商提供的默认口令（如 Oracle 的默认用户名为 scott，口令为 tiger）。

（4）尝试人们最常选作口令的词汇。黑客公告栏保存有这些列表。还可以尝试来自字典的词汇。

（5）尝试使用电话号码、生日、社会安全码、银行账号等。

（6）窃取用户与主机网络之间的通信线路。

（7）使用特洛伊木马。

（8）尝试车辆执照上的数字。

不管入侵者是如何进入到系统中的，我们首先要做的是尝试阻止它，如果不能，则至少要检测并采取恰当的行动。

9.6.2　审计记录

入侵检测最重要的工具之一是审计记录（audit record）的使用，也称为审计日志（audit log）。审计记录用于记录用户的操作信息。不合法用户的痕迹可以在这些记录中找到，从而可以检测入侵，采取恰当的行动。

审计记录可以分为两类：原始审计记录（native audit record）和检测专用的审计记录（detection-specific audit record），如图 9.49 所示。

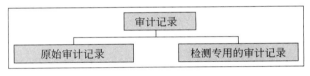

图 9.49　审计记录分类

- 原始审计记录：所有的多用户操作系统都有内置的记账软件。这些软件可记录所有用户的动作信息。
- 检测专用的审计记录：这种类型的审计记录工具可专门收集入侵检测的信息。这更专注，但可能会产生重复信息。

不管是哪种类型的审计记录，都会包含表 9.7 所示的信息。

表 9.7　审计记录中的字段

字　段	描　　述
主体	有关谁发起这个动作的信息（如合法用户、进程等）
动作	主体对对象执行的操作（如登录、读取、写入、打印、I/O 等）
对象	工作的接收者（如磁盘文件、应用程序、数据库记录等）
异常条件	由于主体的动作而产生的可能异常
资源使用	资源使用的记录（如 CPU 时间、磁盘空间、写入记录的数量、打印文件的数量等）
时间戳	日期和时间信息

例如，如果用户 Ram 要运行程序 payroll. exe，会产生以下审计记录。这里我们假设 Ram 没有运行这个程序的访问权。

Ram	Execute	<SYSTEM CALL>EXECUTE	None	CPU =0000001	24-10-2006 16:17:10::101
Ram	Execute	<SYSTEM CALL>EXECUTE	Access-violation	Record=0	24-10-2006 16:17:10::102

我们可以看到，Ram 试图运行一个他没有访问权的程序。

9.6.3　入侵检测

入侵防止不可能总能实现。因此，应该在入侵检测（intrusion detection）上加以更多的关注。

以下因素影响入侵检测。

（1）入侵检测越早，我们采取的动作就越快。从被攻击中恢复的希望和减少损失的概率与检测出入侵的速度成直接的比例。

（2）入侵检测有助于收集更多的入侵信息，改进防止入侵的方法。

（3）入侵检测系统对入侵者可以起到很好的威慑作用。

入侵检测机制又称为入侵检测系统（Intrusion Detection System：IDS）可以分为两类：统计不正常检测（statistical anomaly detection）和基于规则的检测（rule-based detection），如图 9.50 所示。

图 9.50　入侵检测的分类

（1）统计不正常检测：在这种类型中，用户在某段时间内的行为作为统计数据被捕捉并进行处理。然后使用一定的规则来测试该用户的行为是否合法。这可以用以下两种方法来完成。

- 阈值检测：在这种方法中，为一组中的所有用户定义一些阈值，计算各种事件的发生频率，并与这些阈值进行比较。
- 基于模式的检测：在这种方法中，为每个用户创建一些行为模式，并将它们与所收集的统计信息进行比较，看看是否有不合规律的模式出现。

（2）基于规则的检测：对给定的行为应用一系列的规则，看看是否可怀疑它是在试图进行入侵。这又可分为以下两种子类型。

- 不正常检测：借助某些规则，收集一些使用模式，用于分析与这些使用模式不同的操作。
- 渗透鉴定：这是一个用于查找不合法行为的专家系统。

9.6.4 分布式入侵检测

现在,人们的关注重点从单系统上的入侵检测转移到分布式系统(如局域网或广域网)上了。以下是**分布式入侵检测**(distributed intrusion detection)方案中的重要因素。

- 分布式系统中的不同系统可能会以不同的格式记录审计信息。
- 通常使用分布式系统中一个或几个结点下的主机来收集和分析审计信息。因此,应有一些措施确保从其他主机来到审计信息会发送给这些主机。

9.6.5 Honeypot 技术

现代的入侵检测系统利用了一个新颖的思想,称为 Honeypot(蜜罐)技术。Honeypot 是一个吸引潜在攻击者的陷阱。Honeypot 设计为进行以下工作。

- 把潜在入侵者的注意力从关键系统转移开。
- 收集入侵者的动作信息。
- 想办法让入侵者停留一段时间,使得管理员可以检测到它,并迅速对它采取操作措施。

Honeypot 的设计有以下两个主要目标:

(1) 使它们看上去像是一个真实的系统。在其中放置尽可能多的像是真实(当然是伪造)的信息。

(2) 不用让合法用户知道并访问它。

自然,任何试图访问 Honeypot 的人都是潜在的入侵者。Honeypot 配备有感应器和日志器,出现任何用户的动作都会向管理员发出警告。

案例研究 1: IP 欺骗攻击

课堂讨论要点

(1) 何谓 IP 欺骗攻击?

(2) 为什么检测 IP 欺骗攻击不容易?

IP 欺骗攻击比 DOS 攻击更具有挑战性。Kevin Mitnick 对 Tsutomu Shimomura 的家庭计算机以及南加州大学的计算机发起过这样一种攻击。在描述这种攻击之前,先来介绍一下实现这种攻击的技术机制,具体如下。

(1) 攻击者创建一个要发送给服务器的 IP 数据包,这个数据包与其他任何正常的数据包一样。这是一个 SYN 请求。

(2) 由攻击者创建的数据包与其他数据包的最大差别是,攻击者把源地址设置为另一计算机的 IP 地址。也就是说,攻击者伪造或欺骗了源 IP 地址。

(3) 像正常情况一样,服务器用一个 SYN ACK 进行响应,该响应发送到具有伪造 IP 地址的计算机(而不是发送给攻击者)。

(4) 攻击者必须设法获得由服务器发送的这个 SYN ACK 响应,这样就完成了与服务器的一个连接。

（5）一旦连接创建完成，攻击者就可以在服务器上运行各种命令。

Kevin Metnick 具有非常丰富的攻击计算机系统知识。下面一些事件就与之有关。

（1）早期，Kevin Metnick 加入了一个黑客组织。在他们的众多攻击事件中，最著名的是他们把家庭电话修改成了付费电话！这样，当该电话的用户拨打电话时，就会有一条问候消息，让用户先支付 20 美分！

（2）在 17 岁时，Kevin Metnick 和他的朋友真的进入了一个电话公司的办公室，从那里偷取了口令。这给他们带来了牢狱之灾。

（3）1983 年，Kevin Metnick 试图在 ARPAnet 上入侵一台 Pentagon 计算机，这给 Kevin Metnic 又带来了一次牢狱之灾。

这样的例子有很多。

在 IP 欺骗攻击中，Kevin Metnick 以一种非常智慧的方式执行一下工作。在我们解释它之前，应该注意到，Tsutomu Shimomura 在他的家庭计算机（X）与南加州大学的计算机（Y）之间有一个可信的关系。

（1）Kevin Metnick 首先用一系列的 SYN 请求对 Tsutomu Shimomura 的家庭计算机（X）进行泛洪，使得它看起来像是宕机了。

（2）然后，Kevin Metnick 往南加州大学的计算机（Y）发送一个 SYN 请求。在这个数据包中，Kevin Metnick 把源地址设置成 X。也就是说，源地址是欺骗性的。

（3）南加州大学的计算机（Y）检测到一个用于创建 TCP 连接的请求，并用 SYN ACK 回应。正如所预期的那样，这个 SYN ACK 响应发送回 Tsutomu Shimomura 的家庭计算机（X），因为这是原来 SYN 请求中的源地址。

（4）由于 Kevin Metnick 在第（1）步中已经使得计算机 X 泛洪了，因此 X 无法收到 Y 的响应。

（5）此时，Kevin Metnick 猜测出计算机 Y 在 SYN ACK 响应中所用的序列号（当然可能是在经过了一些失败后），并把该序列号使用在对 SYN ACK 的确认消息中，该确认消息将发送给计算机 Y。也就是说，Kevin Metnick 往计算机 Y 发送了很多对 SYN ACK 的确认消息（这些消息具有不同的系列号）。

（6）在每个确认消息中，Kevin Metnick 都立即发送一条命令，往由计算机 Y 维护的可信关系文件中添加一个通配符项，这使得计算机 Y 将会信任任何人。显然，如果 Kevin Metnick 无法成功发送一个对 SYN ACK 的确认消息，那么他发送的命令也将运行失败。但如果有一个确认消息成功了，那么命令也就将运行成功。这将使得计算机对外部的所有用户都是敞开的！

案例研究 2：创建 VPN

课堂讨论要点

（1）复习 VPN 的概念。

（2）讨论一下 VPN 的前提要求。

（3）创建一个 VPN 并测试它，如下所述。

有很多公司或 Web 网站提供免费的 VPN 软件。http://sunsite.dk/vpnd 就是其中一个例子。该 VPN 软件运行在 Linux 操作系统下。要创建 VPN，过程如下。

（1）使用 5 个 layer-2 集线器、2 个路由器（R1 和 R2），2 台运行 Linux 的 PC（P1 和 P2），这些设备作为路由器和普通的计算机，构成如图 9.51 所示的内部网。

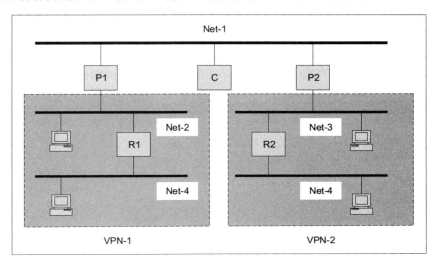

图 9.51　创建 VPN

（2）下载并编译 Linux 环境下的 VPN 软件，然后在 2 台 Linux 计算机（P1 和 P2）上安装它。

（3）配置 VPN 软件，使得它可以加密 2 台计算机之间的通信数据。

（4）在检测计算机（C）上运行软件，捕获并显示网络 1（Net-1）上的所有数据包。

（5）在一台计算机上运行 telnet 命令，连接另一台计算机。验证一下所有数据是否都已加密。

9.7　本 章 小 结

- 公司网络可能被外部攻击，公司内部信息可能泄漏。
- 加密无法阻止外部攻击者攻击网络。
- 防火墙应放置在公司网络与外部网络之间。
- 防火墙是一种特殊的路由器，它运行一些规则来允许或阻止网络流量通过。
- 防火墙就像是站在内部网络与外部 Internet 之间的大门中的岗哨。
- 防火墙可以是应用网关或分组过滤。
- 分组过滤检查每个分组，应用规则来决定是否允许它通过。
- 在应用特殊或粒度规则时，分组过滤非常有用。
- 动态分组过滤（也称为有状态分组过滤）可以适应条件改变。

- 应用网关工作在应用层。它决定是否允许某个特定应用程序（如 HTTP 或 FTP）的流量通过。它不像分组过滤那样使用诸如"如果源 IP 地址为 X. X. X. X 则阻止该分组"的粒度规则。
- 电路网关在自己与远程主机之间建立一个新连接。
- 防火墙体系结构以某种方式组合不同类型的防火墙。
- 扫描子网防火墙是最强大的防火墙体系结构。
- 网络地址转换（NAT）允许跨多个网络共享一些 IP 地址，从而节约 IP 地址空间。
- 如果没有 NAT，IP 地址的可用范围早已用完了。
- NAT 把某些 IP 地址归类为内部使用的，在网络外部不能识别。
- NAT 路由器完成内部地址与外部地址之间的转换工作。
- NAT 要维护一个转换表，使用一些智能技巧来完成地址转换。
- IPSec 在传输层和网际层之间提供安全性。
- IPSec 提供认证与保密服务。
- 非军事区（DMZ）防火墙既保护一个企业中展示给外部世界的服务器，又保护内部公司网络。
- IPSec 协议用于在网络层提供安全性。
- IPSec 本身并不涉及更高的安全机制（如 SSL）。IPSec 可以与这些协议一起实现。
- IPSec 可以以信道模式或传输模式来实现。
- 在信道模式中，包括初始报头在内的整个 IP 数据报文被 IPSec 加密，并添加了一个新的 IP 头。
- 在传输模式中，IPSec 把除头以外的 IP 数据报文加密。
- 信道模式在两个相互通信的计算机（通常是路由器）之间创建一条虚拟信道。
- IPSec 使用两种协议：认证头（AH）和封装安全载荷（ESP）。
- AH 协议提供认证、完整性以及一个可选的反重放服务。
- ESP 协议提供数据保密性。
- Interent 密钥交换（IKE）协议用于协商由 AH 和 ESP 使用的加密算法。
- IKE 的输出称为安全关联（SA）。
- 虚拟专用网（VPN）既是虚拟的（它在物理上并不存在），又是专用的（尽管它运行在 Internet 上，但它提供的一些特性，使得它像是一个专用网络）。
- 对在外旅行的员工来说，VPN 是一个非常好的工具，可以以一种便宜的方式，从不同的城市或国家连接到办公室，以及与其他公司进行链接。
- VPN 在内部使用 IPSec。
- VPN 可以在 Windows 系统上实现为一个点对点信道协议（PPTP），或者实现为一个开放标准第 2 层信道协议（P2TP）。
- 入侵几乎是不可阻止的，因此应检测它们。
- 入侵者分为伪装者、违法行为者和秘密的用户。
- 审计记录用于记录有关用户动作的信息。
- 审计记录可分为原始审计记录和检测专用的审计记录。
- 入侵检测系统（IDS）可分为统计不正常检测和基于规则的检测。

- 在分布式入侵检测中,需要检测和记录发生在网络中多台计算机上的入侵。
- Honeypst 是一个吸引潜在攻击者的陷阱。

9.8　实　践　练　习

9.8.1　多项选择题

1. 防火墙应位于_____。
   - (a) 公司网络内
   - (b) 公司网络外
   - (c) 公司网络与外部网络之间
   - (d) 都不对
2. 防火墙是特殊形式的_____。
   - (a) 网桥
   - (b) 磁盘
   - (c) 打印机
   - (d) 路由器
3. 分组过滤检查_____分组。
   - (a) 所有
   - (b) 无
   - (c) 某些
   - (d) 交替
4. _____可以适应条件改变。
   - (a) 无状态分组过滤
   - (b) 静态分组过滤
   - (c) 适应性分组过滤
   - (d) 有状态分组过滤
5. 应用网关_____分组过滤。
   - (a) 安全性不如
   - (b) 安全性超过
   - (c) 安全性等于
   - (d) 慢于
6. 在_____中,可以避免分组过滤与内部主机的直接连接。
   - (a) 扫描主机防火墙、三宿堡垒
   - (b) 扫描主机防火墙、单宿堡垒
   - (c) 扫描主机防火墙、双宿堡垒
   - (d) 都不对
7. _____允许复用 IP 地址。
   - (a) 防火墙
   - (b) IPSec
   - (c) NAT
   - (d) VPN
8. 在不危及 IP 地址范围的情况下,为了允许多台主机与单个外部主机进行通信,路由器需要把_____的细节添加到转换表中。
   - (a) IP 地址
   - (b) 端口号
   - (c) 协议信息
   - (d) 外部主机
9. IPSec 在_____层提供安全性。
   - (a) 应用
   - (b) 传输
   - (c) 网络
   - (d) 数据链
10. ISAKMP/Oakley 与_____相关。
    - (a) SSL
    - (b) SET
    - (c) SHTTP
    - (d) IPSec
11. IPSec 中的密钥管理是由_____完成的。
    - (a) 信道模式
    - (b) 传输模式
    - (c) IKE
    - (d) ESP
12. IPSec 中的加密是由_____完成的。
    - (a) 信道模式
    - (b) 传输模式
    - (c) IKE
    - (d) ESP
13. 在_____情况下,初始分组的 IP 头才需要加密。

（a）信道模式　　　　　　　　　　（b）传输模式

（c）信息模式和传输模式　　　　　（d）无模式

14. 潜在入侵者的信息可以通过检查_____来获得。

（a）路由器日志　　（b）主机日志　　（c）IPSec 条目　　（d）审计日志

15. 吸引潜在攻击者的陷阱称为_____。

（a）VPN　　　　　（b）看门狗　　　（c）代理　　　　　（d）Honeypot

9.8.2　练习题

1. 公司网络面临的两大攻击是什么？

2. 请列出良好的防火墙实现的特性。

3. 分组过滤的三大操作是什么？

4. 电路网关与应用网关有何不同？

5. 单宿堡垒的扫描主机防火墙有什么缺点？

6. 单宿堡垒的扫描主机防火墙与双宿堡垒的扫描主机防火墙有什么不同？

7. 什么时候需要非军事区？如何实现？

8. 防火墙有什么局限？

9. 信道模式有什么意义？

10. 请举例解释 NAT 是如何工作的。

11. 在 NAT 中为什么要记录端口号？

12. 什么是 VPN？

13. 请解释一下 AH 和 ESP 协议。

14. 请解释审计日志的工作原理。

15. 何谓 Honeypot？

9.8.3　设计与编程

1. 至少研究一种现实的防火墙产品。参照本章介绍的理论去研究其特性。

2. 尝试去下载一个免费的家庭防火墙。有哪些烦人的地方？为什么？

3. 作为一种反病毒产品，防火墙是否会打折扣？为什么？

4. 请配置数据包过滤器的规则。

5. 学习一下 VPN 在实际生活中是如何实现的。它需要数字证书吗？为什么？

6. 作为一个练习，在软件中用 Java 实现 NAT。该 NAT 软件应可以检测数据包是进入还是输出，并正确得对它进行路由。

7. 改进上面的解决方法，使它可以利益多个端口号，从而可以实现多个内部主机与单个外部主机进行通信。

8. 研究一种实际的审计记录。它能够提供入侵检测信息吗？

9. 你能改进审计记录结构吗？如何做？

10. 你认为 IPSec 可以替代 SSL 吗？为什么？

11. 你认为实现 IPSec 不实现 SSL 更容易吗？为什么？

12. 你认为使用租赁专线比 VPN 更佳吗？为什么？

13. 防火墙必须同时兼备路由器功能吗？为什么？

14. 要把一个主机作为一个防火墙来使用,需要具备哪些内容？

15. 软件防火墙与硬件防火墙之间的区别是什么？

附录A

数学背景知识

A.1 概　　述

有些读者想了解各种加密方法的数学背景知识。这里我们介绍几个关键概念,但读者不一定非要了解这些知识,只要了解加密法的概念视图就可以了。

A.2 素　　数

A.2.1 因子分解

素数(prime number)在密码学中非常重要。素数是大于1的正整数,且只有1和本身是它的因子。也就是说,素数只能被1和本身整除。显然,2,3,5,7,11,……是素数,而4,6,8,10,12,……不是。素数有无数个。密码经常使用到素数。尤其是,公钥加密就是基于素数理论的。

图A.1显示了一个Java程序,用于检测给定的整数是否为素数。

```
// Java program to test whether a given number is prime
// Author: Atul Kahatepublic class PrimeTest{
  public static void main(String\ args){
      int numberToTest=101;
      int m=0;
      if( numberToTest<=1){
          System.out.printIn("The number"+numberToTest+"is NOT prime");
          return;
      }
      for (int i-2; i<numberToTest-1; i++){
          m=numberToTest %i;
```

图A.1　用于测试某个数是否为素数的Java程序

```
        if( m--0){
            System.out.printIn("The number"+numberToTest+"is NOT prime");
            return;
        }
    }
    System.out.printIn("The number"+numberToTest+"IS prime");
  }
}
```

图 A.1　（续）

这里鼓励读者修改以上程序,以便可以自动测试 2～1000 的素数。也就是说,该程序应运行一个循环,测试 2～1000 之间的所有数,看看它们是否为素数。

两个数**互质**(relatively prime)就是没有除 1 以外的公因子。如果 a 与 n 的**最大公因子**(Greatest Common Divisor,GCD)为 1,则可以写成 $gcd(a, n) = 1$。可以看出,21 与 44 互质(即没有公因子),而 21 与 45 不是(有公因子 3)。

A.2.2　欧几里得算法

可以用欧几里得算法计算两个数的最大公因子。假设用 C 语言表示这个算法,如图 A.2 所示。

```
int gcd(int x,int y)
{
    int a;
    / If the numbers are negative,make them positive/
    if(x<0)
        x=-x;
    if(y<0)
        y=-y;
    /No point going ahead if the sum of the numbers is 0/
    if((x+y)==0
    {
        printf("The sum of %d and %d is 0。ERROR!",x,y);
        return -1
    }
    a=y
    while(x>0)
    {
        a=x;
```

图 A.2　用 C 语言表示欧几里得算法

```
        x=y%x;
        y=a;
    }
    return a;
}
```

图 A.2 （续）

如果 x＝21,y＝45,则欧几里得算法的路径如图 A.3 所示。

x	y	A
21	45	NA
3	21	21
0	3	3

图 A.3　欧几里得算法的路径

A.2.3　求模运算与离散对数

求模运算（Modular arithmetic）的原理很简单,模是整除的余数。例如,23 mod 11＝12,因为 23 除 11 的余数为 12。求模运算认为 23 与 11 等价,即 23≡11 (mod 12)。一般来说,对于整数 K,如果 a＝b＋kn,则 a≡b(mod n)。如果 a＞0 而 0＜b＜n,则 b 是 a/n 的余数,也称 b 为余数,a 为同余。≡等号（≡）表示同余性。加密法经常使用求模运算。

求模指数是加密法中使用的单向函数,很容易解。例如,对于 a^x(mod n),已知 a、x、n 的值,很容易求解。但是,求模指数反过来则是求一个数的离散对数,是相当困难的。例如,求 x,使 a^x≡b (mod n)。例如,如果 3^x≡15 (mod 17),则 x＝6。对于大数,这个方程很难解。

A.2.4　测试素数

如果 P 是个奇素数,则方程 x^2≡1（mod p）只有两个解,x≡1 与 x≡−1,这里不做证明。

A.2.5　素数的平方根模

如果 n 是两个素数的积,则求 n 的模的平方根与求 n 的因子是等价的,如果知道 n 的质因子,则很容易求出 mod n 的平方根。

A.2.6　平方余数

如果 P 是素数,0＜a＜p,则 a 是 mod p 的平方余数的条件为,对某些 x 有:

$$x^2 \equiv a(\bmod p)$$

例如,如果 P＝7,则平方余数为 1、2、4,因为:

$$1^2 = 1 \equiv 1(\bmod 7)$$
$$2^2 = 4 \equiv 4(\bmod 7)$$
$$3^2 = 9 \equiv 2(\bmod 7)$$
$$4^2 = 16 \equiv 2(\bmod 7)$$
$$5^2 = 25 \equiv 4(\bmod 7)$$
$$6^2 = 36 \equiv 1(\bmod 7)$$

A.3 费尔马定理与欧拉定理

公钥加密中的两大重要定理是费尔马定理(Fermat's Theorem)与欧拉定理(Euler's Theorem)。

A.3.1 费尔马定理

费尔马定理如下:

如果 p 是素数,而 a 是不能被 p 整除的正整数,则:

$$a^{p-1} \equiv 1 \ (\bmod p)$$

假设 a＝3,p＝5,则根据费尔马定理:

$$3^{5-1} \equiv 3^4 = 81 \equiv 1 \ (\bmod 5)$$

证明完毕。

该定理的另一种表示形式是,如果 p 是素数,a 是任意正整数,那么会有下式成立:

$$a^p \equiv a \bmod p$$

我们来看看以下示例。

(1) 设 a＝3 且 p＝5,那么有

(i) $a^p = 3^5 = 243$。如果对 243 取模 5,可以得到结果 3。

(ii) a mod p＝3 mod 5＝3。

因此有 $3^5 \equiv 3 \bmod 5$。

(2) 设 a＝4 且 p＝8,那么有

(i) $a^p = 4^8 = 65\ 536$。如果对 65 536 取模 8,可以得到结果 0。

(ii) a mod p＝4 mod 8＝4。

因此,上面两步的结果不一致。这是因为 p 不是素数。

(3) 设 a＝4 且 p＝7,那么有

(i) $a^p = 4^7 = 16\ 384$。如果对 16 384 取模 7,可以得到结果 4。

(ii) a mod p＝4 mod 7＝4。

因此有 $4^7 \equiv 4 \bmod 7$。

A.3.2   欧拉定理

介绍欧拉定理之前，先要介绍 Euler-Toient 函数。这个函数写成 $\phi(n)$，其中 $\phi(n)$ 是个正整数，小于 n 且与 n 互质。

例如，如果 n＝6，则小于 n 的正整数为 1、2、3、4、5，其中只有 1 和 5 与 6 互质，因此 $\phi(n)=\phi(6)=2$。注意 6 不是素数。假设素数为 n＝7，则其前面的所有正整数（1～6）均与其互质。一般来说，对于素数 n，$\phi(n)=(n-1)$。

此外，假设 p 和 q 是两个素数，对于 n＝pq，可以得到：
$$\phi(n)=\phi(pq)=\phi(p)\times\phi(q)=(p-1)\times(q-1)$$
假设 p＝3，q＝7，则 n＝p×q＝21。

因此，$\phi(n)=\phi(21)=\phi(3)\times\phi(7)=2\times6=12$，其中 12 个整数为 1、2、4、5、8、10、11、13、16、17、19、20。

根据这个结果，欧拉定理指出，对于每个互质的 a 与 n，可以得到：
$$a\phi(n)\equiv1\ (\bmod\ n)$$
设 a＝3，n＝10。则：
$$\phi(n)=\phi(10)=4\ 个数为\ 1,3,7\ 与\ 9。$$
所以，$a\phi(n)=3^4=81\equiv1\ (\bmod\ 10)$

A.4   中国剩余定理

中国剩余定理使用某个数 n 的素数因子来求解等式。如果 n 的素数因子是 $p_1 * p_2 * \cdots * p_t$，那么等式
$$x\ \bmod\ p_i=a_i,\quad 其中，\quad i=1,2,\cdots,t$$
只有唯一解 x，且 x＜n。

这就是说，如果某个数小于两个素数的乘积，那么这个数可以唯一地用对这些素数取模的余数来表示。

例如，假设有两个素数 5 和 7。如果有数字 16，那么，
$$16\ \bmod\ 5=1$$
$$16\ \bmod\ 7=2$$
这里只有一个数（即 16）比 5×7（即 35）小，它具有这些余数。这两个余数可用来唯一的确定这个数。这可以用如图 A.4 所示的 Java 程序来证明。

```
//Java program to test Chinese remainder theorem basics
//Author: Atul Kahate

public class PrimeTest {
    public static void main(String\ args){
        int k1=5,k2=7;
```

图 A.4   中国剩余定理测试

```
    for(int i=2; i<35; i++){
        int n1=i%k1;
        int n2=i%k2;

        System.out.printIn("Number="+i+"Residues="+n1+"and"+n2);
    }
  }
}
```

图 A.4 （续）

因此,中国剩余定理指出,对于任意 a(小于 p)和 b(小于 q),其中 p 与 q 互质,一定有唯一的 x,使得:

$$x<pq$$

和

$$x\equiv a \bmod p \quad 且 \quad x\equiv b \bmod q$$

A.5　拉格朗日符号

拉格朗日符号(写作 L(a, p))定义为,如果 a 是任意整数,p 是素数(其值大于 2),那么其值可为 0、1 或 −1,如下所示:

L(a,p)=0　　a 被 p 整除
L(a,p)=1　　a 是用 p 求模的平方余数
L(a,p)=−1　　a 不是用 p 求模的平方余数

A.6　雅可比符号

雅可比符号(写作 J(a, n))是拉格朗日符号的一般形式,对于任意整数 a 和奇数 n,可以用多种方法定义,例如:

(1) J(a, n)仅当 n 为奇数时有值。

(2) J(0, n) = 0。

(3) J(a, n) = 0,n 为素数,且被 a 整除。

(4) J(a, n) = 1,n 为素数,且 a 是用 n 求模的平方余数。

(5) J(a, n) = −1,n 为素数,且 a 不是用 n 求模的平方余数。

A.7　哈　塞　定　理

哈塞定理指出,如果 n 是椭圆曲线上的点数,则:

$$p+1-2*\text{sqrt}(p) < N < p+1+2*\text{sqrt}(p)$$

A.8 平方互换定理

平方互换定理指出，如果 p 与 q 是不同素数，则下列同余式都可解或不可解，除非 p 与 q 除以 4 的余数为 3：

$$x^2 \equiv q \pmod{p}$$

与

$$x^2 \equiv q \pmod{p}$$

A.9 Massey-Omura 协议

Massey-Omura 协议是个加密协议，双方在椭圆曲线 E(a，B) 上具有共同点 P，但不显示其密钥。参与各方要知道群 E(A，B)/GF(p) 的阶，假设群的阶为 N_p。

Massey-Omura 加密系统基于 Shamir 的三遍协议，使用加密方法如下：采用两次后，两个加密不必按相反顺序删除，而可以按任意顺序删除，使一方可以发送加密消息，对方加密返回，然后一方删除自己的加密，将其发给对方，就像只有对方加密一样。

为了描述这个系统，假设 Bob 和 Alice 使用这个系统：

（1）Bob 与 Alice 分别秘密选择密钥 K_B 与 K_A，使得：

$$gcd(k_A，N_p) = 1 \ 与 \ gcd(k_B，N_p) = 1;$$

（2）双方分别秘密计算 $j_B = 1/k_B \bmod N_p$ 与 $j_A = 1/k_A \bmod N_p$。

假设 Bob 要安全地把消息 M 发给 Alice，则通过两个回合处理如下：

首先，假设 Q_M 为曲线上与 M 相关的点（使用 Koblitz 嵌入法）。

第 1 回合

上：Bob 在 E(A，B)/GF(p) 中计算 $Q_1 = k_B * Q_M$，并将 Q_1 发给 Alice。

下：Alice 在 E(A，B)/GF(p) 中计算 $Q_2 = k_A * Q_1$，并将 Q_2 发给 Bob。

第 2 回合

上：Bob 在 E(A，B)/GF(p) 中计算 $Q_3 = j_B * Q_2$，并将 Q_3 发给 Alice。

下：Alice 在 E(A，B)/GF(p) 中计算 $Q_4 = j_B * Q_3$。

这样 $Q_4 = Q_M$，且只要逆转 Koblitz 嵌入，Alice 就可以恢复 M。

A.10 逆 阵 计 算

如何计算矩阵的逆阵呢？这是一个三步的过程。

（1）用矩阵中每个元素的共轭值替换该元素。

（2）转置这个矩阵。

(3) 用初始矩阵的行列式值去除每个元素。

例如,考虑如下矩阵

$$
\begin{array}{ccc}
17 & 17 & 5 \\
21 & 18 & 21 \\
2 & 2 & 19
\end{array}
$$

应用与这个矩阵的步骤如下。

(1) 要计算某个元素的共轭值,需要计算行列式。正矩阵的行列式是一个数值,通过计算该矩阵的所有元素而得到。要计算行列式,需要:

(a) 删除该元素所在的行和列(这里是第一行和第一列);

(b) 交叉相乘(即 $18 \times 19, 21 \times 2$);

(c) 乘积结果相减(即 $18 \times 19 - 21 \times 2 = 300$)。

当计算完其他元素的共轭值后,共轭矩阵为如下所示。

$$
\begin{array}{ccc}
+300 & -357 & +6 \\
-313 & +313 & +0 \\
+267 & -252 & -51
\end{array}
$$

(2) 现在需要转置这个矩阵,即把列写作行。因此,矩阵中第一列的值(即 $+300$、-313 和 $+267$)变成了第一行的值,以此类推。于是矩阵成为如下所示。

$$
\begin{array}{ccc}
+300 & -313 & +267 \\
-357 & +313 & -252 \\
+6 & +0 & -51
\end{array}
$$

(3) 初始矩阵的行列式值等于 -939。在希尔加密法中,需要对这个值取模 26,即 $-939 \mod 26 = -3$。但这里忽视这些。因此,矩阵的逆阵为:

$$
\begin{array}{ccc}
+300/-939 & -313/-939 & +267/-939 \\
-357/-939 & +313/-939 & -252/-939 \\
+6/-939 & 0 & -51/-939
\end{array}
$$

我们来看另一个例子。请看如下矩阵:

$$
\begin{array}{ccc}
20 & 15 & 18 \\
78 & 95 & 56 \\
43 & 89 & 32
\end{array}
$$

该矩阵的共轭矩阵为:

$$
\begin{array}{ccc}
-1944 & 1122 & -870 \\
-88 & -134 & 284 \\
2857 & -1135 & 730
\end{array}
$$

矩阵的行列式值为 11226。

因此,矩阵的逆阵为:

$$
\begin{array}{ccc}
-1944/11226 & 1122/11226 & -870/11226 \\
-88/11226 & -134/11226 & 284/11226 \\
2857/11226 & -1135/11226 & 730/11226
\end{array}
$$

A.11　加密操作模式后面的数学知识

本节来介绍一下本书第3章所介绍的各种加密操作模式后面的数学知识。

加密块链接模式

在加密块链接（CBC）模式中，每个密文块通过解密算法。其结果与前面的密文块进行XOR运算，得到初始明文块。要明白其数学知识，假设有：

$$C_j = E_k[C_{j-1} \text{ XOR } P_j]$$

根据上式有：

$$D_k[C_j] = Dk[E_k(C_{j-1} \text{ XOR } P_j)]$$
$$D_k[C_j] = C_{j-1} \text{ XOR } P_j$$
$$C_{j-1} \text{ XOR } D_k[C_j] = C_{j-1} \text{ XOR } C_{j-1} \text{ XOR } P_j = P_j$$

要生成密文的第一个块，需要使用初始向量，它是与第一个明文块进行XOR的结果。因此，要解密，需要使用第一个密文块与初始向量进行XOR运算，以得到第一个明文块。

数字系统

B.1 概　　述

数字系统包含一组具有共同特性的数。下面介绍人类使用的数字系统(十进制)和机器使用的数字系统(二进制、八进制、十六进制)。在任何数字系统中,每一位的值由三个方面确定:

(1) 数本身。

(2) 数在数中的位置。

(3) 数字系统的进制。

数字系统的进制是系统中使用的不同数字符号个数。例如,十进制数的进制为10,因为它使用10个不同符号0～9。

B.2　十进制数字系统

我们知道,十进制数字系统使用10个不同符号0～9。因此,其进制为10。这样,十进制数字系统实际上是每个数乘以权值,然后把所有积相加。例如,4510在十进制数字系统中的值计算如图 B.1 所示。

千位		百位		十位		个位		和
$4×10^3$	+	$5×10^2$	+	$1×10^1$	+	$0×10$		—
$4×1000$	+	$5×100$	+	$1×10$	+	$0×1$		—
4000	+	500	+	10	+	0	=	4510

图 B.1　十进制表示

B.3　二进制数字系统

二进制数字系统只用两个不同符号(称为二进制数或位)0 和 1,因此进制为2。我们用从右向左递增10的指数表示十进制,同样,我们用从右向左递增2的指数表示二进制。这样,二进制值1001的十进制表示为9,如图 B.2 所示。

第 4 位		第 3 位		第 2 位		第 1 位		和
1×2^3	+	0×2^2	+	0×2^1	+	1×2^0		—
1×8	+	0×4	+	0×2	+	1×1		—
8	+	0	+	0	+	1	=	9

图 B.2　二进制表示

　　怎么把十进制数转换为相应二进制数？为此，要把这个数连续除以 2，直到商为 0。每次得到余数 0 或 1，按相反顺序写出，就可以得到相应二进制数。图 B.3 显示了十进制/二进制换算。

除数	商	余数
2	500	
2	250	0
2	125	0
2	62	1
2	31	0
2	15	1
2	7	1
2	3	1
2	1	1
	0	1

图 B.3　十进制/二进制换算

　　这里把 500 连续除以 2，按相反顺序写出，就可以得到 111110100。

B.4　八进制数字系统

　　我们知道，十进制数的基数为 10，二进制数的基数为 2。同样，八进制数的基数为 8，用 8 个不同符号（0 到 7）表示。可以用前面介绍的方法在八进制与十进制之间换算，唯一的改变是乘数或除数变成 8，因此八进制值 432 变成相应十进制值时，如图 B.4 所示。

第 3 位		第 2 位		第 1 位		和
4×8^2	+	3×8^1	+	2×8^0		—
4×64	+	3×8	+	2×1		—
256	+	24	+	2	=	282

图 B.4　八进制/十进制换算

　　反过来，十进制值 282 变成八进制值时，只要将其连续除以 8，直到商为 0，记下每个余数，然后按相反顺序写出，如图 B.5 所示。

　　可以看出，八进制值 432 与十进制值 282 是等价的。

除数	商	余数
8	282	
8	35	2
8	4	3
	0	4

图 B.5　十进制/八进制换算

B.5　十六进制数字系统

十六进制数字系统实际上是十进制的超集。我们知道,十进制数用十个不同符号(0 到 9),而十六进制则用这 10 个符号加上另外六个符号(A～F),因此包含十六个不同符号(0～9,A～F)。十六进制的符号 A 等于十进制 10,B 等于十进制 11,等等,而 F 等于十进制 15。

我们使用与二进制和 11 进制相同的换算逻辑,这时基数为 16。试把十六进制值 683 换算为相应十进制值,如图 B.6 所示。

第 4 位		第 3 位		第 2 位		第 1 位		和
6×16^3	+	8×16^2	+	3×16^1	+	$C\times16^0$		—
6×4096	+	8×256	+	3×16	+	12×1		—
24 576	+	2048	+	48	+	12	=	26 684

图 B.6　十六进制/十进制换算

与前面一样,我们再把这个十进制值换算回十六进制值,如图 B.7 所示。

除数	商	余数
16	26684	
16	1667	C
16	104	3
16	6	8
	0	6

图 B.7　十进制/十六进制换算

可以看出,十六进制值 683C 与十进制值 26684 是等价的。

B.6　二进制数表示

在计算机和数据通信中,最主要的是二进制,因为计算机内部用二进制表示任何字母、数字和符号。因此,下面介绍二进制数。

1. 无符号二进制数

所有二进制数默认为无符号二进制数，即都是正数。十进制数也是如此。我们写十进制数 457 时，隐含为＋457。下面看看二进制系统可以表示的最大值。与前面一样，让我们举一个十进制的简单示例。

假设只有一个位，可以存一位十进制数，能存多少不同的值？当然，可以存成 0～9 的数，即十个不同值。如果要存成二进制数，可以取多少不同值？只能存 0 和 1，因此是 2 个不同值，最大值为 1。

假设有两位，则十进制值可以存 00～99，而二进制值可以存 00～11。由于 11 的十进制值为 3，因此可以存的最大值为十进制值 3。

通过观察，可以找到它们的模式。每加一位，就可以使最大位数加 1，如果有三位，则十进制最大值为 999，而二进制最大值为 111（即十进制 7）。

下面把二进制结果列成一个表，如图 B.8 所示。可以从最后一列看到它们的规律。

位数	最大二进制数	最大二进制数的十进制表示	等价于
1	1	1	2^1-1
2	11	3	2^2-1
3	111	7	2^3-1
4	1111	15	2^4-1
5	11111	31	2^5-1
6	111111	63	2^6-1
7	1111111	127	2^7-1
8	11111111	255	2^8-1

图 B.8　每位可以表示的最大二进制数

最后一列表示如何求出二进制系统可以表示的最大值，就是以 2 为底数位数为指数的幂，然后减 1。这样，8 位可以表示 0～255，共 256 个不同值。由于计算机的字节（byte）包含 8 位，因此一个字节可以表示 256 个不同值（0～255 的值）。

无符号二进制数就是这样表示的。

2. 带符号数

如果要表示带符号数，则还要一个符号位，与十进制系统相似。假设要存储十进制值－89，则要三个位，而不是两个。唯一差别在于，二进制数中的符号也是用 0 和 1 表示，0 为正号，1 为负号，因此，最左边的位是符号位。

这样，数字 110 如果是个带符号数，则最左边的 1 是个符号（负号），只余下两位是值（10，十进制值 2）。这样，110 为带符号数时，十进制值是－2。这好像容易引起混淆，怎么知道 110 是带符号数还是无符号数？取决于上下文，除非声明为带符号数或无符号数，否则我们也不知道！

信息理论

C.1 概　　述

克劳德·香农在 1948 年首次发表了现代信息论一书,这里只介绍这个理论的关键方面。

C.2 熵与不确定性

信息论把**信息量**(amount of information)定义为编码消息的所有含义所需的最小位数,假设所有含义的发生概率相同。例如,要记录一年的月份,需要 4 位如下:

0000	January
0001	February
0010	March
0011	April
0100	May
0101	June
0110	July
0111	August
1000	September
1001	October
1010	November
1011	December

可以说这个消息的**熵**(entropy)略小于 4,因为 1100、1101 与 1111 未用。

C.3 完美秘密

加密系统中如果密文绝对不含明文信息(除了长度),则称为**完美秘密**(perfect secrecy)。克劳德·香农指出,这要求可能的密钥个数大于或等于可能的消息个数。即密钥不比消息短，没有复用密钥。因此，只有一次性板才可能成为完美秘密。

C.4 Unicity 距离

Unicity 距离是密文的近似量，使相应文本中的实际信息（熵）的和加上加密密钥的熵等于使用的密文位数。此外，长度超过这个距离的密文一定只能解密为一个明文。另一方面，长度小于这个距离的密文通常具有多个同样有效的解密结果。因此，这样更加安全，密码分析员要从中选择正确的结果。

实用工具

D.1 概 述

本附录介绍 Internet 上的一些工具,有助于在网络或 Internet 层实现安全性。读者一定要注意不要违反版本/出口规定,还要自己验证这些工具正确、适用和无缺陷。

D.2 认 证 工 具

(1) TIS International Firewall Toolkit(FWTK),位于 ftp://ftp. tis. com/pub/firewalls/toolkit/。

→用于认证、访问控制、代理服务,等等。

(2) Kerberos

→已经详细介绍,详见 ftp://athena-dist. mit. edu/pub/kerberos。

D.3 分 析 工 具

(1) COPS:位于 ftp://coast. cs. purdue. edu/pub/tools/unix/cops,开发者为 Dan Farmer。COPS 表示 Computer Oracle and Password System 检查 Unix 系统的常见安全问题。

(2) Tiger:Doug Schales 开发,位于 ftp://coast. cs. purdue. edu/pub/tools/unix/tiger。一组脚本,可以扫描 Unix 系统问题。

(3) SATAN:Wietse Venema 与 Dan Farmer 开发,位于 http://www. fish. com/～zen/satan/satan. html,表示 Security Administrator Tool for Analyzing Networks。

D.4 分组过滤工具

称为 ipfilter,位于 http://coombs. anu. edu. au/～avalon,是个 Unix 上的 TCP/IP 分组过滤工具。

附录E

Web 资源

E.1 概　　述

本附录列出 Internet 上与安全相关的资源,读者要自己验证这些资料的正确性和意图。

E.2　邮　件　列　表

列　表　名	如何加入/URL	细　　节
bugtrq	发送主题为"subscribe bugtraq"的邮件到 bugtraq-request@ securityfocus. com 或访问 www. securityfocus. com	包含安全项目、缺陷细节与方案清单
CERT-advisory	发送邮件到 cert-advisory-request@ cert. org 或访问 www. cert. org	包含新的安全漏洞与纠正方法
Firewalls	发送邮件到"subscribe firewalls"的邮件到 firewalls-request@ lists. gnac. net 或访问 www. lsits. gnac. net/firewalls	包含防火墙设计、构造、维护、问题等细节

E.3　用　户　组

用户组名称	细　　节
alt. security	介绍计算机与网络安全
comp. admin. policy	讨论管理策略问题,包括安全
comp. protocols. tcp-ip	讨论 TCP/IP 及其安全问题
comp. security. misc	讨论安全课题与问题
comp. security. firewalls	讨论防火墙问题
comp. virus	讨论计算机病毒
netscape. public. mozilla. security 与 netscape. public. mozilla. crypto	讨论 JavaScript 与 SSL 安全问题
sci. crypt	其他安全讨论

E.4　重要 URL

站 点 名	URL
CERIAS	www. cerias. purdue. edu
CIAC	www. ciac. org/ciac
DigiCrime	www. digicrime. com
FIRST	www. first. org
IETF	www. ietf. org
Mozilla	www. mozilla. org
NIST	www. csrc. ncsl. nist. gov
Radius	www. crypto. radiusnet. net
RSA	www. rsasecurity. com
openSSL	www. openssl. org
W3C	www. w3c. org
Telstra	www. telstra. com
VeriSign	www. verisign. com

E.5　重要 RFC 文档

RFC(Request For Comment)是关于某种技术或协议的正式说明规范。下表列举了一些重要的 RFC 编号及其简要描述。RFC 的实际内容可以从 www. ietf. org 获得。

RFC 编号	描　　述
1847	用于 MIME 的多方安全：多方签名与多方加密
1958	Internet 的体系原则
2268	关于 RC2(r)加密算法的描述
2311	S/MIME 消息描述,第 2 版
2315	PKCS ♯7：加密消息语法,第 1.5 版
2409	Internet 密钥交换(Internet Key Exchange,IKE)
2437	PKCS ♯1：RSA 加密说明规范,第 2.0 版
2459	Internet X. 509 公钥基础设施认证与 CRL 文档
2510	Internet X. 509 公钥基础设施认证管理协议
2511	Internet X. 509 认证请求消息格式
2527	Internet X. 509 公钥基础设施认证策略与证书实行框架
2560	X. 509 Internet 公钥基础设施在线认证状态协议(Online Certificate Status Protocol,OCSP)

续表

RFC 编号	描　述
2587	Internet X. 509 公钥基础设施 LDAPv2 方案
2630	加密消息语法
2712	往传输层安全增加 Kerberos 加密套件
2807	XML 签名需求
2817	在 HTTP/1.1 内更新到 TLS
2818	HTTP-Over TLS
2875	Diffie-Hellman Proof-of-Possession 算法
2985	PKCS ♯9：选定的对象类与属性类型，第 2.0 版
2986	PKCS ♯10：证书请求语法规范说明，第 1.7 版
3029	Internet X. 509 公钥基础设施数据验证与证书服务器协议
3039	Internet X. 509 公钥基础设施合法认证文档
3075	XML 签名语法与处理
3161	Internet X. 509 公钥基础设施时间戳协议（Time-Stamp Protocol, TSP）
draft-freier-ssl-version3-02. txt	SSL 协议，第 3.0 版
draft-ietf-pkix-ocspv2-02. txt	在线认证状态协议，第 2 版
draft-ietf-stime-ntpauth-02. txt	用于网络时间协议的公钥加密，第 2 版
draft-ietf-tls-56-bit-ciphersuites-01. txt	用于 TLS 的 56 位输出加密套件
draft-ietf-tls-ecc-01. txt	用于 TLS 的 ECC 加密套件

ASN、BER、DER 简介

F.1 概　　述

计算机与网络存在各方面的不同,如体系结构、操作系统,等等,从而造成许多不兼容性,如表示数字的不同方式、数据类型的不同长度,等等。例如,x86 Intel 芯片表示字节中的位时按从右到左顺序,而 Motorola 正好相反。许多计算机使用 ASCII,但有些(主要是 IBM 大型机)还使用 EBCDIC 编码机制。因此,应用程序要在不同计算机与网络之间相互通信时,可能遇到许多不兼容性与困惑。开放系统互联(OSI)模型者在解决这个问题,提供了计算机相互通信所用的协议。

这涉及加密与安全。假设两台计算机要相互通信。假定发送方计算机加密了一些文本并把它发送给接收方计算机。接收方计算机要成功解密该文本,不仅需要知道发送方计算机所使用的加密算法和密钥,而且还有知道该文本的内部数据格式。例如,如果发送方计算机使用的是 ASCII,而接收方计算机使用的是 EBCDIC,情况会咋样?即使在成功解密后,接收方计算机也无法知道已解密数据的含义。为了避免这个问题,发送方和接收方计算机必须为要进行交换的数据使用统一的语言。该语言就是 ASN.1,下面我们将进行介绍。如果发送方和接收方计算机使用的都是 ASN.1,那么就不会产生混淆了。

F.2 抽象语法记号

抽象语法记号(abstract Syntax Notation 1,ASN.1)描述开放系统互联(OSI)模型应用层与表示层之间传输数据时的高层格式结构。因此,发送计算机将要发送的数据转换成 ASN.1 语法,然后发送到目标计算机。目标计算机收到数据时,先将其从 ASN.1 语法变成自然格式,然后在实际应用程序中使用。这种概念如图 F.1 所示。这里必须指出的是,这在技术上不是百分之百正确的,因为发送的不是 ASN.1 数据,而是首先把它转换成二进制数据。

ASN.1 机制使表示层可以用单一标准编码机制与其他计算机系统交换任意数据结构,而应用层可以

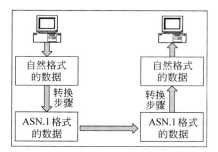

图 F.1　ASN.1 的概念

将这个标准编码变换成适合最终用户的表示类型或语言。ASN.1 没有描述数据的内容、意义和结构，只是描述其指定和编码方式。

ASN.1 是 ISO/IEC 和 ITU 一起定义的，定义了两个重要方面：类型与值，类型可以为基本型和构造型。

基本数据类型属于基本型，如字符串（实际关键字为 PrintableString）和时间（实际关键字为 GeneralizedTime）。

图 F.2 定义了其他一些基本数据类型。

数据类型	长　　度	描　　述
Integer	4 字节	0 到 $2^{32}-1$ 的整数值
String	可变	0 或多个字符
IP Address	4 字节	计算机的 32 位 IP 地址

图 F.2　一些 ASN.1 基本数据类型

构造型是从基本型和其他构造型组成的（类似于 C 语言中的结构或 COBOL 中的记录类型）。构造型的示例有 SET 与 SEQUENCE。

图 F.3 列出了构造型数据类型。

数据类型	描　　述
Sequence	相似/相异的基本数据类型的组合，类似于 C 语言中的结构或其他语言中的记录
Sequence of	相同简单类型或顺序类型的组合，类似于编程语言中的数组

图 F.3　构造型数据类型

F.3　用 BER 与 DER 编码

编码规则定义 ASN.1 值如何编码成字节流，最主要的编码规则有两种：基本编码规则（Basic Encoding Rules，BER）和区别编码规则（Distinguished Encoding Rules，DER）。BER 用一种或多种方式将每个 ASN.1 对象的值表示为一个字节，而 DER 提供了独特的方式，这是两者的主要差别。这种方法的过程如图 F.4 所示，这是 ASN.1 格式的逻辑扩展。

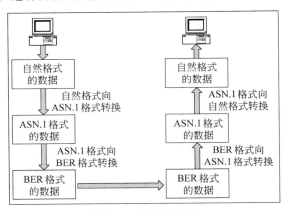

图 F.4　BER 的概念

这个思想可以用示例来阐释。我们来看看数字签名,它以 PKCS#7 的格式存储。我们来看看它的 ASN.1 格式(是可读的)和 BER 格式(是纯二进制的,因此只有计算机可读)是什么样子。图 F.5 显示了 ASN.1 格式的数字签名,而图 F.6 显示的是 BER 格式的数字签名(为简短起见,只显示了其中一部分)。

```
Object: SEQUENCE\=6 elements
    Object: SET \=1 elements
        Object: SEQUENCE\=2 elements
            Object: OBJECT ID=countryName
            Object: PrintableString="IN"
    Object: SET \=1 elements
        Object: SEQUENCE\=2 elements
            Object: OBJECT ID=organizationName
            Object: PrintableString="Personal"
    Object: SET \=1 elements
        Object: SEQUENCE\=2 elements
            Object: OBJECT ID=organizationUnitName
            Object: PrintableString="security"
    Object: SET \=1 elements
        Object: SEQUENCE\=2 elements
            Object: OBJECT ID=userid
            Object: PrintableString="Atul"
    Object: SET \=1 elements
        Object: SEQUENCE\=2 elements
            Object: OBJECT ID=CommonName
            Object: PrintableString="Atul Kahate"
    Object: SET \=1 elements
        Object: SEQUENCE\=2 elements
            Object: OBJECT ID=emailAddress
            Object: IA5String="akahte@ indiatimes.com"
```

图 F.5 ASN.1 格式的数字证书(其中一部分)

```
E0NlcnRpzmljYXRIIE1hbmFnZXLwHhcNMDlwMjExMTlyNjM0WhcNMDMwMjExMTly
NjM0WjB5MQswCQYDVQQGEwJJTjEOMAwGA1UEChMFaWZsZXgxDDAKBgNVBAsTA3Br
aTEWMBQGCgmSJomT8ixkAQETBnNlcnZlcjETMBEGA1UEAxMKZ2lyaVNlcnZlcjEf
MB0GCSqGSlb3DQEJARYQc2VydmVyQGlmbGV4LmNvbTCBnzANBgkqhkiG9w0BAQEF
AAOBjQAwgYkCgYEArisLROwlrlVxu/Mie8q0rUCQ5GtqMBWeJtuJM0vn2Qk5XaWc
8y1nJ/zc90v7qsx33X/sW5aRJph1ApOvPArQhK9PAyPhCcCIUEOvUYnxFmu8YE9U
Tz2p9wiUkgN+Uehlr2EMWDRaB7wctb4eyuNmyeUlrNy2d8ujDxP2ls1CzHkCAwEA
AaBOgzCBgDARBglghkgBhvhCAQEEBAMCBaAwDgYDVR0PAQH/BAQDAgXgMB0GA1Ud
```

图 F.6 BER 格式的数字签名(其中一部分)

我们已经说过,发送端计算机发送数字证书时,首先要转换为 ASN.1 格式,然后以

BER 格式发送（因为计算机只能处理二进制数）。接收端计算机接收的是 BER 格式的数据，把它转换回 ASN.1 格式，并把它发送回应用程序。

发送变量时，BER 标准指定数据类型（二进制格式），对应于前面介绍的数据类型、长度和值，即指定要发送的每个数据项目要编码成包含三个字段：tag、length 与 value，如图 F.7。

BER 字段	描　述
Tag（标志）	一个字节的字段，定义数据类型，包含三个子字段：类、格式与数。这是前面介绍的数据类型的数字表示。例如，整数表示为 00000010，字符串表示为 00000100，等等
Length（长度）	指定二进制形式的项目长度，如果字段包含 11，则标志字段定义的数据项目长度为 3
Value（值）	包含数据的实际值

图 F.7　BER 格式

术 语 表

1-factor authentication(单因子认证)	一种认证机制,只用一个因子认证身份(例如知道某个东西)
2-factor authentication(双因子认证)	一种认证机制,用两个因子认证身份(例如知道某个东西且具有某个东西)
3-D Secure(3D 安全)	Visa 公司为 Web 事务开发的付款机制
Active attack(主动攻击)	一种安全攻击形式,攻击者改变消息内容
Algorithm mode(算法模式)	定义加密算法的细节
Algorithm type(算法类型)	定义一次加密和解密的明文量
Application gateway(应用网关)	防火墙类型,在 TCP/IP 堆栈的应用层过滤分组。同 Bastion host 或 Proxy server
Asymmetric Key Cryptography(非对称密钥加密法)	一种加密技术,用密钥对进行加密和解密操作
Authentication(认证)	安全原则,标识可信任的用户或计算机系统
Authentication token(认证令牌)	双因子认证机制中使用的小硬件
Authority Revocation List(ARL)(授权吊销表)	被吊销证书机构(CA)的列表
Availability(可用性)	安全原则保证授权用户能得到资源/计算机系统
Bastion host(堡垒主机)	在 TCP/IP 堆栈的应用层过滤数据包。同 Application gateway 或 Proxy server
Behaviour-blocking software(行为阻止软件)	一种集成到计算机操作系统中的软件,实时地监测类似于病毒的行为
Bell-LaPadula model (Bell-LaPadula 模型)	一种高度可信的计算机系统,设计为各种对象和主体的集合。这些对象是数据的存储库或目的地,如文件、磁盘、打印机等。而主体则是主动实体,如用户、进程或线程操作
Biometric authentication(生物认证)	利用用户生理特征的认证机制
Block cipher(块加密法)	一次加密和解密一组字符
Bucket brigade attack(桶队攻击)	一种安全攻击形式,攻击者截获双方之间的通信,让双方以为与对方通信,其实是与攻击者通信。同 man-in-the-middle attack
Book Cipher(书加密法)	一种加密技术,用书中某一页随机选择的密钥

续表

Brute-force attack（蛮力攻击）	一种安全攻击形式，攻击者用各种可能的密钥组合快速连续攻击
Caesar Cipher（凯撒加密法）	一种加密技术，用字母表中相隔三个字母的字符替换原字符
Cardholder（持卡人）	Web 上联机购物的客户，用信用卡/借记卡进行付款
Certificate directory（证书目录）	包含数字证书清单的预定区域
Certificate Management Protocol（CMP，证书管理协议）	请求数字证书的协议
Certificate Revocation List（CRL，证书撤销表）	撤销的数字证书表，是个脱机证书检验机制
Certificate Signing Request（CSR，证书签名请求）	用户向 CA/RA 请求数字证书时使用的格式
Certificate-based authentication（基于证书认证）	一种认证机制，用户要产生自己的数字证书和提供拥有数字证书的证据
Certification Authority（CA，证书机构）	进行相应认证检查后向用户签发数字证书的机构
Certification Authority hierarchy（证书机构层次）	CA 层次使多个 CA 可以工作，从而减轻单个 CA 的工作量
Chain of trust（信任链）	从当前 CA 到根 CA 之间建立信任关系的机制
Chaining mode（链接方式）	在密文中增加复杂度，使其更难破解
Challenge/response token（挑战/响应令牌）	认证令牌类型
Chosen cipher text attack（选定部分密文的攻击）	在这种攻击中，攻击者知道了要解密的密文、产生这些密文的加密算法以及相应的明文块
Chosen plain text attack（选定部分明文的攻击）	这里，攻击者选定一个明文块，并尝试在密文中寻找其加密结果。攻击者可以选择要加密的消息。然后基于这些，有意识地选取能产生密文的模式，从而获得密钥的更多信息
Chosen text attack（选定部分文本的攻击）	这是选定部分明文攻击和选定部分密文攻击的组合
Cipher Block Chaining（CBC，加密块链接）	链接机制
Cipher Feedback（CFB，加密反馈）	链接机制
Cipher text（密文）	加密明文消息的结果
Cipher text only attack（只知密文的攻击）	在这种攻击中，攻击者对明文没有任何线索，只有一些或全部密文
Circuit gateway（线路网关）	一种应用网关，建立与远程主机/服务器的连接
Clear text（明文）	可读/可懂的消息，同 Plain text
Collision（冲突）	如果两个消息得到相同的消息摘要，则发生冲突
Confidentiality（保密性）	安全原则，保证只有消息发送方与接收方知道消息内容
Confusion（混淆）	在加密期间进行替换
Cross-certification（交叉证书）	不同域/地点的 CA 相互为对方的证书签名，使操作得到简化。
Cryptanalysis（密码分析）	分析密文的过程

续表

Cryptanalyst（密码分析员）	分析密文的人
Cryptographic toolkit（加密工具箱）	提供加密算法/操作的软件
Cryptography（密码学）	将消息编码,使其不可读
Data Encryption Standard（DES,数据加密标准）	IBM 公司的著名算法,用 56 位密钥进行对称密钥加密,后来没有普及
Decryption（解密）	将密文变成明文的过程,与 Encryption 相反
Demilitarized Zone（DMZ,非军事区）	一种防火墙配置,使组织可以安全地放置公用服务器,同时保护其内部网络
Denial Of Service（DOS）**attack**（拒绝服务攻击）	一种攻击方式,使授权用户无法访问所需资源/计算机系统
Dictionary attack（字典攻击）	一种安全攻击形式,攻击者用字典中的各种单词作为口令进行攻击
Differential cryptanalysis（差分密码分析）	一种密码分析方法,寻找明文具有特定差别的密文
Diffusion（扩散）	在加密期间进行变换
Digital cash（数字现金）	表示现金的计算机文件。银行从用户的实际账户中借记并签发数字现金,同 electronic cash
Digital certificate（数字证书）	与护照相似的计算机文件,将用户链接到特定公钥,并提供这个用户的其他信息
Digital envelope（数字封装）	用一次性会话密钥加密原消息,而会话密钥本身用所要接收方的公钥加密
Digital Signature Algorithm（DSA,数字签名算法）	进行数字签名的非对称加密算法
Digital Signature Standard（DSS,数字签名标准）	指定如何进行数字签名的标准
DNS spoofing（DNS 欺骗）	参见 Pharming
Double DES（双重 DES）	修改的 DES,使 128 位密钥
Dual signature（双向签名）	安全电子事务(SET)协议中使用的机制,商人不知道付款细节,而付款网关不知道购物细节
Dynamic packet filter（动态数据包过滤）	一种数据包过滤,不断了解网络当前状态
ElGamal	一种加密和数字签证的方案
Electronic Code Book（ECB,电子编码簿）	链接机制
Electronic money（电子货币）	见 Electronic cash
Encryption（加密）	将明文变成密文的过程,与 Decryption 相反
Fabrication（假消息）	攻击者生成的假消息,分析授权用户的注意力
Firewall（防火墙）	一种特殊的路由器,可以进行安全检验,进行基于规则过滤
Hash（散列）	消息的指印,同 Message digest,唯一标识消息
Hill Cipher（希尔加密法）	希尔加密法同时作用于多个字母。因此它是一种多码替换加密法

HMAC	类似于消息摘要，HMAC 也涉及了加密
Homophonic Substitution Cipher（同音替换加密）	一种加密技术，一次将一个明文字符替换成一个密文字符，密文字符不固定
Integrity（完整性）	安全原则，指定消息从发送方传输到接收方期间不能改变内容
Interception（截取）	攻击者在消息到达所要接收方之前获取消息
International Data Encryption Algorithm（IDEA，国际数据加密标准）	20 世纪 90 年代开发的对称密钥算法
Internet Security Association and Key Management Protocol（ISAKMP，互联网安全协会密钥管理协议）	IPSec 中用于密钥管理的协议，也称为 Oakley
Interruption（中断）	攻击者使系统可用性处于危险之中，同 Masquerade
IP Security（IPSec，IP 安全协议）	在网络层加密消息的协议
Issuer（签发者）	银行或财务机构，帮助持卡人在互联网上进行信用卡付款
Java Cryptography Architecture（JCA，Java 加密体系结构）	Java 加密机制，API 形式
Java Cryptography Extensions（JCE，Java 加密扩展）	Java 加密机制，API 形式
Kerberos	一种单次登录系统，用户只要一个用户名/口令就可以访问多个资源/系统
Key（密钥）	加密操作中的秘密信息
Key Distribution Center（KDC，密钥分发中心）	一个中心机构，负责计算机网络中单个计算机（结点）的密钥
Key wrapping（密钥包封）	见 Digital envelope
Known plaintext attack（已知明文攻击）	在这种情况下，攻击者知道了一些明文对，以及这些明文对相应的密文。利用这些信息，攻击者试图找出其他明文，从而知道越来越多的明文
Lightweight Directory Access Protocol（LDAP，轻量级目录访问协议）	从中央位置存储与读取信息的协议
Linear cryptanalysis（线性密码分析）	基于线性接近的攻击
Lucifer（火柴加密法）	一种对称密钥算法
Man-in-the-middle attack（中间人攻击）	一种安全攻击形式，攻击者截获双方之间的通信，让双方以为与对方通信，其实是与攻击者通信。同 bucket brigade attack
Masquerade（伪装）	攻击者使系统可用性处于危险之中，同 Interruption
MD5	消息摘要算法，现在很容易攻击
Merchant（商人）	建立联机购物站点的人或组织，接受电子付款
Message Authentication Code（MAC，消息认证码）	见 HMAC
Message digest（消息摘要）	消息的指印，同 Hash，唯一标识消息

Microsoft Cryptography Application Programming Interface （MS-CAPI，Microsoft 加密应用程序接口）	Microsoft 加密机制，API 形式
Modification（修改）	攻击消息，改变其内容
Mono-alphabetic Cipher（单码加密）	一种加密技术，一次将一个明文字符替换成一个密文字符
Multi-factor authentication（多因子认证）	一种认证机制，用多个因子认证身份（例如知道某个东西、是某个东西且具有某个东西）
Mutual authentication（双向认证）	在双向认证中，A 和 B 要相互进行认证
Network level attack（网络层攻击）	网络/硬件层的安全攻击
Non-repudiation（不可抵赖）	使消息发送方在后面发生争议时无法否认自己发送了这个消息
One-Time Pad（一次性板）	这是个非常安全的方法，密钥只用一次，然后就放弃
One-time password（一次性口令）	根据动态产生的口令认证用户，只用一次，然后就放弃
One-way authentication（单向认证）	在这种方案中，如果有两个用户 A 和 B，B 认证 A，但 A 不认证 B
Online Certificate Status Protocol（OCSP，联机证书状态协议）	检查数字证书状态的联机协议
Output Feedback（OFB，输出反馈）	链接模式
Packet filter（数据包过滤）	根据规则过滤数据包的防火墙，在网络层工作
Passive attack（被动攻击）	一种安全攻击形式，攻击者不改变消息内容
Password（口令）	一种认证方法，要求用户输入秘密信息（即口令）
Password policy（口令策略）	指定组织中口令的结构、规则与机制
Person-in-the-middle attack	一种无线攻击形式，其中，攻击者扮演成与实际身份完全不同的身份
Pharming（域欺骗）	一种网上欺骗方式，它修改域名系统（DNS），从而使得 URL 定向到攻击者的错误 IP 地址
Phishing（钓鱼）	攻击者用来愚弄无知用户的技术，让用户提供保密或个人信息
Plain text（明文）	可读/可懂的消息，同 Clear text
Playfair Cipher（Playfair 加密法）	一种加密技术，用于手工数据加密。这种方法由 Charles Wheatstone 于 1854 年发明的
Polygram Substitution Cipher（块替换加密）	一种加密技术，一次将一块明文换成另一块明文
Pretty Good Privacy（PGP）	Phil 开发的安全电子邮件通信协议
Privacy Enhanced Mail（PEM，保密增强邮件）	Internet 体系结构委员会开发的安全电子邮件通信协议
Proof Of Possession（POP，拥有证据）	证明用户拥有用户数字证书中指定的公钥对应的私钥
Proxy server（代理服务器）	防火墙类型，在 TCP/IP 堆栈的应用层过滤分组。同 Application gateway 或 Bastion host

续表

Pseudocollision（伪冲突）	MD5 算法中冲突的特例
Psuedo-random number（伪随机数）	用计算机生成的随机数
Public Key Cryptography Standards（PKCS，公钥加密标准）	RSA 安全公司开发的标准，用于公钥基础设施（PKI）技术
Public Key Infrastructure（PKI，公钥基础设施）	实现非对称密钥加密，利用消息摘要、数字签名、加密和数字证书
Public Key Infrastructure X. 509（PKIX，公钥基础设施 X. 509）	实现 PKI 的模型
Rail Fence Technique（栅栏加密技术）	一种变换技术
RC5	使用运动密钥的对称密钥块加密算法
Reference monitor（引用监视器）	一种中心实体，负责确定对计算机系统的访问控制
Registration Authority（RA，注册机构）	承担 CA 的某些职责，从以多方面帮助 CA
Replay attack（重放攻击）	一种攻击形式，攻击者持有合法消息，想在后面某个时候重传这个消息
Roaming certificate（漫游证书）	数字证书，可以让用户从一台计算机/一个地点带到另一台计算机/另一个地点
RSA algorithm（RSA 算法）	非对称密钥加密算法，广泛用于加密与数字证书
Running Key Cipher（运动密钥加密）	用书中的一部分文本作为密钥
Secure Electronic Transaction（SET，安全电子事务）	MasterCard，Visa 等许多公司联合开发的协议，用于互联网上的安全信用卡付款
Secure MIME（S/MIME，安全 MIME 协议）	这个协议增加基本 MIME（多用途 Internet 邮件扩展）协议的安全性
Secure Socket Layer（SSL，安全套接层）	Netscape 通信公司开发的协议，用于 Web 浏览器与 Web 服务器在 Internet 上安全地交换信息
Self-signed certificate（自签名证书）	一种数字证书，主体名与签发者名相同，由其签名，通常只用于 CA 证书
SHA	一种消息摘要算法，现已成为优选的标准算法
Signed Java applet（签名 Java 小程序）	使 Java 小程序更可信
Simple Certificate Validation protocol（SCVP，简单证书验证协议）	改进基本 OCSP（联机证书状态协议），OCSP 只能检查证书状态
Simple Columnar Transposition Technique（简单分栏式变换方式）	栅栏加密技术之类基本变换技术的变形
Simple Columnar Transposition Technique with multiple rounds（多轮简单分栏式变换方式）	简单分栏式变换方式的变形
Single Sign On（SSO，单次登录）	用户只要一个用户名/口令就可以访问多个资源/系统
Stream cipher（流加密法）	一次加密一位
Substitution Cipher（替换加密法）	一种加密技术，将明文字符换成其他字符

Symmetric Key Cryptography（对称密钥加密法）	一种加密技术,加密与解密使用相同密钥
Time Stamping Authority（TSA,时间戳机构）	一种公证机构,证明数字文档在特定时刻的可用性/生成状态
Time Stamping Protocol（TSP,时间戳协议）	ISP 使用的协议,证明数字文档在特定时刻的可用性/生成状态
Time-based token（基于时间的令牌）	一种认证令牌
Traffic analysis（通信量分析）	攻击者检查网络上经过的数据包,并用这个信息进行攻击
Transport Layer Security（TLS,传输层安全性协议）	类似于 SSL 协议
Transposition Cipher（变换加密法）	一种加密技术,将明文字符变成不同形式
Triple DES（三重 DES）	修改的 DES 版本,使用 128 位或 168 位密钥
Trojan horse（特洛伊木马）	一种小型程序,不删除用户磁盘上的内容,而是在计算机/网络上复制自己
Trusted system（可信系统）	一种计算机系统,根据所实现的安全策略,在一定程度上是可信任的
Vernam Cipher	见 One-time pad
Virtual Private Network（VPN,虚拟专网）	利用加密技术使现有 Internet 变成专用网络
Virus（病毒）	一种小型程序,伤害用户计算机和进行破坏活动
Wireless Transport Layer Security（WTLS,无线传输层安全性协议）	WAP 协议,支持客户机与服务器之间的安全通信
X. 500	LADP 技术的标准名称
X. 509	数字证书内容与结构格式
XML digital signatures（XML 数字签名）	可以签名消息的特定部分

参 考 文 献

Adams,Carlisle. Understanding Public Key Infrastructure. New Riders publishing,1999.

Ahuja,Vijay. Network and Internet security. AP Professional,1996.

Amor,Daniel. The E-business (r)evolution. Prentice Hall,2000.

Anderson. Ross Security Engineering. John Wiley and Sons,2001.

Atkins. Derek et al. Internet Security Professional Reference(2nd Edition). Techmedia,1997.

Black,Uyless. Internet Security Protocols. Pearson Education Asia,2000.

Burnett,Steve and Paine,Steven. RSA security's official guide to cryptography. Tata McGraw-Hill,2001.

Comer,Douglas. Internetworking with TCP/IP,Volume 1. Prentice Hall. India. 1999.

Comer,Douglas. Computer Networks and Internets. Prentice Hall,2000.

Comer,Douglas. The Internet Book. Prentice Hall,India,1999.

Davis,Carlton. IPSec-Securing VPNs. Tata McGraw-Hill,2001.

Dennin,Dorothy. Information Warfare and Security. Pearson Education Asia,1999.

Dournaee,Blake. XML Security. Tata McGraw-Hill,2002.

Forouzan,Behrouz. Data Communications and Networking. Tata McGraw-Hill,2002.

Forouzan,Behrouz. TCP/IP. Tata McGraw-Hill,2002.

Garfinkel,Simson and Spafford,Gene. Web Security,Privacy and Commerce. O'Reilly,2002.

Godbole,Achyut and Kahate,Atul. Web Technologies-TCP/IP to Internet Application Architectures. Tata McGraw-Hill,2003.

Gralla,Preston. How the Internet Works. Techmedia,2000.

Hall,Eric. Internet Core Protocols. O'Reilly,2000.

Howard,Michael and LeBlanc,David. Writing secure code. WP Press,2002.

Kalakota,Ravi. Frontiers of Electronic Commerce. Addison Wesley,2000.

Kaufman,Charlie et al. Network Security. Pearson Education Asia,2002.

Kosiur,David. Understanding Electronic Commerce. Microsoft Press,1997.

Krutz,Ronald and Dean Vines,Russell. The CISSP Prep Guide. John Wiley and Sons,2001.

Many. Professional WAP. Wrox,2000.

Minoli,Daniel and Minoli,Emma. Web Commerce Technology Handbook. Tata McGraw-Hill,1999.

Moulton,Pete. The Telecommunications Survival Guide. Pearson Education,2001.

Naik,Dilip. Internet Standards and Protocols. Microsoft Press,2001.

Nanavati,Samir et al. Biometrics. Pearson Education Asia. 2002.

Nash,Andrew et al. PKI-Implementing and Managing E-Security. Tata McGraw-Hill,2000.

Oaks,Scott. Java Security. O'Reilly,2001.

Orfali,Robert,Harkey Dan,Edwards,Jerry. The essential client/server survival guide. Galgotia,2000.

Pistoia,Marco et al. Java 2 Network Security. Pearson Education Asia,2001.

Ramachandran,Jay. Designing Security Architecture Solutions. John Wiley and Sons,2002.

Richard Stevens,W. TCP/IP illustrated,Volume 1. Addison Wesley,1999.

Schneider,Gary and Perry,James. Electronic Commerce. Thomson Learning,2001.

Schneier,Bruce. Applied Cryptography. John Wiley and Sons,2001.

Scott，Charlie et al.　Virtual Private Networks.　O'Reilly，2000.

Smith，Richard.　Internet Cryptography.　Pearson Education Asia，1999.

Stallings，William.　Network Security Essentials.　Pearson Education Asia，2002.

Stallings，William.　Cryptography and Network Security.　Pearson Education Asia，2000.

Swaminatha，Tara and Elden，Charles.　Wireless Security and Privacy.　Pearson Education Asia，2003.

Tanenbaum，Andrew.　Computer Networks.　Prentice Hall，India，1995.

Tanenbaum，Andrew.　Modern Operating Systems.　Pearson Education，2002.

Winfield Treese and Stewart，Lawrence.　Designing Systems for Internet Commerce.　Addison Wesley，1999.

Zwicky，Elizabeth et al. Building Internet firewalls.　O'Reilly，2000.